高等职业教育"十四五"规划畜牧兽医宠物大类新形态纸数融合教材

特种经济动物养殖技术

TEZHONG JINGJI DONGWU YANGZHI JISHU

主　编　蔡兴芳　邓希海　刘　军

副主编　王　晨　陈　利　刘小可　母治平

编　者　（按姓氏笔画排序）

王　晨　黑龙江农业工程职业学院
王晓铄　内蒙古农业大学职业技术学院
邓希海　达州职业技术学院
母治平　重庆三峡职业学院
刘　军　湖南环境生物职业技术学院
刘小可　达州职业技术学院
刘莎莎　娄底职业技术学院
李　珊　贵州农业职业学院
陈　利　贵州农业职业学院
罗承财　凯里市林润斗鸡养殖场
桂国弘　贵州农业职业学院
唐慕德　江西生物科技职业学院
韩　旭　江西生物科技职业学院
蔡兴芳　贵州农业职业学院

華中科技大學出版社
http://www.hustp.com
中国·武汉

内 容 简 介

本书是高等职业教育"十四五"规划畜牧兽医宠物大类新形态纸数融合教材。

本书内容包括绪论、特种兽类经济动物养殖技术、特种禽类经济动物养殖技术、特种水产类经济动物养殖技术、其他特种经济动物养殖技术。书中筛选了比较适合我国不同地区自然条件和气候特点且养殖技术相对成熟的二十二种特种经济动物。特别要指出的是,《国家畜禽遗传资源品种目录(2021年版)》中兔、鸽、鹌鹑虽然已划为传统畜禽,但目前传统畜禽养殖类的相关高职高专教材并未包括这三种动物的饲养管理,故仍列在本教材中。书中设有任务描述、任务目标、任务学习、任务训练、任务拓展,便于学生明确学习重点、巩固所学知识。

本书可作为高等职业院校畜牧、畜牧兽医及相关专业的教学用书,还可作为特种经济动物养殖企业技术人员、基层畜牧兽医技术人员和养殖户的培训资料和参考书。

图书在版编目(CIP)数据

特种经济动物养殖技术/蔡兴芳,邓希海,刘军主编.—武汉:华中科技大学出版社,2022.8
ISBN 978-7-5680-8576-2

Ⅰ.①特… Ⅱ.①蔡… ②邓… ③刘… Ⅲ.①经济动物-饲养管理 Ⅳ.①S865

中国版本图书馆CIP数据核字(2022)第129925号

特种经济动物养殖技术 蔡兴芳 邓希海 刘 军 主编
Tezhong Jingji Dongwu Yangzhi Jishu

策划编辑:罗 伟
责任编辑:郭逸贤 张 琴 马梦雪 方寒玉
封面设计:廖亚萍
责任校对:李 弋
责任监印:周治超
出版发行:华中科技大学出版社(中国·武汉) 电话:(027)81321913
武汉市东湖新技术开发区华工科技园 邮编:430223
录 排:华中科技大学惠友文印中心
印 刷:武汉市籍缘印刷厂
开 本:889mm×1194mm 1/16
印 张:21.75
字 数:654千字
版 次:2022年8月第1版第1次印刷
定 价:69.80元

高等职业教育“十四五”规划
畜牧兽医宠物大类新形态纸数融合教材

编审委员会

委员（按姓氏笔画排序）

网络增值服务

使用说明

欢迎使用华中科技大学出版社医学资源网 yixue.hustp.com

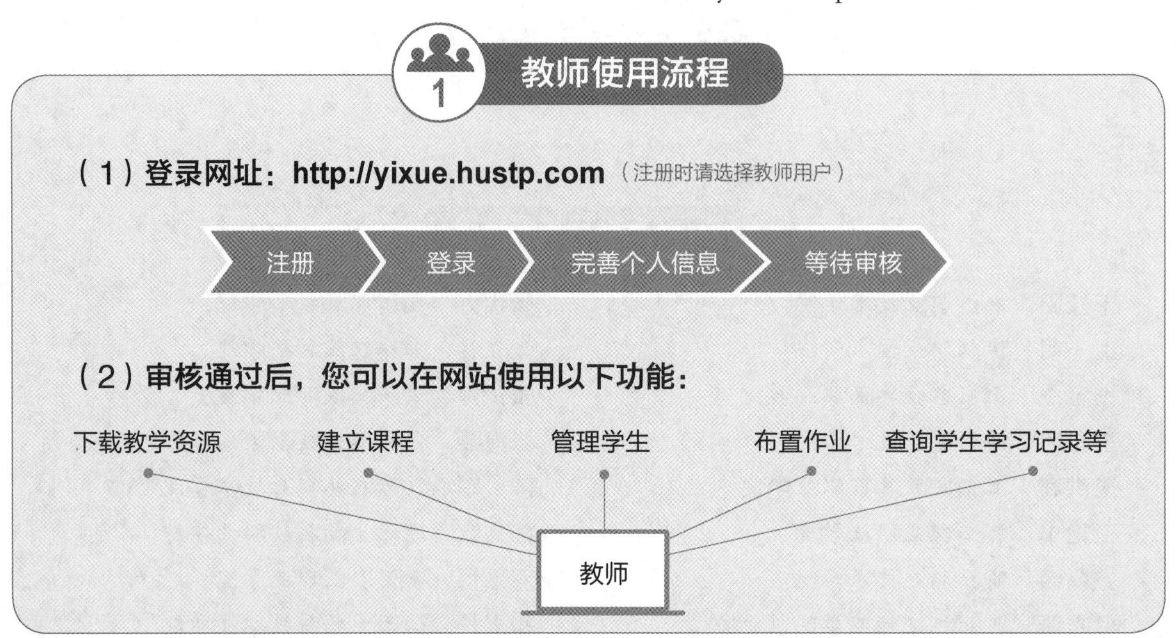

2 学员使用流程

（建议学员在PC端完成注册、登录、完善个人信息的操作）

（1）PC 端操作步骤

①登录网址：http://yixue.hustp.com（注册时请选择普通用户）

注册 › 登录 › 完善个人信息

②查看课程资源：（如有学习码，请在个人中心－学习码验证中先验证，再进行操作）

（2）手机端扫码操作步骤

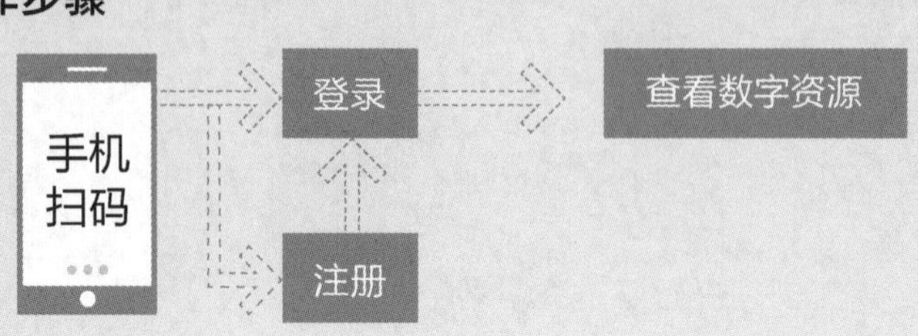

随着我国经济的持续发展和教育体系、结构的重大调整，尤其是2022年4月20日新修订的《中华人民共和国职业教育法》出台，高等职业教育成为与普通高等教育具有同等重要地位的教育类型，人们对职业教育的认识发生了本质性转变。作为高等职业教育重要组成部分的农林牧渔类高等职业教育也取得了长足的发展，为国家输送了大批“三农”发展所需要的高素质技术技能型人才。

为了贯彻落实《国家职业教育改革实施方案》《“十四五”职业教育规划教材建设实施方案》《高等学校课程思政建设指导纲要》和新修订的《中华人民共和国职业教育法》等文件精神，深化职业教育“三教”改革，培养适应行业企业需求的“知识、素养、能力、技术技能等级标准”四位一体的发展型实用人才，实践“双证融合、理实一体”的人才培养模式，切实做到专业设置与行业需求对接、课程内容与职业标准对接、教学过程与生产过程对接、毕业证书与职业资格证书对接、职业教育与终身学习对接，特组织全国多所高等职业院校教师编写了这套高等职业教育“十四五”规划畜牧兽医宠物大类新形态纸数融合教材。

本套教材充分体现新一轮数字化专业建设的特色，强调以就业为导向、以能力为本位、以岗位需求为标准的原则，本着高等职业教育培养学生职业技术技能这一重要核心，以满足对高层次技术技能型人才培养的需求，坚持“五性”和“三基”，同时以“符合人才培养需求，体现教育改革成果，确保教材质量，形式新颖创新”为指导思想，努力打造具有时代特色的多媒体纸数融合创新型教材。本教材具有以下特点。

(1)紧扣最新专业目录、专业简介、专业教学标准，科学、规范，具有鲜明的高等职业教育特色，体现教材的先进性，实施统编精品战略。

(2)密切结合最新高等职业教育畜牧兽医宠物大类专业课程标准，内容体系整体优化，注重相关教材内容的联系，紧密围绕执业资格标准和工作岗位需要，与执业资格考试相衔接。

(3)突出体现“理实一体”的人才培养模式，探索案例式教学方法，倡导主动学习，紧密联系教学标准、职业标准及职业技能等级标准的要求，展示课程建设与教学改革的最新成果。

(4)在教材内容上以工作过程为导向，以真实工作项目、典型工作任务、具体工作案例等为载体组织教学单元，注重吸收行业新技术、新工艺、新规范，突出实践性，重点体现“双证融合、理实一体”的教材编写模式，同时加强课程思政元素的深度挖掘，教材中有机融入思政教育内容，对学生进行价值引导与人文精神滋养。

(5)采用“互联网+”思维的教材编写理念，增加大量数字资源，构建信息量丰富、学习手段灵活、学习方式多元的新形态一体化教材，实现纸媒教材与富媒体资源的融合。

(6)编写团队权威，汇集了一线骨干专业教师、行业企业专家，打造一批内容设计科学严谨、深入浅出、图文并茂、生动活泼且多维、立体的新型活页式、工作手册式、“岗课赛证融通”的新形态纸数融合教材，以满足日新月异的教与学的需求。

本套教材得到了各相关院校、企业的大力支持和高度关注，它将为新时期农林牧渔类高等职业教育的发展做出贡献。我们衷心希望这套教材能在相关课程的教学中发挥积极作用，并得到读者的青睐。我们也相信这套教材在使用过程中，通过教学实践的检验和实践问题的解决，能不断得到改进、完善和提高。

高等职业教育“十四五”规划畜牧兽医宠物大类
新形态纸数融合教材编审委员会

2019 年，国家先后出台一系列政策加速完善现代职业教育体系。其中，国务院印发的《国家职业教育深化改革实施方案》中明确指出，职业教育与普通教育是两种不同的教育类型，具有同等重要地位，把发展高等职业教育作为优化高等教育结构和培养大国工匠、能工巧匠的重要方式。高等职业学校要培养服务区域发展的高素质技术技能型人才，做到专业设置与产业需求对接、课程内容与职业标准对接、教学过程与生产过程对接。

随着特种经济动物产业的发展，我国急需大量高素质的技术技能型人才，也急需能对接生产过程的专业教材指导高职学生和相关技术人员。本教材内容符合高等职业教育培养高素质技术技能型人才的培养目标，理论以必需、够用、实用为度，突出技能培养，依据国家职业标准和专业教学标准，结合企业实际，突出新知识、新技术、新工艺、新方法，注重职业能力培养。在内容上与市场岗位需求保持一致，将培养学生的学习能力、分析能力及创新能力放在首位，同时提出课程思政目标，围绕高职院校培养生产、建设、管理、服务第一线技术技能型人才的需要，结合高职学生的思想特点和成长成才规律，注重培养高职学生的综合素质，为学生未来的职业发展打下坚实的基础。

本教材内容主要包括特种兽类经济动物养殖技术、特种禽类经济动物养殖技术、特种水产类经济动物养殖技术、其他特种经济动物养殖技术四大模块，共二十二个项目，每个项目对应一种特种经济动物养殖技术，每个项目下各任务按照生产技术需要进行编排，从生物学特性、繁殖技术、饲养管理等方面进行详细的介绍。编写人员具体分工：绪论、项目一任务一至任务三由贵州农业职业学院蔡兴芳编写，项目一任务四、任务五由湖南环境生物职业技术学院刘军编写，项目二至项目四由黑龙江农业工程职业学院王晨编写，项目五至项目七由内蒙古农业大学职业技术学院王晓铄编写，项目八至项目十由娄底职业技术学院刘莎莎编写，项目十一至项目十三由重庆三峡职业学院母治平与贵州农业职业学院桂国弘、凯里市林润斗鸡养殖场罗承财共同编写，项目十四至项目十六由达州职业技术学院邓希海编写，项目十七由贵州农业职业学院李珊编写，项目十八、项目十九由达州职业技术学院刘小可编写，项目二十由江西生物科技职业学院韩旭编写，项目二十一、项目二十二由贵州农业职业学院陈利编写。本教材数字资源建设除以上人员参与外，“家兔疾病防治”“特禽疾病防治”部分由江西生物科技职业学院唐慕德编写。

本教材的编写过程中，参考了较多的同类专著、教材和有关文献资料，在此对有关作者表示由衷的感谢。本教材的编写和出版得到华中科技大学出版社的大力支持，在此表示衷心的感谢！

本教材可作为高等职业院校畜牧、畜牧兽医及相关专业的教学用书，还可作为特种经济动物养殖企业技术人员、基层畜牧兽医技术人员和养殖户的培训资料和参考书。由于编者水平有限，书中不妥和错误之处在所难免，恳请读者提出宝贵意见。

编　者

目录

模块二　特种禽类经济动物养殖技术

绪　论

一、特种经济动物的概念和分类

(一)特种经济动物的概念

1. 特种经济动物的概念　自然界中大约有150万种动物,可谓种类繁多、形态各异,这些动物有些对人类有害,有些对人类有益。广义上可用于食品、医药、饲料、工业、观赏和生态环境等领域而产生经济效益的动物,均可称为经济动物,在我国有经济价值的动物种类达1300多种。

特种经济动物是指除了传统的家畜、家禽及水生动物以外的其他有较高经济价值,被人工驯化饲养(驯化程度不同),能进行人工饲养繁育的动物。如家兔、鹧鸪、鹌鹑、蛇、鳖、水貂、狐、鹿、蝎、蜈蚣、金鱼、甲鱼、龟等。特种经济动物有别于传统畜禽,它们尚未达到“家畜化”。随着特种经济动物养殖业的发展,特种经济动物已是动物养殖业的重要组成部分。

2. 特种经济动物应具有的特征

(1)产品有较高经济价值:特种经济动物能够为人类提供特定产品,具有特殊的经济用途和经济价值,如食用价值(兔、鸽、泥鳅、蛙等)、药用价值(蜈蚣、水蛭、蝎、麝等)、毛皮价值(狐、貂、貉、獭兔等)、观赏价值(观赏鱼、观赏鸟、宠物犬、宠物猫)、实验价值(小白鼠、大白鼠、实验用兔)等。

(2)需要人工驯化:驯化是进行人工养殖的基础,与传统家畜、家禽相比,特种经济动物的驯养历史较短,有的动物驯化程度较低,适合饲养的地区具有明显的区域性,饲养管理方式也有很大差异,饲养过程中要求的饲养管理技术特殊。而驯化程度较高、适应性较强的动物如鹿、特禽等在各地均可养殖。随着人工饲养中驯化程度的提高,特种经济动物的区域也在逐渐扩大。

(3)能够适度规模养殖:特种经济动物是野生动物经过人工长期的驯化,解决最初养殖所表现出的繁殖性能下降或停滞、生长缓慢等技术难题后,不仅能够适度规模甚至大规模饲养,而且能够带来可观的经济效益和社会效益的动物。驯养的动物必须具此特征才能作为特种经济动物。

(二)特种经济动物的分类

1. 根据动物终极产品的用途不同分类

(1)食用经济动物:通常是指为人类的生活提供食物而饲养的特种经济动物。如肉兔、肉鸽、鹌鹑、黄鳝、泥鳅等。

(2)药用经济动物:为人类或动物的医疗提供材料而人工饲养的特种经济动物。如麝、蜈蚣、林蛙、蝎子等。

(3)毛皮经济动物:以提供毛皮为主要产品而饲养的特种经济动物。如水貂、貉、狐、獭兔等。

(4)观赏经济动物:以满足人类观赏或作为家庭伴侣为主要目的而饲养的特种经济动物。如观赏兔、观赏鱼、宠物犬、宠物猫等。

(5)饲料经济动物:为其他动物养殖提供动物性蛋白质饲料而饲养的特种经济动物。如黄粉虫、蝇蛆、蚯蚓等。

(6)实验经济动物:为科研、教学、生产及其他科学实验提供实验材料而饲养的特种经济动物。如小白鼠、大白鼠、实验用兔等。

2. 根据动物种类不同分类

(1)特种兽类:具有较高肉用、药用、毛皮用、观赏用等经济价值的哺乳类动物。如兔、鹿、水貂、貉、狐、宠物犬、宠物猫等。

Note

(2)特种禽类:具有较高肉用、药用、观赏等经济价值的鸟类动物。如雉鸡、乌鸡、鹧鸪、鹌鹑、肉鸽、珍珠鸡、鸵鸟、孔雀、贵妇鸡、中华宫廷黄鸡、丝光鸡、绿壳蛋鸡、观赏鸟等。

(3)特种爬行类:具有较高肉用、药用、观赏等经济价值的爬行动物。如甲鱼、药用蛇、绿毛龟等。

(4)特种两栖类:具有较高肉用、药用等经济价值的两栖动物。如牛蛙、林蛙等。

(5)特种鱼类:具有较高肉用、药用、观赏等经济价值的鱼类。如黄鳝、鳗鱼、鳜鱼、加州鲈鱼、石斑鱼、银鱼等。

(6)特种无脊椎动物类:具有较高饲料用、药用等经济价值的环节动物、软体动物、节肢动物等无脊椎动物类。如蚯蚓、蜗牛、蝎、蜈蚣、苍蝇、蚂蚁等。

二、发展特种经济动物养殖的意义

(一)提供特定产品,满足人们物质需求和精神文化生活需要

随着人民生活水平的提高,人们对动物产品需求的种类增多,数量增加,质量提高。特种经济动物生产能够提供数量更多、质量更优的特定产品,如毛皮、佳肴、药材、观赏物种等,满足人们物质和精神文化生活的需要。

(二)发展农业经济,促进乡村振兴

特种经济动物的经济价值都较高,饲养方式灵活多样,既可小规模饲养,也可规模化经营,既有利于发掘当地资源,又可为闲散劳动力提供更多就业机会。我国特种经济动物养殖业由少到多,由小到大,逐步完善,不断发展,不少特种经济动物产品是备受消费者青睐的名、优、特产品。发展特种经济动物养殖业有利于农业产业结构调整,增加农民收入,促进乡村振兴。

(三)保护野生动物资源,维护生态平衡

发展特种经济动物,实际上是贯彻和实行保护野生动物的一个重要环节。人工饲养特种经济动物种类的不断增加,必然使越来越多的珍稀动物在人工饲养条件下得到保护和繁衍,实现野生动物资源可持续利用和保护的有机结合,对保存自然种源和活体基本库,维护生态平衡起到重要作用。

三、特种经济动物发展现状和存在的问题

(一)我国特种经济动物发展现状

我国特种经济动物养殖起步于20世纪80年代,发展至今,种类由少变多,规模由小变大,养殖技术日趋成熟,部分特种经济动物已经进入集约化生产阶段,已是现代畜牧业的重要组成部分。

据统计,2015年我国貂、狐、貉、茸鹿等饲养总量有1.4亿只,兔有5亿只,珍禽有2.6亿羽,蜜蜂900万群,蚕种1600万张。茸鹿、梅花鹿主要饲养在东北和西北地区,在全国其他地区均有不同规模的饲养。我国是世界上养兔最多的国家,年出栏家兔5亿只,兔肉66万吨,分别占世界总产量的45%和42%,主产区(总量占全国养殖的90%)在四川、山东、江苏、河北、河南、重庆、福建、浙江、山西、内蒙古10省(自治区、直辖市)。

特禽养殖中雉鸡主要分布在福建、上海、江苏、四川、湖北、湖南等南方地区。全国火鸡养殖区域主要集中在山东、河北、河南、江苏、内蒙古、黑龙江、新疆等地。鹧鸪养殖区域主要集中在广东、福建、浙江、上海、江西等南方地区。野鸭养殖区域主要集中在东北、江苏、安徽、江西、北京、上海、广州、成都等地,野鸭养殖已形成了一定规模,初步形成了繁殖、饲养、加工的产业链。乌骨鸡小型养殖企业在全国大多数地区均有分布,大型养殖企业则主要集中在江西、北京、天津、上海、福建、山东、广东等地。我国20世纪80年代开始引进法国珍珠鸡,目前不少地方尤其是广东等地养殖较多;贵妃鸡属于观赏与肉用型珍禽,当前全国各地均有养殖。我国目前肉鸽养殖主要分布在山东、新疆、辽宁、河南、河北等地。鹌鹑是我国养殖量较大、经济效益较好的特种珍禽之一,其中肉用鹌鹑养殖主要集中在江苏、浙江、上海、广东等经济较发达地区;蛋用鹌鹑主产区集中在江西、山东、陕西、河南、湖北、河北等地。孔雀、大雁、鸵鸟等的养殖主要分布在湖北、广西、广东、吉林、福建、江苏等地,养殖规模相对较小。

Note

我国蜜蜂饲养的蜂群数居世界第一位，每年出口蜂王浆高居世界第一位，蜂蜜居前三位，蜜蜂的植物授粉功能的开发是未来产业发展的机会和方向。我国蚕的养殖历史悠久，目前从江浙转移到广西、贵州，“一带一路”的发展给产业带来了新的机遇。

除以上提到的种类外，其他特种经济动物如野猪、竹鼠、海狸鼠、麝鼠、林蛙、牛蛙、龟鳖、蝎子、蜗牛、水蛭、观赏鱼等肉用、药用、观赏用等动物在我国都有不同规模的养殖，为我国的农业经济发展做出一定贡献。

（二）特种经济动物养殖产业存在的问题

1. 良种培育少，品种退化严重 特种经济动物的育种和良种繁育体系不完善，除少数品种如兔、狐、貂、肉鸽、鹌鹑等有良种繁育体系外，大多数品种无良种繁育体系，多数养殖场采用自繁自养和乱杂乱配的方式，造成品种退化。

2. 关键技术未过关，疾病防治滞后 专门从事特种经济动物养殖的专业技术人员不多，对部分特种经济动物的饲料配制、繁育技术、环境控制、圈舍建造、疾病防治等关键技术尚在摸索，绝大多数特种经济动物缺乏养殖标准，饲养管理粗放，使动物的潜在生产性能不能充分发挥，产品数量、质量下降。

3. 养殖户盲目上马，抗风险能力差 特种经济动物有其特殊性，该养殖产业发展还不够充分，人们对该产业的认识不足，特种经济动物养殖多处于分散、自发、自由的小规模养殖状况，缺乏合理的布局和行之有效的行业管理及指导，由于完全以市场为导向，养殖户对市场预测能力差，从众心理强，容易形成养殖热潮。受利益驱使，市场出现炒作多于实质的现象，有些种类养殖技术还不成熟，有的还处于野生动物初步驯化阶段就盲目发展，导致养殖风险增大。一些经济性状不明显，开发难度较大或是缺乏产品市场的品种，甚至国家重点保护的野生动物也作为特种经济动物推广，对特种经济动物养殖产业的发展造成了不良影响。

4. 产品深加工不够，产业化经营未形成 目前，我国的特种经济动物的生产以小规模分散养殖为主，处于产品单一、原料出售的状态，养殖户缺乏产品深加工的能力和意识，产品深加工技术未得到充分发展，特种经济动物产品未得到综合开发利用，制约着产业的发展。特种经济动物养殖业的出路在于良性产业链条的建立，特别是后期产品深加工及新型产品的开发。

四、发展特种经济动物养殖的对策

（一）选择合适的养殖项目

第一，了解政策法律，分析自然环境条件，选择允许饲养、饲料充足，适应性强的特种经济动物养殖。同时需按照国家有关法律、法规等规定，办理相关的许可手续。第二，选择处于成长期或成熟期阶段、市场需求呈上升趋势、有较大的发展空间的特种经济动物养殖。第三，选择销售渠道可靠、加工能力强的特种经济动物养殖。第四，特种经济动物因养殖技术是否成熟存在技术风险，因生产管理水平不同而存在生产风险，因市场变化而存在市场风险，应选择风险相对小的特种经济动物养殖。第五，根据自身的能力，如技术实力、经营管理能力、市场开拓能力及财力，选择相应的投资规模和技术要求的特种经济动物养殖项目。

（二）加强品种的选育与管理

利用杂交选育、人工授精等技术，对现有已经开发成熟的动物种类进行改良、提高，建立良种繁育体系，提高品种质量，为养殖户提供优良种源。同时，加强对动物种类的保护，客观评价养殖品种的经济价值，摒弃夸大宣传，对欺骗行为进行处罚。

（三）提高特种经济动物养殖的技术水平

特种经济动物养殖科研人员和养殖者总结出的新技术、新经验、新成果，如品种改良、人工授精、疾病防治及产品加工等，对促进产业发展发挥了很大作用。但由于相关科研院所、人员有限，还需进一步加强科研投入，攻关关键技术问题，形成饲料供给、饲养管理、环境控制、圈舍建造、疾病防治等

Note

生产标准并进行推广。

（四）注重特种经济动物产品的深加工

特种经济动物根据其经济价值各有其特有的产品，如貂皮、狐皮、鹿茸、兔肉、鸽肉、鹌鹑肉蛋等，除主打产品外，还可研究其附属产品，如鸵鸟除肉外，可开发皮、蛋等附属产品，水貂、狐、貉除毛皮外，可开发肉进入食品市场，既可增加利润，又可降低养殖风险。根据市场需求，特种经济动物产品的深加工向多样化、规格化、标准化方向发展，逐步走上产业化发展之路。

Note

模块一
特种兽类经济动物养殖技术

项目一　肉兔养殖

任务一　生物学特性

扫码学
课件 1-1

任务描述

主要介绍兔的分类；家兔的生活习性；家兔的食性与消化特性；家兔的繁殖特性及家兔的一般生理特点。

任务目标

▲**知识目标**

能够说出家兔的主要生活习性；能够说出家兔在消化、繁殖、换毛等方面的特性。

▲**能力目标**

能正确判断家兔的生物学特性；能将家兔的生物学特性合理应用在其饲养管理过程中。

▲**课程思政目标**

具备严谨务实、勇于探究的职业素养；具备创新创业意识；具备发挥专业技术特长而服务三农的精神。

▲**岗位对接**

实验动物饲养、特种经济动物繁殖。

任务学习

兔全身都是宝，兔肉的蛋白质含量高，脂肪少，胆固醇含量低，肉质细嫩味美，容易消化，营养价值较高。兔肉是国内外市场上的畅销食品，人如果长期吃兔肉，可预防冠心病、动脉硬化等疾病。

一、兔的分类

兔在动物分类学上属于哺乳动物中的兔形目，兔形目可分为两科，分别是鼠兔科（鼠）和兔科（家兔及野兔），兔科由野兔属、穴兔属及棉尾兔属等十一属组成。家兔由一种野生的穴兔经过驯化饲养而成，生物学分类上属于哺乳纲、真兽亚纲、兔形目、兔科、穴兔属、穴兔种、家兔变种。家兔根据经济用途，主要分为肉用兔（简称肉兔）、皮用兔、毛用兔和兼用兔四大类，还有实验用兔和观赏兔。

二、家兔的生活习性

（一）昼伏夜行

野生穴兔由于体小力弱，常常白天静伏洞中，只有在夜深人静时才外出采食。在长期的自然选择下，这种特性得到加强和巩固。家兔在人工饲养条件下，白天多静伏笼中，闭目养神，但黄昏到次日凌晨则显得十分活跃，频繁采食和饮水。据测定，家兔在夜间的采食和饮水量相当于一昼夜的70%左右。“要想家兔养得好，夜草（料）不能少”是很有道理的。

（二）胆小怕惊

家兔胆小，对外界环境的变化非常敏感，遇有异常响声，或竖耳静听，或惊慌失措，或乱蹦乱跳，或发出很响的蹬足声以“通知”它的伙伴。妊娠母兔受惊吓容易发生流产；正在分娩的母兔受惊吓会咬死或吃掉初生仔兔；哺乳母兔受惊吓，会拒绝仔兔吃奶；正在采食的兔子受惊吓，往往停止采食。

（三）喜清洁干燥

家兔对疾病的抵抗能力较差，容易染病，尤其在不清洁和潮湿的环境更容易感染各种疾病。家兔排粪排尿都有固定的地方，这是它们适应环境的本能。因此，在日常管理中，为家兔创造清洁而干燥的环境，是养好家兔的一条重要原则。

（四）穴居特性

家兔仍保留其原始祖先穴兔打洞穴居的本能，这是它们祖祖辈辈为创造栖息环境和防御敌害所采取的措施。在建造兔舍和选择饲养方式时，必须考虑到这点，以免家兔在兔舍内乱打洞，造成难以管理的被动局面。

（五）怕热耐寒

家兔的汗腺不发达，加上被毛浓密，使体表热能不容易散发，这就是家兔怕热的主要原因。但家兔被毛浓密具有较强的抗寒能力，这种抗寒能力表现为成年兔比仔兔、幼兔抗寒能力强。

（六）喜啃硬物

家兔是双门齿型动物，门齿中的第一对牙齿（大门齿）叫“恒齿”，出生时就有，以后也不出现换齿现象，而且不断生长。家兔必须通过啃咬硬物本能地将它磨平，使上下齿面吻合，以便于采食。家兔的这种习性常常会造成笼具或其他设备的损坏，要采取一些防御措施，例如，常在笼中投入带叶的树枝，或粗硬干草等硬物任其啃咬、磨牙；建筑兔舍时，在笼门的边框、产仔箱的边缘等处，凡是能被家兔啃到的地方，都要平整，不留棱角。

（七）嗅觉灵敏，视觉退化

家兔的嗅觉灵敏，常以嗅觉辨认异性和栖息领地，通过嗅觉来识别亲生仔兔或非亲生仔兔。人们利用这种特性，在仔兔要并窝或寄养时，采用一定的方法混淆气味，从而使并窝或寄养获得成功。家兔视觉退化，在管理时不必注意饲养员的服装颜色。

（八）合群性差

家兔在群养情况下，同性别的成年家兔之间，常常发生咬斗，彼此造成严重损伤，特别是性成熟的公兔之间咬斗更为严重。生产上种公兔和妊娠、哺乳母兔宜单笼饲养，生产兔如要群养，也应合理分群，3月龄以上的兔应根据体型大小、强弱和性别进行分群饲养，且兔群不宜过大，每群3～5只或7～8只即可。

（九）嗜眠性

家兔在某种条件下容易进入嗜眠状态，在这种状态下痛觉减弱或消失。家兔进入嗜眠状态的条件如下：将家兔四肢向上躺下，然后用一只手在其胸腹部顺毛抚摩，同时，另一只手按摩其太阳穴，家兔便进入嗜眠状态。生产中长毛兔剪毛到腹部时、对家兔进行强制哺乳时可以考虑利用此特性，以便能够顺利操作。

（十）跖行性

家兔后肢飞节以下形成脚垫，运动时重心在后腿上，整个脚垫全着地，这种跳跃式运动叫跖行性。生产中如果兔笼底座间隙大小不合理，家兔后肢非常容易夹在底座间隙之间，造成不必要的后肢损伤。

三、家兔的食性与消化特性

（一）家兔消化系统的解剖特点

家兔上唇的正中央有一纵裂，形成豁唇，呈三瓣形，使门齿易于露出，便于采食地面的短草和啃咬树皮等。家兔是单胃草食兽，胃容积较大，约为消化道总容积的36%，一次可采食较多的饲料。由于家兔胃结构特殊，不能嗳气，也不能呕吐，所以消化系统疾病较多。家兔的肠管较长，肠管总长度约为5 m，相当于兔体长的10倍。在肠道中，盲肠较为发达，长为50～60 cm，与体长相当，容积约为消化道总容积的42%。家兔消化系统构造见图1-1。

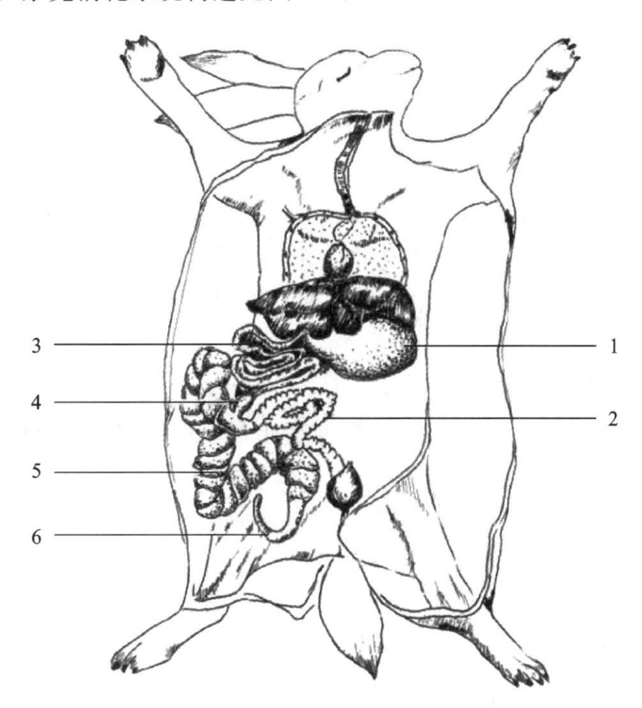

图1-1　家兔消化系统构造

1.胃；2.大肠；3.小肠；4.圆小囊；5.盲肠；6.蚓突

（二）家兔的食性

家兔和其他草食动物一样，喜欢素食，不喜欢食鱼粉等动物性饲料。日粮中动物性饲料非加不可时也不宜超过5%，否则将影响家兔的食欲，甚至拒绝采食，家兔最喜欢吃多叶类饲草如苜蓿、三叶草、黑麦草和麦苗等。在谷类饲料中，家兔喜欢吃整粒的大麦、燕麦和稻谷等，而不喜欢吃整粒的玉米。配合饲料中家兔喜欢吃颗粒料。

（三）食粪特性

家兔具有吃自己粪的特性，这是家兔的本能行为，此与犬、猪等动物食粪癖不同。家兔出生以后会吃饲料时，不久即吃粪，这是一种先天性的正常生理过程。家兔排泄两种粪便，即白天排硬粪，夜间排软粪，软粪中所含蛋白质量大大高于硬粪，食粪就是食夜间排的软粪。软粪一排出肛门即被吃掉，但家兔不吃落到地板上的粪便。家兔可以从食入的粪便中获得其所需要的部分B族维生素和蛋白质。

四、家兔的繁殖特性

（一）繁殖力强

家兔性成熟早（3～6月龄），妊娠期短（30～31天），一年四季均可繁殖，属多胎动物。母兔如采用频密繁殖，1只一年可繁殖7～8胎，每胎产仔8～9只，成活6～7只，一年可育成50～60只仔兔。

Note

（二）刺激性排卵

一般母畜在达到性成熟以后，每隔一定的时间即发情一次，发情过程也伴随着排卵，这种排卵不需要外界刺激，自发进行，称自发性排卵。母兔则不同，在达到性成熟以后，虽每隔一定时间发情，但并不伴随着排卵，只有在与公兔交配以后，或相互爬跨以后，或注射外源激素以后才发生排卵，这种现象称为刺激性排卵或诱导排卵。

（三）假妊娠

排卵而未受精往往引起母兔假妊娠，在此期间，母兔拒绝配种，到假妊娠末期，母兔表现出临产行为，衔草做窝，拉毛营巢，乳腺发育并分泌少量乳汁。经过16～17天，由于没有胎盘，加之黄体消失，孕酮分泌减少，母兔终止假妊娠，据报道，假妊娠结束时配种较易受胎。

五、家兔的一般生理特点

（一）家兔体温调节特点

家兔是恒温哺乳动物，正常体温为38.5～39.5 ℃。家兔被毛浓密，缺乏汗腺（仅在唇边和鼠蹊部有少量汗腺），体温调节功能也不完善，所以出汗散热和皮肤散热能力不如其他家畜。家兔散热的主要途径是呼吸和排泄。当外界温度升高时，家兔通过增加呼吸次数，呼出气体蒸发水分的方法，以达到散热的目的。

（二）家兔的生长发育特点

家兔生长发育迅速，仔兔出生时全身裸露，眼睛紧闭，耳闭塞无孔，趾间相互连在一起，不能自由活动。仔兔出生以后3～4日龄即开始长毛；4～8日龄脚趾开始分开；6～8日龄耳朵根内出现小孔与外界相通；10～12日龄眼睛睁开，出巢活动并随母兔试吃饲料，21日龄左右能正式吃饲料。仔兔初生体重50 g左右，1月龄时体重相当于初生时的10倍，初生至3月龄体重几乎呈直线上升，3月龄以后体重增加相对缓慢。

（三）家兔的换毛特点

1. 年龄性换毛　家兔一生中，有两次年龄性换毛，第一次换毛为30～100日龄，第二次换毛为130～180日龄。

2. 季节性换毛　家兔进入成年期以后，每年春季和秋季两次换毛。春季换毛在3—4月，秋季换毛在9—10月。安哥拉兔的兔毛生长期为1年，只有年龄性换毛，而没有明显的季节性换毛。

任务训练

一、填空题

1. 兔在动物分类学上属于哺乳动物中的__________目，兔形目可分为两科，家兔是由一种野生的__________经过驯化饲养而成。

2. 家兔在夜间的采食和饮水量相当于一昼夜的__________左右。

3. 母兔在达到性成熟以后，只有在__________以后，或__________以后，或__________以后才发生排卵，这种现象称为刺激性排卵。

二、判断题

1. 家兔盲肠较发达，因此消化粗纤维能力较强，可大量利用青饲料。（　　）

2. 家兔的视觉和听觉发达，嗅觉较差。（　　）

3. 家兔排泄两种粪便，白天排硬粪，夜间排软粪，家兔具有吃夜间软粪的特性，这是家兔的本能行为。（　　）

三、分析题

如何根据家兔的主要生物学特性进行合理科学的饲养？

任务二 品 种

扫码学
课件 1-2

任务描述

主要介绍家兔品种分类;主要肉兔品种的外形特征、生产性能等。

任务目标

▲知识目标

能够说出家兔品种的分类方法;能够说出各类肉兔的品种特征和生产性能。

▲能力目标

能识别主要肉兔品种;能科学合理地根据生产需要选择相应肉兔品种。

▲课程思政目标

具备科学严谨的职业素养;具备立足专业、服务乡村振兴的思想意识。

▲岗位对接

实验动物饲养、特种经济动物繁殖。

任务学习

一、家兔品种分类

(一)按家兔经济用途分类

可分为肉用兔、皮用兔、毛用兔、实验用兔、观赏兔、兼用兔。

肉用兔:其经济特性以生产肉为主,如新西兰兔,加利福尼亚兔。

皮用兔:以生产皮为主,如獭兔。

毛用兔:以生产毛为主,如安哥拉兔。

实验用兔:适用于注射、采血等用,如日本大耳兔。

观赏兔:其外貌奇特,或毛色珍稀,或体格微型适于观赏,如荷兰小型兔。

兼用兔:其经济特性适合具有 2 种或 2 种以上利用目的,如青紫蓝兔。

(二)按家兔体型大小分类

大型兔:成年体重在 4.5 kg 以上,如公羊兔、比利时兔等。

中型兔:成年体重在 3.5～4.5 kg,如新西兰兔、日本大耳兔等。

小型兔:成年体重在 2～3.5 kg 以下,如中国白兔、力克斯兔等。

微型兔:成年体重小于 2 kg,如荷兰小型兔。

二、主要肉兔品种

(一)单一品种

1. 中国白兔 外形特征:体型小,结构紧凑,头清秀,耳小嘴尖,四肢健壮。纯白色毛的,眼为红色;杂色毛的,眼为黑褐色(图 1-2)。

生产性能:成年体重为 2.0～2.5 kg,早熟,3～4 月龄可进行繁殖;年产 5～6 窝,窝产 8～12 只。

适应性、抗病力强，耐粗饲，繁殖性能好，是优良的育种材料。主要有体型小，生长慢，饲料报酬低等缺点。

2. 比利时兔 产于比利时，后经改良选育而成，是一个较古老的大型肉用品种。

外形特征：毛色和外貌酷似野兔，被毛多为深褐色，耳较长，耳尖有光亮的黑色毛边，眼球黑色，体躯较长，四肢粗大，尾内侧黑色(图 1-3)。

图 1-2 中国白兔

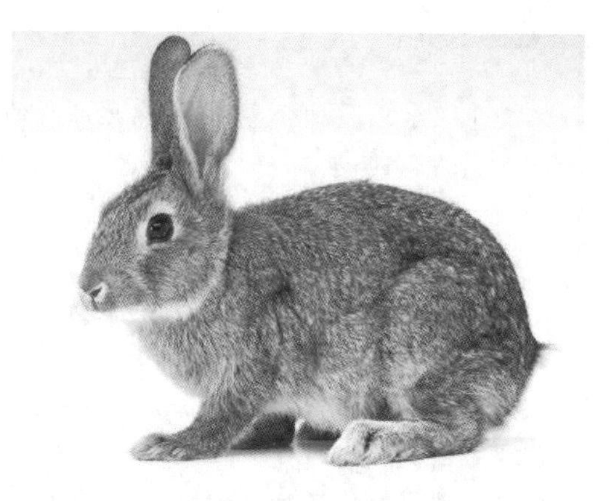

图 1-3 比利时兔

生产性能：生长发育快，40 日龄断乳体重 1.2 kg，3 月龄体重 2.8～3.2 kg，成年体重 5.5～6 kg，最重可达 9 kg。肌肉丰满，体格健壮，繁殖性能好，年产 4～5 窝，窝产 7～8 只。适应性强，耐粗饲。

3. 新西兰兔 原产于美国，是著名中型肉用品种，也常作实验研究用。

外形特征：体型中等，毛色纯白，头圆，耳小直立，耳短较圆宽(图 1-4)。

生产性能：早期增长快，2 月龄体重 1.5～2 kg。成年体重 4.48 kg，腰肋肌肉丰满，后躯发达，四肢强壮有力。肉质细嫩，较耐粗饲，繁殖性能好，年产 5 窝，窝产 7～9 只。被毛品质较差。

4. 加利福尼亚兔 原产于美国加利福尼亚州，是现代养兔业重要的肉用品种之一。

外形特征：体型中等，耳小直立。体躯被毛白色，耳、鼻端、四肢及尾部为黑褐色，故俗称“八点黑”(图 1-5)。

图 1-4 新西兰兔

图 1-5 加利福尼亚兔

生产性能：早期生长快，40 日龄断乳体重达 1～1.2 kg，2 月龄体重 1.8～2 kg，成年体重 3.5～4.5 kg。胸部、肩部和后躯发育良好，肌肉丰满，肉质鲜嫩。繁殖性能好，突出表现在哺育力强，仔兔成活率高。适应性、抗病力强，性格温顺。

5. 公羊兔 来源及育成史无确切记载，一般认为公羊兔首先出现于北非，后输入法国、比利时、荷兰、英国和德国。目前主要有法系和英系两大类型。

外形特征：耳大下垂，头似公羊，皮肤松弛；毛色多种，其中黄褐色比较常见。

生产性能：公羊兔体型大，早期生长快，40 日龄断乳体重 1.5 kg，成年体重 6～8 kg，窝产 4～6 只，仔兔出生体重可达 80 g。公羊兔耐粗饲，抗病力较强，易于饲养，性情温顺，不爱活动；但繁殖性能较差，主要表现为受胎率低，哺育仔兔性能差，产仔数少。

6. 日本大耳兔　用中国白兔选育而成。

外形特征：毛色纯白，眼为红色，耳大直立，耳根较细，耳端尖，形如柳叶。母兔颌下有肉髯(图1-6)。

生产性能：成年兔平均体重 4 kg，仔兔出生体重 65 g。繁殖性能好，窝产 7～8 只。性成熟早，生长快，45 日龄断乳体重可达 850～1000 g。

7. 青紫蓝兔　原产于法国。

外形特征：被毛蓝灰色，每根毛纤维自基部向上分为五段颜色，深灰色—乳白色—珠灰色—雪白色—黑色，颜色美观。耳尖及尾内侧黑色，眼圈、尾外侧及腹部白色，由于其毛色特殊，酷似南美洲产的毛丝鼠。体格健壮，四肢粗大。

生产性能：耐粗饲，适应性强，皮板厚实，毛色华丽，繁殖力、泌乳力好。分大、中、小型。标准型(较小)：成年兔体重 2.5～3.5 kg。中型：成年兔体重 4.5～5.4 kg。巨型：体大肌肉丰满，耳长、经常下垂，有肉髯，成年兔体重 5.4～7.4 kg。标准型生长速度较慢。

8. 德国花巨兔　原产于法国。

外形特征：毛色为白底黑花，黑色斑块较均匀对称地分布在耳、嘴、眼和大腿的外侧(黑耳朵、黑眼圈、黑嘴环)，脊柱有一条黑色背绒(图 1-7)。

图 1-6　日本大耳兔

图 1-7　德国花巨兔

生产性能：体型大，幼兔生长发育快，出生体重 65～75 g，40 日龄断乳体重 1.1～1.2 kg，90 日龄体重 2.5～2.7 kg。窝产 11～12 只，最高可达 18 只。但存在母性不强，哺育仔兔的能力差。毛色遗传不稳定，纯种兔中常出现黑色、蓝色等缺点。

9. 哈尔滨大白兔　外形特征：体型较大，耳大、眼大，被毛纯白色，红眼。

生产性能：四肢强健，体质结实，繁殖力高，5～6 窝/年，8～9 只/窝。生长发育快，70 日龄体重 2.4 kg。90 日龄屠宰率为 53.3%。成年兔体重 5.5～6.5 kg。

10. 塞北兔　张家口农业高等专科学校利用法系公羊兔和比利时弗朗德兔于 1988 年培育而成。

外形特征：毛色以黄褐色为多，其次为纯白色。单耳下垂，下颌骨宽大。头粗颈短，体躯肌肉丰满，四肢粗短而健壮。

生产性能：生长快，个体大，2～4 月龄，月平均增重 1.5～2.3 kg。繁殖力强，生后 4～5 月龄性成熟，6～8 月龄开始配种。抗病力强，尤其对多杀性巴氏杆菌。适应性强，性情温顺，好管理。

11. 喜马拉雅兔　主要产地是中国，是一个广泛饲养的优良家兔品种。

外形特征：被毛白色，短密柔软，耳、鼻、四肢下部及尾背为黑色。体型紧凑，眼淡红色。

生产性能：繁殖力高，窝产 8～12 只；成年体重 2.5～3.5 kg。该品种体格健壮、耐粗饲、抗病力强、母性好，遗传性稳定，是一个良好的育种材料。生长速度慢，屠宰率低。

(二)专门化肉兔配套系

特点是利用杂交优势生产商品兔，饲料报酬高，前期生长快，出栏早，经济效益好。

1. 齐卡肉兔配套系　齐卡肉兔配套系是由德国齐卡肉兔基础育种场培育的、当今世界上著名的肉兔配套系之一，于二十世纪八十年代初育成。商品兔：70 日龄体重 2.5 kg(图 1-8)。

2. 伊拉肉兔配套系 伊拉肉兔配套系是法国欧洲兔业公司在二十世纪七十年代末培育的杂交品系。由 9 个原始品种经不同杂交组合和选育而成。商品兔：除耳、鼻、肢端和尾是黑色外，全身白色，28 日龄断乳体重 680 g，70 日龄体重 2.52 kg，日增重 43 g，饲料报酬(2.7～2.9)∶1，种兔平均窝产 8 只以上，成活率 95%以上。伊拉肉兔具有生长发育快、饲料转化率高、抗病力强、产仔率高、出肉率高、肉质鲜嫩等特点。

3. 伊普吕肉兔配套系 伊普吕肉兔配套系是法国克里莫兄弟育种公司用 8 个品系杂交培育而成。商品兔：全身白色，部分耳、鼻、肢端和尾是黑色。70 日龄体重 2.5～2.55 kg，料肉比为 3.0～3.2。伊普吕肉兔具有繁殖能力强、生长速度快、抗病力强、适应性强、肉质鲜嫩、出肉率高、易于饲养等优良特性(图 1-9)。

图 1-8 齐卡肉兔

图 1-9 伊普吕肉兔

任务训练

一、选择题

1. 新西兰兔的经济类型属于__________。

A. 皮用兔 B. 肉用兔 C. 毛用兔 D. 其他

2. 喜马拉雅兔产地是__________。

A. 美国 B. 日本 C. 德国 D. 中国

3. 以下属于专门化肉兔配套系的品种是__________。

A. 中国白兔 B. 日本大耳兔 C. 齐卡肉兔 D. 青紫蓝兔

二、判断题

1. 公羊兔成年体重 6～8 kg，属于大型肉兔品种。( )

2. 外形具有“黑耳朵、黑眼圈、黑嘴环”特征的是喜马拉雅兔。( )

3. 外貌酷似野兔，被毛多为深褐色的是比利时兔。( )

任务三 兔舍建造

扫码学
课件 1-3

任务描述

主要介绍兔场场址选择；常见兔舍形式；兔舍常用设备。

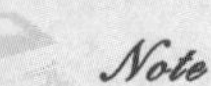

任务目标

▲**知识目标**

能够说出肉兔养殖场的场址选择要求；能够说出兔舍结构和兔舍常用设备。

▲**能力目标**

能合理选择肉兔养殖的适宜场地；能进行兔舍的简单设计。

▲**课程思政目标**

具备科学严谨的职业素养；具备立足专业、服务乡村振兴的思想意识。

▲**岗位对接**

实验动物饲养、特种经济动物饲养。

任务学习

兔对自然生态环境具有依赖性和选择性，兔场是肉兔生产的场所，兔场经营和效益的好坏与兔场建设紧密相关。我国地域辽阔，因此，在兔场场址选择和兔舍设计上也应因地而异。一般来说，南热北冷，从东南到西北气候愈加干燥，北方应注重防寒，南方则应注意防暑防湿，中部江淮一带，则应兼顾冬季防寒和夏季防暑防湿。

一、兔场场址选择

（一）地势

兔场场址总的要求是地势高燥、排水良好、背风向阳，地势低洼、排水不良及背阴的峡谷地不宜用作兔场。

（二）水源

兔场需保证有水量充足、水质良好的水源，根据需要可建蓄水池。

（三）交通

兔场应建在交通方便、道路平坦的地方，保证饲料、产品及其他生产、生活物资的运输便捷。但为了防疫安全，场区应有交通支道与交通主干线连接，按照畜牧场建设标准，要求距国道、省际公路 500 m 以上，距省道、区际公路 300 m 以上，距一般道路 100 m 以上，距居民区 500 m 以上。

（四）电源

兔场照明、饲料加工、供暖、通风、清粪及员工生活等都离不开电，因此选址需考虑用电便利，电力充足。

（五）饲料用地

兔场场址周围最好有一定面积的土地用作兔用青绿饲料生产基地。

二、兔舍设计

我国各地气候条件千差万别，加之经济条件各异，要求的兔舍形式和结构也不一样，但不管怎样，对兔舍建筑的基本要求还是一致的。兔舍建筑要符合家兔的生活习性，有利于家兔的生长发育和毛皮品质的提高，有利于清洁卫生，预防疾病的传播，有利于饲养管理等。

（一）影响肉兔生长的环境因素

兔舍建造时应考虑创造适宜肉兔生长的外部环境条件，例如温度、湿度、气流、噪声、光照、有害气体和致病微生物等。

1. 温度　家兔是恒温动物。为了维持正常的体温，家兔必须随时调节散热和自身的产热。气温

越高，体内产热越难向外散发，这时家兔不得不减少产热，引起食欲下降、消化不良、性欲降低和繁殖困难等。而气温降低，家兔又要增加自身的产热，这不仅会消耗较多的营养物质，还可能使家兔抵抗力下降，容易染病。

家兔适宜的环境温度，初生仔兔为 30～32 ℃，成年兔为 10～25 ℃，临界温度为 5～30 ℃，超过这个范围，将会给家兔带来不良的影响。

2. 湿度 湿度往往伴随温度共同对家兔产生影响，高温高湿和低温高湿对家兔都有不良的影响。高温高湿会抑制家兔散热，容易引起中暑，特别是长毛兔更是如此；低温高湿又会增加散热，并使家兔有冷的感觉，特别是幼兔更难以忍受。同时，温度适宜而又潮湿的情况，不仅有利于细菌、寄生虫的繁殖，导致家兔发生疾病，还会使空气中有害气体增加。家兔适宜的相对湿度为 60%～70%，如果低于 50%，将会引起家兔鼻腔干燥；据法国有关资料，家兔最佳相对湿度为 55%。

3. 气流 “气流”即通常所说的“风”，高温时，增加气流(风)速度，有利于家兔散热。但低温高湿时，增加风速，家兔产生冷的感觉，并产生不良影响。成年兔，由于被毛浓密，对低温有一定的抵抗能力，风速对其影响不大，但对仔兔和刚剪毛的兔要注意冷风的袭击，特别要防止贼风的侵袭。

4. 光照 光照对家兔的繁殖和肥育效果等有明显的影响。持续光照超过 16 h，将引起公兔睾丸重量减轻和精子数减少。适宜的持续光照时间，公兔为每天 12～14 h，繁殖母兔每天 14～16 h，肥育兔每天 8 h。但国外报道，肥育兔舍除操作以外，宜保持黑暗，以能满足饲养员的工作为准。

5. 有害气体 兔舍中有害气体主要有氨、硫化氢、二氧化碳等。家兔对氨特别敏感，未及时清除的兔粪尿，在潮湿温暖的环境下，可分解产生氨等有害气体。空气中含氨 50 mL/m^3，可使家兔呼吸频率减慢，流泪和鼻塞，含氨 100 mL/m^3 会使眼泪、鼻涕和口涎显著增多。

6. 噪声 家兔胆小怕惊，在突然的噪声影响下，可引起妊娠母兔流产，或胚胎死亡数增加，哺乳母兔还会咬死它们的仔兔。因此，兔舍附近不要安装机器，或停放拖拉机等发出响声的装置。

(二)常见兔舍形式(图 1-10)

1. 室内单列式兔舍 这种兔舍四周有墙，南北有采光通风窗。屋顶为双坡式(“人”字顶)，三层兔笼叠于近北墙，兔笼与南墙之间为喂饲道，粪尿沟靠北墙，南北墙距地面 20 cm 处留对应的通风孔。兔舍跨度小，通风、保暖性好，光照适宜，操作方便，适合江淮及其以北地区采用，尤其适合作种兔舍。

2. 室内双列式兔舍 双坡式屋顶，两列三层兔笼背靠排列。两列兔笼之间为粪尿沟，靠近南北墙各有一条喂饲道。南北墙开有采光通风窗，接近地面处留有通风孔。这种兔舍，室内温度易于控制，通风、透光良好，经济利用率高，但朝北一列兔笼光照、通风、保暖条件较差。由于饲养密度大，在冬季门窗紧闭时有害气体浓度也较大。

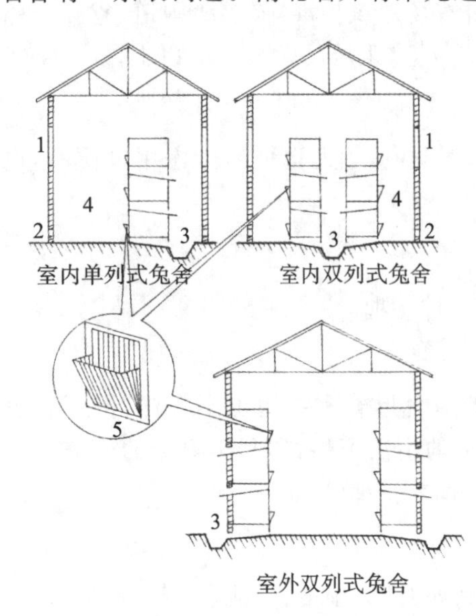

图 1-10 兔舍形式

1. 窗户；2. 通风孔；3. 粪尿沟；4. 喂饲道；5. 草架

3. 室外双列式兔舍 双坡式屋顶，双列固定兔笼，兔舍的南北墙就是兔笼的后壁，草架搁于兔笼的前方，两列兔笼之间有喂饲道，兔舍跨度小，造价低，粪尿沟位于南北墙外，舍内气味小，夏季通风，冬季将出粪孔堵好，保暖性能好，但缺少光照。

4. 其他形式兔舍 除上述列举的几种形式兔舍以外，规模兔场还使用多列式笼舍，如四列式，这样可有效利用空间，但如果通风条件跟不上，室内有害气体浓度高，湿度大，则需要采用机械通风换气。

(三)兔舍常用设备

1. 兔笼 兔笼有活动式和固定式两种。

活动双联单层兔笼：用方木做成框架，四周用竹钉钉牢，竹条间距 1.5 cm。漏缝地板用竹条钉制，竹条宽 2 cm，间距 1 cm。门开在上方，两门中央放置"V"字形草架。

固定式兔笼：种兔笼多为 3 层，兔笼多用砖、钢筋水泥等砌成，活动漏缝地板用竹条钉制，门上分别装草架和食槽，承粪板为 2.5～3 cm 厚的水泥预制板。3 层笼总高度在 190 cm 以下，笼宽 70 cm，深 60 cm。底层距地面 30 cm。漏缝地板宽 70 cm，深 60 cm（正好能插入笼底）。竹条长 60 cm，宽 2.5 cm，竹条间距 1 cm。承粪板（净）宽 70 cm，深 65 cm，厚 2.5 cm，承粪板向笼前伸出 2 cm，向后伸出 3～5 cm（上层向后伸出 5 cm，中层向后伸出 3 cm）。

阶梯式组合金属兔笼：阶梯式组合金属兔笼用镀锌钢丝制成。十几个兔笼为一个组合，兔笼放在 2～3 个水平层，上下不重叠，固定在金属支架上。一列兔笼由几个或十几个组合相连而成。这种兔笼的空间利用率高，通风良好，但造价及安装费用较高，见图 1-11。

2. 食槽 食槽种类很多，有竹制、水泥制、陶制和铁皮制等。铁皮食槽是用铁皮焊制成的半圆形食槽，槽长约 15 cm、宽 10 cm、高 10 cm。为防止食槽被兔踩翻，应固定在笼门上。为便于加料、清洗以及家兔采食，应设计成易拆卸的活动式（图 1-12）。

图 1-11 阶梯式组合金属兔笼

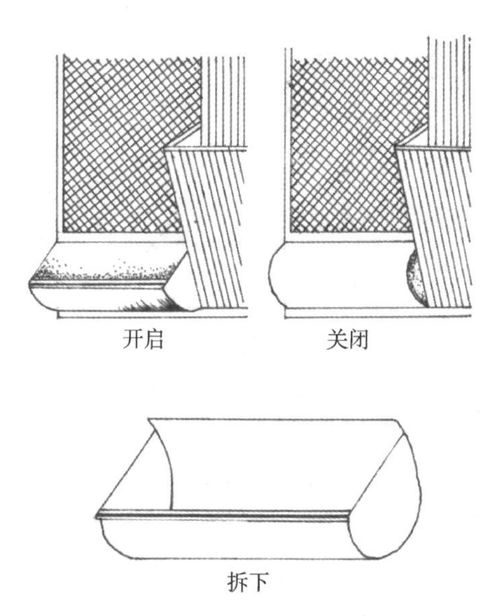

图 1-12 铁皮食槽

3. 草架 用粗铁丝焊制成"V"字形草架，固定在笼门上，内侧铁丝间距 4～5 cm，外侧用电焊网封住。草架可以活动，拉开加草，推上让兔吃草。采用全价颗粒饲料饲喂方式的兔场，无须单设草架。

4. 饮水器 常用家兔饮水器有瓦钵、带乳头管的小口玻璃瓶（或塑料瓶）和乳头式自动饮水器。使用瓦钵经济方便，可就地取材，但易损坏，又要经常洗刷。带乳头管的小口玻璃瓶，装满水倒挂于笼上，可供兔随时饮用，它比瓦钵卫生，但需经常取下装水。有自来水供水条件的，可采用乳头式自动饮水器，它清洁卫生，不易污染，是理想的饮水装置。

5. 产仔箱 产仔箱是母兔产仔的工具，也是哺育仔兔的地方，一要安全安静稳固，不受外界干扰，二要卫生干燥，黑暗舒适，三要温湿度恒定，保暖隔热效果好。产仔箱的主要形式有两种。

（1）抽屉式产仔箱：家兔养殖中最早应用，它搬拿方便灵活，现在许多家庭养殖场中应用效果较好，缺点是劳动效率低，不适合应用于大型机械化养殖场。通常用 1.5～2 cm 厚的木板钉制，木箱内外要刨光，但产仔箱内底面不要刨光，钉子不要外露。箱底开几个小洞，便于尿液流出。产仔箱有两种形式，一种为长方形，另一种在箱的前方做成月牙形缺口，产仔时横侧，可增加箱内面积，产仔后再竖起来，防止仔兔爬出箱外（图 1-13）。

（2）悬挂式产仔箱：抽屉式产仔箱的一种改进形式，这类产仔箱具有不占笼内面积，管理方便的特点，它避免了抽屉式产仔箱里外搬运、人工哺乳的繁重劳动，许多兔场应用效果较好。缺点是占用通道空间较大，对产仔箱的稳定性要求高。悬挂式产仔箱多采用保温性能好的发泡塑料或轻质金属等材料制作，悬挂于兔笼的笼门上，在与兔笼接触的一侧留有一个大小适中的方形或圆形缺口，其底部刚好与笼底板齐平，产仔箱上方加盖一块活动盖板(图 1-14)。

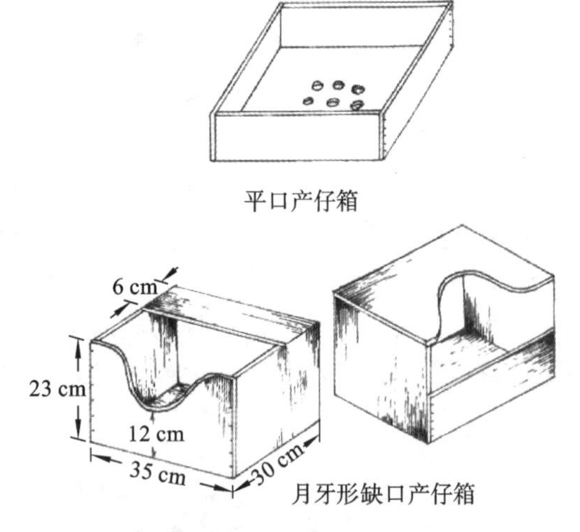

图 1-13　抽屉式产仔箱

图 1-14　悬挂式产仔箱

任务训练

一、填空题

1. 兔场选址主要考虑______、______、______、______、______等因素。
2. 家兔适宜的环境温度，初生仔兔为______℃；成年兔为______℃。
3. 常见兔舍按兔笼排列有______、______、______等形式。
4. 肉兔养殖的主要设备有______、______、______、______、______等。

二、分析题

查阅资料，了解母兔野生条件下做窝产仔方式，分析抽屉式产仔箱与悬挂式产仔箱的利弊，提出意见或建议。

任务四　繁殖技术

扫码学
课件 1-4

任务描述

肉兔的生殖生理；肉兔的选种；肉兔的配种；肉兔的接产。

任务目标

▲知识目标

能够说出肉兔的主要生殖生理特性；能够说出肉兔的选种方法；能够说出肉兔主要的配种方法；能够说出肉兔的接产技术要点。

▲能力目标

能够对肉兔进行科学合理的选种，并能选出优良的兔种；能够对肉兔进行科学合理的配种；能够胜任肉兔的接产工作。

▲课程思政目标

具备科学严谨的职业素养；树立生态养殖的环境保护意识；具备立足本专业、服务乡村振兴的思想意识。

▲岗位对接

实验动物繁殖、特种经济动物繁殖。

任务学习

一、肉兔的生殖生理

（一）肉兔的生殖特点

1. 繁殖力强　肉兔性成熟早，妊娠期短，年产胎数多，胎产仔数多，具有很强的繁殖力。母兔的妊娠期短，为30～31天。在集约化生产条件下，母兔每年可繁殖6～8胎，每年可生产40～60只仔兔。

2. 刺激性排卵　母兔只有通过与公兔交配等刺激后，方可将成熟的卵子排出。一般母兔经刺激后10～12 h排卵。

3. 清晨和傍晚性活动旺盛　肉兔在日出前1 h和日落后2 h性活动较强烈，此时配种受胎率高。

4. 环境温度过高时母兔不孕　在炎热季节里，如果不采取空调降温等措施降低环境温度，则公兔的精液量减少，精液品质下降，母兔受胎率降低。

（二）肉兔的性成熟与初配年龄

1. 性成熟　小型品种肉兔3～4月龄性成熟，中型品种肉兔4～5月龄性成熟，大型品种肉兔5～6月龄性成熟。对于同一品种的肉兔，母兔的性成熟比公兔早0.5～1个月。

2. 初配年龄　虽说性成熟标志着肉兔已具有繁殖后代的能力，但初配时间应在肉兔基本发育完全之时。故母兔的初配时间为7～8月龄，体重达3 kg以上；公兔的初配时间为9～10月龄，体重达3.5 kg。

（三）肉兔的发情

公兔达到性成熟后，随时都可交配，因此发情只是针对母兔而言。母兔一年四季都有发情表现，但以春季和秋季为主。其发情周期变化较大，一般为8～15天，发情持续期为3～4天。

母兔发情时，表现出食欲下降、活跃不安、用下颌摩擦笼底等行为，其外阴部可视黏膜也发生明显的变化。未发情时，母兔外阴部可视黏膜色泽苍白而干燥；刚发情时，外阴部可视黏膜呈现粉红色；发情旺期时，外阴部红肿而湿润，可视黏膜色泽潮红；发情后期时，可视黏膜呈紫红色。

二、肉兔的选种

（一）肉用种兔的体质外形要求

（1）被选个体应具有本品种或品系的外形特征，体型大小适中，背腰平直，后躯丰满，四肢端正。

（2）被选个体应体质结实，眼大有神，四肢强壮有力，身体健康无病，没有严重的生理缺陷。

（3）公兔性情活泼，睾丸发育良好，大小对称。

（4）母兔性情温顺，母性好，无恶习。乳头达4对以上，泌乳力高。

(二)肉用种兔的生长发育要求

(1)良种肉用种兔要求75日龄体重达2.5 kg以上,肥育期日增重35 g以上,饲料报酬在3.5∶1之内。

(2)屠宰率在50%以上,胴体净肉率在80%以上,后腿比例占胴体的1/3。

(三)肉用种兔的繁殖性能要求

(1)配种率要求在80%以上。

(2)年产仔数在40只以上,窝产仔数平均在7只以上。

(3)30日龄断乳个体体重应在500 g以上。

三、肉兔的配种

(一)发情鉴定技术

当发现母兔食欲下降、活跃不安、用下颌摩擦笼底等行为时,观察其外生殖器。如果发现母兔的外阴部红肿而湿润,可视黏膜色泽潮红,则说明母兔正处于发情旺期。在母兔发情旺期配种不仅比较顺利,而且容易妊娠。

(二)配种技术

1. 单配法 将母兔放入公兔笼内,让其自然交配。这种配种方法的特点是一只母兔仅与一只公兔交配一次。

2. 复配法 将母兔放入公兔笼内,让其自然交配一次后,将母兔放回原笼。间隔7~8 h,再将这只母兔放入同一只公兔笼内,让其第二次自然交配。这种配种方法的特点是一只母兔与同一只公兔交配两次。

3. 双配法 用两只血缘关系较远的同一品种或不同品种的公兔与一只母兔交配。具体操作是将母兔放入一只公兔笼内与之交配后,间隔10~15 min,再将这只母兔放入另一只公兔笼内与之进行交配。这种配种方法的特点是一只母兔与两只不同的公兔分别交配一次。

(三)妊娠诊断技术

交配的母兔是否受孕,应当进行诊断,通常采用以下两种妊娠诊断方法。

1. 称量法 交配前称量母兔的体重,并记录下来,半个月后再称量一次,若体重明显增加了,则母兔已经怀孕。

2. 摸胎法 交配后1周开始摸胎,左手抓住母兔的耳朵,将其固定在操作台或地面上,使其头朝向摸胎者的胸部,轻轻提起至臀部不着地,右手拇指和其他四指成“八”字形,自前向后轻轻沿腹壁后部两旁摸索。摸到花生米大小能滑动的肉球,有弹性,则是怀孕的征兆。

(四)种兔的使用年限

种公兔的使用年限为2~3年,种母兔的使用年限为3~4年。

四、肉兔的接产

1. 产前准备 在母兔临产前3~4天,对产仔箱、兔笼和饲喂器具等进行清洗、消毒、晒干,并确保没有异味。将铺好洁净软垫草的产仔箱放到兔笼内,不要捕捉和惊扰母兔,保持环境安静,以防流产。

2. 分娩护理 母兔分娩时,更应保持环境安静,避免打扰和惊动。母兔一般都能顺利分娩,无须助产。整个产仔过程需20~30 min,母兔一边产仔一边吃下胎盘,舔干仔兔身上的污渍。如果出现难产,则可肌内注射催产素。

3. 产后护理 母兔产后,将母兔抓出产仔箱,让其饮用洁净的温水后,拔光其乳头周围的兔毛。清点仔数,重新整理产仔箱(底部换软草,内层垫兔毛),盖上兔毛,做好相关记录。同时,要检查母兔乳汁是否正常,检查仔兔的粪便是否正常。

Note

任务训练

一、选择题

1. 种公兔的月龄达到__________后则必须与母兔分开饲养。

A. 1 月龄　　B. 2 月龄　　C. 3 月龄　　D. 4 月龄

2. 种公兔的月龄达到__________后则应单笼饲养。

A. 1 月龄　　B. 2 月龄　　C. 3 月龄　　D. 4 月龄

3. 种公兔每天适宜的配种次数是__________。

A. 2 次　　B. 4 次　　C. 6 次　　D. 8 次

4. 母兔的妊娠期为__________。

A. 18～20 天　　B. 30～31 天　　C. 50～55 天　　D. 60～65 天

5. 人工养殖条件下仔兔__________后可以断乳。

A. 20 天　　B. 30 天　　C. 60 天　　D. 80 天

6. 人工养殖条件下种公兔的使用年限为__________。

A. 2～3 年　　B. 5～6 年　　C. 7～8 年　　D. 9～10 年

7. 人工养殖条件下种母兔的使用年限为__________。

A. 1～2 年　　B. 3～4 年　　C. 7～8 年　　D. 9～10 年

8. 下列__________是家兔常用的妊娠诊断技术。

A. 腰围测量法　　B. 妊娠试纸测定法　　C. 称量法　　D. 听诊法

9. 将母兔放入公兔笼内让其自然交配属于__________。

A. 单配法　　B. 复配法　　C. 双配法　　D. 三配法

二、判断题

1. 性成熟早属于肉兔繁殖力强的表现之一。(　　)
2. 妊娠期短不属于肉兔繁殖力强的表现。(　　)
3. 兔不属于刺激性排卵动物。(　　)
4. 只有经过公兔的交配刺激后母兔才能排出卵子。(　　)
5. 对于同一品种的肉兔,公兔的性成熟比母兔要早。(　　)
6. 单配法是将公兔放入母兔笼内让其自然交配。(　　)

任务五　饲养管理

扫码学
课件 1-5

任务描述

肉兔的营养需要;肉兔的饲养标准;不同生理阶段肉兔的饲养管理技术。

任务目标

▲知识目标

能够说出肉兔的主要营养需要参数;能够说出肉兔的日粮配制方法和饲喂方法;能够说出不同生理阶段肉兔的饲养管理技术要点。

▲能力目标

能够设计出科学合理的肉兔饲养方案；能够对不同生理阶段肉兔进行科学合理的饲养管理。

▲课程思政目标

具备科学严谨的职业素养；树立生态养殖的环境保护意识；具备立足本专业、服务乡村振兴的思想意识。

▲岗位对接

实验动物饲养、特种经济动物饲养。

任务学习

一、肉兔的营养需要

肉兔在不同的生长时期和不同的生理状况下，对各种营养的需要量是不同的。肉兔的营养需要量见表1-1。

表1-1　肉兔的营养需要

营养指标	1～3月龄	4～6月龄	妊娠兔	哺乳兔	种公兔
消化能/(MJ/kg)	12.12	11.29～10.45	10.45	10.87～11.29	10.03～10.45
粗蛋白质/(%)	17～18	16	15	18	15
粗纤维/(%)	8～10	10～14	10～14	10～12	12～14
粗脂肪/(%)	2～3	2～3	2～3	2～3	2～3
钙/(%)	0.9～1.1	0.5～0.7	0.5～0.7	0.8～1.1	0.5～0.7
磷/(%)	0.5～0.7	0.3～0.5	0.3～0.5	0.5～0.8	0.3～0.5
赖氨酸/(%)	0.9～1.0	0.7～0.9	0.7～0.9	0.8～1.0	0.5～0.7
胱氨酸+蛋氨酸/(%)	0.7	0.6～0.7	0.6～0.7	0.6～0.7	0.6～0.7
精氨酸/(%)	0.8～0.9	0.6～0.8	0.6～0.8	0.6～0.8	0.6～0.8
食盐/(%)	0.5	0.5	0.5	0.5～0.7	0.5
铜/(mg/kg)	15	15	10	10	10
铁/(mg/kg)	100	50	50	100	50
锰/(mg/kg)	15	10	10	10	10
锌/(mg/kg)	70	40	40	40	50
镁/(mg/kg)	300～400	300～400	300～400	300～400	300～400
碘/(mg/kg)	0.2	0.2	0.2	0.2	0.2
维生素A/(IU/kg)	6000～10000	6000～10000	6000～10000	8000～10000	6000～10000
维生素D/(IU/kg)	1000	1000	1000	1000	1000

二、肉兔的饲养标准

肉兔是草食性动物，其饲料来源广泛，但当前国内外养兔业已广泛使用全价颗粒饲料。肉兔的全价颗粒饲料配方见表1-2。将表1-2中的饲料配方直接加工成颗粒饲料后，储存待用。

表 1-2 肉兔的全价颗粒饲料配方

单位:%

饲料	1～3 月龄	4～6 月龄	妊娠兔	哺乳兔	种公兔
草粉	30	40	28	20	42
玉米	19	24	40	40	28
小麦	19	10	—	—	—
豆饼	13	10	15	20	13
麦麸	15	12	10.5	12.5	11.5
鱼粉	3	3	4	4	3
骨粉	0.5	0.5	2	3	2
食盐	0.5	0.5	0.5	0.5	0.5

注:1～5 月龄的肉兔每 1000 kg 饲料中加入兽用多种维生素 200 g、硫酸亚铁 100 g、碳酸锰 25 g、碳酸锌 25 g、硫酸铜 3 g;成年肉兔每 1000 kg 饲料中加入兽用多种维生素 200 g、氯化胆碱 400 g、硫酸亚铁 100 g、硫酸铜 10 g。

三、不同生理阶段肉兔的饲养管理技术

(一)种公兔的饲养管理技术

1. 种公兔的饲养技术要点 在非配种期内,成年种公兔每天投喂全价颗粒饲料 150 g;在配种期内,种公兔每天投喂全价颗粒饲料 170～200 g。白天的投喂量占 30%～40%,晚上的投喂量占60%～70%。每天投喂 3～4 次。将全价颗粒饲料直接投放于料槽内,让其自由取食。

2. 种公兔的管理技术要点

(1)增强体质:给予种公兔充足的光照,可以有效地预防球虫病和软骨病;每天让种公兔在运动场自由活动 1～2 h,能够增强其体质。因为兔的体温调节能力较差,所以不要将其放在直射的阳光下。

(2)适时分笼饲养:种公兔 3 月龄后,必须与母兔分开,此时种公兔生殖器官开始发育,如不及时分开则易出现早配或乱配现象。4 月龄以后,则应单笼饲养。

(3)及时调整体况:通过调整全价颗粒饲料的投喂量来及时调整种公兔的体况,使其肥瘦适中。

(4)控制配种次数:种公兔每天配种 2 次,每交配 2 天休息 1 天,每只种公兔固定配种 8～10 只种母兔,以保证种公兔的精液品质与质量及使用年限。

(5)做好记录:记录参配种公兔的配种时间、与配母兔及其产仔情况等。

(二)母兔的饲养管理技术

母兔到了繁殖年龄后,就处于妊娠期、哺乳期、空怀期这三个生理阶段的循环。不同的生理阶段,其所要求的饲养管理也不完全一致。

1. 空怀期 母兔性成熟后或仔兔断乳到下一次配种妊娠之前的这段时间称为空怀期。

(1)空怀期母兔的饲养技术要点:养好空怀期母兔的关键是"看膘喂料",让母兔保持 70%～80%的膘体,以每天投喂量 150 g 为基准,过肥则减少投喂量,增加运动量;过瘦则增加投喂量,适当减少运动量,尽快恢复膘情。

(2)空怀期母兔的管理技术要点:最好单笼饲养,以便调整体况。注意观察其发情状况,适时配种。对于还没有调整好体况的母兔,则适当延长空怀期。

2. 妊娠期 母兔配种受胎后到分娩产仔的这段时间称为妊娠期。

(1)妊娠期母兔的饲养技术要点:养好妊娠期母兔的关键是"看胎喂料"。妊娠后的第 1～18 天,每天投喂量为 150～170 g;妊娠后的第 19～28 天,每天投喂量为 180～250 g,但必须视胎儿的发育情况,逐渐增加投喂量;妊娠后的第 29～31 天,母兔的食欲降低甚至拒食,应适当减少投喂量。

(2)妊娠期母兔的管理技术要点:妊娠期母兔要单笼饲养,不要随意捕捉;保持兔舍及环境安静;保持兔舍清洁干燥;寒冷气候时,应饮温水。

3. 哺乳期　母兔自分娩到断乳的这段时间称为哺乳期。一般为 30～40 天。

(1)哺乳期母兔的饲养技术要点:分娩后的 1～2 天,母兔体质较弱,食欲不佳,可少喂。3 天后逐渐增加投喂量,断乳前投喂量最大可达到空怀期母兔的 4 倍,但具体投喂多少,应该视母兔的泌乳情况而定,以仔兔能吃饱、产仔箱内很少有仔兔粪尿为宜。

(2)哺乳期母兔的管理技术要点:保持兔笼和用具的清洁,并定期消毒;母兔哺乳时要避免惊扰;要经常检查母兔的泌乳情况是否正常;要经常检查母兔的乳房是否发炎。

(三)仔兔的饲养管理技术

从出生到断乳前的兔,称为仔兔。

1. 仔兔的饲养技术要点

(1)早吃初乳:初乳是指母兔产仔后 3 天内的乳汁。仔兔产后 6 h 内就要检查是否吃足初乳。凡吃足初乳的仔兔,腹部圆鼓,安睡不动;凡吃乳不足者,则腹瘪胃空,乱爬乱叫。对没有吃到初乳的仔兔,要人工辅助其尽快吃足初乳。

(2)及时补饲:随着仔兔的逐渐长大,当母兔的乳汁难以满足其生理需要,仔兔达到 18 日龄后就要开始补饲。补饲方法是随成年兔一同取食全价颗粒饲料,少喂勤添,每天每只 20～50 g。

2. 仔兔的管理技术要点

(1)母仔分离饲养:将产仔箱和母兔隔开,只要每天定时哺乳则可。

(2)注意防寒保暖和防暑降温:寒冷季节里,对闭眼期(出生后 12 天内)的仔兔,窝温不宜低于 30 ℃,室温不宜低于 15 ℃;炎热季节里,窝温不能高于 40 ℃。

(3)搞好产仔箱卫生:产仔箱内的垫草要及时更换,保持产仔箱的清洁卫生。

(4)适时断乳:仔兔在 30 日龄时,则可断乳。断乳的方法是将母兔捉离出来单笼饲养,让仔兔留在原笼内饲养。这样便能保证仔兔的生活环境和同伴关系都不变,以利于仔兔迅速适应环境。

(四)幼兔的饲养管理技术

断乳后到 3 月龄的兔,称为幼兔。

1. 幼兔的饲养技术要点

(1)加强饲养:幼兔开始独立生活,生长发育迅速,食量逐渐增大。每天每只幼兔的投喂量为 80～120 g。采取“少食多餐”的原则,每天投喂 4～5 次。

(2)保证饮水:全天供应幼兔洁净的饮用水,让其自由饮用。

2. 幼兔的管理技术要点

(1)适时分群:仔兔断乳后经过短时间的适应后就要进行分群饲养,按窝分成小群饲养或按日龄、强弱和大小分开饲养,每笼饲养 4～5 只。3 月龄及以上的公兔和母兔要分笼饲养。

(2)加强卫生防疫:幼兔的疾病感染率较高,尤其是常见的传染病,必须通过科学的防疫接种加以控制。不仅要搞好笼舍的清洁卫生,还要对其进行定期消毒。

(五)青年兔的饲养管理技术

4 月龄到配种前的兔,称为青年兔。

1. 青年兔的饲养技术要点　每天每只青年兔全价颗粒饲料的投喂量为 120～150 g,每天投喂 3～4 次。对于留种用的后备兔,则要在 5 月龄后适当控制其投喂量,防止过肥。

2. 青年兔的管理技术要点　把符合种用的青年兔归入核心群,不符合种用的青年兔则归入商品群。4 月龄及以上的种公兔要单笼饲养。对于非种用公兔要及时进行阉割。

任务训练

一、选择题

1. 每天每只青年兔的全价颗粒饲料投喂量为__________。

A. 20～40 g　　B. 50～100 g　　C. 120～150 g　　D. 200～300 g

2. 每天给青年兔投喂全价颗粒饲料的次数以＿＿＿＿＿为宜。

A. 1～2 次　　B. 3～4 次　　C. 5～6 次　　D. 7～8 次

3. 吃乳期的兔被称为＿＿＿＿＿。

A. 仔兔　　B. 幼兔　　C. 青年兔　　D. 成年兔

4. 2～3 月龄的兔被称为＿＿＿＿＿。

A. 仔兔　　B. 幼兔　　C. 青年兔　　D. 成年兔

5. 3～6 月龄的兔被称为＿＿＿＿＿。

A. 仔兔　　B. 幼兔　　C. 青年兔　　D. 成年兔

6. 人工养殖条件下仔兔达到＿＿＿＿＿后就要开始补饲。

A. 8 日龄　　B. 18 日龄　　C. 28 日龄　　D. 38 日龄

二、判断题

1. 养好妊娠期母兔的关键是“看胎喂料”。（　　）
2. 养好空怀期母兔的关键是“看膘喂料”。（　　）
3. 母兔产仔后应拔光其乳头周围的兔毛。（　　）
4. 初乳是指母兔产仔后 3 天内的乳汁。（　　）

技能训练

技能一　兔品种识别

技能目标

通过观察了解常见兔的外形特征，能识别主要肉兔品种。

材料用具

图片、模型、兔品种虚拟仿真软件等。

技能步骤

通过观看图片、模型等回顾课堂讲授内容，总结归纳所观察的主要肉兔品种的产地环境、外形特点、生产性能等。

技能考核

<table>
<tr><th colspan="2">评价内容</th><th>配分</th><th>考核内容及要求</th><th>评分细则</th></tr>
<tr><td colspan="2" rowspan="4">职业素养与
操作规范
（40 分）</td><td>10 分</td><td>穿戴实训服；遵守课堂纪律</td><td rowspan="4">每项酌情
扣 1～10 分</td></tr>
<tr><td>10 分</td><td>实训小组内部团结协作</td></tr>
<tr><td>10 分</td><td>实训操作过程规范</td></tr>
<tr><td>10 分</td><td>对现场进行清扫；用具及时整理归位</td></tr>
<tr><td rowspan="3">操作过程
与结果
（60 分）</td><td>品种名称</td><td>20 分</td><td>能够在规定的时间内准确识别所示家兔的品种</td><td rowspan="3">每项酌情
扣 1～10
（20 或 30）分</td></tr>
<tr><td>品种产地</td><td>10 分</td><td>能够在规定的时间内准确说出所示家兔的产地</td></tr>
<tr><td>品种特征</td><td>30 分</td><td>能够在规定的时间内准确说明所示家兔的品种特征</td></tr>
</table>

Note

技能报告

(1)写出中国白兔、新西兰兔、日本大耳兔、比利时兔、公羊兔、青紫蓝兔、加利福尼亚兔、德国花巨兔等品种的主要产地、外形特征、生产性能。

(2)查阅资料,写出主要的肉兔配套系品种:齐卡肉兔、伊普吕肉兔、伊拉肉兔的生产性能。

技能训练

技能二　肉兔饲养管理常见操作技术

技能目标

能够正确抓取家兔;能够准确识别家兔的性别;能够对家兔的年龄进行鉴别;能够对种用家兔进行耳号编号。

材料用具

不同性别的仔兔、幼兔、青年兔和成年兔若干;兔用耳号钳和与之相配套的字母钉和数字钉;醋墨(用醋研磨而成的墨汁);已编好号的兔用金属耳标或塑料耳标。

技能步骤

一、家兔的抓取

先让家兔安静下来,用右手从家兔头部顺毛抚摸几下,然后抓住两耳和耳下的颈皮,将家兔轻轻提起,左手顺势托起臀部,使家兔的重心落在左手掌上,以降低对两耳和颈皮的拉力,既不伤家兔,也避免家兔伤人。只提两耳或两条后腿或只抓起背皮等抓取家兔的方法都是不正确的。

二、家兔的公母鉴别

1. 仔兔公母鉴别　仔兔通过观察生殖孔的形态与位置鉴别公母。母兔生殖孔扁形,与肛门形态大小相仿,与肛门的距离较近,睁眼后,生殖孔局部为“V”字形,下端裂缝延至肛门,无明显突起。公兔生殖孔圆形,略小于肛门,距肛门较远,睁眼后局部为“O”字形,下端为圆柱体。

2. 性成熟之前的幼兔公母鉴别　性成熟之前的幼兔也可通过观察外生殖器形态鉴别公母,操作手法同上。小公兔外生殖器形态呈圆锥状,顶部有圆形孔洞,小母兔外生殖器形态也呈圆锥形,但顶部呈“V”字形,下端裂缝沿至肛门。幼兔个体较小,操作要轻。

3. 性成熟以后的家兔公母鉴别　性成熟以后的家兔,通过观察外生殖器的形态鉴别公母。用正确的方法将家兔捉到笼外,左手食指和中指夹住尾巴向后翻,拇指向上推,翻开外生殖器,公兔会露出阴茎,母兔会露出外阴部黏膜。对母兔做发情鉴定的方法也同此操作方法。

三、家兔的年龄鉴别

1. 观察兔爪　幼兔和青年兔的爪短尖、平直,隐在脚毛之中不外露,1.5～2.5岁时,爪露在脚毛之外,仍显平直,2.5岁的兔爪露出一半,开始变得弯曲,老年兔爪明显长、黄、老而弯曲、爪尖钝圆。白色被毛的家兔,爪的基部呈粉红色,尖部白色,界限分明,1 岁时红白几乎相等,1 岁以上的兔白色多于红色。

2. 观察兔牙　青年兔的门齿短小、洁白、整齐,中年兔的门齿长,齿面微黄,老年兔的门齿厚而

长，齿面污黄，间有破损。

3. 观察兔毛 青年和中年毛兔，被毛中枪毛含量较低，老年毛兔被毛中枪毛含量高。

4. 观察兔皮 用手抓一下被皮，青年兔被皮薄而紧，弹性好，老年兔被皮厚而松弛，弹性差。

5. 观察兔的外部形态 青年兔外形紧凑，被毛光亮，两眼有神，行动敏捷有力；老年兔外形粗重，被毛粗糙，眼大无神，行动稳重。

四、家兔的耳号编号

1. 耳号钳法 耳号编号的内容包括家兔的品种或品系（用英文字母表示）、出生日期（用数字表示）、个体号（用数字表示，公兔末尾用奇数、母兔末尾用偶数）。给家兔编号时，将耳号钳的字母钉和数字钉装入耳号钳内，将家兔保定好后，先在家兔耳内侧血管少的部位用碘酒消毒，再用力紧压耳号钳让刺针刺入皮内，取下耳号钳后立即涂上醋墨，数日后就变成了永不褪色的编号。

2. 耳标法 将所编号码事先冲压在兔用金属耳标或塑料耳标上，然后将已编好号的金属耳标或塑料耳标直接卡压在兔耳上即可。

技能考核

<table>
<tr><th colspan="2">评价内容</th><th>配分</th><th>考核内容及要求</th><th>评分细则</th></tr>
<tr><td colspan="2" rowspan="4">职业素养与
操作规范
（40分）</td><td>10分</td><td>穿戴实训服；遵守课堂纪律</td><td rowspan="4">每项酌情
扣1～10分</td></tr>
<tr><td>10分</td><td>实训小组内部团结协作</td></tr>
<tr><td>10分</td><td>实训操作过程规范</td></tr>
<tr><td>10分</td><td>对现场进行清扫；用具及时整理归位</td></tr>
<tr><td rowspan="4">操作过程
与结果
（60分）</td><td>抓取家兔</td><td>15分</td><td>能够在规定的时间内正确抓取家兔</td><td rowspan="4">每项酌情
扣1～15分</td></tr>
<tr><td>性别鉴定</td><td>15分</td><td>能够在规定的时间内准确识别所给出的家兔的性别</td></tr>
<tr><td>年龄鉴别</td><td>15分</td><td>能够在规定的时间内准确识别所给出的家兔的年龄并进行鉴别</td></tr>
<tr><td>耳号编号</td><td>15分</td><td>能够在规定的时间内用教师指定的方法对家兔顺利进行耳号编号</td></tr>
</table>

技能报告

在规定的时间内撰写好技能报告，要求实训结果真实可靠。

任务拓展

家兔疾病防治

皮毛用兔

项目二　水貂养殖

任务一　生物学特性

扫码学
课件 2-1

任务描述

主要介绍水貂的分类与分布、形态特征及生活习性等内容。

任务目标

▲知识目标

能说出水貂的形态特征、类型及生活习性。

▲能力目标

能进行水貂的品种识别；能根据市场需求和地域条件选择适合的水貂。

▲课程思政目标

具备依法养殖的职业素养和“绿水青山就是金山银山”的环保意识及生态养殖理念。

▲岗位对接

毛皮经济动物饲养、毛皮经济动物繁殖。

任务学习

一、分类与分布

（一）水貂的分类

水貂属于哺乳纲、食肉目、鼬科、鼬属，是一种小型珍贵毛皮动物。在自然界里，形态上相近的有欧洲水貂和美洲水貂两种。目前，国内外广泛饲养的水貂均为美洲水貂的后代。

（二）水貂的分布

在野生状态下，美洲水貂主要分布在北纬40°以北地区，从阿拉斯加到墨西哥湾，从拉布拉多到加利福尼亚以及西伯利亚等地区，均有美洲水貂的分布。目前，水貂已经被世界上许多国家和地区广泛饲养，在我国东北、华北、山东等地饲养量较大。通过采用人为控光技术，我国北貂南养已获得成功。

二、形态特征

水貂体躯细长，头小颈粗，眼小目圆，耳壳小，四肢短，尾细长、尾毛蓬松，前后肢皆有5趾，趾端具锐爪，趾间有蹼，后肢趾间蹼较前肢明显。肛门两侧有1对臭腺，系水貂用以避敌的秘密武器。成年公貂体重1.8～3.0 kg，体长38～50 cm，尾长18～22 cm；成年母貂体重0.9～1.5 kg，体长34～38 cm，尾长15～17 cm。初生仔貂身体裸露无毛，闭眼，体重7～10 g。标准水貂的形态见图2-1。

Note

野生水貂毛色为深褐色，下颌有白斑，称为标准色水貂，人工饲养的除标准色水貂外还有彩色水貂。彩色水貂由标准色水貂变异或人工培育而成，目前有白、蓝、灰、黄、红、黑等多个色系和几十种色型，如白化貂、黑十字貂、咖啡貂、蓝宝石貂和米黄貂等。

图 2-1 水貂

三、生活习性

野生水貂多栖息于河床湖岸或林中溪旁等近水地带，利用天然岩洞营巢，巢内铺有干草或鸟兽羽、毛。洞穴开口于岸边或水下，附近常利用草丛或树丛作为掩护，洞长约 1.5 m。

野生水貂主要以捕食鼠类、蝼蛄、鱼、麝鼠、昆虫、蛇等为食，食物随季节发生变化。冬季哺乳类占一半以上；夏季蝼蛄占 1/3，哺乳类占 1/5；春初秋末鱼类占 1/5。水貂的牙齿 34 枚，其犬齿较发达；盲肠已退化，肠道总长仅相当于体长的 4～5 倍，是典型的食肉动物。

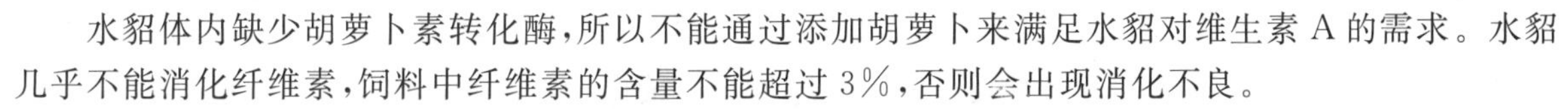

水貂体内缺少胡萝卜素转化酶，所以不能通过添加胡萝卜来满足水貂对维生素 A 的需求。水貂几乎不能消化纤维素，饲料中纤维素的含量不能超过 3%，否则会出现消化不良。

水貂在野生状态下昼伏夜出，喜欢夜间活动和采食。由于野生水貂活动在水中或近水地带，其游泳和潜水能力较强。水貂活动敏捷，性情凶猛。因此，人工养殖时要加强防护，防止跑貂和被水貂咬伤。一旦被水貂咬伤，可采用对准水貂鼻孔猛吹口气的方法摆脱。水貂嗅觉发达，环境和仔貂气味的变化都可能引发水貂食仔。因此，在水貂繁殖季节，饲养人员严禁使用化妆品，场内消毒也要选用气味小的药物，最好采用火焰等物理方法消毒。

水貂在野生状态下有储食的习惯，家养时也常把饲料叼入窝箱或放在笼子一角，特别是在哺乳期仔貂睁眼前，母貂常把饲料叼给仔貂。因此，要加强对窝箱的卫生管理，以减少仔貂尿湿病和仔貂脓疱病的发生。

水貂是一种小型的食肉动物，其自卫能力有限，野生状态下，在受到惊扰时，水貂便将仔貂叼到它认为安全的地方以避天敌。人工饲养时，外界的惊扰也可导致母貂搬弄仔貂行为的出现，叼弄时间过长就会导致仔貂死亡，从而引发母貂食仔，给生产造成损失。

水貂有定点排粪的习惯，一旦选定排粪地点便很难改变。因此，家养时要引导仔貂选择笼网中合适的地点排粪。如果水貂选择在窝箱或水槽、料槽附近排粪，可采用“逐步移粪法”帮助其改变排粪地点。

四、光周期与水貂换毛、繁殖的关系

（一）光周期与水貂毛被生长脱换的关系

水貂的毛被生长、脱换具有明显的季节性，以春分和秋分为信号，一年脱换两次，到 8 月末、9 月初夏毛开始慢慢脱落，冬毛开始长出；秋分后冬毛生长加快，9—11 月为水貂冬毛生长期，11 月末、12 月初冬毛成熟。水貂冬毛的生长与光照关系密切，根据水貂脱换冬毛需要短光照的特点，采用控光养貂，人为改变光周期，将“秋分信号”提前到 7 月 21 日或 8 月 1 日，以后每日缩短光照时数（每 5 天缩短 13 min），可以使冬毛提前成熟，提前 1 个月取皮。明显的春分和秋分信号，是水貂毛被脱换与生长的必要条件。在南方，水貂毛被成熟较北方晚。

（二）光周期与水貂繁殖的关系

水貂繁殖具有明显的季节性，水貂的生殖器官随着一年中光周期的变化而变化。公貂睾丸的重量和体积在 8 月最小，9 月以后开始发育，随着冬毛的成熟，睾丸发育迅速。在 12 月上旬，睾丸平均重量为 1.14 g，到 2 月中旬时达到 2.0～2.5 g，开始形成精子并分泌雄性激素，出现性冲动。3 月性欲旺盛，是水貂的配种期，但到 3 月下旬配种能力有所下降。5 月公貂的睾丸发生退行性变化，表现为体积缩小、重量减轻、功能下降。夏季时睾丸的重量仅为 0.2～0.5 g，仅为配种期的 1/7～1/5，精

母细胞的发育相对停滞。

由于纬度的不同，秋分信号和春分信号的时间不同，水貂的配种期的时间也不同。在自然情况下，纬度越高，春分、秋分信号越晚，配种期就越晚。在一定范围内，纬度越低，水貂发情越早。然而，高纬度地区光照时数的季节性变化，是水貂季节性繁殖的主要信息和必要条件，一年中水貂由非繁殖期转至繁殖期，必须有短光照条件，因此，季节性变化不明显的光周期，往往导致繁殖的失败。在北回归线（一般可估算为北纬 23.5°）以南地区，由于一年中光周期变化不明显，自然情况下水貂不能正常繁殖。

光照不仅对水貂的发情配种具有明显的影响，而且对水貂妊娠与产仔的影响也十分明显。在母貂受配受胎后，有计划地适当增加光照可缩短妊娠期，有利于增加水貂产仔数；如果无计划地随意改变光照，妊娠水貂可出现死胎、化胎现象。

（三）控光养貂

控光养貂时，一开始就要创造昼夜相等的光照条件（12 h 光亮/12 h 黑暗），以此作为“秋分”信号，以后有规律地逐渐缩短光照时数，使光照时数达到冬至时的年最短光照时数，这一段时间不应少于 90 天，这是水貂换毛和生殖器官发育所需要的。经过 90 天，在光照达到最短时数的时候，再由最低点逐渐延长光照时数，经过 65～70 天使光照时数达到 11.5 h，这时就可放对配种。从开始控光到配种开始，这一段时间不应少于 155 天。在水貂配种基本结束后，应给予 12 h 光照，并经过 30～40 天的控光，到产仔时使光照时数达到 15 h。

任务训练

一、选择题

1. 水貂几乎不能消化纤维素，饲料中纤维素的含量不能超过__________，否则会出现消化不良。

A. 3%　　B. 5%　　C. 7%　　D. 9%

2. 一旦被水貂咬住，可采用__________的方法摆脱。

A. 击打其头部　　B. 大声叫喊　　C. 对准鼻孔猛吹口气　　D. 猛戳眼睛

3. 水貂的毛被生长、脱换具有明显的季节性，以__________为信号，一年脱换两次。

A. 夏至和冬至　　B. 春分和秋分　　C. 立春和立秋　　D. 立夏和立冬

4. 水貂的发情配种，明显受到__________的影响。

A. 温度　　B. 光照　　C. 湿度　　D. 季节

二、判断题

1. 水貂体内缺少胡萝卜素转化酶，所以不能通过添加胡萝卜来满足水貂对维生素 A 的需求。（　　）

2. 在水貂繁殖季节，饲养人员严禁使用化妆品，场内消毒也要选用气味小的药物，最好采用火焰等物理方法消毒。（　　）

3. 在南方，水貂毛被成熟较北方早。（　　）

任务二　圈舍建造

扫码学
课件 2-2

任务描述

主要介绍水貂养殖场的场地选择、棚舍构造等内容。

任务目标

▲知识目标

能说出水貂养殖场的选址要求、水貂棚舍的格局构造。

▲能力目标

能够选择适宜的水貂养殖场场址；能够设计水貂养殖场的布局；能够设计和安装水貂棚舍。

▲课程思政目标

具备重视健康、自我保健意识，形成尊重自然、人与自然和谐发展的健康理念。

▲岗位对接

毛皮经济动物饲养、毛皮经济动物繁殖。

任务学习

一、场址选择

（一）场址选择的综合条件

水貂养殖场的场址选择应综合考虑水貂的生物学特性、地理条件、饲料条件、社会条件、自然环境条件等因素。

1. 地理条件

（1）地理纬度：北纬 35°以北地区适宜饲养水貂；北纬 35°以南地区不适宜饲养水貂，否则会引起毛皮品质退化和不能正常繁殖的不良后果。

（2）海拔高度：中低海拔高度适宜饲养水貂，高海拔地区（3000 m 以上）不适宜饲养水貂；高山缺氧有损动物健康，光照强度大亦可降低毛皮品质。

2. 饲料条件

（1）饲料资源条件：具备饲料种类、数量、质量和无季节性短缺的资源条件。

（2）饲料储藏、保管、运输条件：主要指鲜动物性饲料的冷冻储藏、保管条件和运输条件。

（3）饲料的价格条件：具备饲料价格低廉的饲养成本条件。饲料的其他条件再好，如果价格太高，也不适宜饲养水貂。饲养成本高、养殖无效益的地区不能选建水貂养殖场。

3. 自然环境条件

（1）地势要求。地势应平缓，排水通畅、背风向阳。若地势低洼、潮湿、泥泞，均不能选址建场。

（2）面积。场地的面积既要满足饲养规模的设计需要，也应考虑长远发展。

（3）坡向。要求不要太陡，坡地与地平面的夹角不超过 45°。坡向要求向阳的南坡，若一定要在北坡建场，则要求南面的山体不能阻碍北坡的光照。若在海岛地形上建场，则按阶梯式设计。

（4）土壤。尽量不占用农田土地，但要求土壤渗水较好、无沙尘飞扬。

（5）水源。水源充足、洁净，达到饮用水标准，每日用水量按 1 吨/100 只计算。

（6）气象和自然灾害。易发洪涝、飓风、冰雹、大雾等恶劣天气的地区不宜选址建场。

4. 社会条件

（1）能源、交通运输条件。交通便利，煤、电方便，距主要交通干线不宜过近亦不宜过远。

（2）卫生防疫条件。环境清洁卫生，未发生过疫病和其他污染。与居民区和其他畜禽饲养场距离至少 500 m。

（3）噪声条件。水貂养殖场应常年无噪声干扰，尤其 4—6 月水貂繁殖期更不应有突发性噪声刺激。

（4）公益服务条件。大型饲养场职工及职工家属较多，应考虑就近居住和社会公益服务条件。

(二)场址选择的具体实施

1. 场址选择 依据具体条件逐项进行踏查和勘测,水源水质等重要项目需实地取样检验。有条件的地方可多选几处场地,以便于评估和筛选。

2. 评估和论证 聘请有经验的专家或专业技术人员共同对所勘测的地块充分评估和论证,权衡利弊,确定优选场址。

3. 办好用地手续 场址选好后应迅速视需用地的面积、类型、性质等,按国家有关法律办理土地使用手续。

二、场地规划

(一)规划的内容及总体原则

1. 水貂养殖场规划内容 水貂养殖场总体规划主要包括饲养场区(生产主体)、生产服务场区(主体的直接服务区)、职工生活和办公区(主体的间接服务区)的设置和合理布局。

2. 水貂养殖场规划总体原则 加大生产主体即饲养场区的用地面积,尽量增加养殖量,根据实际需要尽量缩减主体服务区的用地面积,以保证和增加经济效益。饲养区用地面积与服务区用地面积的比例应不低于 4∶1。

3. 各种设施、建筑的布局 应方便生产,符合卫生防疫条件,力求规范整齐。整个水貂养殖场建设标准应量体裁衣,因地制宜,尽量压缩非直接生产性投资。

此外,根据总体规划分阶段投资建设,并考虑长远发展。

(二)规划的具体要求

1. 饲养场区的规划要求 饲养场区的主要建筑为棚舍和笼箱。应设在光照充足、不遮阳、地势较平缓和上风向的区域。饲养区内下风处还应设置饲养隔离小区,以备引种或发生疫病时暂时隔离使用。

2. 生产服务场区规划要求 生产服务场区中饲料储藏加工设施应就近建于饲养场区的一侧,与最近饲养棚栋的距离为 20~30 m,不要建在饲养场区内或其中心位置。其他配套服务设施也不要离饲养场区过远。生产服务场区水、电、能源设施齐全,布局中应考虑安装、使用方便。生产服务场区布局应注重安全生产,杜绝水、火、电的隐患。

3. 职工生活和办公区的规划要求 职工生活和办公区与饲养场区要相对隔离,距离稍远。职工生活和办公区排出的废水、废物不能对饲养场区带来污染。

4. 环保规划要求 依据《中华人民共和国环境保护法》相关内容执行。按环保的要求,杜绝环境污染。

饲养场区院外的下风口处应设置积粪池(场),粪便和垃圾集中在积粪池(场),经生物发酵后作肥料肥田。也可由粪农及时将粪便拉至场外沤肥。饲料室的排水要通畅,废水排放至允许排放的地方。

加强绿化、美化环境。整个场区均要植树种花草,减少裸露地面,绿化面积应超过场区面积的30%。

三、水貂棚舍

水貂棚舍为人字形框架结构,见图 2-2,没有四壁。长 25~50 m,宽 3~4 m,脊高 2.5 m,檐高 1.1~1.5 m,棚间距 3~4 m;棚顶可用石棉瓦、油黏纸等覆盖、貂笼在棚内双层两行排列,中间为过道。或宽 8 m、檐高 1.1~1.2 m,貂笼在棚内单层四行排列。

四、貂笼与窝箱

(一)貂笼

貂笼是水貂活动的场所,其规格和样式较多,但必须具有简单实用、不影响正常活动、确保不跑貂、符合卫生条件和便于管理等特点。多用电焊网编制而成,网眼直径为 2.5~3.0 cm,网底用 12 号

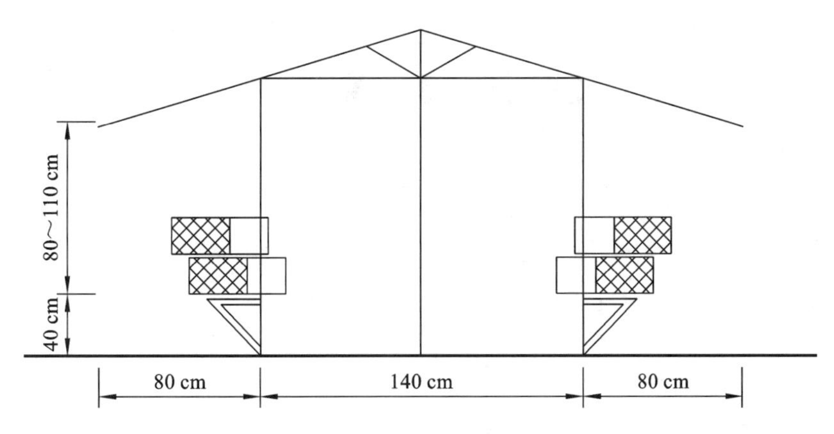

图 2-2 水貂棚舍示意图

铁丝编制，四周用 12～14 号线编制。种貂笼的长宽高尺寸为 60 cm×45 cm×45 cm，皮貂笼为 60 cm×25 cm×45 cm。

（二）窝箱

窝箱用 1.5～2 cm 的木板制成。种貂窝箱长 40 cm、宽 30 cm、高 40 cm，见图 2-3，皮貂窝箱的规格分别是 35 cm、19 cm、25 cm，见图 2-4。皮貂窝箱可两只连在一起，中间只有一道隔板。窝箱上方留有可开启的箱盖，在箱盖的下方安装有网盖。窝箱朝向网笼一侧开有一个直径 10 cm 的出入孔，孔的边缘用镀锌铁皮包边，以免被水貂啃损和擦损水貂毛皮。在寒冷地区，窝箱内设有隔板，以便增强窝箱保温能力，所以窝箱尺寸可适当加大。

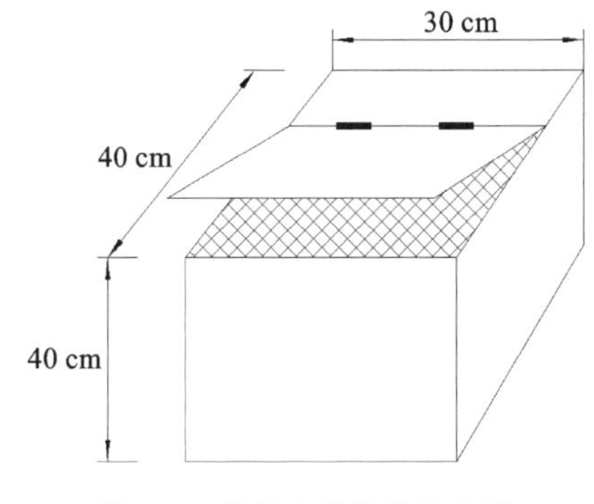

图 2-3 种貂窝箱规格示意图

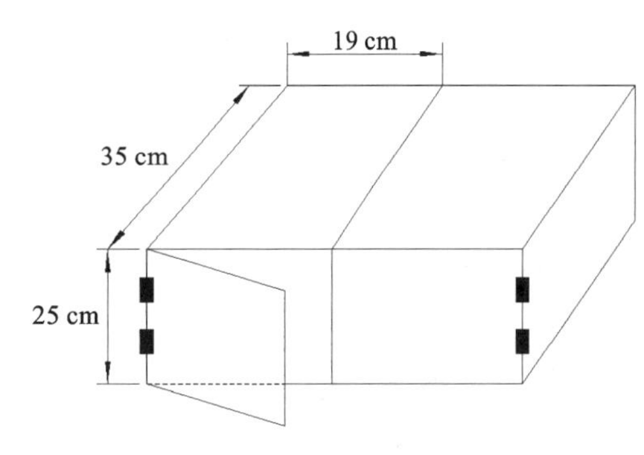

图 2-4 皮貂窝箱规格示意图

安装貂笼与窝箱时，与地面的距离要在 40 cm 以上，每笼之间上、下、左、右的间距应为 3～5 cm，以免相互咬伤。

任务训练

一、选择题

1. 貂笼常用________编制而成。

A. 尼龙绳　　B. 电焊网　　C. 麻绳　　D. 柳条

2. 水貂窝箱常用________制成。

A. 木板　　B. 镀锌铁板　　C. PVC 板　　D. 不锈钢板

二、判断题

1. 在寒冷地区，窝箱内设有隔板，以便增强窝箱保温能力，窝箱尺寸也适当减小。（　　）

2. 安装貂笼与窝箱时，与地面的距离要在 40 cm 以下。（　　）

3. 貂笼在棚内可用单层或双层两种方式排列。（　　）

任务三 繁殖技术

扫码学
课件 2-3

任务描述

主要介绍水貂的繁殖生理、配种技术和选配技术等内容。

任务目标

▲知识目标

能够用自己的语言描述水貂的繁殖生理；能够说出水貂发情鉴定的技术要点。

▲能力目标

能够对水貂进行发情鉴定；能够制订水貂的配种方案；能够进行水貂的妊娠诊断。

▲课程思政目标

能够增强职业素养，坚定职业道德，树立诚信品质；具备理想信念与合作精神。

▲岗位对接

毛皮经济动物饲养、毛皮经济动物繁殖。

任务学习

一、繁殖生理

水貂每年 2—3 月发情配种，4—5 月产仔。育成貂的性成熟时间为 9～10 月龄。

（一）睾丸的季节变化

水貂的季节性繁殖是以生殖器官的季节性变化为生理基础的。每年的 6—12 月，公貂睾丸的体积和重量，比 1—5 月相对小而轻，睾丸的内分泌功能很弱，处于相对静止状态，没有性欲。约在秋分时睾丸开始发育，但初期发育缓慢。一般从 11 月下旬起，睾丸的体积和重量日益增大。冬至以后，睾丸发育迅速，功能逐渐恢复。2 月中旬，开始形成精子并分泌雄性激素，出现性冲动。3 月性欲旺盛，是水貂的集中配种期。可是到 3 月下旬配种能力有所下降；5 月水貂的睾丸发生退行性变化，表现为睾丸体积减小，重量减轻，功能下降。到夏季时睾丸重量和体积降至最低值。

（二）发情周期

水貂是季节性繁殖动物，公貂在整个配种期始终处于发情状态，母貂为季节性多次发情。在整个配种期里，母貂出现 2～4 个发情周期，每个发情周期通常为 6～9 天，动情期持续 1～3 天，间情期一般为 5～6 天。母貂在动情期容易接受交配，并能排卵受孕，但在间情期内不接受交配，即使强行交配，也不能诱发排卵，故此期称为排卵不应期。

（三）排卵

水貂是诱导性排卵动物，排卵需要交媾刺激或类似的神经刺激。母貂通常在交配后 37～72 h 排卵。水貂卵巢上的一批成熟卵泡排卵后虽然也发生闭锁，形成黄体，但黄体并不能马上分泌孕酮，而是处于休眠状态。在黄体休眠期里，卵巢内又有一批接近成熟的卵泡继续发育成熟，并分泌雌激素，所以无论前次排出的卵细胞是否受精，都可通过交配再次排卵。

（四）受精

水貂的受精部位在输卵管上段。排卵后 12 h 左右卵细胞就会失去受精能力。精子在母貂生殖道内保持受精能力的时间一般为 48 h。

二、配种

（一）配种期

水貂的配种期虽然依地区、个体和饲养管理条件而有所不同，但一般都在 2 月末至 3 月下旬，历时 20～25 天，配种旺期一般集中在 3 月中旬。不同毛色的水貂配种期有所差异，如咖啡色、蓝宝石、黑眼白等彩色水貂，比标准色水貂配种晚 5～7 天，咖啡色和白色水貂在 3 月 6 日开始配种为宜。经产母貂比初产母貂发情早，因此，配种初期尽量先配经产母貂，争取在本场配种旺期达到全配。

（二）配种方式

水貂的配种方式可分为同期复配和异期复配两种。在一个发情周期内连续 2 天或隔 1 天交配 2 次（1＋1 或 1＋2），称为同期复配。个别母貂由于初配后不再接受第二次配种，自然形成一次交配。

在 2 个以上的发情周期里进行 2 次以上的交配称为异期复配。异期复配可分为 2 个发情周期交配 2 次和 2 个发情周期交配 3 次两种方式，前者是在第一个发情周期进行初配后，在间隔 6～9 天的下一个发情周期进行复配（1＋（6～9））；后者是在第一个发情周期进行初配后，在间隔 6～9 天后的下一个发情周期进行 2 次复配（1＋（6～9）＋1 或 1＋（6～9）＋2），或在同期复配后再间隔 6～9 天进行复配（1＋1＋（6～9）、1＋2＋（6～9））。

实践证明，采用 1＋1、1＋（6～9）、1＋（6～9）＋1 的配种方法效果较好。对每只母貂究竟采取哪种配种方式，要根据其初配日期而定。配种开始后 1 周以内（在 3 月 13 日以前）进行交配的母貂，多采用 1＋（6～9）或 1＋（6～9）＋1 的配种方式；而在 3 月中旬进行初配的母貂，则多采用 1＋1 或 1＋2 的配种方式。不论采用哪种配种方式，配种落点（最后一次复配）应在本场配种旺期，也就是 3 月 12 日至 3 月 20 日。就配种效果而言，同期复配较异期复配空怀率高一些，在同期复配配种方式中，1＋2 配种方式，即隔日复配，效果较差。

为了掌握和控制配种结束的时间，合理使用种公貂，提高养貂场总体配种效果，目前我国各地普遍采用“分阶段异期复配”的配种方式。该方式将水貂配种期分成三个阶段，即初配阶段、复配阶段和查空补配阶段，规定初配阶段不进行复配，复配阶段尽可能完成复配，查空补配阶段查空补配。

（三）配种技术

1. 发情鉴定　准确地对母貂进行发情鉴定，是确保水貂配种的关键，也是提高产仔率和产仔数的前提。发情鉴定有行为观察、外生殖器官检查和放对试情等方法，生产实践中以外生殖器官检查为主。通过发情鉴定，既可摸清水貂的发情规律，准确掌握放对的最佳时机，又可提前发现生产中存在的问题，及时采取弥补措施。

公貂发情鉴定一般进行 2 次，分别安排在精选定群的 11 月 15 日前后和 1 月 10 日，用手触摸睾丸的发育情况，以大、中、小或好、中、差做标记，然后逐个淘汰单睾、隐睾、睾丸弹性差及患睾丸炎的公貂。母貂的发情鉴定一般进行 4 次，分别在 1 月 30 日、2 月 10 日、2 月 20 日及配种前，通过鉴定判定每只母貂发情的早晚及所处的发情阶段，逐个用罗马数字标记清楚。

发情母貂食欲下降，活动频繁，时常在笼中来回走动，时而嗅舔外生殖器官，排尿频繁，尿液呈绿色，有时发出“咕、咕”的求偶叫声，捕捉时比较温顺。当检查外阴部时，未发情的母貂外阴部紧闭，阴毛成束；发情的母貂按阴门肿胀的程度、色泽、阴毛的形状及黏液变化情况，通常可分为三期。

Ⅰ期（＋）：阴毛略分开，阴唇微肿，呈淡粉红色。

Ⅱ期（＋＋）：阴毛明显分开，倒向两边，阴唇肿胀，突出外翻，有的分几瓣，呈乳白色，有黏液。

Ⅲ期（＋＋＋）：阴毛逐渐合拢，阴门逐渐消肿变干燥并出现皱纹，呈苍白色。

发情母貂放对时有求偶表现，公貂爬跨时母貂翘尾举臀主动迎合，一般不向公貂进攻。未发情或不在发情Ⅱ期的母貂放对时表现出敌对行为，抗拒公貂爬跨，向公貂发起进攻，常发出刺耳的尖叫声音。

以上三种方法应结合进行，但以外生殖器官检查为主，以放对试情为准，减少放对的盲目性和不

必要的重复劳动。每次发情鉴定的结果都要及时记录，认真查找引起母貂发情不好的原因，并及时采取补救措施。

2. 放对 初配阶段的放对时间最好在早晨喂饲后 0.5～1.0 h 进行。当天气变暖时，可在早晨喂饲前和下午各放对一次。

为防止公貂因环境陌生而影响配种能力的发挥，放对时要把发情好的母貂放到公貂笼中，同时结合抓貂，既可对母貂进行发情鉴定，又可提高工作效率。

为防止放对时公貂与母貂发生激烈的追逐和咬斗，要先把母貂抓到公貂笼前进行逗引，当公貂有求偶表现时再打开笼门将母貂送给公貂，在公貂叼住母貂颈部后，再将母貂直接放于公貂的腹下。放对后要观察一段时间，以便掌握配种情况。如果放对后公貂与母貂有敌对行为应及时分开，更换公貂或停放 1 天。对于个别不会翘尾迎合的母貂，可采取人工辅助提尾的方法辅助交配。

交配时，公貂叼住母貂颈皮，前肢紧抱母貂的腰部，腰荐部与笼底成直角。公貂射精时，两眼微闭，臀部用力向前推进，睾丸向上抖动，后肢微微动，母貂时而发出低微的叫声。假配时，公貂的腰荐部与笼底成锐角，身体弯度不大，经不起母貂的移动，并无射精动作。误配时，公貂阴茎插入母貂肛门，母貂发出刺耳尖叫，应立即分开。

水貂交配时间一般为 40～50 min，越到配种后期，交配时间越长。交配时间在 10 min 以上都有效。交配结束后公貂与母貂很快发生咬架，应及时分开，并做好记录。

3. 公貂的利用 加强公貂的调教和合理利用种公貂，是顺利完成配种工作的重要措施之一。当配种工作开始时，应以发情好、性情温顺的经产母貂与初配公貂交配，这样能使初配公貂积累配种经验，确保以后顺利完成配种任务。

配种能力强的公貂，在一个配种期里可交配 20 次左右。在初配阶段，每只公貂每天只能交配一次，在复配阶段，每天不宜超过 2 次，两次间隔不能少于 4 h。连续 2 天交配 4 次的公貂应休息半天或 1 天。

4. 精液品质检查 公貂的精液品质直接影响到繁殖效果。据资料介绍，水貂的一次射精量为 0.1 mL 左右，每毫升精液中的精子数为 1400 万～8600 万个。

在生产上可用以下方法检查精液品质：用吸管或钝头玻璃棒插入刚交配完的母貂阴道内 2～3 cm，蘸取少量精液，涂于载玻片上；在 200 倍视野的显微镜下检查精子的形态、密度、畸形率和活力。经几次检查，无精子或精液品质不良的公貂，不能再放对交配，已经与之交配的母貂，应用另一只公貂重配。

三、妊娠与产仔

(一)妊娠

水貂的妊娠期变化幅度很大(37～83 天)，平均为(47±2)天，通常分三个阶段。

1. 卵裂期 受精卵经输卵管到达子宫的时间，需 6～8 天(有人认为 8～11 天)。此期受精卵经过细胞分裂形成囊胚。

2. 胚泡滞育期 从胚泡进入子宫至着床的时间，需 1～46 天(有人认为 6～31 天)。由于水貂排卵后黄体休眠期的存在，子宫内膜尚未为胚泡植入做好准备，故胚泡进入子宫后不能马上着床，而是处于游动状态，此期胚泡不发育或发育得非常缓慢，处于相对静止阶段，胚泡可以从一侧子宫角游到另一侧子宫角。母貂妊娠期的长短，主要与胚泡滞育期的长短有关。

3. 胚胎期 从胚泡在子宫内膜着床到胎儿产出的时间，一般为(30±2)天。随着黄体分泌孕酮，子宫内膜增厚，胚泡开始着床并形成胎盘，胚胎开始迅速发育。通常情况下，胚胎着床数占排卵数的 83.7%，而出生的仔貂仅为排卵数的 50.2%。可见水貂妊娠期胚胎死亡率较高，必须加强饲养管理。

水貂有时会出现假妊娠现象，即母貂交配后，虽然未能形成受精卵，或者胚泡未能着床，但是却出现一系列类似妊娠的征兆。假妊娠母貂，交配后黄体经过休眠期不仅未退化，反而不断增长，并分泌出孕酮。经组织学观察，假妊娠母貂的卵巢中存在小黄体，垂体中分泌促卵泡激素(FSH)的细胞明显增多，并有高度活性，因而在卵巢中不仅有成熟的卵泡，而且子宫内膜的变化也与正常妊娠母貂完全相同，只是没有胚泡存在。

(二)产仔

Note

水貂的产仔期虽然依地区、个体而有所差异，但一般都在 4 月下旬至 5 月下旬产仔，“五一”前后

5 天是产仔旺期(占产仔数的 60%～65%)。

水貂的平均产仔数 6.5 只(1～18 只)。一般来说,彩色水貂产仔数比标准色水貂稍低一些。胎产仔数与配种期、妊娠期及产仔日期有关,一般来讲,配种落点越早、妊娠期越长、产仔越晚,胎产仔数相对越少。通常在 5 月 5 日前产仔的母貂,平均产仔数较高。

控光养貂时,在配种基本结束后,应给予 12 h 的光照作为"春分信号",然后逐渐增加光照,经 30～40 天,到产仔时光照时数达到 15 h,并保持到产仔结束。

人工辅助光照的方法,是利用 40 W 日光灯管,或 100～200 W 白炽灯泡照明,光源距貂笼垂直距离以 0.8～1.0 m 为宜。人工辅助光照要有规律,随意增减光照可能导致妊娠母貂出现死胎、化胎现象,造成胚胎吸收,从而减少水貂产仔数。

母貂通常在夜间或清晨产仔,顺产需 3～5 h。母貂难产时食欲下降,精神不振,急躁不安,不断取蹲坐排粪姿势,或舔食外阴部。

判断产仔的方法主要是听仔貂的叫声,结合检查母貂的胎便。一般在产仔后 6～8 h 对仔貂进行初检,之后每隔 3～5 天检查一次,以便随时发现仔貂的异常情况。检查最好在母貂走出窝箱采食时进行。检查时保持安静,动作迅速,窝箱尽量保持原状,并避免将异味带到仔貂身上,以免造成母貂弃仔和出现搬弄仔貂现象。为避免以上现象出现,饲养管理人员此期严禁使用化妆品,检查人员在检查时,可先用窝箱内的垫草搓手,然后再进行检查。

健康的仔貂全身干燥紧凑,圆胖红润,体躯温暖,握在手中挣扎有力;同窝仔貂发育均匀,集中趴卧在窝箱内。不健康的仔貂胎毛潮湿,皮肤苍白,体躯较凉,握在手中挣扎无力;同窝仔貂大小不均,在窝内各自分散,四处乱爬。

四、水貂的选种选配

(一)选种

选种是选优去劣的过程,是不断改善和提高貂群品质和水貂皮质量的有效方法。通过对水貂的表型性状和遗传力进行选择,其优良的性状可在后代中得到保持和提高,特别是对于遗传力较强的性状,正确选种可以取得明显的效果。在生产实践中,选种是一项经常性的重要工作,可分三个阶段进行。

1. 初选 在 5 月末至 6 月进行,主要是窝选。根据配种期和产仔期的情况,淘汰不良的种貂。公貂,应选择配种开始早、性情温顺、性欲旺盛、交配能力强(交配母貂 4 只以上,配种 8 次以上)、精液品质好、所配母貂全部产仔和产仔数多的公貂继续留种。母貂,应选择发情正常、交配顺利、产仔早、产仔数多(5 只以上)、母性好、乳量充足和所产仔貂发育正常的母貂继续留种。当年出生的仔貂,应选择出生早(小公貂 5 月 5 日前,小母貂 5 月 10 日前)、发育正常、系谱清楚和采食早的仔貂留种。初选应比计划留种数多 30%。

2. 复选 在 9—10 月进行复选。成年种除个别有病和体质恢复较差者以外,一般可继续留种。育成貂则要选择那些发育正常、体质健壮、体型较大和换毛早的个体留种。实践证明,在正常饲养情况下,换毛推迟的水貂,直接影响下一年繁殖,因此,应注意观察换毛情况并做好记录,以此作为选种的依据。复选的数量应高于计划留种数的 20%。复选时应对所有种貂进行一次血检,全面检查阿留申病。

3. 精选 在 11 月下旬取皮前进行精选。对所有预留种的种貂进行一次全面选种,最后按生产计划定群。精选时将毛皮品质列为重点。凡阿留申病阳性的水貂一律淘汰。精选时要掌握以下标准。

(1)毛绒品质标准:水貂毛色要深,近于黑色,全身被毛基本一致。针毛灵活、平齐、有光泽,长度适宜,分布均匀,无白针。绒毛厚密,呈青灰色。针绒毛长度比在 1∶0.65 以上。白斑小或仅限于下唇。

(2)体型与体质:体型大,体质好,食欲正常,无疾病。公貂后肢粗壮,尾长而蓬松,经常翘尾。母貂体型稍细长,臀部宽,头部小、略呈长三角形,短而粗胖的母貂不能留种。

(3)公母比例:标准色水貂是 1∶(4～4.5),彩色水貂为 1∶(3～3.5)。

(4)年龄:2～3 岁的水貂繁殖力强,应占貂群的 60%～70%。

(二)选配

选配是选种工作的继续。总的要求是继承、巩固和提高双亲的优良品质,有目的、有计划地创造

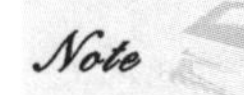

新的有益性状，以达到获得理想后代的目的。选配应遵循下列原则。

（1）在主要性状上，尤其是遗传力强的性状，公貂要优于母貂。

（2）在体型上，不应采用大公貂配小母貂，或小公貂配大母貂，或小公貂配小母貂等做法。

（3）在确定育种目标的情况下，一般应避免近交，而培育新品种则必须进行近交，使基因的纯合性增加，将优良的性状相对稳定下来。

（4）在年龄上，一般 2～3 岁的壮年种貂的遗传力比较稳定，选配后的生产效果也比较好；而年龄较小的种貂遗传力相对不稳定，老年的种貂选配后其后代的生活力往往较差。所以，生产上要尽量避免老公貂配小母貂、小公貂配小母貂、老公貂配老母貂的选配组合。

任务训练

一、填空题

1. 水貂每年__________月发情配种，__________月产仔。

2. 水貂是__________性排卵动物。

3. 水貂的配种方式可分为__________和__________两种。

4. 发情鉴定有行为观察、外生殖器官检查和放对试情等方法，生产实践中以__________为主。

5. 放对时要把发情好的__________貂放到__________貂笼中，为防止公貂因环境陌生而影响配种能力的发挥。

6. 水貂交配时间在__________ min 以上都有效。

二、选择题

1. 母貂的每个发情周期通常为__________天。

A. 2～4　　B. 3～6　　C. 6～9　　D. 9～12

2. 母貂排卵后__________ h 左右卵细胞就会失去受精能力。

A. 3　　B. 6　　C. 9　　D. 12

3. 就配种效果而言，同期复配较异期复配空怀率__________一些，在同期复配方式中，1+2 配种方式，即隔日复配，效果较__________。

A. 高；好　　B. 高；差　　C. 低；好　　D. 低；差

4. 水貂的产仔期虽然依地区、个体而有所差异，但一般都在__________产仔。

A. 4 月下旬至 5 月下旬　　B. 4 月上旬至 5 月上旬

C. 5 月下旬至 6 月下旬　　D. 5 月上旬至 6 月上旬

任务四　饲养管理

扫码学
课件 2-4

任务描述

主要介绍水貂的饲料种类及利用、水貂的营养需求和推荐饲养标准及日常饲养管理等内容。

任务目标

▲知识目标

能够说出水貂的饲料种类；能够说出水貂的营养需求；能够说出水貂的饲养管理标准。

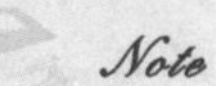

▲能力目标

能够配制水貂的饲料；能够对不同生理阶段的水貂进行日常饲养管理。

▲课程思政目标

具备重视生物安全、敬畏生命、明德精技的职业素养，以及注重自我保护、防止人畜共患病的安全意识。

▲岗位对接

毛皮经济动物饲养、毛皮经济动物繁殖。

任务学习

一、饲料种类及利用

水貂可利用的饲料种类繁多，根据来源可分为动物性饲料（包括鱼类饲料、肉类及其副产品、乳类和蛋类等）、植物性饲料（包括谷物、瓜果与蔬菜等）和添加剂饲料（包括维生素、矿物质、抗生素和抗氧化剂）三大类。

（一）动物性饲料

1. 鱼类饲料 鱼类饲料是水貂动物性蛋白质的主要来源之一。我国沿海地区及内陆的江河、湖泊和水库，每年出产大量的小杂鱼，除了有毒的鱼外，都可以用来养貂。

储存时间长的鱼，由于运输、储存和加工过程中蛋白质变性，不饱和脂肪酸氧化酸败和脂溶性维生素被破坏，其营养价值降低。因此，鱼类饲料储藏时间一般不超过 6 个月。储藏方法是把鲜鱼捕捞后马上放在－5～0 ℃条件下，然后于－20 ℃冷库中急冻，再放在－18 ℃左右条件下储存。

淡水鱼如鲤鱼、狗鱼、山鲶鱼等的肌肉中含有硫胺素酶，对饲料中的硫胺素具有破坏作用，生喂能引起维生素 B_1 缺乏症，出现食欲减退、消化功能紊乱等症状，使水貂多数死于胃肠炎或胃溃疡等疾病，高温处理可破坏硫胺素酶的活性。因此，用淡水鱼养貂时应熟喂。新鲜的海杂鱼消化率较高（蛋白质消化率达 87％～90％），且适口性强，因此可生喂。

葫芦子鱼、黄鲫鱼、青鳞鱼等脂肪含量高，且有特殊的苦味，尤其是干鱼，如果用量过多，水貂拒食。饲喂鳕鱼类时间过长、数量过多时，会因缺铁而导致水貂贫血，毛绒呈棉絮状。新鲜的明太鱼会引起水貂呕吐，但经过冷冻 1 周后再喂，就不会发生此种现象。像泥鳅等无鳞鱼，体表有较多的黏液蛋白，适口性差，饲喂时可先用 2.5％的食盐搅拌，然后用清水洗净，或用热水浸烫，除去黏液，能明显提高适口性。

不新鲜的鲐鲅鱼、竹荚鱼等含有大量组胺，容易引起水貂中毒。因此饲喂时要注意鱼的新鲜程度。河鲀和马面鲀等有毒鱼可导致水貂中毒，不能作饲料用。

鱼类的新鲜程度，可根据其眼球、鳃片、鳞片和气味的变化来辨别。新鲜鱼眼球突出、明亮，带有原色；不新鲜的鱼，眼球凹陷、混浊，鳃片呈褐色或黑土色，并有臭味。

2. 肉类及其副产品 各种畜禽肉只要新鲜、无病、无毒，均可作为水貂饲料，且生物学价值较高，是水貂理想的蛋白质饲料来源。新鲜而健康的动物肉应生喂，其消化率高，适口性好，但被污染或不新鲜的肉应熟喂。对病畜肉和来源不明及可疑被污染的肉类，必须经过兽医检查或高温无害化处理后方可利用。

利用痘猪肉时，要进行高温、高压处理，并适当搭配鱼粉、兔头、兔骨架等脂肪含量低的饲料。夏季日粮中可搭配 35％，秋季 15％，同时在日粮中增加维生素 E 和酵母。

繁殖期严禁利用经己烯雌酚处理过的畜禽肉。如果日粮中含有 10 μg 以上的己烯雌酚就可能导致水貂不育。饲喂难产死亡及注射过催产素的动物肉，可造成流产，要特别谨慎。

肉类副产品也是水貂良好的动物性饲料，在日粮中可占 40％～50％。

（1）肝脏：在日粮中添加肝脏能显著提高适口性，并能提高日粮中蛋白质的生物学价值。新鲜肝

脏可以生喂，但来源不明和可疑被污染的必须熟喂。因肝脏有轻泻作用，饲喂量一般为 5%～10%（15～30 g），不要超过 30 g。每天饲喂量在 15 g 以上时，不必再添加鱼肝油。

（2）心脏和肾脏：新鲜的可生喂，适口性好，消化率高。在繁殖期饲喂肾脏要将肾上腺摘除，以免造成繁殖紊乱。

（3）胃：蛋白质不全价，必须与鱼、肉类搭配，才能获得良好的生产效果。在繁殖期可占动物性蛋白质的 20%～30%，育成期为 30%～40%。猪、兔胃要熟喂。

（4）肺、脾、肠：单纯利用肺或脾，易引起食欲减退或消化不良，有时还会出现呕吐现象。在繁殖期日粮中，可占动物性蛋白质的 15%～20%，育成期可占 30%～35%。

（5）兔头、兔骨架：在繁殖期，可占动物性蛋白质的 15%～25%，育成期可增加到 40%～50%。水貂日粮中兔头、兔骨架以不超过 50 g 为宜，一般不要超过 100 g。

（6）食道、喉头、气管：利用这些饲料时，必须把甲状腺摘除，因为它含有激素，可影响水貂正常繁殖，日粮中带有甲状腺的气管占 10%以上时，胎产仔数明显下降。

（7）血和脑：动物血液中含有丰富的含硫氨基酸，冬毛成熟期补加一些动物血，对提高毛皮品质有益。健康的动物血可以生喂（每只水貂每天 20～30 g），但猪血或血粉必须高温处理，否则易感染伪狂犬病。脑对水貂生殖器官的发育有促进作用，1—2 月每只水貂每天可喂 3～5 g。

（8）禽类下杂：在冬毛形成期和育成期里，可大量利用禽类下杂养貂。但鸡爪和鸡骨架不易消化，以占动物性饲料 10%左右为宜。

在日粮中，比较理想的动物性饲料搭配比例：肌肉 10%～20%，肉类副产品 30%～40%，鱼类 40%～50%。

3. 干饲料　常用的有鱼粉、干鱼、血粉、蚕蛹干或蚕蛹粉、羽毛粉等，是配制水貂干饲料的主要原料，也是新鲜动物性饲料来源有限地区养殖水貂的主要饲料原料，可全年利用。利用时需要经过浸泡、蒸煮后混入其他饲料中一起饲喂。优质干鱼可占动物性饲料的 70%～75%；血粉占动物性饲料的 20%～25%时，水貂的生长发育和毛皮质量正常，但超过 30%水貂出现消化不良；蚕蛹干或蚕蛹粉可消化蛋白质含量为 43%，在 9—12 月的日粮中，占动物性饲料的 60%～80%（热量比）时，水貂生产基本正常；羽毛粉熟喂可提高消化率，日粮中投放羽毛粉 2～3 g，连喂 3 个月，可避免自咬和食毛症。

4. 乳类和蛋类　由于成本高，一般只在妊娠期和哺乳期使用，饲喂量一般不超过 40 g。

鲜乳在 70～80 ℃下经 15 min 消毒后方可使用，酸败变质的乳不可使用。如果用全脂奶粉调制，用开水按 1∶(7～8)稀释。

蛋黄对水貂生殖器官的发育、精子和卵子的形成以及乳汁分泌都具有良好的促进作用，蛋壳可作为矿物质的补充来源。长期使用生蛋饲喂水貂，会使水貂出现皮炎、毛绒脱落等症状。所以，蛋类饲料应熟喂。

（二）植物性饲料

植物性饲料可为水貂提供丰富的碳水化合物和多种维生素。

1. 谷物　常用的谷物有玉米、小麦、大麦、高粱、细米糠等，每只水貂平均饲喂量 15～30 g，一般不超过 50 g。水貂对生谷物类饲料消化率较低，因此谷物类饲料应熟喂。采用膨化玉米面饲喂水貂，简便实用，生产效果好，劳动强度低。

糠麸含有丰富的 B 族维生素，但纤维含量高，水貂难以消化，其用量一般控制在植物性饲料的 25%以下为宜。马铃薯和甘薯熟制后可用来代替部分谷物类饲料（9—10 月可代替 30%～40%的谷物类饲料）。发芽的马铃薯含有大量龙葵素，能引起中毒，不能饲喂。

2. 豆类及饼粕　豆类及饼粕饲料是水貂植物性蛋白质的重要来源，但由于这类饲料中含有一定量的脂肪，饲喂量过多会引起消化不良。因此，豆类一般占日粮中谷物类饲料的 20%～50%为宜，最大用量不超过 30%。饼粕类可占日粮中谷物类饲料的 15%～20%，即每日每只水貂 4～6 g。

3. 瓜果与蔬菜　叶菜的维生素和矿物质含量丰富，日粮中可占 10%～15%（重量比），即 30～50 g，占总热量的 3%～7%。瓜果类可占瓜果与蔬菜总量的 30%。

蔬菜、瓜果要充分洗净，绞碎后与其他饲料混合生喂。菠菜有轻泻作用，同时由于其草酸含量

高，容易和钙、铁等形成不溶性的草酸盐，影响矿物质的吸收，所以必须先用沸水氽，再用清水洗涤后方可使用，一般与白菜和莴苣结合利用为好。利用瓜果与蔬菜类饲料时要了解是否有农药，以防中毒，造成不必要的损失。

（三）添加剂饲料

常用的添加剂饲料有维生素、矿物质和抗氧化剂。

1. 维生素

(1)维生素 A：除了以鱼类为主的养貂场外，应常年供给维生素 A。水貂日粮中含有 5%～10% 的动物肝脏，维生素 A 的需求可以得到满足。在水貂繁殖期，每千克体重供给 1000～1500 IU 维生素 A，可起到良好效果。

(2)维生素 E：在水貂日粮中，每千克体重每天需要添加 3～4 mg 维生素 E，如果日粮中有不新鲜的饲料，或在炎热的夏季，需要把维生素 E 作为抗氧化剂来使用，每千克体重供给 5～6 mg 为宜。

(3)维生素 B_1：水貂每天每千克体重需要 0.5 mg 维生素 B_1，每天在日粮中添加 3～5 g 酵母，基本能满足对维生素 B_1 的需要。在繁殖期，需要适当增加维生素 B_1 的供给量，一般每天每千克体重 0.5～1.0 mg。

(4)维生素 C：在水貂妊娠前期日粮中，每只水貂每日需要添加 10～20 mg 精制维生素 C，到妊娠中、后期，需要增加到 25～50 mg，妊娠期水貂缺乏维生素 C，可出现死胎、化胎现象和初生水貂的红爪病。

2. 矿物质

(1)钙和磷：以动物内脏为主的养殖场，在日粮中应添加 2～4 g 的骨粉；以鱼为主的养殖场，以添加 1～2 g 骨粉为宜。

(2)食盐：日粮中应含有 0.5～0.8 g 的食盐，哺乳期应增加到 1.0 g。在添加食盐时，要考虑日粮组成，如果日粮中已有含盐的饲料，要将盐分统一考虑其中，谨防食盐中毒。在饮水充足的情况下，水貂不易发生食盐中毒，所以要保证充足饮水。

(3)铁、铜、钴：日粮中可添加硫酸亚铁 5～7 mg，硫酸铜 0.3 mg 或硫酸亚铁 3 mg，氯化钴0.5 mg。

二、水貂营养需要和推荐饲养标准

（一）营养需要

1. 蛋白质 水貂所需要的蛋白质主要来源于动物性饲料，在水貂日粮中动物性蛋白质占 80%～90%，而植物性蛋白质仅占 10%～20%。

不同生产时期水貂对蛋白质的需要量不同。在准备配种期、配种期和育成期，饲喂以肉类或海杂鱼为主的日粮时，可消化蛋白质需要量为 20～25 g/kg，妊娠期为 25～30 g/kg，冬毛生长期以鱼下杂和畜禽副产品为主时，可消化蛋白质需要量为 30 g/kg 以上，维持期不能低于 17 g/kg。在制定水貂蛋白质需要量标准时，还应考虑以下几种主要的必需氨基酸的含量。在妊娠期、哺乳期、冬毛生长期可消化蛋白质中，色氨酸应占 1%，蛋氨酸和胱氨酸占 3.3%～3.5%，赖氨酸占 6.2%～6.5%，亮氨酸占 3.8%～4.2%。

2. 脂肪 脂肪是热能的主要来源，繁殖期脂肪可占日粮干物质的 15%～18%，哺乳期为 20%～25%，育成期 23%，冬毛生长期可降至 18%～20%。

在大量采用鱼粉、干鱼、蚕蛹粉等干饲料时，在日粮中加入 1.5%的亚麻油二烯酸和 0.5%亚麻酸，可有效地预防必需脂肪酸的缺乏症。

3. 碳水化合物 水貂日粮中一般含有 15～25 g 谷物，可满足水貂对碳水化合物的需要。日粮中碳水化合物含量过高时，幼貂会因蛋白质摄入不足，生长发育受阻，毛皮质量下降。

水貂对纤维素的消化能力很低，日粮的干物质中含有 1%的纤维素，对胃肠道的蠕动、食物的消化和幼貂的生长都有良好的促进作用；但当增加到 3%时就会引起消化不良。

(二)推荐饲养标准

目前我国尚未制定统一的水貂饲养标准。各地可根据当地的饲料条件和貂群状况参考美国水貂的饲养标准来确定(表 2-1、表 2-2、表 2-3)。

表 2-1 水貂不同时期的营养需要(每千克干物质)

项目	繁殖期(1—4 月)	哺乳期(5—6 月)	育成期(7—8 月)	冬毛生长期(9—12 月)
蛋白质/g	40～42	40～42	36～38	36～38
脂肪/g	18～22	22～30	24～30	20～22
碳水化合物/g	28～35	22～27	27～32	33～38
灰分/g	7～8	7～8	6～7	6～7
蛋白质：能量	1：(15～16)			

表 2-2 育成公貂饲养标准

(佟煜人、钱国成,中国毛皮兽饲养技术大全,1990)

项目	周龄									
	7	9	11	13	16	19	22	25	28	31
湿料量/g	112	182	236	276	315	315	297	264	236	227
干料量/g	37	60	78	91	104	104	98	87	78	75
蛋白质/g	9	15	20	23	26	26	24	22	20	19
维生素 A/IU	130	210	273	318	364	364	343	304	273	262
维生素 E/mg	0.9	1.5	2.0	2.3	2.6	2.6	2.4	2.2	2.0	1.9
维生素 B_1/mg	0.044	0.072	0.094	0.109	0.125	0.125	0.118	0.104	0.094	0.09
维生素 B_2/mg	0.06	0.09	0.12	0.14	0.16	0.16	0.15	0.13	0.12	0.11
叶酸/mg	0.019	0.03	0.039	0.046	0.052	0.052	0.049	0.044	0.039	0.038
烟酸/mg	0.74	1.2	1.56	1.82	2.08	2.08	1.96	1.74	1.56	1.5
泛酸/mg	0.23	0.36	0.74	0.55	0.62	0.62	0.59	0.52	0.47	0.45
吡哆醇/mg	0.041	0.36	0.08	0.1	0.114	0.114	0.108	0.096	0.086	0.082
钙和磷/mg	148	240	312	364	416	416	392	348	312	300

表 2-3 育成母貂饲养标准

(佟煜人、钱国成,中国毛皮兽饲养技术大全,1990)

项目	周龄									
	7	9	11	13	16	19	22	25	28	31
湿料量/g	97	158	206	239	260	255	236	215	194	182
干料量/g	32	52	68	79	80	84	78	71	64	60
蛋白质/g	8	13	17	20	22	21	20	18	16	15
维生素 A/IU	112	182	238	276	301	294	273	248	224	210
维生素 E/mg	0.8	1.3	1.7	2.0	2.2	2.1	2.0	1.8	1.6	1.5
维生素 B_1/mg	0.038	0.062	0.082	0.095	0.103	0.101	0.09	0.085	0.077	0.072
维生素 B_2/mg	0.05	0.08	0.10	0.12	0.13	0.13	0.12	0.11	0.10	0.09
叶酸/mg	0.016	0.026	0.034	0.04	0.043	0.012	0.039	0.036	0.01	0.03
烟酸/mg	0.64	1.04	1.36	1.58	1.72	1.68	1.56	1.42	1.28	1.2

续表

项目	周龄									
	7	9	11	13	16	19	22	25	28	31
泛酸/mg	0.19	0.31	0.41	0.47	0.53	0.5	0.47	0.43	0.38	0.36
吡哆醇/mg	0.035	0.075	0.057	0.087	0.095	0.092	0.084	0.078	0.07	0.06
钙和磷/mg	128	208	272	316	344	360	312	284	256	240

三、日粮的拟定

我国水貂的日粮，根据动物性饲料不同，大致可分为以海杂鱼或江杂鱼为主、以干鱼为主、以畜禽下杂为主，以及以鱼、肉类混合饲料为主等日粮类型。

水貂是食肉动物，消化道短，胃肠容积小，无盲肠，食物通过消化道的速度快(一般 3～4 h)；对动物性饲料消化率高，对植物性饲料的消化率很低，因此，拟定水貂日粮时要以动物性饲料为主，新鲜无害的动物性饲料要生喂，而谷物类饲料要熟喂。

拟定日粮还要充分考虑和利用当地的饲料条件，就地取材，因地制宜，既要降低成本，又要保证营养需要。在搭配日粮时，还要注意各种饲料的理化性质，避免营养物质遭到破坏。如碱性的骨粉不能与酵母、维生素 B_1 和维生素 C 等酸性物质搭配，要现配现喂。

四、水貂的饲养管理

在生产实践中，根据水貂不同生物学时期的生理特点及生长发育、繁殖和换毛规律，将水貂一年的生活周期划分为不同饲养时期：准备配种期、配种期、妊娠期、产仔哺乳期、成年貂恢复期、仔貂育成期和冬毛生长期。各个饲养时期不是截然分开的，而是密切相关、互相联系、互相影响的，每一时期都要以前一时期为基础。

(一)准备配种期(9 月 21 日至翌年 3 月 4 日)

1. 准备配种期的饲养要点 为了突出重点，有针对性地进行饲养管理，准备配种期又可分为准备配种前期(9 月 21 日至 10 月 21 日)、准备配种中期(10 月 22 日至 12 月 21 日)和准备配种后期(12 月 22 日至翌年 3 月 4 日)。

准备配种前期主要是促进冬毛生长，恢复体况，为安全越冬做准备。因此，日粮中应有较高的热量。日粮量应达到 400～500 g。

准备配种中、后期主要是调整营养，平衡体况，以促进生殖器官尽快发育。因此，需要全价蛋白质饲料和多种维生素，热量标准可适当降低。日粮量，10—11 月 350～400 g，12 月至翌年 1 月 350～300 g，2 月 275 g 左右。

2. 准备配种期的管理要点

(1)体况调整：在满足营养和确保健康的前提下，把水貂体况调整到有利于提高繁殖力的理想程度。通过调整饲料配比、控制饲料量、合理调整垫草增加活动量等办法，到配种前把种公貂体重调整到 1600～2200 g，处于中上等膘情，母貂达到 750～900 g，处于中等膘情。统计表明，母貂配种前的体重指数(体重(g)/体长(cm))在 24～26 g/cm 时，其繁殖力最强。

(2)发情鉴定：准确地进行水貂的发情鉴定是确保水貂在发情旺期适时配种的关键，也是提高产胎率和产仔数的前提。对公貂的发情鉴定，分别在精选定群的 11 月 15 日前后和翌年 1 月 10 日进行，用手触摸公貂睾丸以鉴定其发育情况；对母貂的发情鉴定，分别在 1 月 30 日、2 月 10 日、2 月 20 日及配种前进行，共鉴定 4 次，主要通过观察外生殖器的形态变化，判断每只母貂的发情早晚及所处发情阶段，摸清母貂的发情规律。

(3)防寒保暖：为使水貂安全越冬，从 10 月中旬开始，就应在窝箱内添加柔软的垫草。

(4)卫生防疫：窝箱要保持清洁、干燥，经常检查、打扫，严防垫草湿污，以免水貂感冒而引起肺炎死亡。1 月应对种貂进行一次犬瘟热和病毒性肠炎疫苗接种。

(5)加强饮水:水貂每天需要饮水 300～900 mL,缺水对水貂的影响比缺饲料还严重,故要保证饮水充足。寒冷地区水易结冰,可添加干净散雪或碎冰块,每日添加 2～3 次。

(6)加强运动:为了提高水貂的配种能力,从 1 月下旬开始增加运动量,每日人为逗引使其在笼内运动 10 min 左右。从 2 月中旬开始,可将发情较好的母貂抓出,在公貂笼上来回移动,或将母貂装入串貂笼中,放入公貂笼顶部,用异性刺激促使公貂发情。据现场统计,进行异性刺激,公貂配种利用率可提高 15%～20%。

(7)做好配种准备工作:2 月底以前,应做好配种前的一切准备工作,如编号,制订配种方案,维修自动捕貂箱、串貂笼、捕貂网等,准备好捕貂用的棉手套、配种记录表等。

(二)配种期饲养管理(3 月 5 日至 3 月 20 日)

1. 水貂配种期的饲养要点 受性活动的影响,此期水貂的食欲有所减退,特别是公貂更为明显。因此,要供给新鲜、优质、适口性好和易于消化的饲料,但饲喂量不宜过多。对于食欲下降明显甚至拒食的公貂,可在日粮中加一些新鲜肝脏、生肉等,使其尽快恢复食欲。

配种期日粮中要有足够的蛋白质和各种维生素,以肉类为主的日粮还要补加骨粉。参加配种的公貂,中午应给予补饲。饲料总量不宜超过 250 g。配种期日粮和种公貂的补饲标准,可参见表 2-4 和表 2-5。

表 2-4 水貂配种期日粮参考

每只饲料总量/g	蛋白质/g	混合料重量比/(%)				每只供给量/g			
		动物性饲料	谷物	蔬菜	水	酵母	麦芽	骨粉	食盐
220～250	25～30	75～80	10～12	10～12	15～20	3～4	10～15	2～3	0.5

表 2-5 水貂配种期种公貂的补饲参考

饲料	补饲量	饲料	补饲量
鱼或肉	20～25 g	蔬菜	10～12 g
鸡蛋	15～20 g	酵母	1～2 g
牛乳	20～30 g	麦芽	6～8 g
肝脏	8～10 g	维生素 A	500 IU
兔头	10～15 g	维生素 E	2.5 mg
玉米面	10～12 g	维生素 B_1	1.0 mg

2. 水貂配种期的管理要点 配种期要合理安排放对时间。一般早饲后 1 h 内不宜放对,中午让貂至少休息 3 h。放对前应将水盒内的水倒尽,待交配后再添加清洁的饮水或干净的雪。配种期每日都要捉貂放对,因此要随时检查与维修笼舍,跑貂易造成系谱混乱,影响配种进度,甚至丢失种貂,抓貂时要稳、准,一旦跑貂要及时抓回。寒冷地区的貂场,要根据气温的变化,增减垫草,同时要勤换垫草,保持垫草的干燥,以防因小室潮湿而发生感冒等疾病。做好配种记录和精液品质检查。

(三)妊娠期饲养管理(3 月 21 日至 4 月 20 日)

妊娠期饲养管理的最终目的是保证胚胎正常发育,母貂产后能有充足的乳汁,此期饲养管理是否合理,将决定一年养貂的成败。

1. 妊娠期的饲养要点 母貂妊娠期必须供给品质新鲜的饲料,严禁饲喂腐败变质、储藏时间过长的动物性饲料。日粮中不允许搭配死亡原因不明的牲畜肉、难产死亡的母畜肉、带有甲状腺的气管和含有动情素的畜禽副产品等饲料。

为了保证蛋白质的全价性,要采用多样化的混合饲料。实践证明,以鱼和肉类混合搭配的日粮,能获得良好的饲养效果。日粮量 250～325 g,4 月初至月末逐渐增加。4 月 15 日至产仔,每只每日补饲牛奶 30 g、蛋 8 g。妊娠期日喂 3 次,其比例为 3∶2∶5,或日喂 2 次,比例为 3∶7。妊娠期日粮参考见表 2-6。

表 2-6　水貂妊娠期日粮参考

饲料	饲料量	饲料	饲料量
海杂鱼	60 g	麦芽	15 g
牛、羊内脏	30 g	酵母	5 g
兔头、兔骨架	30 g	维生素 A	1000 IU
牛肉	36 g	维生素 B_1	1.0 mg
鸡蛋	9 g	维生素 B_2	0.5 mg
牛乳或奶粉	39 g	维生素 C	20 mg
玉米面	30 g	食盐	0.5 g
白菜	36 g	水	24 g

此期，对于各种维生素的需要比其他时期多，尤其是维生素 A、维生素 E、维生素 C，当缺乏时，会出现死胎、烂胎、流产和胚胎吸收等现象，维生素 C 缺乏还会造成出生水貂患红爪病。

2. 妊娠期的管理要点　饲养员操作要轻，不要在场内喧哗，谢绝参观，严禁各种动物进场。窝箱内要经常保持清洁、干燥，有充足的垫草。经常保证有充足清洁的饮水，笼舍内不得有粪便堆积，饮水盒和食盘每周用0.1%高锰酸钾溶液消毒 1 次。饲养员每日要注意观察与记录貂活动、采食、排粪便等情况，以便及时发现问题。妊娠后期要推算母貂的预产期，并写在记录本和窝箱上。产仔前要准备好产仔登记表。饲养员要经常观察母貂的采食、活动和排粪情况，发现问题应及时查明原因，并采取有针对性的措施。妊娠正常的母貂基本不剩食，饲喂前 1 h 大多在笼里活动，粪便呈条形，换毛正常，常仰卧，喜晒太阳。当母貂出现下痢或排黄稀粪、连日食欲下降甚至拒食和换毛较晚时都应加以注意。

（四）产仔哺乳期饲养管理（4 月 21 日至 6 月 20 日）

1. 产仔哺乳期的饲养要点　产仔哺乳期饲养管理的中心任务是确保仔貂成活率和生长发育，因此，必须保证母貂泌乳所需的营养。一般情况下，一只母貂平均能哺育 6～7 只仔貂。仔貂对乳的需要随着日龄的增加而增多，当开始采食时吃乳量明显下降，母貂的泌乳量也发生相应变化。在拟定母貂日粮时，必须考虑一窝仔貂的数量和日龄。为促进母乳分泌，可增加乳蛋类或肉汤等有催乳作用的饲料，并将饲料调制得稀一些。以鱼为主的日粮要补加一部分动物脂肪和鲜碎骨或骨粉及各种维生素。哺乳期母貂日粮要维持妊娠期水平，仔貂所需要的部分另外添加。日粮总量不限，一般为 500 g 左右。5 月 21 日至 6 月 20 日，每窝仔貂补饲牛奶 40 g、肉 40 g、蛋 20 g，或每只仔貂补饲牛奶 10 g、肉 10 g、蛋 2 g。

水貂在临产前食欲有所下降，应减少 1/5 的日饲喂量，并把饲料调稀。1 周左右母貂食欲恢复正常，应根据胎产仔数、仔貂日龄及母貂食欲情况按比例增加饲料量。从 5 月 1 日开始，将母貂日粮中脂肪含量增加到干物质的 22%，以后逐渐提高到 25%，对于母貂泌乳有良好的作用。

2. 产仔哺乳期的管理要点　产仔哺乳期要昼夜值班，值班人员应每 2 h 巡查 1 次，目的是及时发现母貂产仔，随时添加饮水，对落地、受冻、挨饿的仔貂和难产母貂及时救护，做好产仔保活工作。在春寒地区，要注意在窝箱中加足垫草，以利保温。垫草添加量以占窝箱 1/3 为宜，垫好后把四角和底压实，中央留一个窝（直径 20 cm 左右）。遇有大风雨天气，必须在貂棚迎风一侧加以遮挡，以防寒流侵袭仔貂，导致感冒或继发肺炎等。产仔母貂喜静怕惊，过度惊恐容易造成母貂弃仔、咬伤甚至吃掉仔貂，故必须避免场内和附近有振动性很大的奇特声音的干扰。对缺乳、产仔多和有恶癖的母貂，应及时对仔貂进行代养。以代大留小、代强留弱的原则，先将代养母貂引出窝箱外，再用窝箱内垫草擦拭被带仔貂身体，之后放入窝箱内，或将仔貂放在窝箱出口的外侧，由代养母貂主动衔入窝箱内。仔貂在单纯哺乳期间，其粪便由母貂舔食，但从 20 日龄左右开始采食饲料以后，母貂不再食其粪便，而此时仔貂排便尚无定点，母貂还经常向窝箱内叼入饲料喂仔，加之天气日渐暖和，各种

微生物易于滋生，故必须及时清除粪便、湿草、剩余饲料等污物。同时还要做好饲料品质的卫生检查和食具的消毒，避免发生传染病。

（五）成年貂恢复期的饲养管理（公貂3月21日至9月20日、母貂6月2日至9月20日）

成年貂的恢复期是指种公貂配种结束、母貂断乳后，到9月中旬生殖器官再度发育这一时期，公貂大约为182天，母貂为92天。公貂配种、母貂产仔泌乳后体质消耗都很严重，极其消瘦，体重下降到全年最低水平。为了使水貂尽快恢复体况，为下一年度的正常繁殖、生产奠定基础，应供给一段时间的优质饲料。公貂结束配种后30天内，母貂断乳后30天内，给予配种期或产仔哺乳期的日粮，等到体质恢复后，再改喂恢复期的日粮（表2-7）。

表2-7 恢复期日粮标准

	总热量/kJ	各类饲料热量比/（%）			营养成分含量/g		
		动物性饲料	谷物类饲料	果蔬类饲料	蛋白质	脂肪	碳水化合物
母貂	752～1003	60	32	8	16～24	3～5	16～22
公貂	585～836	60	32	8	13～20	2～4	12～18

（六）仔貂育成期的饲养管理（6月20日至9月20日）

1. 仔貂生长发育特点 仔貂生长发育速度较快，2月龄时的体重比初生时增加50～60倍，3月龄时达到100倍。

从生长速度和生长强度看，30日龄以内由于仔貂以母乳为食，生长速度相对较快，且公貂、母貂之间的差异不显著，绝对增长速度为5.6～6.5 g/d，相对生长速度为178%以上。30～40日龄为仔貂由依靠母乳生长向采食饲料生长的过渡期，生长速度明显下降，40日龄以后生长速度又开始增加。45日龄到3月龄，是仔貂生长发育最快的时期，且公貂快于母貂，绝对生长，公貂为13～15 g/d，母貂为7～11 g/d，公貂、母貂的体长生长分别为0.4 cm/d和0.3 cm/d。3月龄后生长速度和强度逐渐下降，到5月龄以后生长基本停止。

2. 哺乳期仔貂的养育 4月下旬到5月中旬，是提高仔貂成活率的关键时期。如果对初生仔貂的检查护理、代养和补饲不当，必要的技术措施跟不上，就会因仔貂的大批死亡而造成“丰产不丰收”的局面。生产中初生仔貂死亡的原因大致有以下几种。

（1）死胎：在妊娠期喂变质饲料，饲料单一或者营养不全价、母貂妊娠期患病所致。

（2）冻死：新生仔貂体温调节能力很差，如果窝箱保温不良，在笼网上产仔或初生仔貂掉在地上，都可被冻死。所以，产前必须对褥草和窝形进行检查，搞好窝箱保温和护理工作。不同日龄仔貂窝箱内的适宜温度一般如下：1～25日龄为35 ℃、25～35日龄为30 ℃、35～40日龄为27 ℃、40日龄以上为10～25 ℃。

（3）咬死：曾患有自咬症或有恶癖的母貂，若在产后1周内复发，会咬死仔貂。产后缺水、检查人员手带有异味和外界异常的惊扰等，会导致母貂搬弄、遗弃、咬仔和吃仔现象发生。

（4）饿死：仔貂出生后24 h吃不上初乳，往往造成全窝死亡。另外，母性不强或缺乳，也容易造成仔貂死亡。因此，产后首次检查时，如果发现母貂体况过肥，乳头小，挤不出乳汁，仔貂发育不均、干瘪而挣扎无力，应及时采取措施。如果胎产仔在8只以上，应采取寄养措施；如果母貂母性不强，或有恶癖，要全窝寄养；乳量不足，可采取催乳措施。

（5）病死：仔貂患有脓疱病、湿尿病和红爪病等，都会引起死亡。引起红爪病主要是母貂妊娠期维生素C缺乏，对这种病貂滴喂2%的抗坏血酸葡萄糖混合液，一次3～4滴，每日2～3次，效果良好。为预防脓疱病、湿尿病的发生，要加强卫生管理，对已经发病的，前者用抗生素软膏，后者用抗生素结合维生素B_6、维生素B_{12}注射加以治疗。

为了掌握仔貂生长发育情况，每月至少应称重一次，以了解仔貂的发育情况，采取相应措施。断乳前仔貂的正常体重如表2-8所示。

表 2-8 断乳前仔貂的正常体重

(朴厚坤、张南奎,毛皮动物饲养学,1981)　　单位:g

性别	初生	15 日龄	30 日龄	45 日龄
公仔貂	7～10	60～65	170～180	335～340
母仔貂	7～8	55～60	165～170	325～330

3. 育成期仔貂的饲养管理　水貂在 40～45 日龄时可断乳。如果同窝仔貂发育均匀,可一次全部断乳,按性别每 2～3 只放在 1 个笼里饲养 1～2 周,然后再分单笼。同窝仔貂发育不均匀,可按体型大小,采食能力等情况分批断乳,将体质好、采食能力强的先行分窝,体质较弱的继续留给母貂哺养一段时间。分窝之前,对仔貂笼舍进行一次全面洗刷和消毒,在窝箱内铺干燥的垫草。

(1)育成期饲养要点　仔貂断乳开始独立生活后,由于食物及环境都发生了很大变化,仍需要适应一段时间。分窝后的最初几日应给予分窝前的日粮,每只补饲奶 10 g、蛋 5 g、肉 10 g,然后转为育成期的日粮。

仔貂育成期的特点是同化作用大于异化作用,生长发育快,体重增长呈直线上升,这个时期是决定水貂体型大小的关键时期,应提供优质全价、易消化、适口性好的饲料,保证蛋白质、矿物质和维生素的供给。每日混合饲料平均供给量分别如下:6 月 265 g,7 月 445 g,8 月 475 g,早晚分饲比例为 35%和 65%。要求在具体喂食时,还要根据个体的类型、性别、年龄、体况、食欲等区别对待。

(2)育成期的管理要点　育成期正值高温多雨,各种疾病多发季节。因此,要特别注意做好水貂疾病的防治工作,要严把饲料品质关,建立合理的饲喂制度,每次喂食力争在 1 h 内结束,喂后及时把食碗撤出,以防水貂因采食变质饲料而引发各种疾病。要本着预防为主、防治结合的原则,对全群水貂进行犬瘟热和病毒性肠炎的预防接种,并根据饲料及气候的变化提前投喂抗生素以预防细菌性疾病。此期还要特别注意预防黄脂肪病、胃肠炎、中暑等疾病的发生。各种饲料要妥善保管,防止腐败变质。各种工具、食具要经常消毒,保持清洁卫生。笼舍、地面要及时清扫和洗刷,不能积存粪便。要遮阴蔽光,防止光线直射笼舍,中午把窝箱顶部的木盖打开,以便通风。增加饮水次数,气温过高时,可往貂棚内地面或笼子上洒水降温。仔貂分窝时,应编号并登记谱系。编号方法是在出生年(1～2 位数)的后边加上顺序号,公貂为奇数,母貂为偶数。

(七)冬毛生长期的饲养管理(9 月 21 日至 12 月 20 日)

不论是幼年貂还是成年貂,9—11 月均为冬毛生长期。此期的中心任务是促进水貂正常换毛,并获得质量好、张幅大的毛皮。日粮中要增加一定比例肉类及脂肪含量高的饲料,如果营养不足,则会导致换毛延迟,冬毛生长缓慢,底绒发空,针毛长短不齐或毛峰弯曲。日饲喂量:9 月 480 g,10 月 500 g,11 月 510 g。日粮中应多搭配一些含硫氨基酸多的蛋白质饲料,如血粉、羽毛粉等。冬毛生长期日粮中大量采用兔头、兔骨架时,会造成针毛弯曲,降低毛皮质量。以海杂鱼、江杂鱼为主的饲养场,在此期应适当增加脂肪含量(一般占日粮干物质的 10%左右),以提高毛皮品质和毛的光泽度。各类饲料的热量比参见育成期。冬毛生长期应注意直射光线的照射,皮用貂宜养在貂棚的阴面,否则,直射光线会使黑褐色水貂毛色变浅。此期,场内不能乱用灯光,以免影响毛皮成熟。从秋分开始应在窝箱中添加少量切断的稻草或麦秸(3～5 cm),以起自然梳毛的作用。同时要搞好笼舍卫生,及时检修笼舍,防止污物沾染毛绒或锐物损伤毛被。添喂饲料时勿将饲料沾在水貂身上。10 月检查换毛情况,发现缠结毛应及时梳毛除掉。

任务训练

一、选择题

1. 繁殖期严禁利用经己烯雌酚处理过的畜禽肉。如果日粮中含有 10 μg 以上的己烯雌酚就可能导致水貂__________。

A. 发育迟缓　　B. 不育　　C. 脱毛　　D. 痉挛

2. 水貂准备配种期饲养管理的中心任务是促进水貂__________的正常发育。

A. 体重　　B. 被毛　　C. 生殖器官　　D. 膘情

3. 为了保证蛋白质的全价性，要采用__________。

A. 多样化的混合饲料　　B. 单一肉类饲料

C. 蛋白质饲料添加剂　　D. 增加谷物类饲料比例

4. 不论是幼年貂还是成年貂，9—11 月均为__________。

A. 发情配种期　　B. 育成期　　C. 哺乳期　　D. 冬毛生长期

二、判断题

1. 因肝脏有轻泻作用，喂量一般为 5%～10%(15～30 g)，不要超过 30 g。(　　)

2. 水貂对生谷物类饲料消化率较高，因此谷物类饲料可生喂。(　　)

3. 在仔貂育成期，分窝后的最初几天应给予分窝前的日粮。(　　)

4. 冬毛生长期应注意直射光线的照射，皮用貂宜养在貂棚的阳面。(　　)

三、填空题

1. 植物性饲料可为水貂提供丰富的__________和__________。

2. 水貂对纤维素的消化能力很弱，当饲料中纤维素比例增加到__________%时就会引起消化不良。

3. 在配种期，对于食欲下降明显的公貂，可在日粮中加一些__________、__________等，使其尽快恢复食欲。

任务五　貂皮采收加工

扫码学
课件 2-5

任务描述

主要介绍水貂皮的采收及加工技术等内容。

任务目标

▲知识目标

能说出水貂皮的采收标准及水貂取皮流程。

▲能力目标

能够准确判断水貂的取皮时机；能够熟练进行水貂的取皮及水貂皮的初加工。

▲课程思政目标

能够增强劳动意识，热爱劳动；具备不断提升劳动技能的职业素养。

▲岗位对接

毛皮经济动物饲养、毛皮经济动物繁殖。

任务学习

一、取皮时间与毛皮成熟鉴定

(一)取皮时间

貂皮成熟的季节在每年的 11 月中旬至 12 月上旬，其中白色水貂为 11 月 10—15 日，珍珠色和

蓝宝石色水貂为11月10—25日，咖啡色水貂为11月20—30日，暗褐色和黑色水貂为11月25日至12月10日。貂皮成熟与水貂的年龄、性别和营养等因素有关，一般老貂比幼貂早，母貂比公貂早，中上等营养的比过肥或过瘦的早。每种类型均按老年公貂、成年公貂、老年母貂、育成母貂顺序屠宰。

（二）毛皮成熟鉴定

毛皮成熟鉴定的重点是观察水貂尾部、背腹部的被毛和皮肤颜色。成熟毛皮尾部的尾毛甩开，全身毛被显得蓬松粗大，毛峰平齐，有光泽，底绒丰厚，头毛与全身毛色一致。随着身躯的转动，腹部、颈部呈现一条条“裂缝”，表明底绒饱满，毛皮已成熟。把尾毛吹开，观其皮肤颜色，成熟的皮肤呈粉红色或白色，未成熟的皮肤则呈浅灰色或灰蓝色。

二、屠宰

心注射空气法：一人用双手保定好水貂，另一人用左手固定水貂心，右手持注射器，在心跳最明显处插入针头，如有血液回流，即可注入空气5～10 mL，水貂马上两腿强直，迅速死亡。

三、剥皮

（一）剪爪掌

用骨剪或10 cm直径的小电锯去掉前肢爪掌。

（二）挑裆

先将两后肢固定，用挑刀从接近尾尖部沿着尾腹面中线向肛门后缘挑去，在距肛门一侧1 cm处挑开，折向肛门后缘与尾部开口会合，另一后肢也同样挑至肛门后缘，最后把后肢两刀转折点挑通，即去掉一小块三角形皮。

（三）剥离

开裆后，用挑刀将尾中部的皮与尾骨剥开，用手或钳将尾骨抽出，然后剥离后肢，剥到第1趾节处，剪断趾骨，使指甲和第1趾骨留在皮上。固定后肢，用手翻皮，倒拉退套。退至前肢，将肢骨拉出，皮翻转，毛向里，前肢呈无爪圆筒形。再剥离颈、头部，使耳、眼、嘴、鼻完整无损。

四、初加工

（一）刮油

刚剥下来的鲜皮，皮板上常附着油脂、血迹和残肉等，这些物质对原料皮晾晒、保管均有危害，所以必须在初加工时除掉这些物质。

刮油过程中，如果操作不当，容易造成透毛、刮破、刀洞等伤残，这些伤残都会降低皮张等级。为了刮油顺利，应在皮板干燥以前刮油，干皮经充分水浸后方可刮油；刮油的工具，一般采用竹刀或钝铲，刮油时用力不得过猛；刮油的方向，应从尾根或后肢部往头部刮，用力均匀，边刮边用锯末搓洗皮板和手指，以防油脂污染毛被；刮油时必须将皮板平铺在木板上，勿使皮皱褶，否则易刮破；头部皮上的肌肉不易用刀刮净，可用剪刀将肌肉剪去。

（二）洗皮

刮油后要用小米粒大小的硬木锯末或粉碎的玉米芯洗皮，先搓洗皮板上的附油，再将皮板翻过来搓洗毛被，先逆毛搓洗后顺毛搓洗，然后抖掉搓洗物，使毛皮清洁而有光泽。

（三）上楦板

上楦板就是将洗净的筒皮套在一定规格的楦板上。目的是使貂皮保持一定形状和幅度，有利于干燥和保存。上楦板时，先将毛被向外的筒皮套在楦板上，楦板的尖端顶于鼻端，两手均匀地将筒皮向后拉直。将眼、耳、鼻、四肢、尾部摆正，然后用圆钉将其固定。为了皮形美观，皮张要适当拉长，尾应尽量拉宽，呈倒宝塔形。

（四）干燥

将上好楦板的皮张送入干燥室，分层放置于风干机的皮架上，将风干机气嘴插入楦板的皮张嘴岔里，让空气通过皮张腹腔带走水分。在室温 20～25 ℃，相对湿度 55%～65%条件下，24 h 左右用手摸前肢，筒皮发硬说明皮板已干，貂皮便可下楦板。

任务训练

一、选择题

1. 水貂毛皮成熟的时间，一般老貂比幼貂__________，母貂比公貂__________。

A. 早；晚　　B. 晚；早　　C. 早；早　　D. 晚；晚

2. 水貂毛皮初加工的正确顺序是__________。

A. 干燥、刮油、洗皮、上楦板　　B. 洗皮、刮油、上楦板、干燥

C. 上楦板、刮油、洗皮、干燥　　D. 刮油、洗皮、上楦板、干燥

二、填空题

1. 上楦板的目的，是使貂皮保持一定形状和幅度，有利于__________和__________。

2. 水貂毛皮成熟的标志：一是腹部、颈部的绒毛出现__________，二是皮肤的颜色呈现__________。

任务拓展

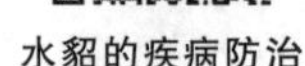

水貂的疾病防治

水貂的疾病防治（配套 PPT）

项目三　狐　养　殖

任务一　生物学特性

扫码学
课件 3-1

任务描述

主要介绍狐的分类与分布、形态特征、生活习性等内容。

任务目标

▲知识目标

能说出狐的形态特征、分类及生活习性。

▲能力目标

能够进行狐的品种识别；能够根据市场需求和地域条件选择适合的狐品种。

▲课程思政目标

具备依法养殖的职业素养和“绿水青山就是金山银山”的环保意识及生态养殖理念。

▲岗位对接

毛皮经济动物饲养、毛皮经济动物繁殖。

任务学习

一、分类与分布

狐在动物分类学上属于哺乳纲、食肉目、犬科。世界上人工饲养的狐有 40 多种，分属于狐属和北极狐属。养殖数量较多的主要有狐属的赤狐、银黑狐和北极狐属的北极狐以及各种突变型或组合型的彩色狐。

（一）赤狐

赤狐又称红狐、草狐，在我国分布很广，有 4 个亚种，因地域不同，毛色和皮张质量有较大差别，其中东北和内蒙古所产的赤狐，毛长绒厚，色泽光润，针毛齐全，品质最佳。

（二）银黑狐

银黑狐又称银狐，原产于北美北部和西伯利亚东部地区，是野生赤狐的一个突变种，也是最早人工驯养的一种珍贵毛皮动物，目前不少国家进行人工养殖（图 3-1）。

（三）十字狐

十字狐产于亚洲和北美洲，属于狐属，体型近似赤狐，四肢和腹部呈黑色，头、胸背部呈黑褐色，在背部有黑十字形的花纹。

(四)北极狐

北极狐又称蓝狐,产于亚欧和北美北部近北冰洋地带及北美南部沼泽地区和森林沼泽地区。野生北极狐有两种毛色:一种为白色型,该型的北极狐被毛呈明显的季节性变化,冬季毛色呈白色(图 3-2),其他季节毛色呈深褐色,而尾尖终年黑色;另一种为淡褐色型(淡蓝色型),其毛色在冬季呈淡褐色,其他季节呈深褐色,有时可生下白色北极狐。两种色型的北极狐的绒毛均为灰色或褐色。家养北极狐中可见到一些毛色变种的狐,如影狐、北极珍珠狐、北极蓝宝石狐、北极白金狐等,习惯上统称为彩色北极狐。目前,彩色北极狐的毛色遗传研究已经取得了很大进展,为培育北极狐新品种奠定了基础。

图 3-1　银黑狐

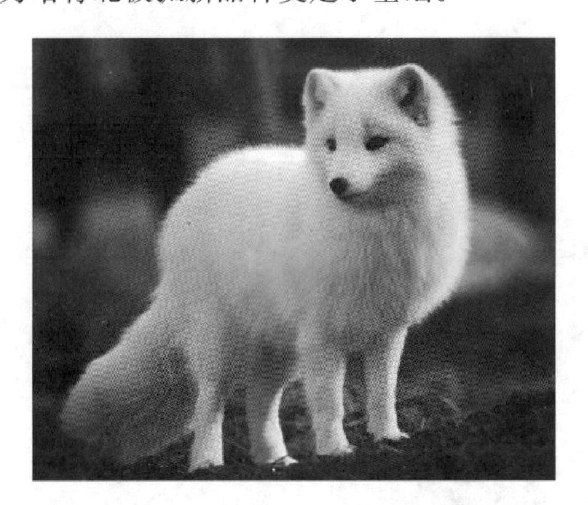

图 3-2　北极狐

(五)其他彩色狐

目前,各国已培育出不少彩色狐,常见的有琥珀色狐、珍珠狐、铂色狐、葡萄酒色狐等。

二、形态特征

赤狐体躯较长,四肢短,吻尖,尾长而蓬松。成年狐体重为 5 kg 左右,体长 60～90 cm,尾长 40～50 cm。赤狐毛色变异较大,常见的有火红、棕红、灰红等色,四肢及耳背呈黑褐色,腹部黄白色,尾尖呈白色。

银黑狐体躯比赤狐小,形态特征与赤狐相似,嘴尖,耳长。成年公狐体重 5.5～7.5 kg,体长 57～70 cm,尾长 40～50 cm。母狐体重 5.0～6.6 kg,体长 63～67 cm。银黑狐的基本毛色为黑色,全身被毛中有黑色、白色和银毛(白色毛干黑色毛尖)三种针毛,三种针毛比例和分布不同,毛被色泽和银色强度不同。绒毛的颜色为青灰色,尾尖为白色。在嘴角、眼周围有银手分布,形成一种“面罩”。脸上的银毛形成银环。平均每胎产仔 4～6 只。可利用年限 5～6 年,寿命 10～12 年。

北极狐体型比银黑狐大,嘴短,腿短,耳小,较肥胖。成年公狐体重 5.5～7.5 kg,体长 65～75 cm,尾长 25～30 cm。母狐体重 4.5～6.0 kg,体长 55～75 cm。近年来,我国改良的北极狐体重10～15 kg,公狐体长达 80 cm 以上,母狐体长达 65～70 cm。北极狐的毛色主要为淡褐色,近于蓝色,故又称为“蓝狐”,绒毛细密、丰厚,针毛相对不发达。

三、生活习性

野生狐常栖居在河流、溪水、湖泊附近的森林、草原、丘陵、沼泽、荒地、海岛中,以树洞、土穴、石缝、墓地的自然空洞为穴,栖居地的隐蔽程度好,不易被人发现。

狐的食性较杂,但以肉食为主。野生状态下以小型哺乳动物、鸟类、爬行动物、两栖动物、鱼类、蚌、昆虫以及野兽和家禽的尸体、粪便为食,有时也采食浆果、植物籽实。

狐机警、多疑,性情凶猛,行动敏捷,攻击性强;嗅觉和听觉灵敏,且有较强的记忆能力;善奔跑,能攀岩,会游泳,昼伏夜出。以成对及家族居住为主,北极狐多数群居。

成年赤狐和银黑狐每年换毛一次,早春 3—4 月开始脱绒毛,7—8 月开始脱针毛,之后针绒毛一起生长,直到 11 月形成长而稠密的新被毛。北极狐 1 年换 2 次毛,3 月底开始脱冬毛,长夏毛,10 月底脱夏毛,长冬毛,11 月底至 12 月初冬毛成熟。

赤狐的寿命为8～12年，繁殖年限为4～6年。银黑狐和北极狐的寿命分别为10～12年和8～10年，繁殖年限分别为5～6年和3～4年。在自然界中狐的天敌有狼、猞猁等。

任务训练

一、填空题

1.银黑狐又称__________。

2.北极狐又称__________。

3.银黑狐的基本毛色为__________，全身被毛中有__________、__________和__________。

二、选择题

1.北极狐体型比银黑狐__________。

A.小　　B.大　　C.相等　　D.以上都不对

2.狐的食性较杂，但以__________为主。

A.蔬菜　　B.谷物　　C.肉食　　D.以上都不对

3.成年赤狐和银黑狐每年换毛__________次，北极狐每年换毛__________次。

A.一；一　　B.二；二　　C.二；一　　D.一；二

任务二　圈舍建造

扫码学
课件3-2

任务描述

主要介绍养狐场的场址选择、笼舍构造等内容。

任务目标

▲知识目标

能说出养狐场的选址要求及狐笼舍的格局构造。

▲能力目标

能够选择适宜的养狐场场址；能够设计和安装狐笼舍。

▲课程思政目标

养成重视健康、自我保健的安全生产意识；具备尊重自然、人与自然和谐发展的健康理念。

▲岗位对接

毛皮经济动物饲养、毛皮经济动物繁殖。

任务学习

一、场址的选择

在地势较高、地面干燥、排水良好、背风向阳的地方建场。交通便利，有充足的水源和饲料来源。养殖场最好建在产鱼区或畜禽屠宰厂、肉联厂附近。

二、养狐场的建筑和设备

1.狐棚　狐棚用来遮挡风雨及烈日暴晒。结构简单，只需棚柱、棚梁和棚顶，不需要建造四壁。

Note

可用砖瓦、竹苇、油毡纸、钢筋水泥等制作。一般长 50～100 m,宽 4～5 m(2 排笼舍),8～10 m(4 排笼舍),脊高 2.2～2.5 m,檐高 1.3～1.5 m。

2. 笼舍与小室

(1)笼舍:可用 14～16 号铁丝编制。网眼规格:底为 3 cm×3 cm,盖及四周网眼为 3.0 cm×3.5 cm。笼舍规格:长×宽×高为(100～150) cm×(70～80) cm×(60～70) cm,将其安装在牢固的支架上,笼底距地面 50～60 cm。在笼舍正面一侧设门,规格为宽 40～45 cm,高 60～70 cm。

(2)小室:银黑狐小室略大于北极狐,规格为 75 cm×60 cm×50 cm,小室内设走廊以防寒保温。北极狐小室规格为 60 cm×50 cm×45 cm,在小室顶部设一活盖板,在朝向笼的一侧留直径为 25 cm 出入口。

3. 其他 冷藏设备、毛皮加工室、兽医室、仓库以及窖等;捕捉网、捕捉钳、水盆、水桶、食盆以及清扫卫生的用具。

任务训练

填空题

1. 养狐场笼舍距离地面的高度应在__________ cm。
2. 银黑狐小室略__________于北极狐。
3. 狐棚脊高__________ m,檐高__________ m。

任务三 繁殖技术

扫码学
课件 3-3

任务描述

主要介绍狐的繁殖生理、配种技术、妊娠和产仔、狐的选种选配等内容。

任务目标

▲知识目标

能说出狐的繁殖生理及狐的发情鉴定要点。

▲能力目标

能够进行狐的发情鉴定;能够制订狐的配种方案;能够进行狐的妊娠诊断。

▲课程思政目标

能够增强职业素养,坚定职业道德,树立诚信品质;具备理想信念与合作精神。

▲岗位对接

毛皮经济动物饲养、毛皮经济动物繁殖。

任务学习

一、狐的繁殖生理

狐属于季节性繁殖动物,1 月中旬至 3 月下旬配种,4—5 月产仔,幼龄狐 9～11 月龄性成熟。但

依营养状况、遗传因素等不同，个体间有所差异，公狐比母狐稍早一些。野生狐或由国外引入的狐，引进当年发情一般较晚，繁殖力较低。

公狐的睾丸在5—8月处于静止状态，重量仅为1.2～2 g，直径为5～10 mm，质地坚硬，不能产生成熟的精子，阴囊布满被毛并贴于腹侧，外观不明显。8月末9月初，睾丸开始发育，到11月睾丸明显增大，至翌年1月重量达到3.7～4.3 g，并可见到成熟的精子，但此时不能配种，待前列腺充分发育后才能配种。1月下旬到2月初，公狐睾丸质地柔软有弹性，阴囊被毛稀疏，松弛下垂，明显可见，有性欲要求，可进行交配。整个配种期60～90天。但后期性欲逐渐降低，性情暴躁。至5月睾丸恢复原来大小。

母狐的卵巢在夏季(6—8月)一直处于萎缩状态，8月末至10月中旬，卵巢上的卵泡逐渐发育，黄体开始退化，到11月末黄体消失，卵泡迅速增长，翌年1月发情排卵。子宫和阴道也随卵巢的发育而发生变化，此期体积明显增大。

二、配种技术

(一)发情鉴定

1.外部观察法　根据母狐外阴部变化和行为表现将发情期分为发情前期、发情旺期、发情后期和休情期。

(1)发情前期：阴门肿胀，近于圆形，黏液分泌增多。当放对后公狐企图交配时，母狐表现为回避，甚至恐吓公狐。此期一般持续1～2天。初次参加配种的母狐，外生殖器变化通常不十分明显，而且发情前期时间较长，一般持续4～7天，个别出生晚的母狐只出现发情前期，阴门即开始萎缩。

(2)发情旺期(适配期)：阴门呈圆形、外翻，颜色变深，呈暗红色，而且上部有轻微的皱褶，阴门流出白色或微黄色黏液或凝乳状的分泌物。母狐愿意接近公狐，公狐爬跨时，母狐温顺，把尾翘向一侧，接受公狐交配。北极狐发情旺期持续2～4天，银黑狐持续1～3天。

(3)发情后期：阴门逐渐消肿，生殖道充血现象逐步消退，黏液分泌量少而黏稠。母狐不论是否已经受配，均对公狐表现出戒备状态，拒绝交配。

(4)休情期：阴门恢复正常，母狐行为又恢复到发情前的状态。

2.试情法　试情公狐性欲旺盛，体质健壮，无咬母狐的恶癖，有配种经历。试情时一般将母狐放进公狐笼内，当发现母狐或公狐嗅闻对方的阴部、翘尾、频频排尿或出现相互爬跨等行为时，就可初步认定此母狐已发情。一般2天1次，20～30分/次，试情一般不超过1 h。个别母狐和部分初次参加配种的母狐，会出现隐性发情现象，或发情时间短促容易错过配种机会，所以采用试情法进行发情鉴定是非常必要的。

3.阴道分泌物涂片法　用消过毒的玻璃棒伸入母狐阴道内蘸取母狐的阴道分泌物，制作显微镜涂片，在200～400倍镜下观察，根据阴道分泌物中白细胞、有核角化上皮细胞和无核角化上皮细胞的变化，判断母狐是否发情。该方法的鉴定结果较为准确，但操作程序复杂，一般只在实施人工授精的养殖场使用，采用自然交配的养殖场很少采用此法。

(1)休情期可见到白细胞，有少量有核角化上皮细胞。

(2)发情前期可看到有核角化上皮细胞明显增多，白细胞相对减少，视野中逐步出现有核角化上皮细胞、无核角化上皮细胞以及白细胞。

(3)发情旺期可见到大量的无核角化上皮细胞和少量的有核角化上皮细胞。

(4)发情后期已出现了白细胞和较多的有核角化上皮细胞。

4.测情器法　利用测情器检测母狐阴道分泌物的变化，以确定最佳交配时间。养狐业较为发达的北欧国家和美国、加拿大应用此种方法较多，在以人工授精技术为主的养狐场，测情器已成为母狐发情鉴定、确定最佳输精时间的重要手段。根据测情器电阻表上显示的不同的读数，以此确定母狐是否发情。

测情时将测情器探头插入母狐阴道内，读取测情器显示的数值，记录每次测定的数据，确定母狐的排卵期。一般在每天相近的时间内进行测定，1 次/天，当数值上升缓慢时，2 次/天。测情器数值持续上升至峰值后又开始下降时，为最佳交配时间或人工输精的适宜期。操作时动作要迅速，读数、记录要准确，注意测情器探头的卫生，防止传播疾病。

（二）配种

在生产实践中，采用人工放对配种的方法，将处在发情旺期的母狐放进公狐笼内，交配后再将公狐、母狐分开。

放对时间一般选在清晨或阴天。饲喂后 1 h 左右，将公狐笼内的食盆等所有障碍物清走，放入母狐后，要仔细观察，对那些择偶性强的公狐要及时更换，以使配种工作顺利进行。

狐交配时出现“锁结”现象，一般历时 20～30 min。“锁结”后，公狐仍可继续射精，不可强行将二者分开，以免损伤公狐的阴茎，甚至影响配种效果。

母狐的排卵期往往晚于发情征候明显的时间，而且卵子不是同时成熟和排出，一般银黑狐持续排卵 3 天，北极狐可持续排卵 5～7 天，而精子在母狐的生殖道中可存活 24 h。因此，必须采取连日或隔日复配 2～3 次的配种方式才能提高受胎率。商品狐场的复配可采用双重交配，以提高受胎率。公狐的配种能力，个体间差异较大，一般在一个配种季节可交配 10～25 次，2 次/天，两次间隔 3～4 h。对体质较弱的公狐，一定要限制交配次数，适当增加休息时间。体质好的公狐可以适当提高交配次数。个别公狐如果几次检查均发现精液品质差者，只能作试情公狐，禁止参加配种。自然交配时的公狐与母狐比例为 1∶(3～4)。

（三）人工授精技术

人工授精在挪威、芬兰、加拿大和美国等国家开展得很早，近年来我国越来越多的养狐场开始采用这项新技术，受胎率达 85％以上。1 只公狐在整个配种期内采集的精液可供 50～60 只母狐授精。

1. 人工授精的准备工作 为便于操作，保证人工授精的成功率，养狐场最好设立专用的人工授精室，面积以 20 m^2 左右为宜，室温在 15～18 ℃，要求室内清洁，空气清新，环境安静。实施人工授精之前，要对各种器材进行严格清洗和消毒，其程序如下：清水冲洗→洗涤剂刷洗→清水冲洗→消毒液浸泡→清水冲洗→蒸馏水冲洗 3 遍→120 ℃烘干(2 h)。

2. 采精

(1)采精方法：狐的人工采精方法有按摩法、电刺激法和假阴道法。

常用的为按摩法。先将公狐固定于采精架上，呈站立姿势，待其安静后，用 42 ℃ 0.1％高锰酸钾溶液(或 0.1％新洁尔灭)对其阴茎及周围进行消毒。操作人员右手拇指、食指和中指握阴茎体，上下轻轻滑动，待阴茎稍有突起时将阴茎由公狐两后腿间拉向后方，上下按摩数次，持续 20～30 s，公狐即可发生射精反应。操作人员左手持集精杯随时准备接取精液。银黑狐和北极狐的采精方法有一定差异，对于北极狐以刺激阴茎膨大部为主，对于银黑狐则刺激阴茎膨大部和龟头。采精前，应预先训练 2～3 天，使之形成条件反射，操作人员的技术要求熟练，动作要有规律，宜轻勿重，快慢适宜，忌粗暴。公狐对操作手法也有一定的适应性和依赖性。采精频率：每隔 1～2 天采精 1 次，或采精 1 次/天，连续 2～3 次后休息 1～2 天。

(2)精液品质检查：狐排精量为 0.5～2.5 mL，精子数目 3 亿～6 亿个，活力大于 0.7。采精后进行精液品质检查，若活力低于 0.7，畸形率高于 10％，狐的受胎率明显下降。

(3)精液的稀释及保存：先将精液稀释液置于 35～37 ℃的广口保温瓶内或水浴锅中预热。稀释时将稀释液慢慢加入精液中，先做 1 倍稀释。在确定原精液的精子密度后，再进一步稀释，使稀释后的精液精子密度为每毫升 5000 万～15000 万个。精液稀释后要避免升温、振荡和光线直射，经精子活力检查符合要求后方可输精。每只母狐每次所输入的精子不应少于 3000 万个。稀释液参考配方见表 3-1。

表 3-1 稀释液参考配方

配方 1		配方 2		配方 3	
成分	剂量	成分	剂量	成分	剂量
甘氨乙酸	1.82 g	甘氨乙酸	2.1 g	葡萄糖	6.8 g
柠檬酸钠	0.72 g	蛋黄	30 mL	甘油	2.5 mL
蛋黄	5.00 mL	蒸馏水	70 mL	蛋黄	0.5 mL
蒸馏水	100.00 mL	青霉素	1000 U/mL	蒸馏水	97.0 mL

配好的稀释液在使用前应进行精子保活能力的检查，如稀释后 3 h 内精子活力无明显变化(在 30～37 ℃范围内)，则稀释液的质量达到标准。精液的保存方式有以下 3 种。

常温保存：较短时间，一般将盛有精液的容器放入温水(保持在 39～40 ℃)广口保温瓶内或水浴锅内，不要超过 2 h。

低温保存：短时间不用或没用完，放在冰箱(0～5 ℃)，不超过 3 天。

冷冻保存：将精液保存在液氮内，此种方法的优点是保存时间长，便于携带运输，是一种较理想的精液保存方法。但是，狐精液冷冻保存技术还需进一步研究、完善。

3. 输精

(1)输精器械：介绍如下。

狐式输精器：形似注射针头，长 21 cm，粗 0.3 cm，在尖部 4 cm 处变细，与 10 号针头差不多，针尖封死呈球状，在球的后方有一小孔，距尖部 2.5 cm 处有弯曲。

阴道扩张器：为硬质塑料管，长 13 cm，外径 0.9 cm，内径 0.5 cm，两端圆滑。

其他器材：保定架、水浴锅、消毒设备等。

(2)输精方法：对母狐进行人工输精的方法有两种。

①阴道内输精法：此法操作虽简便，但受胎率低，尚未推广应用。

②子宫内输精法：此法受胎率高，为国内外养狐场普遍采用。一人保定狐，另一人输精。具体方法如下：输精时用 70% 的酒精棉球对母狐的外生殖器官进行消毒，将消过毒的阴道扩张器缓慢插入母狐的阴道，并抵达阴道底部。操作者用左手拇指、食指和中指隔着腹壁沿着阴道扩张器前端触摸且固定子宫颈。用右手的拇指、食指和中指握住消过毒的狐式输精器，调整狐式输精器使其标志对准右手的虎口。左手在固定子宫颈的同时，略向上抬举，保持阴道扩张器前端与子宫颈吻合，适度调整子宫颈方向，使狐式输精器前端插入子宫颈口内 2～3 cm，将精液缓慢注入母狐的子宫，慢慢取出狐式输精器、阴道扩张器。每次输精 0.5～1.5 mL。母狐的输精次数和间隔时间应根据公狐精液的质量、精子的存活时间和母狐发情期的长短而定。精液品质差、精子存活时间短的可 1 天 1 次，连续输精 3 次。精液品质好，精子存活时间长的，2 天 1 次，连续输精 2 次。

三、妊娠和产仔

(一)妊娠

狐的妊娠期平均为 51～52 天，按初配日期推算：产仔期应为月加 2、日减 8。妊娠的前期胚胎发育缓慢，30 天后可以看到腹部膨大，稍有下垂，越接近产仔期越明显。母狐有 4～5 对乳头，在妊娠后期乳房迅速发育，接近产仔期，在狐侧卧时可清楚地看到乳头。

胚胎的早期死亡一般发生在妊娠后 20～25 天内，妊娠 35 天后易发生流产，阴道加德纳氏菌是导致大批母狐流产的主要病因之一。本病多价菌苗及诊断液已由中国农业科学院特产研究所研制成功，可有效控制本病的流行。在繁殖期保证适宜的营养水平和管理措施，对防止胚胎吸收和流产是有效的。

(二)产仔

产仔前用 2% 的苛性钠(氢氧化钠)或 5% 的碳酸氢钠清洗产仔箱，有条件的养殖场可采用火

焰喷灯消毒笼网。为了保温，小室和产仔箱之间的空隙用草堵塞，并在产仔箱内铺垫清洁柔软的干草。

母狐临产前1～2天，拔掉乳头周围的毛，食欲减退或废绝，产仔多在夜间或清晨。母狐产前表现不安，在笼舍内来回走动或频繁出入小室，频频回视后腹部，有时会舔舐外阴，并发出叫声，产程需1～2 h，有时达3～4 h。仔狐出生后，母狐咬断脐带，吃掉胎衣，舔舐仔狐。银黑狐平均每胎产仔4～6只，北极狐6～8只。仔狐出生后1～2 h，身上胎毛干后，便可爬行寻找乳头吸吮乳汁，饱食后便睡。3～4 h吃乳1次。母狐的母性极强，除采食外，一般不出小室。个别母狐抛弃或践踏仔狐，多为母狐高度受惊所致。

若母狐精神不振，焦躁不安，不断取蹲坐姿势或舔舐外阴部，极有可能是难产。可用前列腺素和催产素混合液进行催产。方法：先用0.1%高锰酸钾溶液消毒外阴部，再将细导管(管内插一经火焰消毒的细铜线)徐徐插入子宫内(长度为7～8 cm)，然后抽出铜线，在导管处连接装有药液的注射器。如导管内无回血或羊水流出，则将药液注入。经催产仍无效时，根据情况采取剖腹取胎。

四、狐的选种选配

(一)选种

1. 初选　5—6月结合仔狐断乳分窝进行。成年狐根据繁殖情况进行初选。幼狐根据同窝仔狐生长发育情况、出生早晚进行初选。选择系谱清楚、双亲生产性能优良、仔狐出生早(银黑狐4月10日前出生、蓝狐5月20日前出生)、生长发育正常的狐留种。在初选时，应比计划留种数多30%～40%。

2. 复选　9—10月根据狐生长发育、换毛、体质状况进行复选。选留那些生长发育快、体型大、换毛早而快的个体。选留的数量应比计划留种数多20%～30%。

3. 精选　在11月取皮之前，根据毛被品质和半年来的实际观察记录进行严格精选。

(二)种狐的选择标准

1. 银黑狐的选择标准

(1)毛绒品质：躯干和尾部的毛色为黑色，背部有良好的黑带，尾端白色在8 cm以上。银毛率在75%～100%，银环为珍珠白色，银环宽度在12～15 mm。全身的雾状正常，绒毛为石板色或浅蓝色。

(2)体型：体大健壮，体重在5～6 kg，体长在65～70 cm，公狐大于母狐。全身无缺陷。

(3)繁殖力：成年公狐睾丸发育良好，发情早，性欲旺盛，交配能力强，性情温顺，无恶癖，择偶性不强，当年交配的母狐在4只以上，交配次数在10次以上，精液品质优良，所配母狐的产仔率高；成年母狐的发情早(2月以前)，性情温顺，胎平均产仔数多，母性强和泌乳力高，所产仔狐的成活率高。

(4)系谱要求：选择种狐时，一般将3代之内有共同祖先的归为一个亲属群。同系谱内的各代，其毛色、毛绒、体型和繁殖力等遗传性能要稳定。

2. 北极狐的选择标准

(1)毛色：全身呈浅蓝色，无褐色或白色斑纹。彩狐要求被毛纯正，不带杂色。

(2)毛绒品质：针毛平齐，丰满而有光泽，无弯曲，长度在40～60 mm，数量占2.9%以上，绒毛色正，长度25 mm左右，密度适中，毛绒灵活。

(3)体型：6月龄的公狐体重在5.1 kg以上，体长在65 cm以上；母狐体重在4.55 kg以上，体长在61 cm以上，全身发育正常，无缺陷。

(4)其他条件：公狐的配种能力强，精液品质好，无择偶性、恶癖和疾病；母狐胎平均产仔数高(7只以上)，母性强，泌乳力高，无食仔恶癖，对环境的不良刺激不过于敏感。

(三)选配

根据双亲的品质、血缘关系、年龄等情况进行科学选配，以保证双亲的优良性状在后代得到遗

传。选配时公狐的毛绒品质要优于母狐；大型公狐与大或中型母狐交配；在年龄上通常以当年公狐配经产母狐或成年公狐配当年母狐、成年公狐配经产母狐，生产效果较好。

任务训练

一、填空题

1. 狐属于季节性繁殖动物，__________月中旬至__________月下旬配种。
2. 采用人工放对配种的方法，将处在发情旺期的__________狐放进__________狐笼内。
3. 公狐排精量为__________ mL，精子数目__________亿个，活力大于__________。
4. 人工授精时，每只母狐每次输精量为__________，有效精子不应少于__________万个。
5. 银黑狐平均每胎产仔__________只，北极狐__________只。

二、选择题

1. 在整个发情周期中，母狐可以接受公狐交配的时期是__________。

A. 发情前期　B. 发情旺期　C. 发情后期　D. 休情期

2. 狐发情鉴定的常用方法是__________。

A. 外部观察法　B. 试情法　C. 阴道分泌物涂片法　D. 测情器法

3. 狐的采精方法最常用的是__________。

A. 按摩法　B. 电刺激法　C. 假阴道法　D. 以上都不对

4. 狐的妊娠期平均为__________天。

A. 45～46　B. 51～52　C. 55～56　D. 61～62

任务四　饲养管理

扫码学
课件 3-4

任务描述

主要介绍狐的营养需要和饲养标准及日常饲养管理等内容。

任务目标

▲知识目标

能说出狐的营养需要；能说出狐的饲养管理标准。

▲能力目标

能够对不同生理阶段的狐进行日常饲养管理。

▲课程思政目标

养成重视生物安全、敬畏生命、明德精技的职业素养；具备注重自我保护、防止人畜共患病的安全生产意识。

▲岗位对接

毛皮经济动物饲养、毛皮经济动物繁殖。

Note

任务学习

一、狐的营养需要与推荐饲料标准

目前，尚无统一的狐的营养需要和饲养标准。狐各生物学时期营养水平推荐值见表 3-2。

表 3-2 狐各生物学时期营养水平推荐值

单位：%

养分	生长前期（0～16 周龄）	长毛期（17 周龄至取皮）	繁殖期	泌乳期
代谢能（MJ/kg 饲料）	14.2	12.6	12.6	14.2
粗蛋白	32	28	30	35
粗脂肪	10～14	8～12	8～12	10～14
蛋氨酸	1.0	0.9	0.96	1.12
赖氨酸	1.66	1.40	1.56	1.82
钙	0.8～1.0	0.8～1.0	0.8～1.0	0.8～1.2
磷	0.6～0.8	0.6～0.8	0.6～0.8	0.8～1.0
食盐	0.5	0.5	0.5	0.6

二、狐的饲养管理

（一）仔狐的养育

银黑狐 3 月下旬至 4 月中旬产仔，北极狐 4 月中旬至 6 月中旬产仔，银黑狐每胎产仔 4～6 只，北极狐 6～8 只。银黑狐初生重 80～100 g，体长 10～12 cm，北极狐初生重 60～80 g。仔狐初生时闭眼、无牙齿、无听觉，身上被有稀疏黑褐色胎毛。生后 14～16 天睁眼，并长出门齿和犬齿。18～19 天开始吃由母狐叼入的饲料。

产后 12 h 内要及时检查登记，保证仔狐吃上乳、吃足乳。吃上乳的仔狐鼻尖黑，腹部增大，集中群卧，安静不嘶叫；未吃上乳的仔狐分散，肚腹小，嘶叫乱爬。一般一只母银黑狐可哺养 6～8 只仔狐，一只母北极狐可哺养 10～11 只仔狐，产乳少而产仔多时要及时调整或将弱小者淘汰。凡母性不强的母狐所产的仔狐，或同窝超过 8 只（北极狐 13 只）的以及母狐无乳等情况，都要代养或进行人工哺乳。代养方法同水貂。人工哺乳的器具为 10 mL 的注射器，将其套上气门芯胶管，喂给经巴氏消毒后保持在 40～42 ℃的牛乳或羊乳，4～6 次/天。人工哺乳的仔狐由于未吃上初乳，一般发育较为缓慢。

据统计，仔狐在 5 日龄以前死亡率较高，占哺乳期死亡率的 70%～80%。随着日龄的增加，仔狐死亡率逐渐下降。仔狐死亡的原因主要有以下几种：一是营养不良，妊娠期和产仔哺乳期母狐的日粮中蛋白质不足，会导致泌乳量下降，乳内脂肪不足可使母狐急剧消瘦，从而影响产乳。仔狐在 24 h 内吃不上初乳，或者泌乳期内吃不饱，生长发育缓慢，抵抗力下降，易感染各种疾病，甚至死亡。二是管理不当，产仔箱不保温，产仔箱的最佳温度在 30～35 ℃。母狐在笼网上产仔或仔狐掉在地上，未及时发现被冻死。另外，还有压死、咬伤、母狐搬运仔狐等。三是仔狐的红爪病。母狐在妊娠期缺乏维生素 C，仔狐发生红爪病极易死亡。

仔狐出生后，生长发育迅速。10 日龄前，平均绝对增重 10～20 g/d；20 日龄前增重为 30～39 g/d。20～25 日龄的仔狐，完全以母乳为营养，25 日龄以后母狐泌乳量逐渐下降，而仔狐对营养的需要更多，母乳已不能满足其营养需要，此时，应补一些优质饲料，同时提高母狐的日粮标准。日粮可由肉馅、牛乳、肝脏等营养价值高而又易消化的品种组成，调制时适量多加水，这种饲料可供母狐采食，仔狐也可采食一部分，以弥补乳汁的不足。30 日龄以后的仔狐，食量增大，必须另用食盘单独投喂适量补充饲料。

仔狐哺乳期排出的粪便全被母狐吃掉，一旦仔狐开始吃饲料，母狐即不再食仔狐粪便，因此，必须经常打扫小室，及时清除粪便、剩食等污物，保持小室的清洁卫生。

Note

（二）育成狐的饲养管理

1. 育成狐的饲养 仔狐断乳分窝后到取皮前称为育成期。仔狐一般45～50天断乳，断乳分窝后，生产发育迅速，特别是断乳后头两个月，是狐生长发育最快的时期，也是决定狐体型大小的关键时期。因此一定要供给新鲜、优质的饲料，同时按标准供应维生素A、维生素D、维生素B_1、维生素B_2和维生素C等，保证生长发育的需要。一般断乳后前10天仍按哺乳母狐的日粮标准供给，各种饲料的比例和种类均保持前期水平。10天以后改为育成期日粮标准，此时期要充分保证日粮中蛋白质、各种维生素及钙、磷等的需要量。蛋白质需要量占饲料干物质的40%以上。如喂给质量低劣、不全价的日粮，易引起胃肠病，阻碍幼狐的生长发育。

日粮随着日龄的增长而增加，以吃饱为原则。仔狐刚分窝，因消化功能不健全，经常出现消化不良现象，所以，在日粮中可适当添加酵母或乳酶生等助消化的药物。从9月初到取皮前在日粮中适当增加含硫氨基酸多的饲料，以利于冬毛的生长和体内脂肪的沉积。

2. 育成狐的管理

(1)采用一次断乳法或分批断乳法适时断乳分窝，开始分窝时每只笼内可放2～3只，随着日龄的增长，独立生活能力的提高，逐步单笼饲养。

(2)加强卫生防疫，断乳后10～20天接种犬瘟热、病毒性肠炎等传染病疫苗。各种用具洗刷干净，定期消毒，小室内的粪便及时清除。秋季在小室内垫少量垫草，尤其在阴雨连绵的天气，小室里阴凉潮湿，幼狐易发病，造成死亡。

(3)保证饲料和饮水的清洁，减少疾病发生。

(4)做好防暑降温工作，将笼舍遮盖阳光，防止直射光。场内严禁开灯。

（三）成年狐的饲养管理

1. 准备配种期的饲养管理 准备配种期的主要任务是平衡营养，调整种狐的体况，促进生殖器官的正常发育。银黑狐自11月中旬开始，北极狐自12月中旬开始，饲料中的营养水平需进一步提高，日粮中要供给充足的维生素，如果以动物内脏为主配制日粮，每只每日供骨粉3～5 g。准备配种期每天喂食1～2次，保证充足的饮水。

实践证明，种狐体况与繁殖力有密切关系，过肥或过瘦都会影响繁殖力，因此，应该随时调整狐的体况，注意提高过瘦的种狐的营养，适当降低过肥种狐的营养，在11月前将所有种狐的体况调节到正常水平，在配种期到来前，种公狐达到中上等体况，种母狐要达到中等体况。个别营养不良或患有慢性疾病的种狐，在12月屠宰取皮期间一律淘汰。

光照是繁殖不可缺少的因素之一，对生殖器官的发育有调节和促进作用。因此，要把所有的种狐放在有阳光的一侧接受光照。

准备配种后期，气候寒冷，应做好防寒保暖工作，在小室内铺垫清洁柔软的垫草，及时清除粪便，保持小室干燥、清洁。

银黑狐在1月中旬，北极狐在2月中旬以前，应做好配种前的准备工作，维修好笼舍，编制好配种计划和方案，准备好配种用具、捕兽网、手套、配种记录和药品等。

2. 配种期的饲养管理 配种期狐的性欲旺盛，食欲降低，由于体质消耗较大，大多数公狐体重下降10%～15%。为保证配种公狐有旺盛、持久的配种能力和良好的精液品质，母狐能够正常发情，此期日粮中，应适当提高动物性饲料比例，饲料要新鲜、易消化、适口性强。对参加配种的公狐，中午可进行一次补饲，补给一些营养价值高的肉、肝、蛋黄等。此期严禁喂含激素类的食物，影响配种，保证充足的饮水。

在配种期随时检查笼舍，关严笼门，防止跑狐。配种期间，场内要避免任何干扰，谢绝外人参观。饲养员抓狐时要细心、大胆操作，避免人或动物受伤。配种期要争取让每只母狐受孕，同时认真做好配种记录。

3. 妊娠期的饲养管理 妊娠期母狐除自身代谢的营养需要外，还要供给胎儿生长发育的营养需

要，因此，日粮必须保证新鲜、优质、易消化，尽量采用多种原料搭配，以保证营养的全价和平衡，尤其要保证蛋白质和钙、磷及多种维生素的供给。妊娠25～30天后，胎儿迅速发育，应提高日粮的供应量，临产前的一段时间由于胎儿基本成熟，腹腔容积被挤占，饲料量应较前期减少25%～30%，但要保证质量。北极狐由于胎产仔数多，日粮营养和数量应比银黑狐高。妊娠期饲养管理的重点是保胎，因此一定要把好饲料关。此期饲料单一或突然改变种类，会引起狐群食欲下降，甚至拒食。实践证明鱼和肉混合的日粮，能获得良好的生产效果。长期以饲喂鱼类为主的养殖场或养殖户，此期可加入少量的生肉(40～50 g)；而以畜禽肉及其下杂为主的养殖场，则应增加少量的鱼类。鲜肝、蛋、乳类、鲜血、酵母及维生素 B_1 可提高日粮的适口性，在妊娠期可适量添加。严禁饲喂储存时间过长、氧化变质的动物性饲料，以及发霉的谷物或粗制的土霉素、酵母等。饲料中不能加入不明死因的畜禽肉、难产死亡的母畜肉、带有甲状腺的气管、含有性激素的畜禽副产品(胎盘和公母畜的生殖器官)等。

母狐妊娠后食欲旺盛，因此，妊娠前期应适当控制日粮量，以始终保持中上等体况为宜。产仔前后，多数母狐食欲下降，因此，日粮应减去总量的1/5，并将饲料调稀。此时饮水量增多，要经常保持清洁的饮水。但若发生暴饮，则有可能是食盐喂量过多。

在妊娠期间，应认真搞好卫生防疫工作，经常保持场内及笼舍的干燥、清洁，对饲具要严格消毒刷洗，同时，保持环境安静，防止母狐流产。每日要观察和记录每只妊娠狐的食欲、活动表现及粪便情况，要及时发现病狐并分析病因，给予妥善治疗。

根据预产期，产前5天左右彻底清理母狐窝箱，并进行消毒。絮草时，将产仔箱内四个角落的垫草压紧，并按其窝形营巢。妊娠期不能置于室内或暗的仓棚内饲养，此期无规律地增加或减少光照，都会导致生产失败。

4. 产仔哺乳期的饲养管理　狐乳的营养成分含量高，特别是蛋白质和乳脂率高于牛奶、羊奶和水貂奶。产乳量与胎产仔数有关，仔狐越多，产乳量越大，产乳高峰期一般在产后11～20天，最高时每日可产525 mL。产后最初几日母狐食欲不佳，但5天后及哺乳的中后期食量迅速增加，因此，要根据仔狐的数量、仔狐日龄及母狐的食欲情况及时调整并增加喂料量。饲料的质量要求全价、清洁、新鲜、易消化，以免引起胃肠疾病，影响产乳。产仔哺乳期母狐的饮水量大，加上天气渐热，渴感增强，必须全日供应饮水。哺乳期日粮，应维持妊娠期的水平，饲料种类上尽可能做到多样化，要适当增加蛋、乳类和肝脏等容易消化的全价饲料。为了促进乳汁分泌，可用骨肉汤或猪蹄汤拌饲料。

仔狐一般在生后20～28天开始吃母狐叼入产仔箱内的饲料，所以，此期母狐的饲料，加工要细碎，并保证新鲜和易于消化吸收。对哺乳期乳量不足的母狐，一是加强营养，二是以药物催乳。可喂给4～5片催乳片，连续喂3～4次，对催乳有一定作用。若经喂催乳片后，乳汁仍不足，应及时肌内注射促甲状腺释放激素(TRH)，有较好的催乳效果。4～5周龄的仔狐可以从产仔箱内爬出吃食，这时母狐仍会不停地向小室叼饲料，并将饲料放在小室的不同角落，易引起饲料腐败，因此要经常打扫小室，保证产仔箱清洁。

5. 恢复期的饲养管理　公狐从配种任务结束，母狐从仔狐断乳分窝，一直到9月下旬为恢复期。因为在配种期及哺乳期的体质消耗很大，狐一般都比较瘦弱，因此，该期的核心是逐渐恢复种狐的体况，保证种狐的健康，并为越冬及冬毛生长储备营养，为下一年繁殖打下基础。公狐在配种结束后、母狐在断乳后20天内，分别给予配种期和产仔泌乳期的日粮，以后喂恢复期的日粮，日喂2次。

管理上注意根据天气及气温的变化，优化种狐的生存环境，加强环境卫生管理，适时消毒，并对种狐进行疫苗注射，以防止传染病发生。

任务训练

一、填空题

1. 仔狐死亡的主要原因有__________、__________、__________。

2. 育成狐断乳后__________天接种犬瘟热、病毒性肠炎等传染病疫苗。

3. 对哺乳期乳量不足的母狐，为了增加泌乳量，一是__________，二是__________。

4. 仔狐一般在生后__________天开始吃母狐叼入产仔箱内的饲料，所以，此期母狐的饲料，加工要细碎，并保证新鲜和易于消化吸收。

二、选择题

1. 仔狐一般__________天断乳。

A. 35～40　　B. 40～45　　C. 45～50　　D. 50～55

2. 银黑狐自__________开始进入准备配种期。

A. 11 月上旬　　B. 11 月中旬　　C. 11 月下旬　　D. 12 月上旬

3. 北极狐自__________开始进入准备配种期。

A. 12 月上旬　　B. 12 月中旬　　C. 12 月下旬　　D. 1 月上旬

任务五　狐皮采收加工

扫码学
课件 3-5

任务描述

主要介绍狐皮的采收及加工技术等内容。

任务目标

▲知识目标

能说出狐皮的采收标准和狐取皮流程。

▲能力目标

能够准确判断狐的取皮时机，能够熟练操作狐的取皮及狐皮的初加工。

▲课程思政目标

能够增强劳动意识，热爱劳动；具备不断提升劳动技能的职业素养。

▲岗位对接

毛皮经济动物饲养、毛皮经济动物繁殖。

任务学习

一、狐皮采收

（一）取皮季节和毛皮成熟的鉴别

1. 取皮季节　狐每年换毛 1 次，春季 3—4 月首先是脱换绒毛，在绒毛脱换的同时，针毛也迅速生长与脱换。换毛先从头、颈和前肢开始，其次是两肋和腹部、背部，最后是臀部和尾部。换完毛并不等于毛皮成熟，还需要有一段毛的生长过程。

毛皮成熟季节大致是每年小雪到冬至前后，银黑狐取皮一般在 12 月中下旬；北极狐略早些，一般在 11 月中下旬。这是常规的大致时间，由于各个养殖场所在的地理位置及气候条件不一，饲养水平有差异，要根据各自的毛皮成熟程度来决定取皮时间。

2. 毛皮成熟的鉴别　毛皮成熟与否可通过皮肤颜色来鉴定。方法如下：将毛绒分开，去掉皮肤

上的皮屑观察。当皮肤为蓝色时，皮板为浅蓝色；当皮肤呈浅蓝色或玫瑰色时，皮板是白色，皮板洁白是毛皮成熟的标志。在进入毛皮和皮板成熟期时，试剥一两张，检查毛皮和皮板是否成熟，这才是最可靠的。从外观上看，毛皮成熟的标志：全身毛峰长齐，尤其是臀部和尾部，毛长绒厚，被毛丰满，具有光泽，灵活，尾毛蓬松。北极狐来回走动时，毛绒出现明显的毛裂。

（二）处死方法

处死狐的方法很多，本着处死迅速、毛皮质量不受损坏和污染且经济实用的原则，以药物处死法、心注射空气处死法和普通电击处死法等较为实用。

1. 药物处死法　一般常用肌肉松弛剂氯化琥珀胆碱处死。剂量为每千克体重 0.5～0.75 mg，皮下或肌内注射。注射后 3～5 min 即死亡。死亡前狐无痛苦，不挣扎，因此不损伤和污染毛皮。残存在体内的药物无毒性，不影响尸体的利用。也可用盐酸赛拉嗪或 10%氯化钾静脉注射致死。

2. 心注射空气处死法　一人用双手保定狐，术者左手握于狐的胸腔心脏的位置，右手拿注射器，在心跳动最明显处刺入，如见血液向针管内回流，即可注入空气 10～20 mL，狐因心瓣膜损坏而迅速死亡。

3. 普通电击处死法　将连接 220 V 火线（正极）的电击器金属棒插入狐的肛门内，待狐前爪或吻唇接地时，接通电源，狐立即僵直 5～10 s，被电击而死。

（三）剥皮技术

处死后的尸体不要堆积在一起，避免闷板脱毛，而应立即剥皮，因为冷凉的尸体剥皮十分困难。狐皮按商品规格要求，剥成筒皮，并保留四肢趾爪完全。具体步骤如下。

1. 挑裆　用剪刀从一侧后肢掌上部沿后腿内侧长短毛交界处挑至肛门前缘，横过肛门，再挑至另一后肢，最后由肛门后缘沿尾中央挑至尾中下部，再将肛门周围连接的皮肤挑开（图 3-3）。

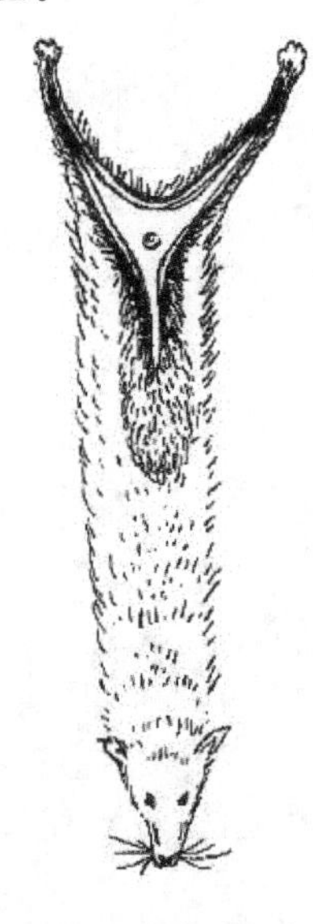

图 3-3　狐挑裆示意图
（仿郭永佳、佟煜人，1996）

2. 剥皮　先剥下两侧后肢和尾，要保留足垫和爪在皮板上，切记要把尾骨全部抽出，并将尾皮沿腹面中线全部挑开。然后将后肢挂在固定的钩上，由后向前进行筒状翻剥，剥到雄性尿道时，将其剪断。前肢也进行筒状剥离，在腋部向前肢内侧挑开 3～4 cm 的开口，以便翻出前肢的爪和足垫。翻剥到头部时，按顺序将耳根、眼睑、嘴角、鼻皮割开，耳、眼睑、鼻和口唇也要完整无缺地保留在皮上。

二、狐皮初加工

（一）刮油和修剪

剥下的鲜皮不要堆放在一起，要及时进行刮油处理。即将狐皮毛朝里、皮板朝外套在粗胶棒（直径 10 cm 左右）上，用竹刀或钝电工刀将皮板上的脂肪、血及残肉刮掉。刮油的方向必须由后（臀）向前（头），反方向刮易损伤毛囊。刮时用力要均匀，切勿过猛，避免刮伤毛囊或毛皮。公狐皮的腹部尿道口处和母狐皮的腹部乳头处较薄，刮到此处时要多加小心。总之，刮油必须把皮板上的油脂全部刮净，但不要损伤毛皮。

头部和后部开裆处的脂肪和残肉不容易刮掉，要专人用剪刀贴皮肤慢慢剪掉。

（二）洗皮

刮完油的毛皮要用杂木锯末（小米粒大小）或粉碎的玉米芯搓洗。先搓洗皮板上的附油，再将皮翻过来洗毛被上的油和各种污物。洗皮的方法如下：先逆毛搓洗，再顺毛洗，遇到血和油污要用锯末反复搓洗，直到洗净为止。然后抖掉毛皮上的锯末，使毛皮清洁、光亮、美观。切记勿用麸皮或松木锯末洗皮。

大型养殖场洗皮数量多时，可采用转鼓和转笼洗皮。先将皮板朝外放进装有锯末（半湿状）的转

鼓里，转几分钟后，将皮取出，翻转皮筒，使毛朝外再放入转鼓里重新洗。为脱掉锯末，将皮取出后放在转笼里运转 5～10 min(转鼓和转笼的速度为 18～20 r/min)，以甩掉被毛上的锯末。

（三）上楦板和干燥

1. 上楦板　为了防止干燥后皮收缩和褶皱，洗后的皮要毛朝外上到楦板上(图 3-4)。头部要摆正，使皮左右对称，下部拉齐，用 6 分(长度为 2 cm)小钉固定，后腿和尾也要用小钉固定在楦板上(图 3-5)。

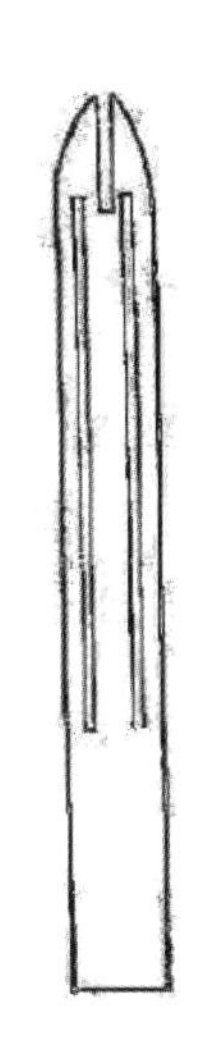

图 3-4　狐皮楦板图

(仿郭永佳、佟煜人，1996)

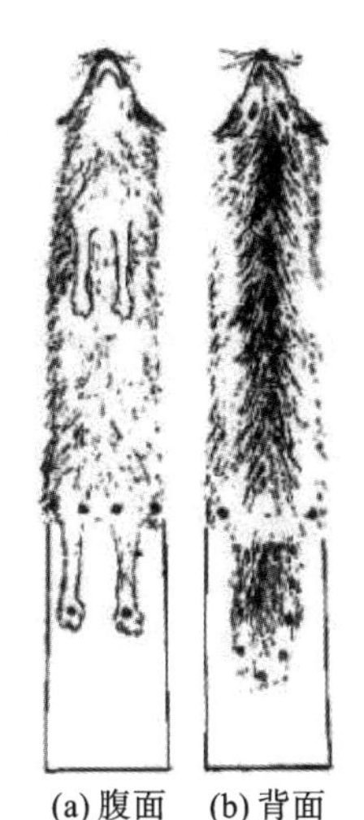

(a) 腹面　(b) 背面

图 3-5　狐皮上楦板

(仿郭永佳、佟煜人，1996)

2. 干燥　将上好楦板的皮移放在具有控温调湿设备的干燥室中，每张上好楦板的皮分层放置在吹风干燥机架上，并将气嘴插入皮张的嘴上，让干气通过皮筒。在温度 18～25 ℃，相对湿度 55%～65%，每分钟每个气嘴吹出的空气为 0.28～0.36 m^3 的条件下，狐皮 36 h 即可干燥。因为狐皮较大，为了使其早日干燥，在没有吹风干燥机的条件下，可先将皮板朝外、毛朝里上楦板，让其自然干燥，在干至六七成时，再翻成毛朝外干燥。从干燥室卸下的皮张还应在常温下吊在室内继续晾干一段时间。

（四）整理和包装

干燥好的狐皮要再一次用锯末清洗。也是先逆毛洗，再顺毛洗，遇上缠结毛或大的油污等，要用排针做成的针梳梳开，并用新鲜锯末反复多次清洗，最后使整个皮张蓬松、光亮、灵活美观，给人以活皮感。

技术人员应根据商品规格及毛皮质量(成熟程度、针绒完整性、有无残缺等)初步验等分级，然后，分别用包装纸包装后装箱待售。保管期间要严防虫害、鼠害。

任务训练

一、填空题

1. 银黑狐取皮一般在__________，北极狐一般在__________。

2. 当狐皮成熟可取皮时，皮板的颜色是__________。

3. 上楦板的目的是使貂皮保持一定形状和幅度，有利于__________和__________。

二、选择题

1. 处死狐的最常用方法是__________。

A. 折颈法　　B. 普通电击处死法　　C. 药物处死法　　D. 心注射空气处死法

2. 狐毛皮初加工的正确顺序是__________。

A. 干燥、刮油、洗皮、上楦板

B. 洗皮、刮油、上楦板、干燥

C. 上楦板、刮油、洗皮、干燥

D. 刮油、洗皮、上楦板、干燥

任务拓展

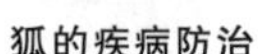

狐的疾病防治

狐的疾病防治

（配套 PPT）

Note

项目四　貉　养　殖

任务一　生物学特性

扫码学
课件 4-1

任务描述

主要介绍貉的分类与分布、形态特征及生活习性等内容。

任务目标

▲知识目标

能说出貉的形态特征及主要的生活习性。

▲能力目标

能够进行貉的品种识别；能够根据市场需求和地域条件选择适合的貉品种。

▲课程思政目标

具备依法养殖的职业素养和"绿水青山就是金山银山"的环保意识以及生态养殖理念。

▲岗位对接

毛皮经济动物饲养、毛皮经济动物繁殖。

任务学习

一、分类与分布

貉在我国的分布较广泛。通常以长江为界将貉分成两大类：南貉和北貉。北貉体型较大，毛长色深，底绒厚密，毛皮质量优于南貉；南貉体型小、毛绒稀疏，毛皮保温性能较差，但南貉毛被较整齐，色泽艳丽，别具一番风格。

二、貉的形态特征

貉体型肥胖、短粗，尾短蓬松，四肢短粗，耳短小，嘴短尖，面颊横生淡色长毛。眼的周围有黑色长毛，突出于头的两侧，构成明显的八字形黑纹。背毛基部呈淡黄色或带橘黄色，针毛尖端为黑色，底绒灰褐色，两耳周围及背中央掺杂有较多黑色纵纹，体侧呈灰黄色或棕黄色，腹部呈灰白色或黄白色，绒毛细短，并没有黑色毛梢，四肢呈黑色或黑褐色，尾的背面为灰棕色，中央针毛有明显的黑色毛梢，形成纵纹，尾腹毛色较淡(图 4-1)。

成年公貉体重为 5.4～10 kg，体长 58～67 cm，体高 28～38 cm，尾长 15～23 cm；成年母貉体重为 5.3～9.5 kg，体长 57～65 cm，体高 25～35 cm，尾长 11～20 cm。

Note

图 4-1　乌苏里貉

三、貉的生活习性

野生貉生活在平原、丘陵及山地，常栖居于靠近河、湖、溪附近的丛林中和草原地带。貉喜欢穴居，常利用天然洞穴和其他动物废弃的洞穴为巢。貉的汗腺极不发达，在天热时常以腹部着地，伸展躯体，张口伸舌，以散失热量，自行调节体温。

貉是昼伏夜出的动物，严冬季节因食物缺乏，貉不常出洞，进入非持续性的冬眠阶段，依靠秋季储存的脂肪维持生命，在家养状态下，由于人为的干扰和饲料的优越性，冬眠不十分明显，但大都食欲减退，行动减少。貉具有很强的群居性，胆小，懒惰，活动范围窄小，多呈直线往返运动。野生貉不仅能游泳，下水捕鱼、抓蟹，还能攀缘树木。

貉属于杂食性动物，家养貉的主要食物有鱼、肉、蛋、乳、血及动物的下杂，谷物、糠麸类、饼粕，蔬菜类以及食盐、骨粉、维生素等。

貉寿命为 8～12 年，繁殖年限为 6～7 年，2～5 岁繁殖力最强。貉一年换毛一次。在 2 月上旬开始脱掉绒毛，逐渐形成以稀疏的针毛为主的毛被，从 8—9 月开始陆续生长绒毛，至 11 月中旬冬毛毛绒成熟。脱毛的时间因地理分布、年龄、营养不同而有差异。

任务训练

填空题

1. 貉在我国的分布较广泛。通常以__________为界将貉分成南貉和北貉。
2. 北貉体型较南貉__________，毛长色__________，底绒__________，毛皮质量__________于南貉。
3. 貉一年换毛__________次。
4. 冬季时，貉的食欲__________。

任务二　繁殖技术

扫码学
课件 4-2

任务描述

主要介绍貉的繁殖生理、配种技术和选配技术等内容。

任务目标

▲**知识目标**

能够用自己的语言描述貉的繁殖生理;能够准确说出貉的发情鉴定要点。

▲**能力目标**

能够进行貉的发情鉴定;能够制订貉的配种方案;能够进行貉的妊娠诊断。

▲**课程思政目标**

能够增强职业素养,坚定职业道德,树立诚信品质;具备理想信念与合作精神。

▲**岗位对接**

毛皮经济动物饲养、毛皮经济动物繁殖。

任务学习

一、貉的繁殖生理

貉的繁殖与光照、年龄、营养、遗传等因素有关。幼貉8～10月龄性成熟。每年5—8月,公貉睾丸很小,直径为3～5 mm,坚硬无弹性,附睾中没有成熟的精子。9月下旬,睾丸开始发育,但发育速度非常缓慢,12月以后,睾丸发育速度加快,1月末到2月初直径达25～30 mm,松软而有弹性,附睾中已有成熟的精子。阴囊被毛稀疏,松弛下垂,明显可见。此时公貉开始有性欲,并可进行交配。整个配种期延续60～90天。到5月又进入生殖器官静止期。每年9月下旬,母貉的卵巢开始缓慢发育,到2月初卵泡发育迅速,整个发情期从2月初持续到4月上旬。

二、配种技术

貉一般在2月初至4月末发情配种,个别的在1月下旬。不同地区的配种时间稍有不同,一般高纬度地区稍早些。

(一)发情鉴定

1. 公貉的发情鉴定 公貉的发情比母貉略早些,由1月末持续到3月末均有配种能力,此时公貉活泼好动,经常在笼中走动,有时翘起一后肢斜着向笼网上排尿,或向食盆或食架上排尿,经常发出"咕、咕"的求偶声。睾丸膨大、下垂,质地松软,具有弹性。

2. 母貉的发情鉴定 母貉的发情要比公貉稍迟一些,多数是2月至3月上旬,个别也有到4月末的。

(1)行为和外阴部变化:母貉开始发情时行动不安,徘徊运动,食欲减退,排尿频繁,经常在笼网上摩擦或用舌舔外生殖器,阴门开始显露和逐渐肿胀、外翻。发情旺期,精神极度不安,食欲减退甚至废绝,不断地发出急促的求偶声,阴门高度肿胀、外翻,呈"十"字形或"Y"字形,阴蒂暴露,分泌物黏稠。发情后期活动逐渐趋于正常,食欲恢复,精神安定,阴门收缩,肿胀减退,分泌物减少,黏膜干涩。发情旺期是交配的最佳时期。

(2)放对试情:开始发情时母貉有接近公貉的表现,但拒绝公貉爬跨。发情旺期时母貉性欲旺盛,后肢站立,尾巴翘起等待或迎合公貉交配。遇到公貉性欲不强时,母貉甚至钻入公貉腹下或爬跨公貉以刺激公貉交配。发情后期,母貉性欲急剧减退,对公貉不理甚至怀有"敌意",需将二者分开。

(二)放对配种

1. 放对方法和时间 一般将发情的母貉放入公貉笼内,可缩短配种时间,提高配种效率。但遇到性情急躁的公貉或胆怯的母貉,也可将公貉放入母貉笼内。对已确认发情母貉,放对30～40 min还未达成交配的,应立即更换公貉。貉的交配动作与狐不同,不发生"锁结"现象。放对时机以早、晚天气凉

爽和环境安静为好。

2. 配种次数　初配结束的母貉，需每天复配一次，直至母貉拒绝交配为止。同一对公、母貉以连续交配2～4天居多。为了确保貉的复配，对那些择偶性强的母貉，可更换公貉进行双重交配或多重交配，从而降低空怀率和提高产仔数。

为了保证种公貉的性欲和配种能力，应该有计划合理地使用，并对当年参配公貉进行训练。一般每只公貉每天可成功交配1～2次，放对2次，公貉连续交配5～7天，必须休息1～2天。在1个配种期内，每只公貉一般可配3～4只母貉，最多可配14只母貉。

3. 配种时的注意事项

(1)貉在放对过程中有时会出现“敌对”现象，应及时分开，防止咬伤。

(2)配种过程中有时个别发情母貉后肢不能站立，不抬尾，阴门位置或方向不正常而导致难配，需要进行辅助交配，方法同水貂。

三、妊娠与产仔

(一)妊娠

貉的妊娠期为54～65天。母貉妊娠后表现为安静、温顺，行动迟缓，食欲增加，代谢旺盛。妊娠25～30天时，从腹部可以摸到胎儿，约有鸽卵大小。妊娠40天，腹部膨大下垂，背腰凹陷，后腹部毛绒竖立，形成纵向裂纹，而且行动逐渐变得迟缓，不愿出入小室活动。

(二)产仔

4—6月是貉的产仔期，集中在4月下旬至5月上旬。其中经产貉最早，初产貉次之。

母貉在分娩前半个月开始拔掉乳房周围的毛绒，绝食1～4顿。分娩前1天粪条开始由粗变细，最后排稀便，并有泡沫；往返于小室与运动场，发出呻吟声，后躯抖动，回顾舐嗅阴门，用爪抓笼壁。母貉多在夜间或清晨分娩，多数在小室中产仔，也有个别的在笼网上产仔。分娩持续时间为4～8 h，个别的也有1～3天，仔貉每隔20 min产1只，分娩后母貉立即咬断脐带，吃掉胎衣，并舔干仔貉的身体，直至产完才安心哺乳。个别的也有2～3天内分批分娩的。母貉一般产仔8只左右，也有最多产19只的。

初生貉体重100～120 g，低于85 g很难成活，仔貉生后1～2 h即开始爬行寻找乳头，吸吮乳汁，每隔6～8 h哺乳一次。9～12日龄睁眼，20日龄后随母貉出窝采食。

四、种貉的选种与选配

(一)选种

1. 初选　5—6月结合仔貉断乳分窝进行。成年公貉配种结束后，根据其配种能力、精液品质及体况恢复情况进行一次初选。成年母貉在断乳后根据其繁殖、泌乳及母貉的母性行为进行一次初选。仔貉根据同窝仔貉数及生长发育情况进行一次初选。

2. 复选　9—10月进行。根据貉的换毛情况、幼貉的生长发育和成年貉的体况恢复情况，在初选的基础上进行一次复选。复选时要比计划数多留20%～25%，以便在精选时淘汰。

3. 精选　11—12月进行。在复选的基础上淘汰不理想的个体，最后落实留种。

选定种貉时，公、母比例为1∶(3～4)，但如果貉群过小，要多留些公貉，种貉的组成以成年貉为主，不足部分用幼貉补充，这样有利于貉场的稳产高产。

种貉的选择标准如下。

成年公貉要求睾丸发育好，交配早，性欲旺盛，交配能力强，性情温和，无恶癖，择偶性不强。每年交配母貉5只以上，交配10次以上，精液品质好，受配母貉产仔率高，仔貉多，生命力强，年龄2～5岁。交配晚、睾丸发育不好、单睾或隐睾、性欲低、性情暴躁、有恶癖、择偶性强的公貉应淘汰。

成年母貉，选择发情早(不能迟于3月中旬)，性行为好，性情温顺，胎平均产仔数多，初产不低于5只，经产不低于6只，母性好，泌乳力强，仔貉成活率高，生长发育正常的留作种用。当年幼貉应选择双亲繁殖力强，5月10日前出生的；同窝仔数5只以上，生长发育正常，体型大；性情温顺，毛绒品

质优良，毛色纯正，外生殖器官发育正常。据估测，产仔能力与乳头数呈强的正相关(相关系数为0.5)，所以选择乳头数多的母貉留种为好。

(二)选配原则

同水貂。

任务训练

一、填空题

1. 幼貉__________月龄性成熟。

2. __________月以后，公貉睾丸发育速度加快，直径达25～30 mm，松软而有弹性，附睾中已有成熟的精子。

3. 判断母貉发情的常用方法是__________和__________。

4. 在1个配种期内，每只公貉一般可配__________只母貉。

5. 貉的妊娠期为__________天。

二、选择题

1. 母貉的发情要比公貉稍迟一些，多数是__________。

A. 1月中旬至2月下旬　　B. 2月下旬至3月下旬

C. 1月上旬至3月上旬　　D. 2月至3月上旬

2. 貉在交配的过程中__________“锁结”现象。

A. 有　　B. 没有

3. 初配结束的母貉，__________需复配一次，直至母貉拒绝交配为止。

A. 每天　　B. 隔天　　C. 隔两天　　D. 隔三天

任务三　饲养管理

扫码学

课件4-3

任务描述

主要介绍貉的营养需要和饲养标准及日常饲养管理等内容。

任务目标

▲知识目标

能说出貉的营养需要；能说出貉的饲养管理标准。

▲能力目标

能够对不同生理阶段的貉进行日常饲养管理。

▲课程思政目标

具备重视生物安全、敬畏生命、明德精技的职业素养；具备注重自我保护、防止人畜共患病的安全生产意识。

▲岗位对接

毛皮经济动物饲养、毛皮经济动物繁殖。

Note

 任务学习

一、营养需要及推荐饲养标准

貉的营养需要和推荐饲养标准见表 4-1、表 4-2。

表 4-1 貉的营养需要

时间		1 月	2 月	3 月	4 月	5 月	6 月	7—12 月
代谢能/MJ		1.570	1.013	1.155	2.534	2.217	3.593	2.410
可消化营养物质/(g/MJ)	蛋白质	4.23	4.21	4.17	4.18	4.09	4.18	4.11
	脂肪	1.45	1.46	1.57	1.60	1.51	1.45	1.55
	碳水化合物	2.27	2.26	2.05	1.97	2.27	2.32	2.16

注:5 月、6 月是母貉和仔貉的共同消耗量。

表 4-2 成年貉各时期日粮组成

项目	准备配种期	配种期	妊娠期	哺乳期	恢复期
日粮量/(克/只)	375～487	375～412	487	487	475
动物性饲料/(%)	30	40	35	38	20
谷物类饲料/(%)	60	55	55	39	70
蔬菜/(%)	10	5	10	10	10
乳品/(%)	—	—	—	13	—
食盐/g	2.5	2.5	3	3	2.5
骨粉/g	5	8	15	15	5
酵母/g	5	15	15	10	—
大麦芽/g	16	15	15	10	—
维生素 A/IU	500	1000	1000	1000	—
维生素 C/IU	—	—	5	50	—
维生素 B_2/mg	2	5	5	—	—

二、饲养管理要点

(一)准备配种期的饲养管理

1. 准备配种期的饲养要点 准备配种期饲养的目的是保证种貉有良好的繁殖体况,满足生殖器官生长发育的营养需要,为配种打下良好的基础。

准备配种前期日粮以吃饱为原则。增加脂肪类饲料,以帮助体内囤积脂肪,以备越冬。准备配种后期的饲养首先应根据种貉的体况对日粮进行调整,适当增加全价动物性饲料,补充一定量的维生素 A、维生素 E 以及对种貉的生殖有益的酵母、麦芽。从 1 月开始每隔 2～3 天可少量补喂一些刺激发情的饲料,如大葱、大蒜、松针粉和动物脑等。12 月可日喂 1 次,1 月开始日喂 2 次,早饲喂日粮的 40%,晚饲喂日粮的 60%。

2. 准备配种期的管理要点 要注意防寒保温,搞好卫生,加强饮水,加强驯化,做好配种前的准备工作。

(二)配种期的饲养管理

1. 饲养要点 要供给公貉营养丰富、适口性好和易于消化的日粮,以保证其旺盛持久的配种能力和良好的精液品质。公貉中午还要补饲,主要以鱼、肉、乳、蛋为主,每天每只喂蛋白质 45～55 g。

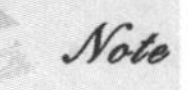

2. 管理要点 要注意及时检查维修笼舍，防止跑貉，保持貉场安静，添加垫草，搞好卫生，预防疾病，加强饮水，尤其交配结束还要给予充足的饮水。

（三）妊娠期的饲养管理

1. 饲养要点 在日粮上必须做到供给易消化、多样化、适口性好、营养全价、品质新鲜的饲料，同时要保证饲料的相对稳定，不能突然改变，严禁喂腐败变质及含激素类的饲料，防止流产。妊娠初期（10 天左右），日粮标准可以保持配种期的水平。10 天以后，日粮稍稀，到妊娠后期最好日喂 3 次，但饲料总量不要过多。饲喂时要区别对待，不能平均分食。

2. 管理要点 保持环境安静，防止惊恐，禁止外人参观。注意观察貉群的食欲、消化、活动及精神状况等，发现问题及时采取措施加以解决。发现阴门流血、有流产症状的应肌内注射孕酮 15～20 mg、维生素 E 15 mg，连续注射 2 天，用以保胎。同时搞好卫生，加强饮水，做好小室的消毒及保温工作。

（四）哺乳期的饲养管理

1. 饲养要点 日粮配合与饲喂方法与妊娠期相同，但为促进泌乳，可在日粮中补充适当数量的乳类或豆汁，根据同窝仔貉的多少、日龄的大小区别分食，以不剩为准。当仔貉开始采食或母乳不足时，可进行人工补喂，其方法是将新鲜的动物性饲料绞碎，加入谷物类饲料、维生素 C，用乳调匀喂仔貉。

2. 管理要点 在临产前 10 天应做好产仔箱的清理、消毒及垫草保温工作。小室消毒可用 2%的热碱水洗刷，也可用喷灯火焰灭菌。

产后采取听、看、检相结合的方式进行仔貉的健康检查，确保仔貉吃上母乳，遇到母貉缺乳或没乳时应及时寻找保姆貉或其他动物喂养，也可人工喂养。

仔貉一般 20 日龄时开食，这时可单独给仔貉补饲易消化的粥状饲料。如果仔貉不太会吃饲料，可将其嘴巴接触饲料或把饲料抹在嘴上，训练它学会吃饲料。40 日龄以后，大部分仔貉能独立采食和生活，应断乳。可一次断乳或分批断乳。

（五）恢复期的饲养管理

公貉在配种结束后 20 天内、母貉在断乳后 20 天内，分别给予配种期和产仔泌乳期的标准日粮，以后喂恢复期的日粮。日粮中动物性饲料比例（重量比）不要低于 15%，谷物尽可能多样化，能加入 20%～25%的豆面更好，以使日粮适口性增强，尽可能多吃些饲料。同时加强管理，保证充足的饮水，做好疾病防治工作。

（六）仔貉育成期的饲养管理

刚分窝的仔貉，因消化系统不健全，最好在日粮中添加助消化的药物，如胃蛋白酶和酵母片等，饲料质量要好、加工要细，断乳后头 2 个月是骨骼和肌肉迅速生长的时期，应供给优质全价的饲料，蛋白质 50～55 g/d。仔貉每日喂 2～3 次，此期不要限制饲料量，以不剩食为准。

如同窝仔貉生长发育不均，要采用分批断乳法，按先强后弱顺序分两批进行。断乳半个月，进行犬瘟热和病毒性肠炎预防注射及补硒等工作。要经常在喂前喂后对仔貉进行抚摸，逗引驯教，直到驯服。

任务训练

一、填空题

1. 准备配种期饲养的目的是保证种貉有良好的______，满足______的营养需要，为配种打下良好的基础。

2. 仔貉一般______龄时开食，这时可单独给仔貉补饲易消化的粥状饲料。

3. 公貉在配种结束______天后、母貉在断乳______天后，开始饲喂恢复期的日粮。

Note

4. 仔貉每日喂__________次，此期不要限制饲料量，以不剩食为准。

5. 仔貉每日饲料中，蛋白质含量应在__________ g。

二、选择题

1. 准备配种前期日粮中，要增加__________饲料，以帮助体内囤积脂肪，以备越冬。

A. 蛋白质类　　B. 脂肪类　　C. 碳水化合物类　　D. 矿物质类

2. 母貉妊娠 10 天后，日粮稍__________，到妊娠后期最好日喂__________次，但饲料总量不要过多。

A. 稀；3　　B. 稀；1　　C. 干；3　　D. 干；1

技能三　毛皮初加工

技能目标

能够准确判断毛皮动物的取皮时机；能够用正确恰当的方法处死毛皮动物；能够熟练地进行毛皮的剥取和刮油的操作；能够熟练地进行毛皮的上楦操作。

材料用具

毛皮成熟的银黑狐、北极狐、貉和水貂若干只；尖刀、刮刀若干把；不同规格的楦板和楦棍若干。

技能步骤

一、取皮时间

（一）季节皮取皮时间

水貂、狐、貉正常饲养至冬毛成熟后所剥取的皮张称为季节皮。季节皮适宜取皮时间一般在农历小雪至大雪(11 月中旬至 12 月上旬)期间。但受饲养管理和冬毛成熟情况制约，冬毛期饲养管理良好可适时取皮，如果饲养管理欠佳，会使冬毛成熟和取皮时间延迟。

（二）埋植褪黑激素的毛皮取皮时间

埋植褪黑激素的毛皮一般在埋植后 3～4 个月的时间内及时取皮，超过 4 个月不取皮，会出现脱毛现象。

二、毛皮成熟的鉴定

取皮前要对毛皮动物个体进行毛皮成熟鉴定，成熟一只取一只，成熟一批取一批，确保毛皮质量。

（一）冬皮成熟的标志

1. 全身被毛灵活一致　全身被毛毛峰长度均匀一致，尤其毛皮成熟晚的后臀部针毛长度与腹侧部一致，针毛毛峰灵活分散无聚拢；颈部毛峰无凹陷(俗称塌脖)；头部针毛亦竖立。

2. 被毛出现成熟的裂隙　冬皮成熟时动物转动身体时，被毛出现明显的裂隙。

3. 皮肤颜色变白　冬皮成熟时，皮肤颜色由青变白，剥下的皮的皮板颜色变白。

（二）试剥观察

正式取皮前挑冬皮成熟的个体，先试剥几只，观察冬皮成熟情况，达到成熟标准时再正式取皮，达不到标准时，则不要盲目取皮。

三、剥皮

要按商品皮规格要求剥成头、尾、后肢齐全的筒状皮,切勿开成片皮。

(一)处死

处死毛皮动物要求迅速便捷,不损坏和污染动物毛绒。常用的处死方法如下。

1. 药物处死法 常以肌肉松弛剂司可林(氯化琥珀胆碱)处死。按水貂 1 mg/kg 体重、狐和貉 0.5～0.75 mg/kg体重的剂量,皮下或肌内注射。动物在 3～5 min 内死亡,死亡过程中无痛苦和挣扎。

2. 普通电击处死法 将连接 220 V 火线(正极)的金属棒(铁钉)插入毛皮动物肛门内,令其爪或嘴部接触连接零线(负极)的金属棒(铁钉)上,接通电源 5～10 s,毛皮动物即可死亡。

3. 心脏注射空气处死法 向动物心脏内注入空气 10～20 mL,动物很快死亡。

4. 一氧化碳窒息法 大型养殖场批量处死毛皮动物时,可将毛皮动物放入充满一氧化碳气体的密闭容器内,令毛皮动物窒息死亡。

按动物保护和福利的相关法规要求,不允许采取其他折颈、棒击、杠压、绳勒等不人道的方法处死毛皮动物。处死后的尸体要摆放在清洁干净的物体上,不要沾污泥土灰尘,尸体严禁堆放在一起,以防散热不畅而引起受闷脱毛。要及时按商品皮规格要求剥成头、尾、后肢齐全的筒状皮。

(二)挑裆

用锋利尖刀从一后肢掌底处下刀,沿股内侧长短毛分界线挑开皮肤至肛门前缘约 3.3 cm 处,再继续挑向另一后肢掌底。

从尾腹部正中线 1/2 处下刀,沿正中线挑开尾皮至肛门后缘。将肛门周围所连接的皮肤挑开,留一小块三角形毛皮在肛门上。从腕关节处剪掉前爪或把此处皮肤环状切开。

(三)抽尾骨

剥离尾骨两侧皮肤至挑尾的下刀处,用一手或剪刀把固定尾皮,另一手将尾骨抽出,再将尾皮全部挑开至尾尖部。

(四)剥离后肢

用手撕剥后肢两侧皮肤至爪部,将爪留在皮板上。剪断母兽的尿生殖褶或公兽的包皮囊。

(五)翻剥躯干部

将毛皮动物两后肢挂在铁钩上固定好,两手抓住后裆部毛皮,从后向前(或从上向下),筒状剥离皮板至前肢处,并使皮板与前肢分离。

(六)翻剥颈、头部

继续翻剥皮板至颈、头部交界处,找到耳根处将耳割断,再继续前剥,将眼睑、嘴角割断,剥至鼻端时,将鼻骨割断,使耳、鼻、嘴角完整地留在皮板上,注意勿将耳孔、眼孔割大。

(七)准备刮油

剥下的鲜皮宜立即刮油,如来不及马上刮油,应将皮板翻到内侧存放,以防油脂干燥,造成刮油困难。

四、刮油

刮油的目的是把皮板上的油脂、残肉清除干净,以利于皮张上楦和干燥。

(一)上楦棍

将鲜皮毛朝里、皮板朝外套在特制的刮油楦棍上,使皮板充分舒展铺平,勿有折叠和皱褶。

(二)刮除脂肪

用刮刀刮除皮板上脂肪,刮刀不宜太锋利,刀刃与皮板成 45° 角,均匀用力,不要刮得太狠,以免

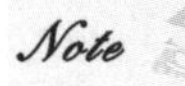

损坏毛囊或将皮板刮破。刮头部残肉时要稍用力些，将残肉刮至耳根处即可。

刮油时手和皮板上要多撒些锯末，以防油脂污染毛绒。颈部、后裆部和尾部脂肪不易剥除，但务必刮净。

五、修剪和洗皮

修剪即用剪刀将头部刮至耳根的油脂和后裆部残存脂肪剪除干净，并将耳孔适当剪大，勿将皮板剪破，造成破洞。修剪后用锯末搓擦皮板，抖净锯末后，准备上楦。

六、上楦

（一）楦板规格

上楦的目的是使鲜皮干燥后有符合商品皮要求的规格形状。楦板的规格是有严格要求的。水貂皮楦板开槽标准和狐皮、貉皮楦板规格见下表。

水貂皮楦板开槽标准

楦板	开槽部位	开槽要求
公水貂楦板全长 110 cm，板厚 1.1 cm	正、反面，尖端至 10 cm 之间，于中间部位	开浅槽，宽 2 cm，深 0.2 cm，并与中心透槽两侧的浅槽相通
	正面，距尖端 11 cm，于中间开始	开透槽，槽长 70 cm，宽 0.6 cm
	两侧面，距尖端 13 cm 处开始	开透槽，槽长 15 cm，宽 0.2 cm
	正、反面，距尖端 11 cm 处开始，于中心透槽两侧	开浅槽各 1 条，槽长 80 cm，宽 2 cm
	沿楦板周边（不含末端）	开浅槽，槽宽 0.3 cm，深 0.3 cm
母水貂楦板全长 105 cm，板厚 1.1 cm	正、反两面、尖端至 10 cm 之间，于中间部位	开浅槽，宽 1.5 cm，深 0.2 cm，并与中心透槽两侧的浅槽相通
	正面，距尖端 11 cm 处开始	开透槽，槽长 55 cm，宽 0.6 cm
	两侧面，距尖端 11 cm 处开始	开透槽，槽长 15 cm，宽 0.2 cm
	正、反面，距尖端 11 cm 处开始，于中心透槽两侧	开浅槽各 1 条，槽长 70 cm，宽 1.5 cm
	沿楦板周边（不含末端）	开浅槽，槽宽 0.3 cm，深 0.3 cm

注：不按统一楦板上楦，酌情定级。

狐皮楦板规格 单位：cm

距楦板顶端长度	楦板宽度
0	3
5	6.4
20	11
40	12.4
60	13.9
90	13.9
105	14.4
124	14.5
150	14.5

貉皮楦板规格

单位:cm

距顶端距离	相对宽度	开槽要求	厚度
0	3.4	从顶端向下,中间开宽 1 cm、长 34 cm 的透槽	2
7.4	8.1		
19.4	12		
28	15	距顶端 34 cm 处开始,向下开两条宽 1 cm、长 87 cm,相互平行的透槽,槽间距 55 cm	
50	17		
76	18		
180	18.5		

(二)上楦要求

头部要上正,左右要对称,后裆部背、腹部皮缘要基本平齐,皮长不要过分拉抻,尾皮要平展并缩短。应尽量毛朝外上楦,不宜皮板朝外上楦。否则,会影响毛绒的灵活和美观。

七、干燥

干燥的目的是去除鲜皮内的水分,使其干燥成型并利于保管和储存。

(一)毛朝外吹风干燥

提倡毛朝外上楦吹风干燥,吹风干燥机与鼓风机组合配套,排风箱外面安装若干排风管,管长 8～10 cm,内径 0.7～0.9 cm(金属管壁厚 1 mm)。每管排风量 0.022～0.028 m^3/min。管间横向距离 13 cm,纵向距离 6 cm。室温 15～22 ℃,空气相对湿度 55%～65%。干燥方法是将楦皮嘴部嵌入排风管,楦皮间平行排列,鲜皮吹风至 24～30 h 时下楦,更换楦板继续吹风,干燥时间为 48～60 h。

(二)毛朝外烘干干燥

也可用热源加温烘干干燥,但干燥温度应保持在 25～28 ℃,不宜高温烘干,以防皮板受闷掉毛。无论哪种干燥形式,待皮张基本干燥成型后,均应及时下楦。

八、风晾

风晾是指下楦后的皮张放在常温室内晾至全干的过程,全干是指皮张的爪、唇、耳部均全部干透。风晾前,先用转笼、转鼓机械洗皮除去油污和灰尘。再把毛皮成把或成捆地悬在风干架上自然干燥。

九、整理储存

(一)清洗毛绒

对于干透的毛皮,还要用毛巾擦拭毛面,去除污渍和尘土,遇有毛绒缠结情况,要小心把缠结部位梳开。

(二)初验分类

按毛皮收购等级、尺码要求初验分类,把相同类别的皮张分在一起。

(三)包装储存

初验分类后,将相同类别的皮张背对背、腹对腹的捆在一起,放入纸、木箱内暂存保管,每捆或每箱上加注标签,标注等级、性别、数量。

初加工的皮张原则上尽早销售处理,确需暂存储藏时,要严防虫灾、火灾、水灾、鼠灾和盗窃发生。

技能考核

评价内容		配分	考核内容及要求	评分细则
职业素养与操作规范（40分）		10分	穿戴实训服；遵守课堂纪律	每项酌情扣1～10分
		10分	实训小组内部团结协作	
		10分	实训操作过程规范	
		10分	对现场进行清扫；用具及时整理归位	
操作过程与结果（60分）	毛皮成熟鉴定	15分	能够准确判断毛皮动物的取皮时机	每项酌情扣1～15分
	毛皮动物的处死	15分	能够用正确恰当的方法处死毛皮动物	
	剥皮和刮油	15分	能够熟练地进行毛皮的剥取和刮油的操作	
	上楦	15分	能够熟练地进行毛皮的上楦操作	

技能报告

在规定的时间内撰写好技能报告，要求实训结果真实可靠。

技能训练

技能四　毛皮质量鉴定

技能目标

能够准确地进行水貂皮的质量鉴定；能够准确地进行狐皮的质量鉴定；能够准确地进行貉皮的质量鉴定。

材料用具

直尺、卷尺若干；水貂、狐狸和貉皮样张若干。

技能步骤

一、水貂皮的质量鉴定

水貂皮品质等级标准

级别	品质要求
一级	正季节皮，皮型完整，毛绒平齐、灵活，毛色纯正、光亮，背腹基本一致，针绒毛长度比例适中，针毛覆盖绒毛良好，板质良好，无伤残
二级	正季节皮，皮型完整，毛绒品质和板质略差于一级皮标准，或有一级皮质量，可带下列伤残、缺陷之一者：①针毛轻微勾曲或加工撑拉过大；②自咬伤、擦伤、小瘢痕、破洞或白撮毛集中1处，面积不超过2 cm^2；③皮身有破口，总长度不超过2 cm
三级	正季节皮，皮型完整，毛绒品质和板质略差于二级皮标准；或具有二级皮质量，可带下列伤残、缺陷之一者：①毛锋勾曲较重或严重抻拉过大；②自咬伤、擦伤、小瘢痕、破洞或白撮毛集中1处，面积不超过3 cm^2；③皮身有破口，总长度不超过3 cm
等外	不符合一、二、三级品质要求的皮（如受闷脱毛、流针飞绒、焦板皮、开片皮等）

注：彩色貂皮（含黑十字水貂皮）适用此品质要求。

二、狐皮的质量鉴定

1. 北极狐皮收购规格

(1)加工要求:皮型完整。头、耳、须、尾、腿齐全,毛朝外,圆筒皮按标准撑板上楦干燥。

(2)等级规格。

一等皮:毛色灰蓝光润,毛绒细软稠密,毛锋齐全,皮张完整,板质优良,无伤残,皮张面积在 2111 cm^2 以上。

二等皮:符合一级皮质,有刀伤破洞 2 处,长度不超过 10 cm,面积不超过 4.44 cm^2,皮张面积在 1889 cm^2 以上。

三等皮:毛皮灰褐色,绒短毛稀,有刀伤破洞 3 处,长度不超过 15 cm,面积不超过 6.67 cm^2,皮张面积在 1500 cm^2 以上。

等级比差:一级 100%;二级 80%;三级 60%;等外 40%以下以质论价。

2. 银黑狐皮收购规格

(1)加工要求与北极狐皮相同。

(2)等级规格。

一等皮:毛色深黑,银针毛颈部至臀部分布均匀,色泽光润,底绒丰足,毛锋整齐,皮张完整,板质良好,毛板不带任何伤残,皮张面积 2111.11 cm^2 以上。

二等皮:毛色较黯黑或略褐,针毛分布均匀,带有光泽,绒较短,毛银略稀,或有轻微塌脖或臀部毛银有擦落。皮张完整,刀伤或破洞不得超过 2 处,总长度不得超过 10 cm,面积不超过 4.44 cm^2。

三等皮:毛色暗褐欠光泽,银针分布不甚均匀,绒短略薄,毛银粗短,中脊部略带粗针,板质薄弱。皮张完整,刀伤或破洞不超过 3 处,总长度不得超过 15 cm,面积不超过 6.67 cm^2。

等级比差:同北极狐皮。

3. 彩色狐皮 彩色狐皮等级标准、尺码规格参见银黑狐皮和北极狐皮相应规格。彩色狐皮毛皮颜色要符合类型要求,毛色不正的杂花皮按等外皮论价。

三、貉皮的质量鉴定

1. 加工要求 加工貉皮要求按季节屠宰,剥皮适当,皮型完整,头、腿、尾齐全,去除油脂,以统一规定的楦板上楦,板朝里,毛朝外,圆筒形晾干。

2. 等级规格

人工饲养貉皮质量等级标准

等级	品质要求	等级比差/(%)
一级	正季节皮,皮型完整,毛绒丰厚,针毛齐全,绒毛清晰,色泽光润,板质良好,无伤残	100
二级	正季节皮,皮型完整,毛绒略空疏,针毛齐全,绒毛清晰,板质良好,无伤残,或具有一级皮质量,带有下列伤残之一者:①下颌和腹部毛绒空疏,两肋或后臀部略显擦伤、擦针;②自咬伤、瘢痕和破洞面积不超过 13 cm^2;③破口长度不超过 7.6 cm;④轻微流针飞绒;⑤撑拉过大	80
三级	皮型完整,毛绒空疏或短薄,或具有一、二级皮质量,带有下列伤残之一:①刀伤、破洞总面积不超过 26 cm^2;②破口长度不超过 15.2 cm;③两肋或臀部毛绒擦伤较重;④腹部无毛或较重塌脖	60
次级	不符合一、二、三级品质要求的皮(如焦板皮、受闷脱毛、开片皮等)	40 以下

Note

技能考核

<table>
<tr><th colspan="2">评价内容</th><th>配分</th><th>考核内容及要求</th><th>评分细则</th></tr>
<tr><td colspan="2" rowspan="4">职业素养与
操作规范
（40 分）</td><td>10 分</td><td>穿戴实训服;遵守课堂纪律</td><td rowspan="4">每项酌情
扣 1～10 分</td></tr>
<tr><td>10 分</td><td>实训小组内部团结协作</td></tr>
<tr><td>10 分</td><td>实训操作过程规范</td></tr>
<tr><td>10 分</td><td>对现场进行清扫;用具及时整理归位</td></tr>
<tr><td rowspan="3">操作过程
与结果
（60 分）</td><td>水貂皮质量鉴定</td><td>20 分</td><td>能够准确地进行水貂皮的质量鉴定</td><td rowspan="3">每项酌情
扣 1～20 分</td></tr>
<tr><td>狐皮质量鉴定</td><td>20 分</td><td>能够准确地进行狐皮的质量鉴定</td></tr>
<tr><td>貉皮质量鉴定</td><td>20 分</td><td>能够准确地进行貉皮的质量鉴定</td></tr>
</table>

技能报告

在规定的时间内撰写好技能报告,要求实训结果真实可靠。

Note

项目五　茸鹿养殖

任务一　生物学特性

扫码学
课件 5-1

任务描述

主要介绍茸鹿分类、分布、品种、形态特征及生物学特性等。

任务目标

▲知识目标

能说出茸鹿的分类学地位及茸鹿品种的分类;能说出茸鹿的生物学特性。

▲能力目标

能识别梅花鹿和马鹿。

▲课程思政目标

具备科学严谨的职业素养;能够立足本专业,具备保护野生动物的理念。

▲岗位对接

特种经济动物饲养、特种经济动物繁殖。

任务学习

一、分类分布

鹿属哺乳纲、偶蹄目、鹿科、鹿属。茸角有药用价值的鹿称为茸鹿。鹿科动物分布于世界各大洲,梅花鹿主要分布在亚洲的东南部,而马鹿广泛分布在亚、美、欧、澳各大洲。我国驯养的茸鹿主要有梅花鹿、马鹿、白唇鹿、水鹿、坡鹿。梅花鹿、马鹿主要产于我国东北、西北及内蒙古等地;白唇鹿是我国青藏高原特有的野生动物;水鹿主要分布于我国南方各省;坡鹿分布于海南省的部分地区。目前我国驯养最为普遍的茸鹿主要有梅花鹿和马鹿两种。

二、种类

我国养鹿以生产鹿茸为主。茸鹿在我国分布很广,种类繁多,野生资源丰富。鹿具有很高的经济价值,其皮革可做衣、肉可食用、茸可入药,是人们捕杀的直接原因。建立鹿场是对鹿资源进行有效保护的主要途径,是鹿产业可持续发展的保障。

(一)梅花鹿

梅花鹿俗称花鹿。原来野生梅花鹿分布很广,因为人为的破坏、环境的恶化,野生梅花鹿的数量越来越少。我国人工驯养的梅花鹿以东北最多,主要分布在吉林东丰、辽源、双阳、伊通、蛟河、辉南

和辽宁西丰、内蒙古包头、浙江、海南等地，黑龙江、广东、河北、江苏、海南、山西也分布大量的梅花鹿。梅花鹿大体分为6个亚种，即华南亚种、东北亚种、四川亚种、山西亚种、台湾亚种、河北亚种，其中台湾亚种、河北亚种和山西亚种野生种群已绝迹。我国饲养的梅花鹿多为东北亚种。

（二）马鹿

马鹿别名黄臀鹿。内蒙古、长白山、新疆、甘肃、青海、黑龙江、辽宁、西藏等地分布大量的马鹿。20世纪60年代陆续引入山西、河北、湖南、湖北、河南等省。

（三）白唇鹿

白唇鹿俗称白鼻鹿。白唇鹿是我国的稀有鹿种，主要分布在四川省西部理塘、巴塘，西藏的昌都、达江，以及云南省北部、青海、甘肃等地。白唇鹿驯养难度大，繁殖成活率低，经济效益低于马鹿和梅花鹿。

（四）水鹿

水鹿俗称黑鹿。水鹿体形酷似白唇鹿，主要分布在云南省永德、思茅、勐腊、河口、屏边等地，广西的靖西、宁明、上思，四川的重庆、宜宾、康定、理塘、巴塘、西昌、木里，海南省的西沙群岛，湖南省的宜章、新宁、绥宁，台湾地区山地等地。大体分为4个亚种，即四川亚种、西南亚种、海南亚种、台湾亚种，产茸量低于马鹿。

（五）坡鹿

坡鹿别名泽鹿。主要分布在海南地区和海南岛。新中国成立初期，屯昌、白沙、昌江、乐东等地数量最多。

（六）驼鹿

驼鹿俗称堪达犴。驼鹿因其像骆驼而得名，体型高大，我国驼鹿亚种只有一个，即*Aacamecoides*，愈显珍贵，主要分布在内蒙古、黑龙江、新疆等省区。

（七）驯鹿

驯鹿别名角鹿。主要分布在大兴安岭西北部额尔古纳，驯鹿公母鹿都长角，主要用于役用和奶食品加工，是森林山地、冰雪泥泞地段的交通工具，鹿茸形态像天女散花，枝杈不规则。

（八）麋鹿

麋鹿别名四不像。麋鹿是比较珍贵的鹿种，新中国成立前主要分布在西部山区，东部沿海，南到钱塘江，北到东北平原，比较集中的在河北及江淮地区，野生种群已绝迹，人工饲养的麋鹿20世纪80年代从英国乌邦寺引进，饲养在北京市区，1985年原国家林业部与世界自然基金会（WWF）及世界自然保护联盟（IUCN）合作，引进第二批麋鹿，经国家权威专家考察，在江苏省建立大丰麋鹿保护区。

三、形态特征

（一）梅花鹿

中型鹿，雄性肩高100 cm，体长100 cm，体重120 kg；雌性肩高90 cm，体长不到100 cm，体重70 kg。头小，耳稍长、直立，颈毛发达，四肢匀称，主蹄狭尖，副蹄细小，尾短。雄鹿和雌鹿眼下均有一对泪窝，眶下腺比较发达，呈裂缝状。梅花鹿毛色随季节的变化而变化，夏毛短稀，无绒，呈红褐色，鲜艳美丽；冬毛厚密，栗棕色，冬、夏季均有白色斑点。由于鹿身上的白斑似梅花状，故称为梅花鹿。

公鹿有角，母鹿无角。公鹿生后第二年长成锥形角，第三年生分枝角，发育完全地成为四杈形，通常不超过五杈，其特点是眉杈不发达，不从角基部前伸，而在靠上部分出，斜向前伸与主枝成一钝角，第三分枝在高处。

（二）马鹿

1. 东北马鹿　东北马鹿体型较大，雄性肩高130～140 cm，体长140 cm，体重230～300 kg；雌性

肩高 120 cm，体重 160～200 kg。臀部有一块黄褐色大斑，又称黄臀鹿。东北马鹿冬毛厚密，灰褐色，夏毛呈浅赭黄色，初生马鹿的白色斑点与梅花鹿相似，白斑随着生长发育逐渐模糊不清，至 5～6 个月基本消失。

2. 天山马鹿 肩高 140 cm，体重 250～300 kg。背毛、体侧毛为棕灰色，腹毛深褐色，头部和颈部毛色较深，颈毛发达，背中线不明显。臀部斑块不宽阔，呈深黄褐色，周围有一圈黑毛。

马鹿鹿茸的眉枝从角基上部几乎与主干同时分生（称坐地分枝），紧靠第一分支连续分生第二分支（冰枝），第三分支正好在茸角的中部分生，所以称其为中枝。东北马鹿的茸角最多能分生 6～7 支，天山马鹿可分生 7～9 支。

四、生物学特性

（一）自然习性

鹿爱清洁，喜安静，听觉、视觉、嗅觉敏锐，善于奔跑等特性就是在漫长的自然进化过程中形成的，并与环境条件如食物、气候、敌害等有关。

鹿喜欢生活在疏松地带、林缘或林缘草地、高山草地、森草衔接地带；这里食物丰富，视野比较开阔，对逃避敌害有利。鹿喜欢晨昏活动，白昼子夜休息反刍。

鹿呈季节性游动，春季多在向阳坡活动；夏季移往海拔高的山上，既适于隐蔽又可避免蚊蝇骚扰；冬季回到海拔低的河套或林间空地，在食物短缺时接近农田或村落。

鹿喜水，驼鹿、麋鹿常在水中采食、站立或水浴；水鹿雨天活跃，常在水洼里打“泥”；马鹿、梅花鹿喜泥浴。

（二）繁殖与体重的季节性变化

繁殖有明显的季节性，发情配种集中在 9—11 月份，并可以延续到 3 月上旬。产仔集中在 5—7 月份。

鹿的体重也有明显的季节性变化，春季母鹿体重、秋季公鹿体重明显减少 16%～20%，尤其公鹿颈部变粗，粗度比夏季增加一倍，变得有力，有利于在争王角斗中处于优势地位。

（三）食性

鹿在草食动物中能比较广泛地利用各种植物，尤其喜食各种树的嫩枝、嫩叶、嫩芽、果实、种子，还吃草类、地衣、苔藓以及各种植物的花、果与菜蔬类。鹿对食物的质量要求较高，采食植物具有选择性，嫩枝、嫩芽、嫩叶就是主要的选择对象；在食物相当匮乏时才采食茎干等粗糙部分。所以有人认为鹿就是精食性动物。饲喂家养鹿时若只提供秸秆，则营养价值低，需用精料加以补充，所以饲料多样化十分必要。鹿喜盐。

（四）集群性

鹿的集群活动就是在自然界生存竞争中形成的，有利于防御敌害，寻找食物与隐蔽。鹿的群体大小，既取决于鹿的种类，也取决于环境条件。如驯鹿野生群可达数十只或数百只，马鹿则几只或几十只。食物丰富、环境安逸，群体则相对大，反之则小。家养鹿与放牧鹿群仍保留集群性的特点，一旦单独饲养或离群则表现胆怯与不安。因此放牧时对于离群的鹿，不要穷追猛撵，等一会儿，鹿就会自动归群。

（五）可塑性

鹿的生态可塑性就是鹿在各种条件下所具有的一定的适应能力。鹿的可塑性大，其中，幼鹿可塑性特别大，鹿的驯化放牧就是利用这一特性来改变鹿的野性，让其听人使唤。在养鹿生产实践中，加强对鹿的驯化与调教，对于方便生产管理具有十分重要的意义。

（六）防卫性

鹿在自然生存竞争中是弱者，它本身无御敌武器。逃避敌害的唯一方法就是逃跑，所以鹿奔跑

速度快，跳跃能力强。感觉器官敏锐、反应灵活、警觉性高就是一种保护性反应，就是自身防卫的表现，也就是人们常说的鹿有“野性”。在家养条件下，鹿的野性并未根除，如不让人接近，遇异声、异物表现惊恐。母鹿产仔与公鹿配种时攻击人等，对生产十分不利，由此造成的伤亡、伤害事故不少。因此，加强鹿的驯化，削弱野性十分必要。

（七）适应性

适应就是生物适应环境条件而形成一定的特性与性状的现象。适应性是多方面的，有解剖适应性、生理适应性与生态适应性，以此达到生物体与外界条件的统一，适应生存。鹿的适应性很强，梅花鹿、马鹿能在世界各地生存，但转化程度高的鹿则对环境敏感，如我国的白唇鹿，能适应青藏高原地区，引种到内地则生活得不好。适应对动物造成一种限制，对于一直能生活在适应地区的动物引种时要注意。使不适应的动物逐渐达到适应，这实际上就是风土驯化。

（八）换毛季节性

鹿的被毛每年更换两次，春夏之交脱去冬毛换夏毛，秋冬之交换上冬毛。夏毛稀短、毛色鲜艳；冬毛密长，毛色灰褐、无光泽。

任务训练

一、填空题

1. 按体型划分，梅花鹿属于__________鹿，马鹿属于__________鹿。
2. 鹿属哺乳纲、__________目、__________科、__________属动物。
3. 鹿的被毛每年更换__________次。

二、简答题

1. 什么是茸鹿？
2. 请描述茸鹿的生物学特性。
3. 请描述梅花鹿和马鹿的形态特征。

任务二 圈舍建造

扫码学
课件 5-2

任务描述

主要介绍茸鹿养殖的场址选择、圈舍形式及圈舍建造等。

任务目标

▲知识目标

能说出茸鹿的场址选择的条件和场区划分方法；能说出茸鹿圈舍的形式及茸鹿的圈舍建造方式。

▲能力目标

能为茸鹿养殖场进行规划布局设计，并可建造茸鹿圈舍。

▲课程思政目标

具备科学严谨的职业素养；具备立足专业、服务乡村振兴的思想意识。

▲岗位对接

特种经济动物饲养、特种经济动物繁殖。

任务学习

一、场址选择

鹿场应选择在地势高燥、排水良好、避风向阳、交通便利且安静的地方。饲料资源和水资源要求充足，鹿场远离工矿区和居民区，更不能建在疫区内。

鹿场区划分为生产区、辅助生产区、经营管理区和生活区。通常鹿场布局最好由西到东依次排列生活区、经营管理区、辅助生产区和生产区，其中管理区要在生产区的上风向。另外，在布局上必须考虑电力、水利和其他设施的合理配置布局。鹿场布局可参考图 5-1。

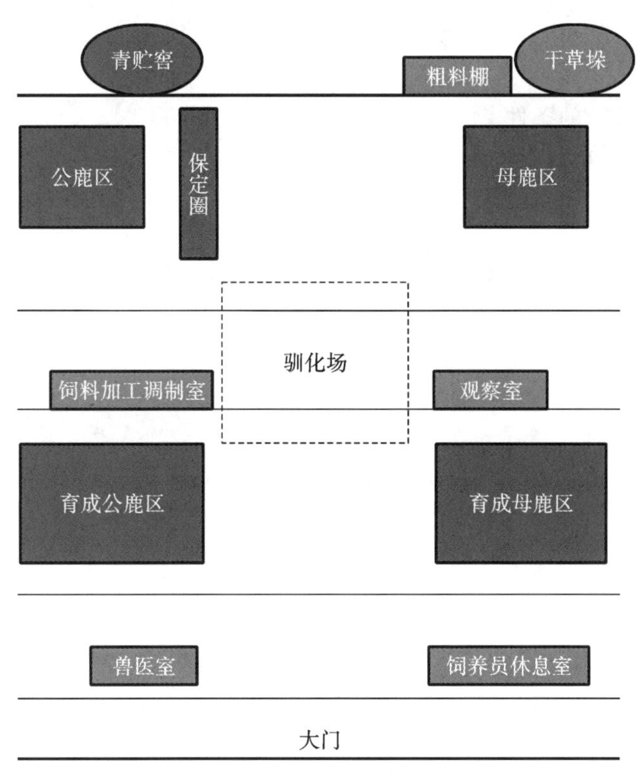

图 5-1 鹿场布局

二、圈舍形式

鹿舍主要由棚舍与运动场组成，它们的建筑面积通常因鹿的种类、性别和饲养方式而有所不同。例如马鹿需要较大的空间，梅花鹿的养殖空间则较小。幼鹿需要的空间较成年小。棚舍占地面积每头鹿平均 2～3 m^2，运动场以每头鹿 8～10 m^2 为宜。鹿圈围墙高 3 m，内部隔墙 2.5 m，运动场内设水槽、食槽和凉棚等。

三、圈舍建造

（一）鹿舍

房檐距离地面 2.1～2.2 m，利于通风和遮阳。鹿舍的墙壁以砖石为主，经济适用和坚固耐用。

同时，在鹿舍外走廊等处设有排水沟。

（二）料槽

通常以水泥槽最为适用。料槽纵向安放在鹿场中间偏向侧墙的位置上。

（三）水槽

水槽通常使用大锅，安放在砖混结构的灶台上。灶台建在圈内前墙的边上。在水槽的上方设有水管，能够注水。

（四）其他设施

包括饲料加工调制室、精料库、粗料棚、青贮窖、蓄粪池等。

任务训练

一、填空题

1. 鹿场区划分为__________区、__________区、__________区和__________区。
2. 鹿舍由__________和__________组成。
3. 棚舍占地面积每头鹿平均__________ m^2，运动场以每头鹿__________ m^2为宜。

二、简答题

1. 请简述鹿场场址选择的条件。
2. 请按照当地的风向，排列茸鹿养殖的各个场区。

任务三　繁殖技术

扫码学
课件 5-3

任务描述

主要介绍茸鹿的生殖生理、选种、配种、妊娠及分娩等内容。

任务目标

▲知识目标

能说出茸鹿的性成熟和配种期；能够说出母鹿的发情特征和公鹿的性活动特征；能说出公鹿和母鹿的选种条件和配种方式；能说出茸鹿的妊娠期和产仔经过。

▲能力目标

能根据鹿的生殖生理特性制订配种计划；能够对鹿群进行合理分群；能够有效地进行选种选配；能够在人工养殖条件下提高配种效率。

▲课程思政目标

养成吃苦耐劳的职业精神；具备立足专业，服务乡村振兴的思想意识。

▲岗位对接

特种经济动物饲养、特种经济动物繁殖。

任务学习

一、生殖生理

（一）性成熟与初配年龄

鹿的性成熟时期与品种、栖息条件及个体发育状况等因素有关。母鹿一般在出生后16～18月龄性成熟；公鹿一般在2.5～3岁性成熟。

在生产群，生长发育良好的母鹿满16～18月龄（即出生后第二年的秋季），体重达成年母鹿的70%以上时，即可参加配种。身体发育差，不足16个月不能参加配种。为了培育高产鹿群，育种用母鹿的初配年龄应比一般生产群延迟一年。母鹿一般在28月龄配种；参加配种的公鹿年龄以4～5岁为宜。

鹿的机体各组织器官发育完成，结构和技能达到完善，体型、肩高、体长等基本定型，说明鹿已达到体成熟。梅花鹿的体成熟年龄：母鹿为2～3岁，公鹿为3～4岁。马鹿的体成熟年龄：公母鹿均为4～5岁。

（二）发情规律

鹿为季节性多次发情动物。公、母鹿发情配种时期为每年秋季的9—11月份，母梅花鹿发情旺季在10月中旬，而母马鹿则在9月中旬至9月末。发情季节母鹿表现为周期性多次发情，发情周期平均12(10～20)天，发情持续期为1～2天。发情12 h后配种容易受孕。

母鹿的发情鉴定：发情初期表现烦躁不安，摇尾游走，虽有公鹿追逐，但不接受交配。发情旺期母鹿内眼角下的泪窝开张，散发一种强烈的特殊气味。外生殖器红肿，阴门流出黄色黏液并摇尾排尿，有时母鹿还发出尖叫，此时如果有公鹿追逐，可接受交配。

公鹿的性活动：成年公鹿的性活动也呈季节性。公鹿在交配期食欲减退，表现极度兴奋，颈部显著增粗，性格暴躁，用蹄扒地或顶撞围墙，并磨角吼叫，至性欲旺期则日夜吼叫。公鹿的争偶角斗在9月中旬表现最为激烈，强大的公鹿可占有母鹿10头以上。

二、选种

为改善鹿群状况，应重视对种鹿的选择。从生产力、年龄、体质外貌及遗传性等几个方面综合考虑评定。

（一）种公鹿的选择

1. 按生产力选择　即根据个体的产茸量与质量来评定公鹿的种用价值。一般选留公鹿的产茸量应高于本场同龄公鹿平均单产20%（梅花鹿三杈茸鲜重平均单产3.5 kg以上，马鹿为7.5～20.0 kg）以上，同时鹿茸的角向、茸形、皮色等均应优于同龄鹿群。

2. 按年龄选择　种公鹿应在4～7岁的壮年公鹿群中选择，个别优良的种公鹿可延续用到8～10岁。种公鹿不足时，可适当选择一部分4岁鹿作种用。

3. 按体质外貌选择　种公鹿必须具备该鹿种的典型特征。体质结实，结构匀称，强壮雄悍，性欲旺盛，膘情中上等。

4. 按遗传性选择　根据系谱资料进行选择。选择父母生产力高、性状优良、遗传力强的后代作为种公鹿。对所选个体后裔也要进行必要的测定，以做进一步的选择。

（二）育种核心群母鹿的选择

选择健康，体大，四肢强壮有力；皮肤紧凑，被毛光亮，气质安静温和，母性强，不扒仔伤人；乳房及乳头发育良好，泌乳性能好，无难产和流产史的母鹿。年龄上从5～10岁的壮龄母鹿中选择。

鹿的育种以纯种繁育为主，即主要采用本品种选育的方法，培育生产力强、产茸量高、适应性强的鹿群，为防止近亲繁殖，可引进相同种类的良种公鹿进行血缘更新，以提高鹿群质量。

鹿的选配是根据鉴定等级的标准、生产力和亲缘关系、配合力和遗传力等，科学地选择互相交配的公母鹿，避免近亲繁殖，防止鹿茸退化，繁殖出理想的后代。主要的选配方法为同质选配，用特级种公鹿去配育种核心群母鹿。

三、配种

（一）配种的准备工作

1. 制订配种计划　在配种前，根据鹿群现状和发展情况，综合制订配种计划。育种核心群母鹿用最好的公鹿配种；一般繁殖群母鹿用一部分最好的公鹿和较好的公鹿配种；初配母鹿群用成年公鹿配种。

2. 合理分群与整群　根据配种计划，对公母鹿进行合理分群与调整。

（1）公鹿的分群与调整：在 8 月 20 日前收完再生茸后，根据体质外貌、生产性能、谱系、生长发育、年龄、后代品质等重新将公鹿分为种用群、后备种用群和非种用群。种公鹿的比例一般不少于参配母鹿总数的 10%。在公鹿配种前要进行个体品质鉴定，对于精液品质差、有疾病者应立即拨出，及时补充新的配种公鹿。

公鹿圈安排在鹿场的上风向，并尽量拉大与母鹿圈的距离，以免配种期母鹿的气味诱使公鹿角斗、爬跨而造成伤亡。

（2）母鹿的分群与调整：在 8 月中下旬仔鹿断乳后，按繁殖性能、体质外貌特点、血缘关系、年龄及健康状况重新组成育种核心群、一般繁殖群、初配群、后备群、淘汰群。配种鹿群不宜过大，参配母鹿群一般以 20～25 只为宜。结合分群要对原有母鹿群进行一次整顿，对年龄过大、繁殖力低、体弱有病的母鹿，要从配种群中拨出，予以淘汰或另行配种。

3. 圈舍、器具的检修　配种前检修鹿舍、围墙和运动场。准备好配种所用器械、医疗用品器具和圈舍维修材料、各种记录表等。

（二）自然配种方式

1. 群公群母配种法　通常以 50 头母鹿群，按 1∶(3～5)的公母比例混入公鹿进行配种。在整个配种期内，无特殊原因不再放入其他公鹿。此方式配种占用鹿圈少，受孕率高，简单易行，但需要公鹿较多，而且种鹿角斗偶尔会产生伤亡；系谱不清，容易发生近亲繁殖。

2. 单公群母配种法　将年龄、体质状况相近的母鹿按梅花鹿 20～25 头(或马鹿 10～15 头)分为一群，一次只放入一头公鹿，任其自由交配，每隔 5～7 天更换一头公鹿。到母鹿发情旺期则 3～4 天更换一次种公鹿，在一天之内若发现种公鹿已配了三四次，仍有母鹿发情需要交配，应将该母鹿拨出与其他公鹿交配，以确保种公鹿的良好体况和提高后裔品质。特点是能够做到选种选配，准确记录配种情况，系谱清晰，受胎率较高，能较快地提高鹿群质量。这种配种方式可以减少公鹿之间的争斗，防止伤亡事故发生。但占用圈舍较多，饲养员劳动强度较大。目前大多数鹿场采用此种配种法。

3. 单公单母试情配种法　在发情期内，每日 2～3 次定时将 1～2 只试情公鹿放入母鹿群，根据母鹿对试情公鹿的行为表现，判定母鹿发情时期。在发情旺期将母鹿拨入已有选定种公鹿的小圈内配种，配种后及时拨出母鹿。特点是提高种公鹿的利用率，可防止近亲交配，母鹿受胎率高，后代系谱清楚。但需要较多人力和较大场地。这种配种方式可有计划地进行个体选配，适用于育种场。

（三）配种

在发情期来临的前几天，可将公鹿按比例放入既定的母鹿圈或配种圈中，以使鹿相互熟悉，并能诱引母鹿提早发情。鹿交配时间短，且配种多发生在清晨 4～7 时、傍晚 17～22 时。及早将公母鹿合群，可促进母鹿发情。还应注意观察鹿群，只要母鹿发情症状明显，应保证其获得交配的机会。在配种过程中，严禁粗暴对待、惊吓以及其他不良刺激。

种公鹿每日上下午各配一次较好，两次配种应间隔 4 h 以上；连配两日后应休息一日；替换下来的公鹿应单圈专门饲养，休养一段时间后再参加配种。必须有节制地使用种公鹿，才能保持种公鹿

的配种能力和提高母鹿的受胎率。

（四）鹿的人工输精技术

1. 人工采精的方法

（1）电刺激采精法：采用输出频率20～50 Hz电流正弦波，刺激直肠壶腹部的低级射精中枢，引起射精反射，达到采精目的。这种方法的特点是采精安全（医疗方波），成功率高（98%），鹿无痛苦（按摩感觉）。

①保定采精公鹿：a. 用特制的鹿用医疗保定器保定采精鹿，保定时间为3～5 min，需3～4人。b. 目前多用麻醉保定采精鹿：肌内注射眠乃宁或鹿眠宝2 mL，5～7 min，待鹿倒地后即可采精。

②采精操作：待鹿保定好后，剪净尿道口附近的被毛，用生理盐水冲洗阴筒内污物并擦干，用创布覆盖鹿躯体；用温肥皂水或1%～3%盐水灌肠排除蓄粪，将探棒涂上液体石蜡插入直肠，深约15 cm；接通电源，打开输出开关，先从1档（3 V）开始刺激，刺激5～6 s间歇1～1.5 s，连续刺激，间歇6～8次之后升高到2档（6 V），刺激间歇方法同前，依此类推，至3档（9 V），4档（12 V）……。当公鹿在某个档次射精时不再升档，用集精杯收集精液，直至射精结束。一般情况下，公鹿在2～6档射精。如果升至7档（14～20 V）仍不射精，可休息4～6分钟，再从1档重新开始刺激。

（2）假阴道采精法：此法需要有驯化良好的采精公鹿和有一定驯化基础的母鹿作台鹿（或制作假台鹿）。真台鹿发情分泌的外激素（在假台鹿臀部涂上发情母鹿的尿液）可刺激公鹿性欲，在假台鹿臀下安装上假阴道，诱导公鹿爬跨时进行采精。假阴道由外壳、内胎、集精杯、气卡、胶塞等构成。

采精前要确保假阴道内外胎不漏水，内胎无皱褶、无弯曲、松紧适度，再装上集精杯（用75%的酒精消毒，酒精挥发后用稀释液冲洗1～2次）。由注水孔向内胎注入45～55 ℃水400～500 mL，内胎1/2～1/3涂润滑剂。向内胎吹气，调节压力。采精前保证假阴道温度38～40 ℃。不同采精方法对茸鹿精液量和品质的影响如表5-1所示

表5-1 不同采精方法对茸鹿精液量和品质的影响

鹿品种	采精方法	采精量	密度	活力
梅花鹿	假阴道法	0.6～1.0 mL	$(3000～4000)\times10^6$/mL	>0.9
	电刺激法	1.0～2.0 mL	1000×10^6/mL	>0.7
马鹿	假阴道法	1.0～2.0 mL	$(1860～3700)\times10^6$/mL	>0.8
	电刺激法	2.0～5.0 mL	1380×10^6/mL	>0.7

2. 人工输精方法 直肠把握输精法是目前在马鹿繁殖中应用最广泛的方法，一般人工输精准胎率都在90%以上。操作方法是输精员剪短并磨平指甲，戴上塑料手套，对母鹿用温肥皂水充分灌肠，使其排出宿粪，一手伸入母鹿直肠并隔着直肠壁找到子宫颈并握住，使子宫颈口握于手心内，另一手持输精枪，从阴道前庭入口斜向与直肠内手臂成75°角缓缓插入，当输精枪头进入后，再将输精枪后端抬起呈平行状态缓缓插入阴道内。通过双手相互配合，使输精枪找到并插入子宫颈口，通过4个子宫颈皱褶，将精液注入子宫体内，然后撤回输精枪。输精时，必须轻插、慢注、缓出，防止精液倒流和生殖道损伤。此方法的特点是用具简单，操作安全，不易感染，母鹿无痛感，初配的育成马鹿都可使用；输精部位深，受胎率大幅度提高。

3. 输精时间与次数 采用母鹿接受试情公鹿爬跨后8～10 h内一次输精，也可采取母鹿发情后6～12 h两次输精。母马鹿可在每一个发情期输精一次，也可在第一次输精后间隔8 h再输精一次。母梅花鹿在一个发情期内输精2次为宜。

四、妊娠与分娩

（一）妊娠

1. 母鹿妊娠期 茸鹿妊娠期的长短，与茸鹿的种类、胎儿性别和数量、母鹿年龄、饲养方式和营

养等因素有关。梅花鹿多为220～240天，马鹿多为223～250天。东北马鹿的妊娠期为243±6天，天山马鹿为244±7天。

2. 母鹿妊娠期的推算方法 母鹿预产期的推算并不难，只要配种日期记录准确，就能推算出预产期。梅花鹿预产期的推算公式如下。

(1)月减5，日加23，如果日加23后的数值大于30，运算后，则日减30进月，余数为产仔日数。例如：10月13日配种的母鹿，其预产期应为下一年的6月[(10－5)＋1]6日[(13＋23)－30]。

(2)月减4，日减12，或日减11(怀公羔)，或日减14(怀母羔)。马鹿预产期的推算公式为：月减4，日加1(东北马鹿)，或日加2(天山马鹿)。采用上述推算公式推算出的预产期准确率可达90%左右。

(二)分娩

母鹿把在子宫发育成熟的胎儿生产到体外的生理过程称为分娩。分娩的季节一般为5月初～7月初。

1. 临产症状 母鹿产前半个月左右乳房开始膨大，行动谨慎，产前1～2天腹部下垂，肷窝凹陷，初产母鹿表现不甚明显。分娩前2～7天喜进食精料，迟迟不愿离开饲槽。到临产前1～2天时少食或停食，在鹿舍内沿墙角来回走动或起卧不安，不时回视腹部。当外阴部呈现红肿，流出长10～20 cm牵缕状、蛋清样黏液时，即将产仔。母鹿产前须注意观察，一旦发现有临产症状，应及时拨入产仔圈，以便顺利产仔。

2. 产仔经过 母鹿呈躺卧或站立姿势产仔，随着子宫阵缩不断加强，胎儿进入产道。羊膜外露，破水后随即产出。正常多为头位产出，经产母鹿产程一般为30～40 min，最长2 h左右，而初产母鹿为3～4 h。胎盘在产后0.5～1 h排出，多由母鹿自行吃掉。

3. 产后仔鹿的护理 及时清除仔鹿鼻腔附近的黏液；在距仔鹿腹壁8～10 cm处用消毒过的粗线结扎、剪断脐带，在剪断处涂以碘酒；及早使仔鹿吃到初乳；对母性不强或有恶癖的母鹿要加强看管，并把仔鹿放在保护栏里。及时填写登记卡片，尽早打耳标。

任务训练

一、填空题

1. 鹿的性成熟期为__________月龄。

2. 公鹿的初配时间为__________月龄。

3. 梅花鹿的平均妊娠期__________天，产仔季节在每年的__________月份。

4. 人工养殖茸鹿的自然配种方式有__________法、__________法和__________法。

5. 公鹿的常见的人工采精方法有__________法和__________法。

二、判断题

1. 鹿为季节性发情动物。(　　)

2. 马鹿比梅花鹿的妊娠期长。(　　)

3. 鹿的发情期为21天。(　　)

4. 公鹿最常用的人工输精方法为直肠把握子宫颈输精法。(　　)

5. 鹿的配种时间较长，多在每日中午配种。(　　)

三、简答题

1. 根据鹿的生殖生理特性，请制订配种计划并对公母鹿群合理分群和调整。

2. 如何有效地对公母鹿进行选种和选配？

3. 在人工养殖条件下，提高鹿的配种效率的技术措施有哪些？

任务四　饲养管理

扫码学
课件 5-4

任务描述

主要介绍茸鹿的饲养原则、饲料种类及公鹿、母鹿、幼鹿的饲养管理等内容。

任务目标

▲知识目标

能说出茸鹿的饲养原则和常见饲料种类；能说出公鹿配种期和生茸期、母鹿产仔哺乳期及幼鹿的饲养管理要点。

▲能力目标

能根据鹿的饲养管理要点，对不同生长阶段的鹿群制订饲养管理方案。

▲课程思政目标

具备吃苦耐劳的职业精神；养成立足专业，服务乡村振兴的思想意识。

▲岗位对接

特种经济动物饲养、特种经济动物繁殖。

任务学习

一、鹿的饲料

鹿饲料指能被鹿采食并能为鹿供给一种或多种营养的物质，包括各种植物性饲料、动物性饲料、矿物质饲料以及添加剂等。

（一）粗饲料

1. 青干草　青干草采用自然风干或人工干燥法制备，含水量15%以下，便于长期保存，是越冬期鹿的主要饲料之一，主要有燕麦草、紫花苜蓿、箭舌豌豆、谷草等。

2. 稿秕饲料　稿秕饲料指作物秸秆和秕壳，来源广泛，价格低，主要有玉米秸、麦秸、豆秸、麦壳等。

3. 高纤维糟渣类　高纤维糟渣类主要有酒糟、醋糟、酱油渣、甜菜渣、粉条渣、豆腐渣等，部分可归为蛋白质饲料。

4. 枝叶饲料　枝叶饲料包括青、干枝和黄树叶。鹿喜欢采食云杉、圆柏、杨树等乔木和多种灌木的嫩枝叶。幼嫩叶粗蛋白质含量高，干物质含量低；老枝叶粗蛋白质含量降低，而干物质含量增加。具有营养价值高、容易消化等特点，可作为茸鹿的维持饲料和生产饲料。

（二）青饲料

1. 天然牧草　天然牧草以禾本科、豆科牧草为主，主要有针茅、冰草早熟禾、苜蓿、锦鸡儿、蒿草及苔草、蛛芽蓼、蒲公英、苦荬菜等，为鹿夏秋季主要牧草。

2. 栽培牧草　栽培牧草以豆科、禾本科植物为主，产量高，营养价值高，如青刈玉米、苜蓿、谷子、燕麦、箭舌豌豆等。柔嫩，适口性好，为鹿喜食。

3. 蔬菜　蔬菜包括多种蔬菜的叶、茎，如胡萝卜、甜菜、甘蓝、白菜、马铃薯等。其质地柔嫩。

（三）青贮饲料

由青饲料发酵处理而成，可有效地保存青绿植物的营养成分；消化率高，适口性好；保存时间长，

制作时受环境影响较小。

(四)能量饲料

1. 谷实类 谷实类是禾本科植物籽实的统称,常用的有玉米、高粱、小麦、大麦、燕麦、稻谷等,消化率很高,为鹿的主要能量来源。

2. 块根、块茎和瓜果类饲料 块根、块茎和瓜果类饲料特点是含水量高,易消化,适口性好,对鹿的繁殖有一定作用。主要有胡萝卜、萝卜、甜菜、马铃薯等。

3. 糠麸类饲料 糠麸类饲料主要指谷物籽实加工副产品。特点是松散,容积大,可加水或青饲料饲喂。

(五)蛋白质饲料

蛋白质饲料包括豆类籽实、油料籽实、饼粕类、动物性饲料等以及微生物来源的饲料和食品加工及酿造工业副产品和非蛋白氮等。

饼粕类为养鹿生产中应用最广泛的植物性蛋白质饲料。其蛋白质含量高达30%~50%,粗纤维含量低,为5%~18%;蛋白质品质好,特别是赖氨酸、苏氨酸、苯丙氨酸、组氨酸、精氨酸含量均较多;但含有害物质,需要进行去毒处理;胡萝卜素缺乏,磷多钙少。常见的饼粕有菜籽饼粕、胡麻饼粕、大豆饼粕等。

尿素和碳酸氢铵为应用较为广泛的非蛋白氮类饲料添加剂,鹿的瘤胃微生物可将其合成菌体蛋白(微生物蛋白)。饲喂时应注意:瘤胃功能发育不完善的仔鹿和哺乳期母鹿不能饲喂;严禁随水饮喂;饲喂时要供给一定量的维生素A、D及锌、钴、硫、铜、锰等矿质元素;饲喂时要同时辅以足够的易溶碳水化合物,提高尿素利用率;成年公鹿、母鹿、育成鹿可占日粮的1%或精料的2%左右。

(六)矿物质饲料

磷钙源饲料主要有骨粉、磷酸氢钙、石粉、贝壳粉和蛋壳粉。石粉的日补给量:成年鹿占精饲料(简称精料)的2%~3%,育成鹿1%~1.5%,仔鹿0.5%~1%。食盐日补给量:成年公鹿30~40 g,母鹿20~25 g,育成鹿15~20 g,幼鹿10~15 g。

二、鹿的饲养原则

(一)以青粗饲料为主,精饲料为辅

圈养的梅花鹿每年每只平均需要精饲料350~400 kg、粗饲料1200~1500 kg,需饲料面积0.1~0.2公顷。

配合饲料时应以青绿多汁饲料和粗饲料为主,尽量利用本地价格低、数量多、来源广、供应稳定的各种饲料,以降低成本。

(二)合理搭配鹿饲料

鹿在不同时期,对营养的需要有所不同,如公鹿在配种期、生茸期营养需要比母鹿多,母鹿在妊娠期、哺乳期营养需要更多。所以在饲养过程中,应提前做好饲料的供应计划,认真地进行饲料调制,腐烂、发霉、有毒的饲料坚决不能喂。

(三)定时定量饲喂

饲喂次数要相对固定,每天定时、定量喂给多类饲料。每次喂量要适当,如果喂量不足,喂后不久鹿又饥饿,不但不能安静休息,而且影响鹿的消化功能,所以不要忽多忽少。鹿具有发达的视、听、嗅、味等感觉器官,对外界环境条件的变化异常敏感,因此,建立巩固的饲喂条件反射,对提高鹿的采食量和消化率具有特殊意义。在养鹿过程中,必须严格遵守饲喂的时间、顺序和次数,不能随便提前、拖后和改变。一般情况下,饲喂时间随季节而变化,但应保持相对稳定。饲喂顺序在圈养方式下,以先喂精饲料后喂粗饲料为宜,饲喂次数以每天3次为宜,冬季白天2次,夜间1次。

(四)保持饲料量及种类的相对稳定

鹿对采食的饲料具有一种习惯性,瘤胃中的微生物对采食的饲料也有一定的选择性和适应性,当饲料组成发生骤变时,不仅会降低鹿的采食量和消化率,而且还会影响瘤胃中微生物的正常生长

和繁殖，进而使鹿的消化功能紊乱和营养失调。因此，在变换饲料时必须逐渐进行。

（五）充分供应饮水，饮水必须清洁

夏季天热时应随时添加清洁的饮水，冬季以饮温水为宜，防止冻结。尽量为鹿群创造自由、随意的饮水条件，保证饮水的充足。

三、鹿的饲养管理

（一）公鹿的饲养管理

饲养公鹿的目的是生产优质高产的鹿茸和获得良好的繁殖性能。根据公鹿的生理特点和营养需要，一般分为生茸前期（1月下旬至3月下旬）、生茸期（4月上旬至8月中旬）、配种期（8月下旬至11月中旬）和恢复期（11月下旬至翌年1月中旬）四个阶段。由于我国南北地理环境和气候条件的差异，四个时期的划分时间亦有不同。

1. 恢复期和生茸前期的饲养管理 公鹿经过配种后，体质较弱，且又逢气温较低的冬季，因此需要迅速恢复体质，为换毛和生茸提供物质基础。恢复期精料补充料粗蛋白质水平18%，精料逐步增加，使公鹿恢复到7～8成膘情。生茸前期精料补充料粗蛋白质水平19%，精料量为恢复期的1.3倍，增膘至8～9成。精料补充料（包括能量饲料、蛋白质饲料、矿物质饲料及饲料添加剂，下同）按配方加工，青草铡短至3～5 cm，干草铡短至0.5～1 cm，秸秆制成黄贮。

在管理上，精料每天定时投喂两次，先精后粗，均匀投料。青、粗饲料充足时，可自由采食。对体质较差的鹿应分出小群或单圈精心饲养。每日饮水两次，供温水至2月下旬。圈舍每周清扫、消毒一次。水槽每3天洗刷、消毒一次。

2. 生茸期的饲养管理 饲养公鹿的一个主要目的是获得鹿茸，生茸期是公鹿饲养过程的关键时期。

鹿茸的生长需要大量的蛋白质、维生素及矿物质，尤其是含硫氨基酸。精料补充料粗蛋白质水平21%，喂量3 kg/d以上，看槽加料。

在管理上，应均衡定时喂饲。精料每天喂3次，饮水要清洁充足，青饲料每天饲喂2次。对圈舍、运动场及喂饲用具等每周清洁、消毒。夏季气候炎热，在运动场内应设遮阴棚。

在生茸期应做好公鹿角盘脱落日期、鹿茸生长情况等资料的记录工作，同时要掌握鹿茸生长速度，及时做好收茸工作。对个别新茸已长出但角盘仍未脱落者，应人工将硬角除去，以免妨碍鹿茸生长。

从越冬恢复期开始加强亲和驯化，防生人及其他动物的惊扰，影响鹿茸的生长。有条件的鹿场，应采取小群饲养，每群以15头为宜。

3. 配种期的饲养管理 在配种期，公鹿性欲旺盛，食欲显著下降，能量消耗较大，参加配种的公鹿体力消耗更大。为此，应将配种鹿、非配种鹿分群饲养，注意改善配种公鹿饲养条件。饲养上应增加青饲料的供应，日粮保持生茸前期水平。非配种公鹿，收完二杠茸后，精料逐步减少到300～500 g/d。

在管理上，精料每天定时喂饲两次，保证饮水。对个别体质差或特别好斗的公鹿最好实行单圈饲养，以防意外事故发生。运动场及栏舍要经常检查维修，清除场内一切障碍物。采用人工授精或单公群母自然配种法。自然配种公母比例：梅花鹿为1∶(20～25)，马鹿为1∶(10～15)。对非配种公鹿亦应有专人轮流值班，防止顶架或穿肛。

（二）母鹿的饲养管理

饲养母鹿的基本任务是繁殖优良的仔鹿。母鹿饲养管理可分为三个阶段：配种期和妊娠初期（9月上旬至11月上旬）、妊娠期（11月中旬至翌年4月下旬）和哺乳期（5月上旬至8月中旬）。

1. 饲养 配种期及妊娠前、中期（妊娠的头5个月）可供给较多的青、粗饲料，配种期日粮精料补充料粗蛋白质水平18%，喂量1 kg/d；妊娠期18%，喂量1～1.5 kg/d；哺乳期19%，喂量1.5～2.5 kg/d。日喂2次，先粗后精，均匀投料，饮水充足。

2. 管理

(1)配种期母鹿管理。

对配种母鹿应施行分群管理,每圈 15～20 头。一般先将仔鹿断乳分出后参加配种。部分母鹿产仔较迟,也可采取母鹿带仔参配的方法,受胎率也较高。育成鹿初配年龄为 16～18 月龄。在配种期间应有专人值班,观察和记录配种情况并防止发生意外伤亡事故,同时注意控制交配次数,在一个发情期一般以不超过 3 次为宜。配种结束后,应与公鹿分开饲养,保持圈舍安静。

(2)妊娠期母鹿管理。

在妊娠期的不同时间,使用不同的饲料来喂养母鹿,这是为了让母鹿更加容易进行生产,并且要使母鹿多活动,从而有助于胎儿有正常的体位和体型,这样母鹿才不会因为肥胖而难产。如果母鹿发生难产,要及时对母鹿进行助产。

注意不要强行驱赶或惊吓妊娠鹿,以防引起流产。哺乳期昼夜值班,发现扒仔、咬仔、无乳、弃仔等情况,应及时处理。圈舍、水槽每日清扫(洗)1 次,供给充足清洁饮水。

(3)哺乳期母鹿管理。

在母鹿生产之后的 1～3 周,可使用粥配合豆浆,调制成特殊饲料喂给母鹿,帮助母鹿催乳,以保证仔鹿生长发育的营养需要。饲料中应含有丰富的蛋白质,维生素 A、D 及钙等营养素。每日饲喂精料 2～3 次,夜间补饲精粗饲料 1 次;保证母鹿的饮用水清洁卫生,及时打扫环境卫生,防止传染病特别是寄生虫的感染等。若母鹿不健康,要将其幼鹿分离出鹿群进行单独喂养。

(三)幼鹿的饲养管理

幼鹿的饲养管理可分为三个阶段,一般将断乳前的小鹿称为“仔鹿”或“哺乳仔鹿”,断乳到育成前的小鹿称“幼鹿”或“离乳仔鹿”,当年生的仔鹿转年称为“育成鹿”。仔鹿从出生到生长发育完全成熟,大约需要 3 年时间。

1. 仔鹿的饲养管理

(1)及时吃到初乳:一般产后 24 h 仔鹿吃上初乳。若母鹿不认仔或母鹿产后死亡仔鹿吃不上母乳时,可选用性情温顺、母性强、泌乳量高、同期分娩的经产母鹿代养。代养初期,较弱的仔鹿自己吃奶有困难时,需人工辅助,并适当控制代养母鹿自产仔鹿的哺乳次数与时间,以保证代养仔鹿的吃奶。若找不到代养母鹿,可进行人工喂养,但要做到定时、定量、定温。仔鹿出生 3～7 天内称重、测体、标号、建档。

(2)早补饲:早期补饲能使仔鹿提早断乳,锻炼其消化器官功能,促进母鹿提早发情。出生 3 周后开始补料,混合精料须用温水调匀呈粥样,初期补饲每天 1 次,补饲量不宜过大,如有剩料,及时清理。30 日龄,每头每日补饲精料约 180 g。随仔鹿日龄的增长,其补饲量逐渐增加到 300～400 g。仔马鹿的补饲量比梅花仔鹿多 1～1.5 倍。补饲青、粗饲料时,应尽量补给青草、树叶及优质的粗饲料。仔鹿开始采食精、粗饲料后,舍内应增加饮水设备,供给充足饮水。

(3)加强管理:仔鹿随母鹿进入大群后,须有固定的栖息和补饲场所。在母鹿舍内设置仔鹿保护栏(同时也是补饲栏)是保障仔鹿安全、有效补饲、减少疾病发生及提高成活率的有效措施。保持栏内清洁,经常打扫,并注意观察,发现异常及时处理。仔鹿断乳前适时防疫。

2. 幼鹿的饲养管理 仔鹿的哺乳期一般为 90 天,仔鹿断乳多在 9—10 月份进行。仔母栏相距应远些,以免母仔呼应,造成仔鹿不安。一般 5 天后就能习惯。根据仔鹿的性别、体重等分群管理,每群 20～25 头。精料补充料粗蛋白质水平 20%,喂量 300～400 g/d,每天喂饲 4 次,青粗饲料少喂勤添、自由采食。饲养员对仔鹿的护理应细致,进入鹿舍内应呼唤接近,耐心驯化培育,切忌粗暴。此外,要注意鹿舍及饮水的清洁卫生,特别注意防止仔鹿下痢,发现后及时治疗。

3. 育成鹿的饲养管理

(1)饲养:要求饲料营养丰富,精、粗饲料搭配合适。先精后粗,饲料更换有适应期。精料补充料粗蛋白质水平 18%,喂量逐渐增加至 1.5～2 kg/d。

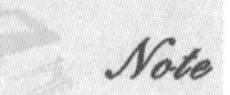

(2)管理:公、母鹿分群饲养,以防因早配而影响生长发育。有条件的鹿场对育成鹿可施行放牧,以利于其生长发育及驯化,需保证有足够的运动场。

任务训练

思考题

1. 茸鹿的一般饲养原则有哪些?
2. 公鹿配种期的饲养管理要点有哪些?
3. 公鹿生茸期的饲养管理要点有哪些?
4. 母鹿产仔哺乳期的饲养管理要点有哪些?
5. 幼鹿的饲养管理要点有哪些?

任务五　鹿茸采收加工

任务描述

主要介绍鹿茸的种类与形态、鹿茸生长发育规律、适时收茸、鹿茸初加工、鹿茸质量鉴定等内容。

任务目标

▲**知识目标**

能说出鹿茸的分类方法及茸鹿的生长发育规律;能说出收茸的适当时期;能说出鹿茸初加工的原理与目的。

▲**能力目标**

能根据鹿茸的生长发育规律制订合理的收茸方案;能够对鹿茸进行等级鉴定。

▲**课程思政目标**

具备吃苦耐劳的职业精神;养成立足专业,服务乡村振兴的思想意识。

▲**岗位对接**

特种经济动物饲养、特种经济动物繁殖。

任务学习

一、鹿茸生长发育规律

鹿茸是公鹿额顶部生长的嫩角。末端钝圆,外面被有绒状的茸毛,茸皮脱去后骨化而形成实心的骨质角,称鹿角。

初生仔鹿额顶两侧有色泽较深、皮肤稍有皱褶及旋毛的角痕,雄性鹿更为明显。随着个体发育到一定年龄(梅花鹿为8～10月龄),公鹿在该处渐渐长出笔杆状的嫩角,上有细密的茸毛,称为"初角茸"。该茸角生长到一定时间(约至秋后)茸角表皮经摩擦而剥落,露出一锥形的硬角。直到次年,角的基部(俗称"草桩")由于血液循环及组织学上的变化,硬角自然脱落(俗称"脱盘"),新茸角又重新开始长出，然后又重复上述的生长过程。

两岁以上的公鹿。角盘多在每年 4 月后脱落，在角基部形成一个“创面”，10 天左右皮肤封闭愈合并继续生长、隆起，即成“茸芽”。再约 10 天后茸角在前方分出一侧支（马鹿一般分出两侧支），称为“眉枝”或“眉杈”。以后茸角的主干顶端膨大，随之此处又长出另一侧支，这一时期收获的茸称“二杠茸”。此时不收，茸角继续生长，经 20 天左右，主干顶端又将长出第三侧支（马鹿此时称四杈茸），此时收获的茸，称“三杈茸”。梅花鹿由角盘脱落至长成三杈茸需 70～75 天，马鹿长成四杈茸则需 75～80 天。收茸后，茸角基部的锯创面又很快愈合，经 50～60 天，又可长出 1～2 个侧支的茸角，称为再生茸。野生公鹿长成四个分叉的茸角后茸角逐步钙化变硬，表皮脱落成为硬角。配种期以此作为争偶角斗的武器。直至次年 4 月间，硬角才自然脱落并再度长出新的茸角。由角盘脱落、茸芽初冒至收茸（或长成硬角），构成茸角生长的一个周期。

二、鹿茸的种类与形态

（一）不同品种的鹿茸

鹿茸主要有花鹿茸、马鹿茸、春鹿茸（水鹿茸）、草鹿茸（白鹿茸，白臀鹿茸）、岩鹿茸（白唇鹿茸），五种鹿茸的特点见表 5-2。

表 5-2　五种鹿茸的特点

项目	花鹿茸（黄毛茸）	马鹿茸（青毛茸）		草鹿茸	岩鹿茸	春鹿茸
来源	梅花鹿的雄鹿未骨化密生茸毛的幼角	马鹿的雄鹿未骨化密生茸毛的幼角。按产地又分为“东马鹿茸”和“西马鹿茸”		白鹿的雄鹿未骨化密生茸毛幼角	白唇鹿的雄鹿未骨化密生茸毛的幼角	水鹿（黑鹿）的雄鹿未骨化的密生茸毛的幼角
大挺（主干）、外形	大挺浑圆，长 17～40 cm	东马鹿茸大挺浑圆，长 20～30 cm	西马鹿茸形体粗大，大挺多，不圆，长达 100 cm	大挺浑圆，长 10～110 cm	全体略呈扁形，愈近上端愈扁，下筒为圆柱形，长达 100 cm	大挺浑圆，长数厘米至 50 cm
附角（底叉）	单附角，斜向上伸，离锯口约 1 cm	双附角，近于平伸，离锯口很近，约有一指之长宽	侧枝（门桩）较长而弯曲，其余同左	双附角平伸，离锯口很近	单附角平伸，离锯口较远，约为 4 cm，手可握住	单附角，斜向上伸，离锯口远，手掌可以握住（约为 5 cm）
表面特征	外皮红棕色或棕色，光润，密生红黄色或棕黄色细茸毛，接触面部无舒适感	外皮灰黑色；毛青灰色或灰黄色，疏而粗，较长	外皮灰黑色，表面有棱，多抽缩干瘪；毛灰色至灰黑色，粗长	皮细嫩光滑；毛色类白、淡棕等，短细柔和	正面与背面毛色不一，一面呈灰色或麻褐色，毛粗密而乱	毛灰白色、灰褐色或灰黄色，粗而稀
珍珠盘	通常无（家养锯茸）	通常无（家养锯茸）		有	有	有

续表

项目	花鹿茸(黄毛茸)	马鹿茸(青毛茸)	草鹿茸	岩鹿茸	春鹿茸
各类茸的商品分类名概况	具一分枝,习称"二杠";具二分枝,习称"三杈"等	具一侧枝,习称"单门";具二侧枝,习称"莲花";三侧枝,称"三杈";四侧枝称"杈"等	依其生长形状,可分为粉嘴六杈、正六杈、粉嘴八杈、正八杈、十杈、十二杈、老茸等	分六杈、八杈、十杈等	分牛眼、人字、四平头、小鱼尾、大鱼尾、老鱼尾等

(二)不同生长阶段的鹿茸

1. 初生茸 呈圆柱形或圆锥形,略弯曲,无分岔,长 15～30 cm,直径 2～3 cm,皮红棕色或棕色,密生黄棕色或浅灰色细毛,茸基底部锯口略圆形,黄白色或带血污色,外围显骨质。中部呈海绵样孔隙,基部外壁略有骨钉,气微腥,味微咸。

2. 二杠茸 大挺圆柱形,直立长 15～18 cm,直径 3～4 cm,顶端钝圆饱薄,向内方稍弯曲,习称弯头或稍有皱缩。眉叉亦呈圆柱形,斜向前伸,长 9～15 cm,直径 2.5～3.5 cm,全形略如拇指与食指,作八字样分开,皮红棕色或黄棕色,密生黄棕色或淡灰色细毛茸。锯口卵圆形,黄白色或淡黄色,外围有较薄的骨质,中部密布海绵状细孔,体轻如朽木,气味同上。

3. 三杈茸 大挺略呈方形弯曲,长 20～30 cm。已分生第二枝,大挺及侧枝先端略尖而无弯头。下部分壁有纵棱线及微突的疙瘩,习称起筋骨钉,皮红棕色。毛茸较稀而稍粗,外用骨质较厚,其余与二杠茸相同。

4. 再生茸 形与二杠茸相似,唯大挺不圆或下粗上细,无弯头,皮灰棕色,毛茸较稀而粗或生有较长的针毛,锯口外用骨质厚,外壁已有纵棱线,质坚重,其余与二杠茸略同。

三、适时收茸

初生茸:1 岁公鹿当年长出的茸角(即鹿的第一对茸角)为初生茸。

二杠茸:对 2～3 岁的公鹿或茸干较小的茸角,宜收二杠茸。

三杈茸:5 岁以上的公鹿,茸干粗大、丰满,宜收三杈茸。马鹿一般采收三杈茸、四杈茸。

初生茸长成杆状,15～20 cm 时就可采收;二杠茸以第二侧支刚长出,茸角顶部膨大裂开时采收为宜,一般在脱盘后 70～75 天进行。凡在 7 月中旬前锯过茸的 4 岁以上公鹿,到 8 月 20 日前后,大部分都能长出不同高度的再生茸,应在配种前及时采收。育成公鹿在良好的饲养条件下,6 月中旬左右,当初生茸长到 5～10 cm 即可锯尖平茬,以刺激茸的生长点,使角基变粗,有利于提高鹿茸的产量和质量,至 8 月下旬前,根据初角再生茸生长情况,分期分批收取。

1. 保定 鹿的保定方法有机械法和化学法两种。机械保定由小圈、保定器与连接两者之间的通道所组成。保定时先将鹿从鹿舍运动场驱赶入小圈,从小圈将鹿赶入通道后,一步步迫使鹿向前移动,并由后向前一个一个关闭侧门,最后将鹿逼入保定器内。化学保定法是使用麻醉枪(或吹管),注射肌肉松弛剂——氯化琥珀胆碱注射液,对梅花鹿的有效量为 0.07～0.1 mg/kg 体重,肌肉弛缓期延续时间平均可达 25～30 min;或用眠乃宁注射液保定鹿,按每 100 kg 体重肌内注射 1.5～2.0 mL,给药 5 min 后麻醉,持续 1～1.5 h。

2. 锯茸 操作前消毒锯片,锯茸时锯口应在角盘上约 2 cm 处,锯茸时应快、平、准,用力均匀,以防掰裂茸皮使鹿茸等级降低。为防止出血过多,锯前应在茸角基部扎上止血带。锯茸结束后,立即在创面上撒布止血粉,用催醒剂苏醒,如苏醒灵 3 号,用量为眠乃宁的 2～3 倍(体积比),经耳静脉注射。

四、鹿茸初加工

鹿茸加工的目的是保持鹿茸的外形完整和使其易于储存。目前主要有两种加工方法:排血加工和带血加工。鹿茸加工的基本原理:利用热胀冷缩排出鹿茸组织与血管中的血液或水分,加速干燥过程,防止腐败变质,便于长期保存。

(一)排血茸加工

1. 登记　将采收的鲜茸进行编号、称重、测量、拴标、登记。

2. 排血　排血即在水煮鹿茸前机械性地排除鹿茸内血液的过程。方法:用真空泵连接胶管、胶碗,将胶碗扣在锯口上把茸内血液吸出。也可用打气筒连接14～16号针头,将针头插入鹿茸尖部,通过空气压缩作用,使茸血从锯口排出。

3. 洗刷去污　用40 ℃左右的温水或碱水浸泡鹿茸(锯口进入),并洗掉茸皮上的污物。在洗刷的同时,用手指沿血管由上向下挤压,排出部分血液。

4. 煮炸、烘烤与风干

(1)第1次煮炸(即第1天煮炸)。先将茸放在沸水中煮15～20 s(锯口应露出水面),然后取出检查,茸皮有损伤时,可在损伤处涂蛋清面糊(鸡蛋清与面粉调成糊状)加以保护,以后反复多次进行水煮。

根据鹿茸的大小、老嫩和茸皮抗水能力决定下水的次数和时间。二杠茸第1次煮炸的下水次数为8～10次,每次下水25～50 s(水煮时间以50 g鲜茸煮2 s为参考依据),每次冷凉时间50～100 s(冷凉时间为水煮时间的2倍);三杈茸第1次煮炸的下水次数为7～10次,每次下水煮炸时间30～50 s(50 g鲜茸煮1 s),间歇冷凉时间60～100 s。煮炸到锯茸口排粉红色血沫,茸毛直立,沟楞清晰,嗅之有蛋黄气味时停止煮炸。擦干冷凉后放入70～75 ℃烘箱或烘房内烘烤2～3 h,然后取出于通风干燥处平放风干。

(2)第2次煮炸(即第2天煮炸)。加工时,操作程序、操作方法与第1次相同,下水次数与煮炸时间较第1次煮炸减少10%～15%,煮至茸尖有弹性为止。然后取出擦干、烘烤、风干。

(3)第3次煮炸(即第3天煮炸)。入水深度可为全茸的2/3,下水次数和煮炸时间较第2次煮炸略减一些,煮炸至茸尖由软变硬,又由硬变软,变为有弹性时为止。然后擦干、烘烤、风干。

(4)第4次煮炸(即第4天煮炸)。入水深度为全茸的1/3～1/2,下水次数与煮炸时间较第3次煮炸略减一些,煮炸至茸尖富有弹性时为止。擦干、烘烤后上挂风干。

5. 煮头　从第6天开始,隔日煮头到全干为止。每次只煮茸尖部4～6 cm处,时间以煮透为宜。煮透即指把茸尖煮软,再煮硬,有弹性时为止。每次回水煮头后,不用烘烤,上挂风干即可。

6. 顶头　因二杠茸茸嫩,含水分多,茸头易瘪,顶头加工能起美化作用。方法:当二杠茸干燥至80%时,将茸头煮软后,在光滑平整的物体上顶压茸头,使之向前呈半圆形握拳状。三杈梅花鹿茸和马鹿茸不需进行顶头加工。

(二)带血茸加工

1. 锯后鲜茸的处理

(1)封锯口:收茸后锯口向上立放,勿使血流失,送到加工室后,立即在锯口上撒布一层面粉。面粉被血水浸湿后,再用热烙铁烙锯口,堵住血眼,然后称重、测尺、拴标、登记。

(2)洗刷茸皮:先用温肥皂水或碱水洗刷茸体,彻底洗净茸皮上的油脂污物,再用清水冲洗一遍,擦干。在洗刷茸体时,已封闭好的锯口不要沾水。

2. 煮炸与烘烤　从收茸当天到第4天,每天都要煮炸1次,连续烘烤2次。从第5天开始连日或隔日回水煮头和烘烤各一次,加工至鹿茸八成干。各次煮炸、烘烤时间和温度等可根据鹿茸种类、枝头大小灵活掌握。

3. 煮头风干　带血茸煮头风干的操作过程和管理,基本相同于排血茸加工中后期的加工管理方法。加工后的梅花鹿二杠茸,以干品不臭、无虫蛀,加工不乌皮,主干不存折,眉枝存折不超过一处,不暄皮、不破皮、不拧嘴,锯口有正常的孔隙结构,有正常典型分杈,主干与眉枝相称,圆粗嫩壮,茸皮、锯口有正常色泽,每只重85 g以上的为优质品。

五、鹿茸质量鉴定

(一)真伪品鉴别

佳品鹿茸要求个大,肥壮,分杈对称,角竖直,不向后斜,外形美观,顶端圆满,皮色红棕,毛细而柔软,表面不起筋,敲之体松如朽木声响,质嫩。

次等茸不对称，外形不美，毛粗，表面起筋，有“骨豆”，质较老。

人工制造的“二杠”假鹿茸，体呈圆柱形，具有八字分叉，但“门庄”与“大挺”相距较近，不对称，“大挺”长约 15 cm，“门庄”约 8 cm，两者直径近于相等，锯口直径约 5 cm，涂有血色，中部无密致的网状细孔，偶有圆凹点，外皮毛可剥离。“大挺”“门庄”顶端均呈高突形，不自然，表面茸毛极细密，色泽灰而微现淡绿色，隐约可见缝制的痕迹，质较重，气微。

（二）茸片的质量鉴别

鹿茸片通常呈椭圆形，直径为 1～4 cm，片极薄。外皮为红棕色。锯口面为黄白至棕黄色，外围有一明显环状骨质或无，色较深，断面具蜂窝状细孔，中间渐宽或呈空洞状，有的呈棕褐色。体轻，质硬而脆。气微腥，味咸。一般来说，鹿茸片以体轻，断面蜂窝状，组织致密者为上乘品。

在现代药材商品市场上，常把鹿茸的切片中近顶处切下的，叫作“血片”。血片厚约 1 mm，呈蜜脂色，微红润，片面光滑。把在鹿茸下段切下的称作“粉片”。粉片厚约 1.5 mm，呈灰白色，起粉，片面光，有细孔，周皮紫黑色，有腥气。“沙片”则临近骨端，片面粗糙，有蜂窝状细孔。血片功效甚佳，价格昂贵，粉片次之，价格也较便宜，沙片又次之。“骨片”最近骨端，质量比沙片差。

在选购鹿茸的时候，需要注意花鹿茸血片和马鹿茸粉片、老角片的区别。马鹿茸片一般比梅花鹿的大很多，茸孔也比梅花鹿的大，马鹿茸在加工的时候是不排血的，所以马鹿茸的粉片和老角片也是红棕色的。

任务训练

一、填空题

1. 鹿茸按照不同品种可分为________茸、________茸、________茸、________茸、________茸。

2. 鹿茸按照不同生长阶段分为________茸、________茸、________茸、________茸。

3. 鹿茸按照不同收茸方式可分为________茸和________茸。

4. 鹿茸按照加工方式可分为________茸和________茸。

5. 初生茸、二杠茸、三杈茸的采收时间分别为________、________、________。

二、简答题

1. 鹿茸的生长发育规律是什么？
2. 请简述鹿茸的采收过程。
3. 鹿茸加工的原理和目的是什么？
4. 如何鉴别鹿茸真伪？
5. 如何划分鹿茸片的等级？

茸鹿疾病防治

Note

项目六 犬 养 殖

任务一 生物学特性

扫码学
课件 6-1

任务描述

主要介绍犬的分类分布、品种、形态特征及生物学特性等。

任务目标

▲知识目标

能说出犬的分类学地位及犬品种的分类方法;能说出犬的生物学特性。

▲能力目标

能识别犬的主要形态特点。

▲课程思政目标

具备科学严谨的职业素养;能够立足专业,具有保护野生动物的生态理念。

▲岗位对接

特种经济动物饲养、特种经济动物繁殖。

任务学习

一、分类分布

犬在动物分类学上属动物界、脊椎动物门、哺乳纲、食肉目、犬科、犬属、家犬种。犬科动物现存的只有 14 个属,约有 70 个属已灭绝。狐、貉、犬分别为犬科中不同的属。犬属里的种包括家犬、狼、豺、胡狼、丛林狼、非洲猎狗、澳洲野犬 7 个现存种。它们之间无论在外部形态或内部遗传物质(染色体)数量方面,都非常相似,因此在它们之间能够杂交并产生有正常生育能力的后代。除南极洲和大部分海岛外,犬分布于全世界。

二、形态特征

犬体各部位有不同的名称和形态,这是识别犬外貌的基本依据。不同的部位有不同的形态特征,通常品种不同会有较大的外貌和形态的差异。犬一般全身披覆毛,由头、颈、躯体、尾巴和四肢组成。前端是头部,以两眼为界可分为额部与颜面部,额部较短,在头部上方,内有发达的大脑。颜面部较长,向前突出成口鼻。犬鼻比较长,约占颜面的 2/3,鼻内嗅神经极发达,嗅觉细胞密布于鼻腔内,嗅觉非常灵敏,其灵敏度经测定比人的嗅觉灵敏度高 40 多倍。其鼻腔很长,有利于对空气中微细的气味进行分析和鉴别。口鼻两侧有较硬的长毛,具有触觉器官的功能。额部两侧有一对耳朵,

通常短而直立，但也有的较大而下垂。耳由软骨构成，柔软而有弹性，能随音波的方向转动。犬的机警与听觉有密切关系，听觉极灵敏，远远超过人的听力，可听到频率为5.5万赫兹的声音。但犬的视力较弱，每只眼睛具有单独的视野，视力仅为20～30 m，犬是色盲，对颜色的分辨可说是无能为力。犬颈部较长，高举在躯干的前上方，自由转动灵活。

三、生物学特性

(一)犬的生活习性

犬有不同于其他动物的特点和生活习性，人们通过了解和掌握它，能改进饲养管理，提高生产能力，获得理想经济效益。

1. 食肉性　犬喜欢吃肉，属于肉食动物。目前各地养的犬，虽然常喂以杂食，但不能全素食。所以，必须给予一定的动物性蛋白质饲料才能养好。

2. 嗅觉灵敏，适应性强　犬的嗅觉极为灵敏，嗅神经密布于鼻腔，对气味非常敏感，可以分辨出大约2万种不同的气味。鼻道较长而且大，能辨别空气中微细气味。

犬对环境的适应能力极强，能在恶劣的环境中生活繁衍。犬的抗外伤能力和自愈能力都很强，在很严重的伤势下多数都能自愈而存活下来。

3. 归向性和记忆能力极强　俗话说，老马识途，而犬的识路能力比马更强，并且还具有判断方位的能力。犬的时间观念和记忆力也很强，每天吃食时间掌握得非常准确。当主人不按时间饲喂时，它便按时到采食的地方去等待，对饲养过它的主人的一切行动和谈话的声音，都能记清楚。

4. 防卫性强　犬对外界具有高度戒备性，对陌生人或其他动物的警惕性很强。尤其是产仔的母犬，具有强烈的护仔行为和对陌生人畜的猛烈攻击行为。

5. 高温忍受力较差　犬是恒温动物，无汗腺，在高温天气或剧烈运动后，只能通过张口伸舌，呼吸散热。

(二)犬的行为特点

1. 反应敏感，对主人的言行有理解能力　犬有发达的神经系统，对主人发出的言语、动作以及表情等均有较强的理解能力。犬容易建立起条件反射，人们利用这一特性使其为人类完成一些工作，如看家、侦察、追捕猎物等。

2. 对巨响和强光等刺激反应强烈，产生应激　犬对声音刺激反应敏感，尤其对突如其来的巨响反应强烈。当犬听到巨响如雷声时，表现出恐惧神态，会夹着尾巴逃避到安全处或钻到窄小的地方，甚至会因惊恐而拒食。

3. 对生存环境适应能力很强　犬能承受较热和寒冷的气候，对风、雨、雪都有很强的承受能力，尤其对寒冷的耐受能力较强。

4. 尊主行为性好　犬对主人是非常忠诚的，具有服从精神和强烈的责任心，能千方百计地完成主人交给的任务。人们常说的“子不厌母丑，狗不嫌家贫”“忠义莫过于狗”，就是对犬尊主行为的真实写照。另外，在群体中，对犬领袖也十分服从、忠诚。

5. 领地和嫉妒行为　犬对占领的地域和主人，拼命加以护卫。对自己的领地和主人具有强烈的占有欲。如果主人去抚摸其他犬会引起犬的嫉妒，甚至对其他犬进行攻击。

6. 母性行为　犬的母性行为主要表现为护仔，母犬在产仔前温顺，但产仔后的母犬性情十分凶恶。一般母犬都有较强的护仔哺乳行为。在哺乳期不允许别的犬接近自己的仔犬，甚至对饲养人员也持谨慎态度。母犬具有防卫能力，一旦动物和人靠近产窝，它立即双目直视，嘴里发出警告声音。仔犬在生后13天左右双眼睁开前，母犬几乎不离开仔犬。到40天快断乳时母犬才允许人和仔犬接近。但仔犬40天左右吃奶太频，若补饲不及时，有的母犬会产生反感，甚至去惩罚仔犬。

7. 抖毛　犬的皮肤表面有异物时，如水珠或泥巴，它会因受刺激而感到皮肤不舒服，于是体表受其神经收缩活动牵动而全身发生抖动。

8. 犬对“同类”死亡有恐惧感　犬死亡之后，尸体发出的气味如果被活着的犬嗅到，或看到尸

体，它会受到很大刺激。表现出强烈的恐惧神态，被毛耸立，步步后退，浑身颤抖，耷拉着尾巴悄悄离去。

四、犬的种类

目前世界上具有纯正血统的名犬大约有400种，其中有100种以上的名犬为人们所喜欢。我国也曾培育十多种名犬，如北京犬、巴哥犬（斧头犬）、松狮犬、西藏獚、拉萨犬、西施犬（中国狮子犬）、中国冠毛犬、西藏猎犬、沙皮狗、西藏獒犬。由于犬的品种较多，形态、血统十分复杂，而在用途上可兼用，所以犬的准确分类有一定的难度。从不同的标准出发，犬通常有以下几种分类。

（一）按不同用途分

犬可分为家犬、牧羊犬和猎犬。

（二）按不同功能分

犬可分为工作犬（图6-1）、家犬兼工作犬、狩猎犬及玩赏犬（图6-2）。

图6-1　工作犬

（三）按体型大小分

犬可分为大型犬（体高61 cm以上，体重40 kg以上）、中型犬（40.7～61 cm，体重11～30 kg）、小型犬（体高25.5～40.7 cm）和极小型犬（体高25 cm以下，体重4 kg以下）。

（四）按形态特征分

犬可分为灵缇、猎鹬犬、狐狸犬、马尔济斯犬以及牧羊犬等类。

要说明的是，很多犬种实际上很难专属于某一类。例如，德国牧羊犬既是工作犬（可训练为警犬、军用犬、导盲犬和守卫犬），又是很好的伴侣犬；北京犬和西施犬都是典型的玩赏犬，但也能起到以吠叫报警的守卫作用。在英国，西施犬是实用犬类；在我国为宠物犬（是指人们为了娱乐、陪伴、寄托感情等精神需求而豢养的犬；适合于家庭饲养或驯化的，用于丰富人类精神生活的犬类）。

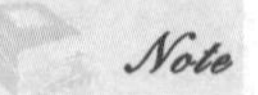

图 6-2 玩赏犬

任务训练

一、填空题

1. 按功能划分，犬可分为__________犬、__________犬、__________犬、__________犬。
2. 犬属哺乳纲、__________目、__________科、__________属、__________种动物。

二、判断题

1. 犬的视觉灵敏，嗅觉差。（　　）
2. 犬喂以杂食，但不能全素食。（　　）
3. 犬的汗腺不发达。（　　）
4. 吉娃娃是最小的宠物犬。（　　）

三、简答题

1. 试述犬的生活习性。
2. 犬的行为特点有哪些？
3. 宠物犬的定义。

任务二　圈舍建造

扫码学
课件 6-2

任务描述

主要介绍犬养殖的场址选择、犬舍规划、犬舍设计及犬舍建造等。

任务目标

▲知识目标

能说出犬舍场址选择的条件及犬舍的规划布局；能说出犬舍的形式及犬舍建造方式。

▲能力目标

能够对养犬场规划设计。

▲课程思政目标

具备科学严谨的职业素养；能够立足专业，具备服务乡村振兴的思想意识。

▲岗位对接

特种经济动物饲养、特种经济动物繁殖。

任务学习

一、场址选择

犬舍是供犬定居生活、进行日常饲养管理运动的必要设施。犬舍结构、环境条件、犬舍的建筑及其设备都直接关系到犬的正常饲养。

(1)犬舍应选择地势干燥、平坦或稍有坡度的沙土地，背风向阳，光线充足，夏季避荫通风，冬季日照充足而温暖。

(2)建筑犬舍的地方应防湿排水，以便下大雨或融雪后不积水，不泥泞，易干燥。

(3)犬舍面向南或向东南，应在居民处的下风向，较僻静的地方，水源充足，水质较好，交通方便，易通路、供电。距居民区、学校等有一定距离，以保持环境清静。

(4)犬舍周围的卫生状况良好，要远离厕所、垃圾堆、污水坑、家畜家禽饲养场、化工厂、屠宰场、皮革厂、冷库等公害严重以及易于发生传染病的地方。

(5)建筑犬舍的地点还应考虑到饲料运输、产品销售、防疫隔离等因素。

二、犬舍的规划与布局

犬舍布局是犬场设计的重要内容，只有布局合理才有利于饲养管理措施和防疫程序的落实和实施。实行规模化养殖，切忌在场内随意放养不同类别的不同发育阶段的犬。犬规模化饲养场实行三区制，即饲养区、管理区、工作区。饲养区是犬的休息、活动、繁殖场所。应在饲养区内分设种犬舍(可分为种公犬舍和种母犬舍)、产仔舍、幼犬舍、隔离舍。工作区包括兽医室、饲料调制间、仓库、饲料加工间、配电室、车库等。管理区包括办公室、食堂、宿舍、接待室等。污物处理场应放到场区外下风向的地方，以减少空气污染。如果是规模较小的犬场，各区各舍可简化合并，以减少占地面积和基本投资费用，但必须符合防疫的要求。

在规划犬舍时，还应注意如下事项。

(1)场内设置的“三区”必须设高墙相隔离，尤其是饲养区的各种犬不能直接看到管理区和工作区，以更好地保证封闭式管理的要求，做到内、外视线隔离。

(2)各种犬舍排列呈一定行列式，根据各地主风向和光照情况，合理安排各种类型的建筑物；一般犬舍应坐北朝南，东西走向。也可利用原有南北走向的旧厂房、旧车间、旧仓库，但必须设有防西北风寒流侵袭的挡风墙。

(3)各犬舍之间要保证有一定距离的通道，以利于防疫，又有利于人工作业和各种犬的出入。

(4)犬舍周围和场区内部应搞好绿化，植树种花。树长大成荫后，可以遮盖夏季舍内阳光，建造成林荫圈舍；通道种花既可美化环境，又有利于调节犬场的环境条件。

三、犬舍的设计与建筑

（一）犬舍的类型

犬场一般由犬窝、犬圈和犬舍组成。犬舍要科学合理，根据犬的不同类型分别设计不同类型的犬舍，也可分为群养犬舍和单养犬舍。群养犬舍就是根据犬舍面积的大小，把犬分为多少不等的群体进行分群饲养，此种犬舍适用于种母犬和育成犬的饲养。单养犬舍就是一犬一舍，一般适用于妊娠母犬、哺乳母犬、种公犬、实验犬、警用犬的饲养。

1. 群养犬舍　可选择同龄同群犬在一起饲养。犬舍及运动场要大些，每条犬占地面积不少于 2 m^2，运动场不得少于 5 m^2。

2. 单养犬舍　每圈饲养一条种犬，每条犬占地面积应以 10 m^2 为宜。东西北三面设 2 m 高围墙，上设 0.5 m 铁丝网。靠北墙修建长 2 m，宽 1.2 m 的犬窝，修水泥地面，上铺木质板床，供母犬产仔和休息用。向南延伸 3～5 m 为自由运动场，可用砖石砌成，也可用铁丝网组成，高为 1.6～1.8 m，南面设大铁门，高为 1.8 m，宽为 0.8 m。其优点：可饲养种公犬，又可饲养种母犬；可作产房，又可作为种公犬配种场所（图 6-3）。

图 6-3　单养犬舍实体图

（二）不同犬舍的建筑特点

犬舍的建筑可根据不同用途犬的需要而确定。

1. 种犬舍　一般种犬舍实用面积以 8～10 m^2 为宜，高度不低于 2 m，活动场面积不小于 5 m^2，活动场隔墙高度不低于 1.6 m。为了节省用料，种犬舍可将数间犬舍连起来建造。

2. 产犬舍　产犬舍的建筑基本和一般种犬舍相同，但因分娩需要，犬的住室面积不应小于 4 m^2，同时还应在犬舍内设一通道，以便于饲养员在犬分娩时观察护理。

3. 育成犬舍　除保证空气流通外，还应采用半封闭性建筑。大的犬舍可在里面用砖或铁丝网隔成小间，一般每间 10 m^2 左右为宜。犬舍应尽量保持阴暗、安静，以促进育成犬的生长发育。

4. 病犬舍、隔离观察犬舍　病犬舍及隔离观察犬舍的建筑与一般种犬舍相同，但要距离种犬舍远些，应设在下风向近邻兽医室，以防止其他犬感染传染病及便于治疗。

5. 犬舍建筑标准

（1）犬舍前后沿墙高度 1.6～1.8 m。

（2）犬舍走道宽度 0.9～1.1 m。

（3）一般种犬舍面积 8.0～10 m^2。

（4）种公犬单圈面积 4.0～4.5 m^2。

（5）妊娠后期种母犬单圈面积 3.5～4 m^2。

（6）妊娠前期母犬、空怀母犬合群圈养，每条犬占地面积 2 m^2 左右。

（7）哺乳母犬：单圈饲养，每条犬占地面积 4.5 m^2。

（8）幼犬和断乳犬：合群圈养，每条犬占地面积 1 m^2。

（9）青年犬和育成犬：合群圈养，每条犬占地面积 1.5 m^2。

（三）常用设施

1. 犬床　最好选用木质床，主要作用是供犬休息。选用木质床的优点在于能保持清洁卫生，铺上垫草能保持窝内温暖，减少皮肤病的发生。

2. 产仔箱　为了确保生产安全，人工制作母犬产仔箱。产仔箱为长方形，宽 0.8 m，长 1.2 m，边高 0.2 m，内铺干净麻袋或柔软垫草。产仔箱前面设一个半圆形的开口，高 0.1 m，供产仔母犬自由出入，不伤乳头。

3. 犬夹子　犬夹子是用来抓犬并暂时固定头部用的。用较粗钢筋加工制成，长把与夹子连接处有一活动轴节，可调整夹子的开口大小。

4. 脖套、链子　脖套、链子供拴犬和牵犬时用。

5. 食盆、水盆　食盆、水盆为供犬采食和饮水的用具，一般采用铝制品，便于洗刷。必须每天清洗干净，特别是盆内底边部分，若清洗不净，残留物发霉变质，容易使犬发生胃肠炎。

6. 辅助设备　辅助设备指为饲养服务的设备，如推粪车，用于清除粪便和污物；食桶，用于运输食物；清扫工具，用于清扫卫生。

（四）其他建筑设施

1. 消毒池　一般在犬场的生产区以及各栋犬舍的出入口处均应设有消毒池。所有人员及车辆必须经过消毒池内的药液消毒后，才能入内。生产区大门口的消毒池，宽度应大于通过车辆的宽度，长度以保证车轮在消毒池内滚过一圈以上。人员通过的消毒池较浅，常铺设草垫等物。

2. 粪池　每栋犬舍外都应设用砖、水泥砌成的池，其深度、大小应考虑出粪方便，不宜太大或过小。

3. 紫外线消毒室　应在犬场大门边设紫外线消毒室，凡入内人员均要更换工作服及消毒鞋，在消毒室内经紫外光线消毒 15～20 min，方可进入犬场生产区。

4. 隔离观察室　在远离生产区下风口，犬场的一角设隔离观察室。凡新购、调入、引进的外来犬，一律隔离观察 15 天后确诊健康无病才可转入生产区。

任务训练

思考题

1. 犬场由哪几部分组成？
2. 按照不同的饲养阶段，犬舍设计可分为哪几种形式？
3. 简述不同犬舍的建筑标准。
4. 简述养犬的常用设施和其他辅助设施。
5. 犬舍的场址选择条件有哪些？
6. 犬舍的三区规划指的是哪三个区？

任务三　繁殖技术

扫码学
课件 6-3

任务描述

主要介绍犬的生殖生理、选种、配种、妊娠、分娩等。

任务目标

▲知识目标

能说出犬的性成熟期和配种期；能说出母犬的发情特征；能说出种公犬和种母犬的选择条件；能说出产仔经过。

▲能力目标

能根据犬的生殖生理特性有效地进行选种选配；能在人工养殖条件下利用人工授精技术提高配种效率；能对新生仔犬进行护理。

▲课程思政目标

具备吃苦耐劳的职业精神；能够立足专业，具备服务乡村振兴的思想意识。

▲岗位对接

特种经济动物饲养、特种经济动物繁殖。

任务学习

一、犬的生殖生理

犬从出生后，生长发育到一定时期，开始表现性行为，并具有第二性征。雄性犬的性成熟时间受品种、气候、地区、温度及饲养管理条件的影响，即使是同一品种，在个体上也存在差异。一般来说，小型犬性成熟比大型犬早，小型犬出生后 8～12 月龄，大型犬出生后 18～24 月龄达到性成熟。最佳的初配年龄：母犬为 12～18 个月，公犬为 16～19 个月。最佳的繁殖配种年龄：中、小型犬在 1 岁半以后，大型犬在 2 岁以后，一些名贵的纯种犬应再迟一些。

发情是指母犬发育到一定年龄时性活动周期性变化的表现。母犬属于季节性单次发情动物，大多为每年春季(3—5 月份)和秋季(9—11 月份)各发情一次，培育程度高的母犬一年四季均可发情。母犬的发情持续期一般为 4～12 天，发情周期一般为 6 个月，多为 172～200 天。

母犬属于刺激性排卵动物。以接受公犬爬跨为发情标准(利用试情法可对母犬进行发情鉴定)，母犬排卵在接受爬跨后 48 h 左右开始至 72 h 结束。按照生殖道出现血黏液时间推算，发情母犬从生殖道排血到排卵的间隔天数为 7～25 天，排卵后母犬继续接受爬跨的天数为 3～10 天。在自然情况下，母犬的排卵发生在发情期的第 2～3 天，两侧卵巢可同时排出卵子。

犬妊娠期为 58～64 天，平均 60 天。哺乳期 45～60 天，生育期约 10 年。胎产仔 6～9 只，最多可达 25 只。仔犬产后 9～12 天开眼。21 日龄长齿，至 4 月龄乳齿长齐。

二、犬的选种

(一)种公犬的选择

种犬的品质直接关系到下一代仔犬的优劣。种犬要选择体质强壮，生长发育快，抗病力强，神经类型优良，繁殖力强的个体。具体选择要从三个方面考虑。

1. 根据其个体本身性能进行选择 基本标准是身强体壮，在犬群中处于首领地位，体态匀称，被毛紧密，头形端正，颈长适中，臀部略高于肩部，背平直，胸围宽，腹部紧，尾正有力，口齿整洁，生殖器官发育良好，雄性强。对于不同品种、不同用途的犬，宜选择具体特征明显的个体。纯种犬要在本品种内择优挑选，以保持品种优良，防止退化。还应采取公母犬优缺点取长补短的方法来选择公犬。有相同缺点的公母犬不能交配，否则缺点会被固定下来。

2. 根据后代的体态和发育进行选择 后代的发育和体态状况是检查公犬遗传性和繁殖力的最好佐证。有相同缺点的公、母犬和近亲公、母不宜进行交配，以免缺点被巩固下来。年龄上，要壮龄配壮龄，避免幼龄配幼龄，体型上公、母犬大小要合适。

3. 根据祖先生长发育和生产性能特点进行选择，并通过系谱记载查询 对选定的种公犬，在整个饲养过程中要给予足够优良蛋白质和充分休息。配种期间，要格外注意饲料适口性好，营养质量好，蛋白质含量高，以保证公犬较强的繁殖力。配种期间要控制交配次数，每天最多两次，早、晚进行，第二天应休息，以恢复消耗的体力和避免体力下降。

（二）种母犬的选择

母犬的选择主要看体型，要求后躯发达，在繁殖一胎后，根据产仔能力，泌乳能力，哺乳能力，护仔能力和母性强弱，把较好的母犬留下作为种用。

三、犬的配种

（一）配种

1. 配种的时机 给母犬配种的最佳时机应在其阴部见血后的第 9～14 天（对初次发情的小母犬可延后，对年龄大的母犬可适当提前交配）。这时母犬开始排卵，生殖道已为交配做好了准备，母犬也表现出愿意交配的征候。另外，配种时要选择在清晨安静处进行，避免人多围观。

2. 交配次数 1～2 次均可，最好为 2 次。因为母犬在性兴奋期多次排卵，在初次配种后间隔 24 h 再交配 1 次可提高受胎率，提高产仔数。

3. 配种方法及注意事项 母犬交配的方式有两种，自然交配和辅助交配。

自然交配是指公母犬自行交配。一般将公犬放入饲养母犬的地方或将公母犬牵入同一安静场所让其自然交配，一般较顺利。

辅助交配是指公母犬虽已到交配期，但由于交配时慌乱，母犬蹦跳并咬公犬，或缺乏经验，体型大小不协调而不能自行交配时，有关人员可辅助公犬将阴茎插入阴道，或把持母犬的脖套，使其保持站立姿势，迫使母犬接受交配。

4. 交配的时间 犬的交配时间较长。当阴茎插入阴道后几秒钟就开始射精，随之阴茎海绵体充血膨胀呈栓塞状，这时母犬会扭动身体，试图将犬从背上摔下或公犬自行下来，公母犬呈尾对尾的“连锁”状态，这种状态会持续 10～30 min，此时千万不要将之强行分开，否则会严重损伤生殖器官。

交配结束后，公犬常出现腰部下凹，切不可剧烈运动。交配后也不能马上给犬饮水，应让其休息一会儿再饮水。

（二）犬的人工授精

犬的人工授精是一种先进的技术，具有很多优越性。可以提高种公犬的利用率，减少种公犬的饲养数量。并可随时掌握精液品质的好坏，把精子直接输入子宫颈内，可提高受胎率；人工授精避免了公母犬生殖器直接接触，防止疾病的传播和寄生虫的侵袭。

1. 采精 准备工作器械：集精杯、稀释液、显微镜、电刺激采精器、冰箱、水浴锅。设置专门的采精室，保证清洁、安静，用紫外线灯照射灭菌，室温保持在 20～25 ℃。采精前操作人员要剪短指甲，将手洗净，消毒。所有器械要经过消毒处理。犬的包皮用温水洗净。

（1）采精方法。

较常用的有徒手法和电刺激法。

①徒手采精：公犬性冲动发生时，操作人员用手快速且有节奏地按摩阴茎及睾丸部，也可轻弹睾丸，使阴茎勃起，翻开包皮，用另一只手大拇指或食指轻压龟头尖端部位，刺激排精，其余手指和手心握住集精杯接精。关键是要保持龟头背部的适当压力，以保持冲动的延续。注意接精杯不要碰到龟头。

②电刺激采精：将犬做基础麻醉，将探针涂上润滑剂，慢慢插入直肠 10～15 cm，以接近耻骨为宜，旋动采精仪电压旋钮，引起不同个体排精反应的刺激强度不同，要慢慢加大，同时观察公犬射精情况。并且要做好记录，以便下回操作参考。

要设专人进行采精，因为采精是一门技术性、经验性很强的工作。采精前种公犬要经过耐心的训练，因为不良刺激会造成性抑制。在每次成功采精后要给予适当奖励，建立条件反射。徒手采精要注意安全，必要时可以给犬带上笼嘴。

（2）精液品质检查。

犬精液正常为乳白色，若颜色异常，说明生殖系统可能有问题。犬每次射精量为 8～15 mL，密度为 1.25～1.8 亿个/毫升，镜检时可目测，从精子间距离来判断。若整个视野中全是精子，精子彼此之间的空隙小于 1 个精子的长度，很拥挤，很难看清单个精子的活动，视为“密”；可以看到精子分散在整个视野

中，彼此之间的空隙为1～2个精子长度，能看到单个精子的活动情况，视为“中”；精子在视野中彼此的距离大于2个以上精子的长度，视为“稀”。活力可采用十级评定法，0.5分以下不用。

(3)稀释液的配制及稀释方法。

常温保存稀释液配方：氨基乙酸1.8 g，柠檬酸钠0.7 g，蛋黄5 mL，蒸馏水加至100 mL。

低温保存稀释液配方：氨基乙酸2.1 g，蛋黄30 mL，蒸馏水70 mL，青霉素1000 U/mL。以上2种配方仅供参考，配种员可依据精子存活指数调整配方，稀释3～5倍不等，依精液品质而定，有效精子多，稀释倍数可大些。

(4)精液的储存。

最好现配现用。若采到的鲜精或稀释后的精液在短时间内使用，可采用常温保存。将盛精液的容器放在39～40 ℃的水浴锅内，保存时间越短越好。若稀释后精液用不完，可放入3～4 ℃的冰箱中密封保存，保存期原则上不超过3天。低温保存时要缓慢降温避免冷休克。

(5)采精频率。

通常每天1次，连续采2～3次后休息2天，应根据种犬的体况和精液品质灵活掌握。

2. 输精

(1)输精前的准备。

采用羊用输精器，消毒后备用。输精器每犬一只，不可未清毒而交叉使用。输精员的手要洗涤消毒。用0.1%高锰酸钾清洗母犬外阴。低温保存的精液在使用前15 min升温，过程要缓慢，以在水浴中逐渐升温到39～42 ℃后镜检活力不低于0.6为好。

(2)输精方法。

保定母犬，把输精针插阴道内，然后用一只手握住输精针，另一只手于腹下耻骨前缘2～3 cm处把住子宫颈将输精针轻轻送入子宫颈内2 cm处，用注射器将精液输入子宫内，此时，要将母犬的后躯提高以免精液流失。但在插入时要注意，由于犬的子宫颈突入阴道形成阴道穹窿，故输精时不要把输精针误插入其中，以免降低受胎率。

(3)输精量。

每次为3～9 mL。要根据稀释倍数和升温后镜检结果，保证含有效精子数不少于1.5亿个。

(4)输精次数和间隔时间。

依据公犬的精液质量、精子存活时间和母犬发情期长短而定。如果精液品质好，间隔24 h输1次，连续2次即可，否则可连输3次。

四、妊娠与分娩

(一)犬的妊娠

妊娠是指从精子与卵子在子宫角结合到成熟胎儿产出体外为止的一段过程。在此期间，母犬全身状态相应地发生一系列的变化，并可据此作为判断是否妊娠的依据。如食欲有所增加，被毛光亮，性情温和，活动量减少；怀孕3～4周后，乳头增大，颜色变为粉红色，乳房逐渐发育；怀孕35天以后的体重有明显增加，40天以后腹围增大，触诊腹部可摸到胎儿，使用听诊器可听到胎儿的心音。另外。还可通过B型超声波检查法和X射线透视法来判定母犬是否妊娠，甚至还可查出胎儿数量、性别。母犬的妊娠期从最后1次配种到胎儿正常出生平均约为60天，变动范围是58～64天。

(二)犬的分娩

1. 产前准备 在预产期快来临时，怀孕母犬会表现出寻找隐蔽的地方、挖掘地洞、叼草筑窝等现象，这是即将分娩的表现，这时就应开始为犬的分娩做好准备。

(1)准备好产仔箱。为确保仔犬的安全，要做一个木制的产箱。箱深30 cm左右，箱子一侧留一半圆形缺口，方便母犬出入。箱底铺上干燥、柔软的干草或破布等。

(2)犬产房要求宽敞，光线充足，空气流通好，室内要进行清扫、消毒，周围环境要安静，并供给清洁的饮水。

(3)对母犬的全身要洗刷一遍，尤其是臀部和乳房，可用0.5%的来苏儿溶液清洗。

(4)准备好接产用具和药品，如剪刀、镊子、灭菌纱布和棉球、70%酒精、碘酒等。

2. 产前预兆 产前母犬体温开始降低，当下降到37 ℃而又开始回升时，表明即将分娩。分娩前母犬腹部下垂，使腰窝松弛凹陷；不吃食；排泄稀便；卧在窝里不出来。临近分娩时，母犬频繁抓挠地面和铺垫，尤其初产母犬反应突出；不断改变卧的姿势；乳头更加膨胀，有的母犬甚至可挤出乳汁；观察其外阴部会看到有较多黏液；排尿次数增多；呼吸加快，说明几小时内就要分娩了。分娩通常在凌晨或傍晚，这两段时间要特别留意观察。

3. 分娩过程 犬分娩时常是侧卧姿势，此时脑下垂体激素的作用引起子宫平滑肌间歇性收缩，它是分娩的主要力量。伴随每次阵痛的发作，子宫口扩大，把胎儿顺产道向前推进。分娩刚开始时子宫的收缩并不显著，随后才逐渐加剧，阵痛同时，母犬阴部出现胎膜。随着子宫收缩力度的加强，胎膜产出，落地时被胎儿冲破或被母犬咬开流出羊水。母犬于是舐食羊水和胎衣并咬断脐带，吃掉胎衣，舔干仔犬身上的黏液。此后每隔10～30 min产出一只仔犬，通常胎产6～9只。

4. 助产 正常情况下，犬分娩不需要人去特殊照顾，只有在母犬本身无法完成时才需助产。如因母犬阵痛无力或胎儿已死在腹中。阵痛无力多发生在老龄或营养不良的犬。为了促进阵缩，可将温水(40 ℃)注入子宫外口，使之产生刺激引起阵缩，或注射催产素。对腹压力量不足而难产的母犬，可在其阵缩的同时，配合其努责，用手隔着腹壁把胎儿向产道方向挤送。如用上述方法还不能产出的，唯一措施是找兽医进行剖宫产。

当胎儿产出后，迅速撕破胎膜，用纱布擦去口鼻中的黏液，防止窒息。用缝合线在肚脐根部扎好，在离根部2厘米处剪断，并用5%碘酒消毒，然后将胎儿放在母犬的嘴边，让其舔干仔犬。但要防止母犬吞食仔犬，因为仔犬已被人动过，身上留有异味。难产出生的仔犬往往有“假死”现象，对这样的仔犬在拭净口鼻内黏液后，可将仔犬后肢倒提起来轻轻抖动，再有节律地轻轻按压腹部，如果还不醒，则应做人工呼吸。此时应有节律地按压胸壁或将仔犬取仰卧姿势，握住两前肢，前后摆动，使仔犬自己呼吸，确认仔犬有呼吸后，将其放入39 ℃温水中，洗净秽物，再用毛巾擦干，放入保温箱中。

任务训练

一、填空题

1. 犬的发情期是__________天。
2. 母犬平均胎产__________只仔犬。
3. 母犬在接受公犬爬跨后__________小时后排卵。
4. 公犬每次射精量为__________毫升，密度为__________亿个/毫升。
5. 母犬的妊娠期为__________天。
6. 公犬较常用的采精方法有__________法和__________法。

二、判断题

1. 母犬是刺激性排卵动物。(　　)
2. 母犬是季节性多次发情动物。(　　)
3. 公犬的初配年龄为12～18个月。(　　)
4. 母犬的发情鉴定可用外部观察法。(　　)
5. 仔犬产后3天可开眼。(　　)

三、简答题

1. 对种公犬如何选种？
2. 试述公母犬自然配种的注意事项。

Note

3. 在人工养殖条件下，如何利用人工授精技术提高配种效率？
4. 怎样用目测法评定公犬精子的“密”“中”“稀”？
5. 简述犬精液低温保存和冷冻保存的方法。
6. 简述新生仔犬的护理措施。

任务四 饲养管理

扫码学
课件 6-4

任务描述

主要介绍犬的饲养原则、饲料种类及饲养管理等内容。

任务目标

▲知识目标

能说出犬的营养需求；能说出犬饲养和管理要点。

▲能力目标

能根据犬的饲养管理要点，对不同生长阶段的犬制订饲养管理措施。

▲课程思政目标

具备吃苦耐劳的职业精神；能够立足专业，具备爱护动物、保护动物的思想意识。

▲岗位对接

特种经济动物饲养、特种经济动物繁殖。

任务学习

一、犬的营养需要

（一）能量

犬的能量需要取决于犬的大小、能量、运动量、环境温度及品种，还取决于是否生长、是否妊娠、是否泌乳等。过高的能量水平，对繁殖是有害的，可导致母犬过肥，产仔数减少，产弱胎，难产，且产后泌乳性能降低。低能量水平虽然对初情期有所延缓，但对长期的繁殖性能是有利的。所以，在一般饲养条件下，母犬妊娠前期在维持基础上增加 10%，而后期在前期基础上增加 50%。种公犬在非配种期，一般给维持需要即可，配种期在维持基础上增加 20%。

（二）蛋白质与氨基酸

一般犬的饲料中全价蛋白质含量为 16%。对于配种、妊娠和哺乳期的犬应将蛋白质水平提高到 21%～23%。这样既能保证其生产，又能提高机体对疾病的抵抗力。但对于老龄犬和有病犬来讲，其食物中全价蛋白质不应超过 16%，否则会导致肝、肾脏负担过重，影响血液循环。

成年犬的必需氨基酸有 9 种，包括赖氨酸、色氨酸、蛋氨酸、苯丙氨酸、苏氨酸、组氨酸、亮氨酸、异亮氨酸、缬氨酸。

（三）脂肪与碳水化合物

脂肪是主要能量物质之一，一般占犬日粮干物质 5%。如脂肪不足，可出现皮炎、皮屑增多、被毛

失去光泽、皮肤干燥等症状。如犬在妊娠期因胰腺功能受到损害，使脂肪利用率下降，便可出现上述症状。犬有3种必需脂肪酸，亚油酸、亚麻酸和花生四烯酸。犬食物中亚油酸含量需达到1%。

碳水化合物是主要能源物质，碳水化合物一般占食物总能量的5%。犬最大忍受量为食物总能量的40%～50%碳水化合物。碳水化合物中含有适量的纤维素，在肠道里起宽肠利便的作用，部分经蒸煮后还能被消化利用。对于犬，允许使用一些利用率很高的糖，但乳中的乳糖则不能充分利用，特别是老龄犬，还会引起腹泻。对于妊娠期母犬，不能给高糖饲料，否则会降低仔犬的成活率。

（四）矿物质

犬缺钙时，骨骼失重和软化，其中颌骨最早出现症状，然后牙齿脱落。严重缺钙时，青年犬出现佝偻病，成年犬可出现抽搐，出血，不能繁殖，骨质疏松易折。犬食中最合适的钙磷比为(1.2～1.4)∶1，适当补充维生素D，可提高钙、磷的利用率。饲料中钙含量为1.2%，磷含量为1%。

饲料中钠和氯含量为0.5%～1%。当缺乏时，犬会表现出疲劳无力，饮水量减少，皮肤干燥，舔食脏物等现象，同时对蛋白质的利用率降低。犬缺铁会表现出虚弱和疲劳，动物性饲料中的铁比植物性饲料中的铁容易被吸收；常用动物性饲料喂犬，不易发生铁缺乏症。铜的存在可促进铁的吸收，日粮中缺铜也会引起贫血，日粮中铜过量也会引起贫血，这是由于肠道内铜多影响铁吸收的缘故，所以，铜的添加一定要适量。缺乏锰时犬表现生长缓慢、脂类代谢紊乱。缺锌犬的症状为生长缓慢，厌食，睾丸萎缩，消瘦及皮肤损伤。碘严重缺乏时，生长犬患矮小症，成年犬患黏液水肿，病犬表现为被毛短而稀疏，皮肤硬厚脱皮，反应迟钝，困倦。硒缺乏时出现心肌衰弱；硒有剧毒，饲料中含5～8 mg/kg可致中毒。

（五）维生素

1. 脂溶性维生素 体内维生素A缺乏会引起夜盲症，病犬患干眼病、共济失调、结膜炎、皮肤及上皮表层损伤等；如长期不足，还会引发犬呼吸道感染，甚至死亡。维生素D缺乏时可引起佝偻病；犬皮肤中7-脱氢胆固醇在阳光中紫外线的照射下，能转变为维生素D。维生素E是一种抗氧化剂，对繁殖和泌乳都是十分重要的，并能帮助维持细胞膜的稳定性。一般情况下，每千克饲料中添加维生素E 40 mg为宜。正常健康犬肠道内能合成维生素K，一般不缺乏。

2. 水溶性维生素 维生素B_1（硫胺素）缺乏时表现食欲不振、呕吐，神经功能紊乱，行动不稳，后肢瘫痪，最后虚弱，心脏衰竭死亡；维生素B_2（核黄素）缺乏时表现厌食、失重、后腿肌肉萎缩、睾丸发育不全、结膜炎和角膜混浊等；维生素B_3（烟酸）缺乏时表现生长发育缓慢、呕吐、脱毛、胃肠溃疡等；维生素B_5（泛酸）缺乏会引起黑舌病，口腔发炎，食欲减退，溃疡或便秘等异常，由于动植组织中广泛含泛酸，所以一般不会缺乏；维生素B_6（吡哆醇）缺乏时，表现厌食、生长缓慢和体重下降，小细胞性贫血，皮肤发炎和脱毛，严重时会引起“肢端痛”，四肢、尾、口等过度角化。当给犬大量抗生素药物时，会导致生物素的缺乏，表现出皮屑状皮炎。维生素B_{12}（钴胺素）缺乏时出现贫血、白细胞减少、神经组织受到损伤；胆碱缺乏时能引起犬严重的肝脏和肾脏功能障碍，如肝脂肪浸润和凝血功能差。

维生素C缺乏时，犬产生阵发性剧烈疼痛，然后恢复正常状态。如犬在睡后醒来时，脚在数分钟之内难以伸展。在饲料中定期添加维生素C，此症状就可消失。添加量为每天每千克体重2.5 mg。

（六）水

每天供给充足的干净水，任其自饮。生长发育期的犬每天每千克体重需150 mL水；成年犬每天每千克体重需100 mL。

二、犬的饲养标准

犬总体营养标准：蛋白质17%～25%；脂肪3%～7%；纤维3%～4.3%，灰分8%～10%；碳水化合物44%～49.5%；钙1.5%～1.8%；磷1.1%～1.2%；铜0.03%；氯0.45%；钾0.5%～0.8%；镁100～200 μg/g；锰100 μg/g；钴0.3～2 μg/g；锌1.5 μg/g；碘1 μg/g；维生素A 8～10 U/g；维生素D 2～3 U/g，维生素B_{12} 6 μg/g；维生素B_2 4～6 μg/g；烟酸50～60 μg/g；叶酸0.3～2 μg/g；维生素B_6 40 μg/g。根据犬各生长阶段对饲料中粗蛋白质和消化能的需要量配制适合各阶段生长需要

Note

的饲料。如配料中氨基酸平衡较好，则可适当降低蛋白质水平。

三、犬的饲料

犬的饲料，既要营养全面、平衡，又要含有足够的能量、蛋白质、维生素及微量元素等。犬具有食肉动物的某些特性，易于消化动物性蛋白质和脂肪。因此，要供给充足的动物性饲料。养犬的动物性蛋白质饲料，多用实验后无毒的动物尸肉、屠宰场下脚料、乳制品次品以及人类不能食用的肉、鱼制品等，但也可以用磨细的豆类作蛋白质的补充料。犬的能量饲料一般以大米（饭）、稻谷粉、玉米面、高粱面、麦麸、豆饼以及其他精饲料为主。由于犬体可以合成维生素 C，一般情况下不喂青料。但当犬圈养或生病使用抗生素时，维生素 C 合成减少，应增添适量青饲料。青饲料可以是白菜、薯茎、包菜及块根类植物等。

四、犬的饲养管理

（一）饲养

1. 合理调制饲料 犬饲料的调制形式很多，目前市场上出售的犬饲料有多种类型，营养成分相差悬殊。我国多将精饲料制成流动状的粥糊，也制成窝头或蒸糕形式。制作时将食盐、骨粉等一并拌入。豆类饲料磨碎煮熟，以利消化。青饲料洗净后，最好用沸水烫熟，再切细，混入适量的精饲料中饲喂；也可将青饲料及块根类切碎，连同煮烂的肉类、鱼粉、食盐、骨粉等，一起拌入饲料内。维生素添加料如酵母、鱼肝油等，要喂时添加。

2. 饲料多样化 饲料种类单一，营养成分就单调，不能满足犬生长发育对多种营养的需要，会导致某些疾病，影响生长发育和繁殖力。因此，饲料要多样化，多种饲料搭配使用。因犬对蛋白质和脂肪消化力很强，动物性饲料尤其不能缺少。圈养的犬，要保证供给充足的青饲料，补充维生素，尤其是维生素 A 和维生素 D。仔犬和母犬隔一定时间还要补充鱼肝油。

3. 定时定量饲喂 建立定时定量饲喂制度，能促进犬在吃食前消化液的分泌，提高胃肠消化功能。成年犬一般每天饲喂两次，分别在上午 8 时左右和下午 5 时左右，孕犬、仔犬、哺乳犬和工作量很大的犬，每天要喂三餐，分别是上午 7 时、中午 12 时和下午 7 时左右。要根据犬的品种、年龄和使役状况，定量喂给，以吃饱为宜。否则，既浪费饲料，又易使犬消化不良而拉稀。喂量不足，犬会相互撕咬，甚至出现食仔的现象。对处于生长发育阶段的幼犬，切勿喂量过饱，以免影响躯干的生长发育，造成腹部增大呈桶形，四肢变形呈罗圈腿。

（二）管理

1. 清洁卫生 首先，要搞好身体清洁。外购犬进场后要定期喷洒除虫消毒药液，除掉体表寄生虫和病原微生物，尤其是种用犬和长期饲养实验犬，其饲养时间较长，尤应注意体表清洁。夏天可用水冲洗犬舍，也可用缓水冲洗全身，并用刷子（或特殊金属刷子）流刷，除去浮毛、污秽物。搞好体表清洁能促进皮肤血液循环，对全身新陈代谢和精神状况有良好的作用，而且犬亦十分乐意接受刷洗，换毛期尤为明显。有经验的饲养、驯养人员，通常以此调教犬，这是建立人与犬关系的重要手段。

其次，定期检虫驱虫，防治寄生虫病。犬生性爱清洁，爱干燥，抗病力较强。但往往由于饲养管理条件不良，造成寄生虫病严重，尤以体内寄生虫病种类多，驱虫不易彻底，反复感染的机会很多；稍有疏忽，会因寄生虫病（如钩虫病、蛔虫病等）造成死亡率升高。所以，定期检虫驱虫至关重要。

再者，注意犬舍犬笼及运动场的清洁。每天要冲洗犬舍及运动场，刷洗舍内外地面，运动场要不定期铺洒石灰和草木灰，冬天要多扫粪，减少冲洗次数，以保持舍内干燥。圈养密度较高的犬舍，除粪尤为重要，每天至少 1 次。一般夏季 1～2 天喷洒一次消毒除虫剂，冬季则在犬换舍时彻底消毒一次。食盆和水盆每天要刷洗干净，不可积垢。其他一切工具使用后即清洗干净和晒干，放到固定位置，

犬产床使用前要清洗消毒，仔犬离乳后彻底清洗消毒一次。另外，工作人员的工作服要定期清洗，保持清洁。工作服和鞋只限在饲养场内穿。

2. 充分运动 犬属于爱活动和能承受大运动量的动物，但实验动物场的犬和长期圈养犬，尤其

是笼养犬，常常不能充分运动和沐浴阳光，往往体质下降，影响生长发育。从农户购入的犬圈养时，由于环境条件改变和运动减少，会出现不发情、不规则发情、难受孕、产仔数少以致流产、死胎等现象，必须经过一年多的适应性饲养，并充分保证运动，才能恢复正常。种用犬每周需要牵出散步，至少每周剧烈跑步追随或拾物二次，每次不少于1 h。笼中饲养超过一个月的犬，仍需要每周散放二次。无散放条件时，可链条系住，选择良好天气将犬拴在室外矮桩上任其散步，或由实验人员牵着散步1 h。每次放母犬运动时，最好放一条公犬一起活动，但母犬中不得有发情母犬，以防自然配种或打架撕咬。

3. 日常护理 犬的日常护理，包括经常性的洗浴、梳毛和刷毛、刷牙、剪趾甲等。洗浴可除掉粘在犬毛和项上的蜡状分泌物，洗浴时可用一般洗涤肥皂或含有杀灭跳蚤和其他昆虫的化学成分的药皂，洗浴程序是先洗头部，再洗身子，后洗尾巴。洗后肥皂泡沫一定要冲洗干净，然后要用毛巾擦干，以免犬受凉。要经常洗刷，使皮毛柔滑发光。某些观赏犬的皮毛要特别爱护，如注意梳刷。此外，凡口腔产生口臭，牙床退化或脓肿时，还要帮助刷牙。为了防止犬趾甲过长产生不适之感，应给犬适时剪修趾甲。

4. 仔细观察 观察工作一般在做清洁工作和喂食时进行，一旦发现异常情况，应立即采取措施或报告兽医。主要观察项目：神情与食欲，包括精神是否活泼，对外界反应是否正常，喂食时是否立即前来，定量饲料是否食完等；粪便是否正常，若发现便秘和下痢，要注意其形状、内容物和颜色；注意犬立、卧、坐的姿势有无异常，步态是否跛行、蹒跚或肢体麻痹；眼四周是否红肿，角膜是否浑浊及有无分泌物等；鼻端是否干燥和有无浆液性或脓性分泌物；检查被毛有无脱落，皮肤有无皮疹、痂皮和溃烂现象；对母犬要密切注意阴部变化，雄犬要注意包皮口有无脓性分泌物或溃烂，并注意是否有自淫和阴茎损伤等情况；观察健康状况，健壮无病痛的犬一般肌肉丰满，被毛光滑而不脱毛，对外界反应机敏，食欲良好，无可见生理缺陷，例如瞎眼、跛行等，耳、眼、鼻孔清洁，无分泌物和污物，生活规律正常。

任务训练

思考题

1. 犬的饲养标准是什么？
2. 犬的B族维生素缺乏症有哪些？
3. 简述犬的饲养管理措施。

任务拓展

犬疾病防治

项目七 猫 养 殖

任务一 猫的生物学特性

扫码学
课件 7-1

任务描述

主要介绍猫的分类、分布、形态特征、生物学特性及品种。

任务目标

▲知识目标

能说出猫的分类学地位及猫品种的分类方法;能说出猫的主要生物学特性。

▲能力目标

能根据形态特征识别猫的主要品种。

▲课程思政目标

具备科学严谨的职业素养;具有保护野生动物的思想意识。

▲岗位对接

特种经济动物饲养、特种经济动物繁殖。

任务学习

一、分类与分布

猫属哺乳纲、食肉目、猫科、猫属,与狮、虎、豹同科。猫分布于全世界。猫的品种名称大多取自国名、地名或根据体态特征来命名,如安哥拉猫、日本猫、苏格兰塌耳猫等。我国常用毛色特征来给猫分类,如白猫、黑猫等。猫是全世界家庭中饲养较为广泛的宠物。家猫的祖先据推测是起源于古埃及的沙漠猫,波斯的波斯猫。

二、形态特征

猫的身体分为头、颈、躯干、四肢和尾五部分,大多数部位披毛,也有少数无毛猫。头圆、颜面部短,前肢五趾,后肢四趾,趾端具锐利而弯曲的爪,爪能伸缩。猫具有夜行性,以伏击的方式猎捕其他动物,大多能攀缘上树。猫的趾底有脂肪质肉垫,以免在行走时发出声响,捕猎时也不会惊跑鼠。行进时爪子处于收缩状态,防止爪被磨钝,在捕鼠和攀岩时会伸出来。

猫的牙齿分为门齿、犬齿和臼齿。犬齿特别发达,尖锐如锥,适于咬死捕到的鼠类;臼齿的咀嚼面有尖锐的突起,适于把肉嚼碎;门齿不发达。

Note

三、生物学特性

（一）自然习性

1. 聪明、胆小、警戒心强 猫很聪明，有很强的学习、记忆能力，能“举一反三”，可将学到的方法用于其他问题；善解人意，较易与主人建立深厚的感情。猫有较强的时间观念，能感知主人何时喂食、何时出远门而和主人倍加亲热。

猫生性孤僻胆小，喜孤独而自由的生活。除在发情、交配和哺乳期外很少群栖，且多居住在食物来源处。猫警戒心强，在家养一段时间后，对自己的住所及其周围环境有一个属于自己“领地”范围的观念，常在自己的“领地边界”排尿作记号，以警告其他猫不得闯入。一旦有其他猫侵入，它就会发起攻击。猫的嫉妒心很强，不但嫉妒同类，甚至主人对小孩过多亲昵时，也会愤愤不平。

2. 昼伏夜出，感情丰富 猫保持着肉食动物昼伏夜出的习性，捕鼠、求偶交配等很多活动常在夜间进行。捕猎小鸡、小鸟、老鼠，对于猫来说没什么区别，都是出于一种捕猎求生存的本能。猫喜欢偷食，即使食盘中美餐丰盛，它也会“捕捉”和偷食主人藏好的食物，特别是厨房中的鱼。猫的一生中，约有 2/3 的时间都在睡觉，每次睡眠时间在 1 h 左右。

猫不屈服于主人的权威，对主人的命令不会盲目服从，有自己的标准。猫的情绪变化十分丰富，高兴时，尾尖抽动，两耳扬起，发出悦耳的“喵喵”声；发怒时，两耳竖立，胡须坚挺，瞳孔缩成一条缝，甚至颈、尾部的毛也直立。猫打架后，从容自若的为赢；竖毛、弓背或仰面朝天的为败。

3. 讲卫生，喜欢在明亮、干净的地方休息 猫非常讲卫生、爱清洁，每天都会用爪子洗几次脸，在比较固定的地方大小便，便后都会用土（或猫砂）将粪便盖上。猫喜欢在窗台、床、沙发等明亮、干净的地方休息，因此要注意关窗，防止其从高处坠下。

（二）猫的生理学特点

猫的味蕾主要位于舌根部，很小，呈囊状。其味细胞能感知苦、酸和咸的味道，但对甜的味道不太敏感。猫进食时不像犬那样狼吞虎咽，而是把食物切割成小碎块。猫舌黏膜的丝状乳头上覆盖一层很硬的角质膜，乳头的尖端朝后如同锉一样，使其能舔食附在骨上的肉。猫有 5 对唾液腺。猫的肠管具有明显的肉食动物特征，短、宽、厚。

猫鼻腔黏膜中的嗅觉区约有 2 亿个嗅细胞，对气味非常敏感，在选择食物和捕猎时起很大作用。公、母猫都可留下相关气味，并以此作为相互联系的嗅觉媒体。

猫耳廓可以 45°角向四周转动，在头不动的情况下可做 180°的摆动，能对声源进行准确定位。猫能听到 30～45 kHz 的声音，也有先天性耳聋的，但对有些声音耳聋猫也能“听”到。

猫四肢爪子下的肉垫里有相当丰富的触觉感受器，能感知地面很微小的震动。

猫的视野很宽。每只眼睛的单独视野在 150°以上，两眼的共同视野在 200°以上。猫只能看光线变化的东西，如果光线不变化，猫就什么也看不见。当猫在看东西时，需要左右稍微转动眼睛，使它面前的景物移动起来，才能看清。猫瞳孔的收缩能力特别强，在白天日光很强时，猫的瞳孔几乎完全闭合成一条细线，减少光线射入；而在黑暗的环境中，瞳孔扩大，尽可能地增加光线的通透量。与其他动物相比，猫晶状体和瞳孔相对较大，能使尽可能多的光线射到视网膜上。通过视网膜感受器的光线，一部分可再通过脉络膜反光色素层的反射再次投射到视网膜，使微弱光线在猫眼中放大 40 倍左右。另一部分则反射出猫眼，所以人们晚上看到猫的眼睛闪闪发光。猫反光层色素的颜色因品种而异，有褐色、黄色和绿色等不同颜色。

位于上唇两侧皮肤的胡须，是猫非常灵敏的感觉器官。胡须通过上下左右摆动感受运动物体引起的气流，不用触及周围物体就能感知其存在，能补偿侧视的不足。胡须还可作为测量器，可判断身体能否通过狭窄的缝隙或孔洞。

四、猫的品种

虽然人类驯养猫的时间很长，但对猫品种的改良工作做得较少，猫的繁育及进化在很大程度上

未受控制，猫的品种远没有其他畜禽类的品种多。目前分布在世界各地的猫与其祖先相比，在体重及体长方面几乎没有什么变化。据报道，现今世界上猫的品种有百余种，但常见的品种只有30～40种。目前，猫品种的分类方法有以下几种。

1. 根据猫的生存环境分类

(1)野猫，是家猫的祖先，它们生活在山林、沟壑、沙漠等野外环境中。

(2)家猫，是由野猫经过人类长期驯化饲养而成，但家猫不同于其他家畜，它不过分依赖于人类，仍然保留着独立生存的本能，一旦脱离人的饲养，就会很快野化。

2. 根据猫的品种培育程度分类

(1)纯种猫，是指人们按着某种目的精心培育而成的猫，一般要经过数年才能培育成功。至少经过四代以上其遗传性才能稳定。这种猫的遗传特性稳定，仔猫和父母猫的各种特征非常相近，很少有什么突出的差异。

(2)杂种猫，是指未经人为控制，任其自然繁衍的猫。其后代的遗传性很不稳定，就是在同一窝猫中，也可能有几种不同的毛色，但是杂种猫并不等于杂乱无章的，它受地理等因素的制约，在一定范围内，经过数年，也可能形成具有一定特性的猫的品种。

3. 根据猫被毛的长短分类 世界上短毛猫品种较多，但是长毛猫很受人们欢迎。

(1)长毛猫，如缅因猫、布偶猫、喜马拉雅猫、波斯猫等品种。

(2)短毛猫，如暹罗猫、美国短毛猫、日本短尾猫、俄罗斯蓝猫、异国短毛猫、阿比西尼亚猫及苏格兰塌耳猫等。

4. 根据猫的功用分类 猫分为观赏猫、捕鼠猫、经济用猫和实验猫等。

5. 根据猫出生地或活动地域分类 探索猫的起源一直是人们梦寐以求的。在猫的家谱中，涵盖许多遥远的国名和各种神秘的传说。将猫以地域分类，分类结果见表7-1。

6. 宠物猫的主要品种

(1)狸花猫：狸花猫颈、腹下毛色灰白色，身体其他各部分为黑、灰色相间的条纹，形如虎皮，毛短而光亮润滑。捕鼠能力强，产仔率高，怕寒冷，抗病力弱，与主人的关系不太密切，不守家。

(2)波斯猫：波斯猫的被毛丰厚，有弹性，大体上可分为两大类。一是单色，如黑色、白色、蓝色、奶油色(米色)、浅红色(黄褐色)。这些单色猫，多数具有橘黄色的眼睛。二是多色，即毛色在一种以上。波斯猫体长为40～50 cm，毛长为25～30 cm，肩高30 cm，而且具有粗壮的骨骼和魁梧的体躯。波斯猫温文尔雅，反应灵敏，善解人意，少动好静，给人一种华丽、高贵的感觉。

(3)泰国猫：又称暹(xiān)罗猫。泰国猫身体修长，体型适中，肌肉结实、紧凑，后肢细长，其长度稍长于前肢。脸形尖而呈"V"字形，颈部细长，两眼如杏仁状，眼睛呈深蓝色或浅绿色，耳大直立，鼻梁高直，两耳末端与嘴端呈三角形。从侧面看，脑门到鼻子是平的。头部轮廓清晰。泰国猫性情刚烈好动，多愁善感，嫉妒、攻击性强，喜怒哀乐的变化迅速，常在几天内发生根本性改变。

(4)日本短尾猫：日本短尾猫属中型猫，身体较短，额宽，鼻宽而平，眼睛呈金黄色或蓝色，眼大而圆，两外眼角稍向上挑，有点吊眼梢。日本短尾猫以其优美的体态，发达的肌肉，卷曲的短尾，流畅的身体曲线，感情丰富，聪明伶俐等特征，跻身于世界各名贵玩赏猫的行列中。

(5)异国短毛猫：样子酷似波斯猫的异国短毛猫，与波斯猫的不同之处就是其毛短而厚，呈毛绒状。理想的异国短毛猫应骨骼强壮，身材匀称，线条柔软及圆润；眼睛浑圆，头部大而圆，两眼距离较宽，脖子短而粗，鼻子短，鼻节高且置于两眼中间，面颊饱满；颚骨宽阔及有力，下巴结实；细圆的耳朵微微向前倾，两耳距离较宽；拥有大、圆而结实的爪。

Note

表 7-1　猫的品种分类(按照地域分类)

产地	挪威	英国	索马里	土耳其	孟加拉	缅甸	泰国	加拿大	美国
品种	挪威森林猫	英国短毛猫	索马里猫	安哥拉猫	孟加拉猫	伯曼猫	暹罗猫	斯芬克斯猫	缅因库恩猫
外貌特点	拥有厚密的被毛,体大肢壮,奔跑速度极快,不怕日晒雨淋,行走时颈毛和尾毛飘逸,非常美丽	身体健硕、四肢及身躯比例均匀,胸部宽阔,四肢稍短,但是强而有力,足以承托身躯。头部远较其他猫大,呈圆形;颈部粗而短,鼻子宽阔,为优质猫种。上、下颚强而有力。英国短毛猫的毛色在英国官方数据中有十七种之多	身材苗条优美,略圆;脸也是稍圆的楔子形;一对大耳朵呈宽的"V"字形;杏仁眼的上方是黑色的眼皮,给人留下深刻的印象。被毛中等长度,相当柔软、细而浓密,在肩部较短,但在后腿上却有着长毛,尾毛也十分浓密。毛色有栗银白色、棕红色、深红色、蓝色、银乳黄色、淡紫色、蓝银白色、银白色、巧克力银色等	该猫来源于土耳其安卡拉,身材苗条修长。头尖耳大,眼睛呈杏仁形,多为绿色或蓝色,毛白色居多,长却没有底层绒毛,极易梳理	孟加拉猫是小野猫和家猫杂交而成。孟加拉猫身上的斑点分布与其他豹斑猫的不一样,呈水平状分布,很像玫瑰花形	伯曼猫又称缅甸圣猫,最早由古代缅甸寺庙里的僧侣饲养,视为护殿神猫,18 世纪传入欧洲逐步进化定型。伯曼猫体型较长,身上被毛主要呈浅金黄色或浅灰色。脸、耳、腿、尾等部分毛色较深,呈咖啡色或深灰色,四爪为白色	暹罗猫产地泰国,同宗中也有长毛品种。不管被毛什么颜色,其脸、尾、四肢毛色都较深,五长身材,长嘴大耳	斯芬克斯猫又称加拿大无毛猫,外表滑稽古怪,全身几乎无毛,身体细长,尾细长似老鼠尾,色泽以灰白色为多	因原产于美国缅因州而得名,简称缅因猫,该猫原在乡村经驯养,约在 18 世纪中叶形成较稳定品种。缅因猫体格强壮,被毛厚密,长像类似挪威森林猫,在猫类中亦属巨者,属大体型的品种。缅因猫的毛色非常多,估计有 60 种被毛图案

续表

性格特点	挪威森林猫性格内向，独立性强，机灵警觉，喜欢冒险和活动，不适宜长期饲养在室内，最好饲养在有庭院和环境比较宽敞的家庭	英国短毛猫是一种带有责任感的猫种。它们独立之余，仍热爱家中每一位成员。它可以与小孩，甚至犬玩耍。对不同环境的适应性强	索马里猫十分聪明，性格温和，善解人意。它的运动神经极为发达，因而动作敏捷。它喜欢自由活动，因而不适合养在公寓里	安哥拉猫天性活泼好动，十分顽皮，性格倔强，很难与其他猫亲近共养，但对人非常友善，容易饲养	孟加拉猫因具有野猫血统，性格不稳定，有时容易激动，经常发出难以抑制的叫声	伯曼猫性格温柔，聪明，非常友善，活泼好玩，喜欢亲近人类，与其他猫也能很好相处	暹罗猫感情非常丰富，对主人亲昵忠诚，但情绪不稳定，对同类的嫉妒心强，喜欢大吵大闹	加拿大无毛猫感情丰富，安静，对人亲切，但不喜欢人搂抱，由于模样奇特，虽然难看，却得到许多人的宠爱	缅因猫性格倔强，勇敢机灵，喜欢独处并且睡觉的地方与众不同，但能与人很好相处。缅因猫不怕寒冷，抗病力强，容易饲养，极会捕鼠，不适宜在公寓生活
品种图片									

任务训练

一、填空题

1. 按功能划分，猫种类可分为__________猫、__________猫、__________猫、__________猫。
2. 猫属哺乳纲、__________目、__________科、__________属动物。

二、判断题

1. 猫的视觉灵敏，嗅觉差。(　　)
2. 猫舌头上有“倒刺”，容易舔食骨头上的肉。(　　)
3. 按照被毛长短，猫可分为长毛猫和短毛猫。(　　)

三、简答题

1. 试述猫的自然习性。
2. 猫的生理学特点有哪些?
3. 请举例两个国外的猫的优良品种，简单描述其产地、外貌特点和性格特点。

任务二　繁殖技术

扫码学

课件 7-2

任务描述

主要介绍猫的生殖生理、选种、配种、妊娠、分娩等内容。

任务目标

▲知识目标

能说出猫的性成熟期和配种期；能说出母猫的发情特征；能说出种猫的选择条件；能说出猫产仔经过。

▲能力目标

能根据猫的生殖生理特性有效地进行选种、选配；在人工养殖条件下，把握配种最佳时机；能够对新生仔猫和产后母猫及时护理。

▲课程思政目标

具备吃苦耐劳的职业精神；具备立足专业，服务社会的思想意识。

▲岗位对接

特种经济动物饲养、特种经济动物繁殖。

任务学习

一、猫的生殖生理

(一)发情与排卵

Note

母猫 5～7 月龄、公猫 8～10 月龄达到性成熟，最迟 1 岁第一次发情。猫的品种和生活环境不同，发情年龄也不同，如暹罗猫一般在出生后7～8个月，波斯猫则在10～18个月时。公猫发情年龄比母猫小2～3个月，猫一直到10岁左右都可以交配繁殖。猫除了“三伏天”外，常年都可发情，属季节性多次发情动物。性周期为3～21天，平均11天；发情持续期3～7天，平均4天；求偶期2～3天。母猫为刺激性排卵，在交配刺激后约24 h排卵。

（二）发情表现

发情母猫外生殖器出现一系列变化，如阴毛分开，外阴部肿胀明显，阴唇呈明显的两瓣，有白色黏液流出。母猫发情时眼睛明亮，食欲减退，活动增加，喜欢外出游荡，特别是夜间显得焦躁不安。发出粗大的叫声，借以招引公猫，见到公猫异常兴奋，主动靠近公猫，蹲身踏足举尾，允许公猫爬跨。如果发情母猫被关在室内，它会到处乱闯，很不安宁，如有公猫在笼子旁走动或听到公猫的叫声，它会狂暴地抓挠门窗，急于出去。

二、猫的选种

猫的选种是指按照预定的育种目标，通过一系列方法，从猫群中选择优良个体作为种用的过程。对于宠物猫，由于人们的爱好和要求不同，选择的标准也就有所区别。如猫的毛有长有短，耳朵有大有小，眼睛颜色有黄色、蓝色、棕色和绿色等，尾巴有长有短，体型的大小以及身体各部位的特点等都是选择的条件。一般来说，毛长、性情温顺、活泼可爱、体型较大、毛色纯白或花纹美丽，以及眼睛呈蓝色或棕色的猫常是讨人喜爱的宠物猫。

猫的选配是指为了获得优良的有稳定遗传特性的不同用途的猫，而人为安排优良品种公猫、母猫进行配种。选配过程中禁止具有相同缺点的公猫、母猫交配。优良品种猫，要在本品种内选配偶，但严禁近亲（三代以内）繁殖。

三、猫的配种

猫第一次发情时最好不要让其交配繁殖，因为这时其身体尚未发育成熟，一般母猫10～12月龄可以配种。公猫出生1年后方可配种。母猫性成熟后，每隔20～28天发情一次，发情持续期3～7天，接受交配的时间为2～3天。

猫的交配行为受交配经验及体内激素水平的影响。处女猫对公猫开始时是抵抗的，通过接触次数的增多才慢慢接受。因此，让母猫与公猫多接触，有助于交配的顺利进行。在发情后期，母猫和公猫之间无性吸引。在发情前期和发情期，母猫主要是通过叫声、行为以及尿味等来吸引公猫的注意。

（一）外激素

母猫在发情时，阴道分泌物中含有戊酸。戊酸作为一种外激素不但可吸引公猫，而且可刺激母猫发情。此外，公猫的气味也是由外激素产生的，这种气味便于母猫识别公猫的活动范围。

（二）交配前性行为

母猫进入发情期后，主要表现为活跃、紧张和不断乱叫、到处摩擦头部，并在地上打滚。当公猫接近时，这种表现更为突出。如果听到公猫的叫声，或公猫接近，母猫表现为腰部下弯，骨盆区抬高，尾巴弯向一侧，后脚做踏步运动，接受交配。如果轻敲或触摸母猫腰部或骨盆区或抓住母猫颈部皮肤和轻击会阴部，均会出现上述行为。

（三）交配过程

猫的交配一般发生在光线较暗、安静的地方，以夜间居多，交配期平均2～3天。交配时，公猫骑在母猫的身后，用牙齿紧咬住母猫颈部，前爪前腿抱住母猫胸部，而后爪着地。在平时，公猫阴茎方向朝后；而交配时，阴茎稍勃起，方向朝前下方，与水平方向成20°～30°角。阴茎进入阴道后立即射精，交配后，母猫哀鸣，称为交配哀鸣，可能是由阴茎上角质化的球状突起刺激所致，一旦交配结束，公猫立即走开，以避免母猫的攻击。此时母猫会张开脚趾，伸展爪子，打滚，摩擦身体，伸懒腰并舔舐

阴门区，5～10 min 后，再次开始交配。发情期间，母猫一天可以交配多次，通常由其决定是否终止交配。

配种时应注意严格控制猫的交配次数。母猫一个发情期不超过 3 次，公猫每天不能超过 2 次，每次间隔 10 h 以上。频繁的交配，会使猫变得疲惫不堪，严重时会影响其生长发育。

四、猫的妊娠与分娩

猫妊娠期在 52～71 天，平均 58 天。猫的产仔性能因品种、营养及健康状况而有差异，一般每胎产 1～8 只，平均 4 只。通常第 1 个产出的胎儿较小，从第 2 个胎儿起明显增大，但从第 5 个胎儿起开始减小。猫一窝最多能产 14～15 只小猫，但不易养活。

母猫顺产时，产出仔猫后会用牙齿撕破胎衣和咬断脐带，吃掉胎盘，然后舔干仔猫身体上的黏液，同时进行下一个胎儿的生产。当全部胎儿产出后，母猫才开始给仔猫哺乳。猫产仔一般不需要人工助产，发生难产时需及时给予助产。注意保持环境安静、暗光，猫对陌生人有戒心，切忌让人随便观看。

猫母性不强时需要适当帮助，如帮助断脐，擦干仔猫口鼻和身体上的黏液，擦干母猫身上的血水，在产箱垫上干燥的软布，对个别吮不到乳头的仔猫可协助其嘴靠近母猫乳头，或实行人工哺乳。处理和捉拿仔猫时，最好戴上手套或隔着一块布，并沾上母猫排出的体液以防止母猫不认仔猫，拒绝哺乳，甚至将仔猫咬死和吞食。

任务训练

思考题

1. 母猫的发情表现有哪些？
2. 简述母猫的分娩过程。

任务三　饲养管理

扫码学
课件 7-3

任务描述

主要介绍猫的营养需要及饲养标准、饲料种类、养殖条件及饲养管理等内容。

任务目标

▲知识目标

能说出不同阶段猫生长的营养需要；能说出猫的饲养和管理要点。

▲能力目标

能根据猫的饲养管理要点，给不同生长阶段的猫制订饲养管理措施。

▲课程思政目标

具备吃苦耐劳的职业精神；具备立足专业，服务社会的思想意识。

▲岗位对接

特种经济动物饲养、特种经济动物繁殖。

任务学习

一、猫的营养需要与饲养标准

(一)维持需要

1. 能量 猫需要的能量可根据猫的体重和年龄计算出来。猫因年龄、生理状况和周围环境温度不同,对能量的需要也不一样(表 7-2)。

表 7-2 猫每天需要的热量和饲料量

年龄	体重/kg	每千克体重热量的日需要量/MJ	日需要的总热量/MJ	饲料的日需要量/g
初生	0.12	1.60	0.19	30
1～5 周龄	0.5	1.05	0.53	85
6～10 周龄	1.0	0.84	0.84	140
11～20 周龄	2.0	0.55	1.10	175
21～30 周龄	3.0	0.42	1.26	200
成年公猫	4.5	0.34	1.53	240
妊娠母猫	3.5	0.42	1.47	240
泌乳母猫	2.5	1.05	2.63	415
去势公猫	4.0	0.34	1.36	200
绝育母猫	2.5	0.34	0.85	140

成年公猫维持体重的能量需要减少较多,尤其是去势公猫,如不注意控制食量,很容易发胖。母猫妊娠时需要增加维持能量,泌乳母猫所需要的能量更多,哺乳高峰时,每天每千克体重热量的需要量可超过 1.05 MJ,此时即使饲喂不限量的合理配方饲料,母猫体重也会有下降的趋势。

2. 蛋白质 猫需要含高蛋白质的饲料,动物性蛋白质通常要比植物性蛋白质更适合猫,如肉、鱼、鸡蛋、肝脏、肾脏和动物的其他器官组织,可使猫生长发育快,身体健康,对疾病抵抗力强。

饲喂成年猫的干饲料中,蛋白质含量不应低于 21%,生长发育期的幼猫不应低于 33%。如果是含有 70%左右水分的湿性食物,饲喂成年猫时蛋白质含量不应低于 6%,幼猫不应低于 10%,最适宜蛋白质含量为 12%～14%。

3. 矿物质 成年猫每天需要的各种矿物质见表 7-3。

表 7-3 成年猫每天的矿物质需要量

矿物质名称	钠/mg	氯化钠/mg	钾/mg	钙/mg	磷/mg	镁/mg	铁/mg	铜/mg	碘/μg	锰/μg	锌/μg	钴/μg
每天需要量	20～30	1000～1500	80～200	200～400	150～400	80～110	5	0.2	100～400	200	250～300	100～200

注:钠为最小需要量;氯化钠是指食盐需要量;肉和鱼中含有适量的钾;镁在食物中常大量存在;铁应从血红蛋白中获得;肉中缺乏碘。

4. 维生素 猫需要的维生素主要有维生素 A、维生素 D、维生素 E、维生素 K、维生素 C 和 B 族维生素,这些物质存在于普通的饲料中。猫无法利用植物中的胡萝卜素合成维生素 A,只能从动物组织中取得所需的维生素 A。成年猫每天需要的各种维生素见表 7-4。

5. 牛磺酸 猫除必需氨基酸外还需牛磺酸,因为猫无法合成足量牛磺酸,要求食物中必须有大量的牛磺酸。牛磺酸只存在于动物肉类中,故猫必需食用动物肉类才能维持健康。

6. 水 猫的饮水量依据所食食物的形态而异。猫食用干饲料时,每日饮水量为 60～180 mL;食用罐装猫粮时,每日饮水量可能低到 0～50 mL,因为罐装猫粮中含水量高达 80%。家中必须随时供

Note

表 7-4　成年猫对各种维生素的需要量

维生素名称	维生素 A /(mg 或 IU)	维生素 D /IU	维生素 E /mg	维生素 B_1 /mg	维生素 B_2 /mg	烟酸 /mg	维生素 B_6 /mg
每天需要量	500～700 (1500～2100)	50～100	0.4～4.0	0.2～1.0	0.15～0.20	2.6～4.0	0.2～0.3
维生素名称	泛酸 /mg	生物素 /mg	胆碱 /mg	肌醇 /mg	维生素 B_{12} /mg	叶酸 /mg	维生素 C /mg
每天需要量	0.25～1.00	0.1	100	10	0.02	1.00	少量

注：①猫不能利用胡萝卜素；维生素 D 可在皮肤合成；猫能忍受大量饱和脂肪酸，在肠道可以合成必需脂肪酸；维生素 E 有调节多余不饱和脂肪酸成分的作用；②猫在泌乳或高热时，维生素 B_1 和维生素 B_2 喂量应增加；喂脂肪食物时需要增加维生素 B_2；机体不能合成烟酸，需要增加供给量；肌醇是猫必需的；③维生素 B_{12} 在肠道中可以合成；食物中含有叶酸；维生素 C 能代谢合成。

Note

应新鲜清洁的饮水。

（二）不同状态下猫的营养需要

1. 种公猫的营养需要 种公猫在非配种季节按一般成年种猫的维持需要量饲养即可，但在公猫配种期间，为了保持其旺盛的性欲、高质量的精液，必须加强饲养管理，食物应体积小，质量高，适口性好，易消化，富含丰富的蛋白质、维生素 A、维生素 D、维生素 E 和矿物质，如鲜瘦肉、肝脏、奶等。

2. 妊娠猫的营养需要 母猫一旦交配，其采食量几乎立即增加，同时体重也几乎由妊娠的第一天开始逐渐发生变化，这一点在哺乳动物中是独具特色的。妊娠时总平均增重（不考虑窝仔数）是配种前体重的 39%。

猫摄取能量的增加紧随体重的增加而变化；以体重为基础，就能量摄取来说，从成年的维持需要量（每千克体重 250～290 kJ）增加到妊娠期的每千克体重 370 kJ。钙磷比例需严格控制，因为仔猫骨骼发育的最早期在子宫内就开始了，同时蛋白质的需要量也稍高。

3. 泌乳母猫的营养需要 泌乳母猫的能量需要取决于小猫的数量和年龄，这两个因素将影响母猫的产奶量。母猫的能量需要几乎是维持期的 3～4 倍，因此要提供适口性好、易消化和含能量高的食物。因为猫需少量多次地吃食，所以自由采食的方式很可取，母猫也能有效地控制自己的能量摄取。由于母猫在产生乳汁时会损失大量的水分，故应供给充足的清洁饮水；应喂给泌乳母猫专门设计的食物，如某些维生素、矿物质及蛋白质的水平要更严格控制，食物的能量水平要增加。

4. 幼猫生长的营养需要 幼猫生长的前几周完全依靠母乳，无需另加食物。

从 3～4 周龄时起，幼猫开始对母猫的食物感兴趣。可给幼猫一些细碎的软食物或经奶或水泡过的干食物。食物可以是母猫的，也可以为幼猫特制。一旦幼猫开始吃固体食物，也就开始了断乳过程。幼猫逐渐吃越来越多的固体食物，7～8 周龄时，则完全断乳。

因为幼猫的生理功能尚未健全，所以建议供给高能食物，多次喂食；与幼犬不同，幼猫不喜欢吃得过饱，应让其自由采食；幼猫断乳时体重在 600～1000 g，公猫明显重于母猫，这种趋势将保持终生。

幼猫的食物不仅能量要高，蛋白质含量也要比成年猫高（约 10%），钙和磷的含量要严格保持在适宜水平，因过高或不足均会导致骨骼发育不正常；还要重点强调的是向均衡日粮中加入钙添加剂与喂给不平衡日粮一样会引起许多问题。牛磺酸在生殖和生长发育中的作用已被证实，生长期幼猫的食物中均应添加这种氨基酸。

6 月龄时，大多数幼猫的体重已达最大体重的 75%；因此，6 月龄后的猫适宜喂给成年猫的食物，喂食次数可以减少。

二、饲料

（一）常见饲料原料

（1）动物性饲料，是指来源于动物机体的一类饲料，因其含有丰富的蛋白质，故又称为蛋白质饲料。动物性饲料来源非常广泛，几乎所有畜禽的肉、内脏、血粉、骨粉等均可作猫的饲料。

（2）植物性饲料，猫的植物性饲料种类很多，如大米、大豆、玉米、大麦、小麦、土豆、红薯等。某些农作物加工后的副产品也可作猫的饲料，如豆饼、花生饼、芝麻饼、葵花籽饼、麦麸和米糠等。人们所吃的大米饭、面包、馒头、饼干、玉米饼等，猫也爱吃。适当给猫喂些蔬菜和青草，有利于猫的消化，还能补充维生素和矿物质。

（3）矿物质饲料，钠、氯、钙、磷、钾、镁、铁、锰、铜、碘、锌、钴等都是猫所需要的矿物质，需通过矿物质饲料补充。

（二）食物加工调制

目前我国绝大多数养猫者不为猫特别配制饲料，只在米饭中配以适量的鱼和肉，但为了使猫更加健康地发育，根据其营养需要，将各种饲料按一定比例配合，制成营养比较全面的日粮还是很有必要的。

在配制饲料前，饲料一般都要经过加工处理，目的是增加饲料的适口性，提高饲料的消化率，防

止有害物质对猫的伤害。猫吃食很挑剔，故饲料必须洗净，如食物污秽不洁，甚至是自己吃剩的食物，猫宁愿挨饿也不愿吃。各类肉食要煮熟，切成小块或剁成肉末，与其他饲料拌喂。生肉易使猫患寄生虫病或感染传染病，而太熟了又破坏蛋白质，损坏维生素，因此肉以半熟为宜。当然在某些情况下，如猫对烟酸的需求量增加时，可喂一些经检验合格的生肉。骨头可制成骨粉，可买也可自己制作。总之，无论配制何种饲料，原料一定要经过加工处理才可配制。

（三）商品性饲料类型

(1)按照含水量，商品性饲料可分为干燥型、半湿型和罐头型。

①干燥型饲料：干燥型饲料水分含量低，为7%～12%，它常制成颗粒状或薄饼状，易于长时间保存，不需冷藏。其主要由各种谷类、豆科植物籽实、动物性饲料、水产品，以及这些饲料的副产品、乳制品、脂肪或其他油类和矿物质、维生素添加剂加工制成。饲料干物质中含粗蛋白质32%～36%、粗脂肪8%～12%。用干燥型饲料喂猫时，要注意提供充足的新鲜清洁饮水。

②半湿型饲料：半湿型饲料含水分30%～35%，通常制成条状、饼状和颗粒状。其主要成分是动物性饲料、大豆产品、脂肪、维生素、矿物质和防腐、抗氧化等添加剂。半湿型饲料中粗蛋白质含量占干物质的34%～40%，粗脂肪占干物质的10%～15%。每包饲料量以一只猫一餐的食量为标准。打开后须及时给猫饲喂，以免腐败，尤其在炎热的夏季更应注意。

③罐头型饲料：罐头型饲料含水分72%～78%，营养齐全，适口性好。饲料干物质中含粗蛋白质35%～41%、粗脂肪9%～18%。除营养全面的全价罐头饲料外，也有单一型罐头饲料，如肉罐头、鱼罐头、肝罐头和蔬菜罐头等，养猫者可根据自己饲养的猫的口味及营养需要，加以选择和搭配。此类饲料使用方便，罐头打开后应及时给猫饲喂。

因为猫是肉食者，所以它们的主要能量及营养来自动物性蛋白质及脂肪，而不是碳水化合物。严格来说，若猫日常饮食中有足够的动物性蛋白质及脂肪，它们根本不需要碳水化合物。但市面上一般给猫食用的干燥型饲料往往含有大量谷物，以致碳水化合物含量高达40%。猫的身体结构并不善于处理大量碳水化合物，如猫日复一日地吃着干燥型饲料，摄入过多的碳水化合物，患上糖尿病及肥胖症的概率将大大提高。

(2)按照生熟度，商品性饲料可分为干型、生型、半熟型。

①干型饲料：营养全面，有磨牙的功效，可锻炼并清洁猫的牙齿，某种程度上具有口腔保健功效，味道单调。

②生型饲料：有各种口味，易消化吸收，要注意保质期。

③半熟型饲料：营养平衡，较软，适于幼猫和牙齿不好的老猫摄食，注意防止变质。

三、养殖条件

（一）环境条件

1. 空间　首先需要找一个面积合适的地方建育猫室，育猫室最好与家里人的活动区完全分开。这样才可以控制其温度、卫生条件、私密性、安全性以及对育种进行控制。所选地方应有充足的阳光，新鲜的空气，很安全，容易进出。如果潮湿不是问题的话，地下室也可以作为育猫室。

2. 空气　要有新鲜空气的流通。通风的设备有许多种，有的安装起来很容易，有的非常复杂和昂贵。最简单的一种是安装在窗框上的排风扇，既结实又安全。排风扇的种类很多，比较简易的是用于厨房或浴室的排风扇。

3. 光照　晒太阳可以促进猫体内的一些维生素的合成，可以让猫更健康。光照会影响猫的脑垂体，而脑垂体控制猫长毛或脱毛。因此，猫舍要有良好的光照或者提供人工光照。

（二）常见的养猫用具

猫窝可购买或自制。食具可选用三个硬塑料或瓷的碗(盆)，分别作食盆、水碗、牛奶碗。每只猫用自己的碗盆。每次喂完，应清洗干净，不要和家中其他碗盆放在一起。取一个盘子，铺上垫料，就是一个简易的猫便盆。

四、猫的饲养管理

（一）一般饲养管理原则

(1)饲喂猫应定时定量，防止猫暴饮暴食。成年猫一般每天饲喂1～2次。

(2)饲喂猫要固定场所和食具，确保环境安静。食具要清洁和无气味。

(3)猫喜食温热食物，食物温度以30～40 ℃为宜。

(4)给予充足饮水，让猫自由饮用。

(5)仔细观察猫的采食情况。发现猫有剩食或不食现象，要及时查明原因并采取措施。及时取走剩食以免猫养成不良习惯。

(6)发现猫用爪钩取食物或把食物叼到外边吃时，要立即制止，培养猫良好的采食习惯。

（二）不同阶段猫的饲养管理

1. 成年猫的饲养管理 成年猫饲料中要求含有较高的蛋白质，而对能量要求并不十分高，要控制进食量防止其发胖。要注意饲料的合理搭配。猫饲料中必须含有足够的牛磺酸和L-肉毒碱。

常为其梳理被毛和洗澡，可预防体外寄生虫、皮肤病。保持环境清洁。做好成年猫日常的眼、耳清洁与护理，定期修剪指甲。猫舍、猫笼、饮食用具等应经常清洗、定期消毒。猫舍设计应考虑到防寒、防暑、通风、透光、干燥、卫生及利于猫活动、攀登、晒太阳等。家庭养猫如不需要繁殖，应施行绝育手术。

2. 哺乳仔猫的饲养管理 对哺乳仔猫来说，出生后应及时吃上初乳，并做好保温工作。无论是冬季或夏季，都要设法让仔猫生活在较温暖环境中，低温往往是新生仔猫死亡的主要原因之一。循序渐进抓好断乳前的饲养管理。

初生仔猫10天后眼才睁开，这时要注意避免强光刺激。35天后，仔猫可随母猫吃少量食物。此时为了日后的断乳，应单独喂给仔猫适量的肉末和半流质食物。40天以后，应增加食物的供给量。7～8周龄时，就可以断乳。

3. 断乳幼猫的饲养管理 幼猫断乳后，饲养条件发生了明显变化，获得的母源抗体逐渐消失，而自身的免疫系统尚未完全建立起来，对外来病原侵袭的抵抗力很弱，易患各种疾病。此阶段，幼猫饲料中必须保证含有足够、新鲜、容易消化的蛋白质、维生素和矿物质等营养成分，动物性饲料不能低于日粮干物质总量的65%。

天气寒冷时，做好保暖防寒工作。气温较高时，注意防止饲料腐败变质，做好食具、水盆和猫舍、猫笼及周围环境的卫生工作，定期消毒。供给充足饮水，防止中暑。

对幼猫进行调教和训练，使其在固定地点大、小便，不随意上桌子及上床与人共寝。

（三）猫季节性管理

1. 春季 猫会频频外出、四处游荡择偶。应加强对猫的看管，防止外逃，同时把握好猫的最佳繁殖时机，帮助其寻找配偶，满足其求偶欲望，进行有目的的选配。春季为换毛季节，应经常为猫梳理被毛，保持被毛、皮肤的清洁，防止皮肤病的发生。

2. 夏季 猫日常管理的重点是注意饮食卫生，给猫提供一个干燥、凉爽、通风、无烈日直射的生活环境。

3. 秋季 昼夜温差较大，猫易受凉感冒。同时，秋季也是猫的繁殖季节，应像春季那样加强对猫的护理。为其提供营养全面、数量充足的食物，以增强体质。

4. 冬季 主要是逗引猫多运动，尽可能带猫到室外玩耍，多晒太阳，做好防寒工作。

任务训练

思考题

1. 简述妊娠猫和泌乳猫的营养需求。

Note

2.猫的一般饲养管理原则是什么？

3.简述断乳幼猫的饲养管理措施。

4.猫的商品性饲料有哪些？请对比各类商品性饲料的特点。

任务拓展

猫疾病防治

Note

模块二
特种禽类经济动物养殖技术

项目八　肉鸽养殖

任务一　生物学特性

扫码学
课件 8-1

任务描述

主要介绍肉鸽的形态特征、生物学特性等。

任务目标

▲知识目标

能说出肉鸽的形态特征和生物学特性。

▲能力目标

能正确判断肉鸽的生物学特性；能将肉鸽的生物学特性合理应用在饲养管理措施中。

▲课程思政目标

具备科学严谨的职业素养；具备立足专业，服务乡村振兴的思想意识。

▲岗位对接

特种禽类动物饲养、特种禽类动物繁殖。

任务学习

一、肉鸽的形态特征

肉鸽躯干呈纺锤形，身胸宽且肌肉丰满；头小，呈圆形，鼻孔位于上喙的基部，且覆盖有柔软膨胀的皮肤，这种皮肤称蜡膜或鼻瘤，幼鸽的蜡膜呈肉色，在第二次换毛时渐渐变白。眼睛位于头的两侧，视觉灵敏。颈粗长，可灵活转动；腿部粗壮，脚上有 4 趾，第一趾向后，其余 3 趾向前，趾端均有爪，尾部缩短成小肉块状突起，在突起上生有宽大的 12 根尾羽。肉鸽的羽色有纯白、纯黑、纯灰、纯红、黑白相间的“宝石花”“雨点”等。

二、肉鸽的生物学特性

（一）一夫一妻制的配偶性

成鸽对配偶是有选择的，一旦配对后，公母鸽总是亲密地生活在一起，共同承担筑巢、孵卵、哺育乳鸽、守卫巢窝等职责。配对后，若飞失或一只死亡，另一只需过很长时间才重新寻找新的配偶。

Note

（二）鸽子是晚成鸟

刚孵出的乳鸽（又称雏鸽），身体软弱，眼睛不能睁开，身上只有一些初生绒毛，不能行走和觅食。亲鸽以嗉囊里的鸽乳哺育乳鸽，需哺育一个月乳鸽才能独立生活。

（三）以植物种子为主食

肉鸽以玉米、稻谷、小麦、豌豆、绿豆、高粱等为主食，一般没有熟食的习惯。在人工饲养条件下，可以将饲料按其营养需要配成全价配合饲料，以“保健砂”（又称营养泥）为添加剂，再加些维生素，制成直径为 3～5 mm 的颗粒饲料，肉鸽能够适应并较好地利用这种饲料。

（四）鸽子有嗜盐的习性

鸽子的祖先长期生活在海边，常饮海水，故形成了嗜盐的习性。如果鸽子的食料中长期缺盐，会导致鸽的产蛋等生理功能紊乱。每只成鸽每天需盐 0.2 g，盐分过多会引起中毒。

（五）爱清洁和高栖习性

鸽子不喜欢接触粪便和污土，喜欢栖息于栖架、窗台和具有一定高度的巢窝。鸽子十分喜欢洗浴，炎热天气更是如此。

（六）适应性和警觉性

鸽子在热带、亚热带、温带和寒带地区均有分布，能在±50 ℃气温中生活，抗逆性特别强，对周围环境和生活条件有较强的适应性。鸽子具有较高的警觉性，若受天敌（鹰、猫、黄鼠狼、老鼠、蛇等）侵扰，就会发生惊群，极力企图逃离笼舍，逃出后便不愿再回笼舍栖息；在夜间，鸽舍内的任何异常响声，都会导致鸽群的惊慌和骚乱。

（七）记忆力和归巢性

鸽子记忆力极强，对方位、巢箱以及仔鸽的识别能力尤其强，甚至经过数年的离别，也能辨别方向，飞回原地，在鸽群中识别出自己的伴侣。对经常接触的饲养人员，鸽子也能建立一定的条件反射，特别是对饲养人员在每次饲喂中的声音和使用的工具有较强的识别能力，持续一段时间后，鸽子听到这种声音，看到饲喂工具后，就能聚于食器一侧，等待进食。相反，如果饲养人员粗暴，经过一段时间后，鸽子一看到他就纷纷逃避。

（八）有驭妻习性

鸽子筑巢后，公鸽就开始迫使母鸽在巢内产蛋，如母鸽离巢，公鸽会不顾一切地追逐、啄母鸽让其归巢，不达目标绝不罢休。这种驭妻行为与其多产性能有很大的相关性。

任务训练

一、选择题

1. 肉鸽生活习性的配偶性质是__________。

A. 一夫一妻制　　B. 一夫二妻制　　C. 一夫多妻制　　D. 其他

2. 每只成鸽每天的需盐量是__________。

A. 0.1 g　　B. 0.2 g　　C. 0.3 g　　D. 0.5 g

二、判断题

1. 肉鸽的羽色有纯白、纯黑、纯灰、纯红、黑白相间的“宝石花”“雨点”等。（　　）

2. 肉鸽是晚成鸟，乳鸽需哺育一个月才能独立生活。（　　）

3. 肉鸽以吃熟食为主，有吃熟食的习惯。（　　）

任务二　品　　种

扫码学
课件 8-2

任务描述

主要介绍肉鸽的品种。

任务目标

▲知识目标

能说出各类肉鸽的品种分类。

▲能力目标

能识别肉鸽主要品种。

▲课程思政目标

具备科学严谨的职业素养;具备立足专业,服务乡村振兴的思想意识。

▲岗位对接

特种禽类动物饲养、特种禽类动物繁殖。

任务学习

一、王鸽

王鸽,亦称"K 王鸽""落地王"和"美国王鸽",是世界上著名的肉鸽品种之一,在世界养鸽业,无论是数量还是分布范围,均名列前茅。王鸽于 1890 年在美国新泽西州育成,含有仑替鸽、贺姆鸽以及法国地鸽等血统。其突出外貌特征:胸圆如球,尾短而上翘,阔胸平头,胫光无毛,羽毛紧密,体型紧凑,毛色有白、银、灰、红、蓝、黄、紫、黑等,但以白色和银色为多。常见的有白羽王鸽(图8-1)、银羽王鸽。

二、法国地鸽(蒙丹鸽)

蒙丹鸽不善飞,喜行走,不高栖,又名地鸽。近一两个世纪以来,在南欧分布较广,与当地的原有鸽种杂交,形成明显的地理差异。从外貌上分,有毛冠型、平头型、毛脚型、光脚型;按产地分,有法国蒙丹鸽、白羽瑞士蒙丹鸽、意大利蒙丹鸽、印度蒙丹鸽、美国巨型毛冠鸽等。

(一)白羽瑞士蒙丹鸽

羽白色,体型较王鸽稍大,成鸽体重为 790～850 g。体躯较长,尾羽不上翘,性情温驯。3 周龄体重可达 500 g(图 8-2)。

(二)法国蒙丹鸽

法国蒙丹鸽又名法国地鸽。有光脚和毛脚两个变种,羽色多种,体躯短而浑圆,羽毛坚实,尾羽短而圆,上翘不明显。成鸽体重为 700～900 g。产卵、孵化、育雏性能良好,年产乳鸽 6～8 对,4 周龄乳鸽体重可达 750 g。

(三)美国巨型毛冠鸽

体型仅次于鸾鸽,体躯短而浑圆,站立时从颈到尾呈一直线。该品种的主要特征是头上有毛冠。羽色多样,白羽最受欢迎。

图 8-1　白羽王鸽

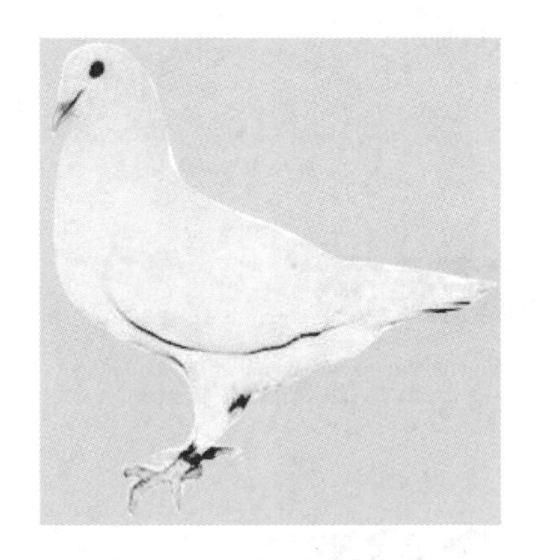

图 8-2　白羽瑞士蒙丹鸽

三、贺姆鸽

贺姆鸽原产于比利时、英国。该鸽头较圆，嘴短、鼻高与前额连成弧形，颈较细长，背较平而尾稍翘。毛色有白、灰、红、黑、花斑等色。成年公鸽体重 700～750 g，母鸽体重 650～700 g，4 周龄乳鸽体重 600 g。繁殖率高，育雏性能好，年产乳鸽 8～10 对，是培育新品种或改良鸽种的良好亲本（图 8-3）。

四、卡奴鸽

卡奴鸽，又称赤鸽、加奴鸽、卡伦鸽等，原产于法国的北部和比利时的南部，19 世纪传入美洲、亚洲各国。卡奴鸽是肉用型和观赏型的兼用鸽。其外观雄壮，胸阔，颈粗，有挺直之姿，短翼矮脚，头圆嘴尖，尾巴向地面倾斜。体型中等结实，羽毛紧凑，属中型级肉鸽。成年公鸽体重 650～750 g，母鸽体重 590～700 g，上市乳鸽体重在 550 g 左右。繁殖力强，年产乳鸽 10 对左右。喜集群，适应性差，抗病力差。就巢性强，受精孵化率高（图 8-4）。

图 8-3　贺姆鸽

图 8-4　卡奴鸽

五、仑替鸽（鸾鸽）

仑替鸽（鸾鸽）原产于意大利，是肉鸽品种中最大的一种，成鸽体重可达 1500 g，4 周龄乳鸽体重可达 800 g。繁殖力较强，年产乳鸽 8～10 对，但由于体型大，受精率、孵化率低，作为商品乳鸽生产效益不大，但供育成其他新品种效益较好。该鸽毛色较杂，有黑、白、银灰、灰二线等，以白色仑替鸽（图 8-5）最佳。

六、石岐鸽

石岐鸽产于我国广东省中山石岐街道。由王鸽、仑替鸽、蒙丹鸽等品种与本地品种杂交而育成。体型特征为体长、翼长、尾长，体呈芭蕉蕾形，大小与王鸽相似。平头光胫、鼻长喙尖、眼睛细小。繁殖力强，年产乳鸽 7～8 对，但其蛋壳较薄，孵化时易破。成年公鸽体重 750～800 g，母鸽体重 650～700 g，4 周龄乳鸽体重可达 600 g。石岐鸽毛色较多，以白色为佳品。

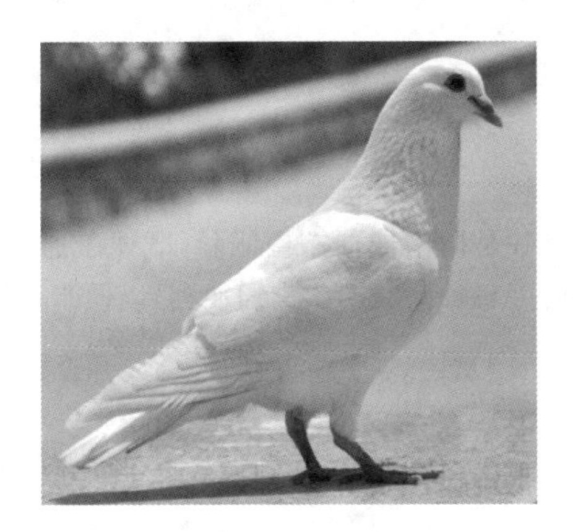

图 8-5　仑替鸽

任务训练

一、选择题

1. 王鸽作为世界上著名的肉鸽品种之一，原产自__________。

A. 中国　　B. 美国　　C. 英国　　D. 日本

2. 法国地鸽又称为__________。

A. 蒙丹鸽　　B. 贺姆鸽　　C. 卡奴鸽　　D. 王鸽

二、判断题

1. 贺姆鸽繁殖率高，育雏性能好，是培育新品种或改良鸽种的良好亲本。（　　）

2. 卡奴鸽喜集群，适应性差、抗病力差、就巢性强，受精孵化率高。（　　）

3. 石岐鸽产于我国广东省中山石岐街道。（　　）

任务三　圈舍建造

扫码学
课件 8-3

任务描述

主要介绍肉鸽的场地选择、圈舍的建造和常用的养鸽设备。

任务目标

▲知识目标

能说出各类肉鸽的场地选择、圈舍建造等特点和常用的养鸽设备。

▲能力目标

能科学合理进行肉鸽的场地选择、圈舍建造等。

▲课程思政目标

具备科学严谨的职业素养；具备立足专业，服务乡村振兴的思想意识。

▲岗位对接

特种禽类动物饲养、特种禽类动物繁殖。

Note

任务学习

一、场地选择

选择地势高燥,排水良好,最好是向南或向东南倾斜,既便于通风采光,又能做到冬暖夏凉的地方。水源充足,水质好,场地四周可栽种些树木。交通便利,以便于运输饲料、产品及粪便等物,保证供电。

二、鸽舍与鸽笼的建造

饲养肉鸽的规模和肉鸽生长阶段的不同,鸽舍的形式也不同。

(一)笼养式鸽舍

把种鸽成对关在一个单笼内进行饲养,将鸽笼固定放在鸽舍内。鸽笼用铁丝网制成,一般规格为 70 cm×50 cm×50 cm。笼中间用半块隔板将笼分为上下两层,便于种鸽在隔板上产卵,巢盆直径 25 cm,高 8 cm,便于高产鸽将孵化和育雏分开,防止受哺乳鸽影响下窝孵化。笼外挂饲槽、水槽、保健砂杯。

鸽舍可以是敞棚式的,周围用活动雨布遮挡,也可以在平房内,做成框架,重叠排放鸽笼。每一鸽笼下设活动承粪板,每天可及时清除粪便。笼养式的优点是鸽群安定,采食均匀,清洁卫生,便于观察和管理,鸽子受精率、孵化率及成活率都高,缺点是鸽子无法进行洗浴运动。

(二)群养式鸽舍

通常采用单列式平房,每幢鸽舍一般长 12～18 m,檐高 2.5 m,宽 1.1 m,内部用鸽笼或铁丝网隔成 4～6 小间,每个小间可饲养种鸽 32 对,或青年鸽 50 对,全幢可饲养种鸽 128～192 对,或养青年鸽 200～300 对,由 1 个人管理。每间鸽舍要前后开设窗户,前窗可离地低些,后窗要高些。在后墙距地面 40 cm 处开设两个地脚窗,以有利于鸽舍的通风换气。鸽舍的前面应有 1 m 宽的通道,每小间鸽舍的门开向通道。通道两面是宽 30 cm、深 5 cm 的排水沟。鸽舍的前面是运动场,其大小应是鸽舍面积的 2 倍,上面及其他三面均用铁丝网围住,门开在通道的两头。运动场的地面上应铺河沙,并且河沙要经常更换。饮水器可自制,即将瓶子灌满水,上扣一碗,迅速倒过来,往上提瓶子,到有小半碗水时将瓶子固定好。在窗户上方设栖板,以供鸽子登高休息。

在运动场外,要栽种上一些树木,或搭建遮阴棚,场内要安放浴盆(直径 36 cm,深 15 cm)供鸽子洗浴,洗浴后要及时倒掉污水。冬季注意保持鸽舍内温度,最好在 6 ℃以上。

(三)简易鸽舍

如果饲养规模小,把饲养肉鸽作为一项家庭副业,可以充分利用庭院空闲的地方。旧房空屋、阁楼房檐或楼顶阳台,可因陋就简地搭建鸽棚。只要能防风雨和防蛇、鼠、兽等危害即可。农村有些房屋带有过洞、门楼,也是养鸽的好场所,可加以充分利用。在北方,冬季气候严寒时,还应采取一定的保暖措施。

三、常用的养鸽设备

(一)饲槽

饲槽常用白铁皮、塑料或尼龙编织布做成,尤其是尼龙编织布饲槽,造价低,实用性强,适合于各种类型的鸽场。剪出宽约 30 cm 的尼龙布,两边向外折 1 cm 并缝好,长度根据鸽笼的行长而定,用铁丝或铜丝从两端穿起,拉紧固定在鸽笼上即可。

(二)水槽

水槽形状呈"U"形,上方开口,深约 10 cm,槽口宽 8～10 cm。这种水槽多用于单列鸽笼,也可用于双列鸽笼。用于单列鸽笼时,将水槽挂在鸽笼的背面,上面用纤维板斜盖住,防止粪便污染;用于双列鸽笼时,可与尼龙编织布饲槽联合安装。

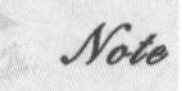

(三)保健砂杯(箱)

群养鸽的保健砂常放在长方形木箱中供给,箱的上方有一个能启闭的盖子,以防保健砂被粪便和羽毛污染,大小可根据鸽群数量而定。笼养种鸽除可用保健砂杯外,也可将食槽分成三段,中间放料,两头放保健砂。

任务训练

论述题

1. 简述肉鸽养殖时场地的选择。
2. 简述鸽舍的形式。

任务四 繁殖技术

扫码学
课件 8-4

任务描述

主要介绍肉鸽的繁殖技术。

任务目标

▲知识目标

能说出肉鸽的繁殖技术要点。

▲能力目标

能合理采取提高肉鸽繁殖率的措施;能对肉鸽繁殖过程中的异常情况进行处理。

▲课程思政目标

具备科学严谨的职业素养;具备立足专业,服务乡村振兴的思想意识。

▲岗位对接

特种禽类动物饲养、特种禽类动物繁殖。

任务学习

一、肉鸽的引种

肉鸽的引种包括通过种鸽的外形、体重、产蛋数选购种鸽,运输种鸽和公母配比等方面。

(一)鸽子的性别鉴定

1. 乳鸽性别的鉴定 ①在同窝的一对乳鸽中,一般总是公雏鸽争先受喂,身体较粗壮,生长速度稍快。②10 日龄后,公雏鸽反应敏感,羽毛竖起,能啄人手指。③公雏鸽显得特别活泼好斗,常先离开巢盆。④公雏鸽头较粗大,背视近似方形,喙宽厚而稍短,鼻瘤大而扁平,脚较粗实,母雏鸽则相反。⑤一般公雏鸽的最后 4 根主翼羽末端较尖,尾脂腺不开叉,脚骨较长且末端较尖,母雏鸽则相反。

2. 成鸽性别的鉴定 ①公鸽常主动追逐母鸽,并发出"咕、咕"声。②公鸽体型较大,活泼好斗,

鼻瘤较大，脚粗有力。③捉鸽子时公鸽抵抗较强烈，且发出连续的“咕、咕”声，瞬膜迅速闪动。④公鸽颈羽粗而有光泽，求偶时松开成一团圆状，尾羽常污秽；母鸽颈纤细而较软，尾羽较干净，且收得紧贴。⑤公鸽趾骨间距窄而紧，母鸽则宽而具弹性。

（二）鸽子的年龄鉴别

1. 羽毛 鸽子的主翼羽一共有 10 根，可以用来识别童鸽年龄。更换第一根的时候，基本上有 2 个月大，以后则是每隔半个月左右按顺序更换 1 根，换至最后一根的时候，肉鸽约 6 个月大，可以开始给它配对。鸽子的副主翼羽有 12 根，可以用来识别成鸽的年龄。副主翼羽每年都会按从里向外的顺序更换 1 根，更换后的羽毛颜色稍微深一点，看着也比以前整齐。

2. 喙 鸽子的年龄越大，喙的末端就越钝、越光滑。乳鸽喙的末端比较尖，又软又细又长；童鸽的喙则比较厚而且硬；成鸽的喙则比较粗短，末端硬而且滑。成鸽由于哺育乳鸽，嘴角会出现茧子，结成痂状。年龄越大，哺育的乳鸽越多，嘴角的茧子就越大，5 年以上的鸽子嘴角两边的结痂就会变粗而且像锯齿。

3. 鼻瘤 乳鸽的鼻瘤看上去红润，而童鸽则是浅红并且有光泽，2 年以上的鸽子，鼻瘤上有一层薄薄的粉白色外层，4 年以上的鸽子，鼻瘤不仅变得粉白，而且还比较粗糙，10 年以上的鸽子则鼻瘤显得干糊。鸽子的鼻瘤也随着年龄的增长而稍微地变大。

4. 脚 鸽子的脚都有颜色和鳞纹，可以根据脚的颜色和鳞纹的粗细来判断年龄。童鸽的脚颜色鲜红，鳞纹不明显，趾甲又软又尖。2 年以上的鸽子脚是暗红色的，鳞纹显得细而且明显，鳞片及趾甲变得有点硬，有点弯，5 年以上的鸽子脚的颜色变成紫红色，鳞纹又明显又粗，鳞片突出并且粗糙，上面还有一些白色的小鳞片，趾甲粗硬而且变曲。

5. 脚环 在鸽子一个月大的时候，基本上都带上了脚环，一般的鸽子只是标明号码（根据戴脚环的登记时间确定）。

6. 脚垫 青年鸽的脚垫软而滑，老龄鸽的脚垫厚而硬，粗糙，常偏于一侧。

（三）种鸽的选购技术

(1)应到品种纯度高、防疫措施完备、信誉好的正规鸽场购买肉鸽种苗。

(2)选购优良种肉鸽的标准：体型较大，胸宽而圆，性情温顺，羽毛丰满、柔软而光亮。

(3)种肉鸽公母性别比例应为 1∶1，鸽龄以 4～8 月龄为佳。

(4)在引种时要充分考虑和比较地域适应性，如气候、地理位置、饲料、保健砂、水质等内容。

购买种鸽既要易饲养又要成活率高。初养者往往喜选择体型大、价格高的大型品种，而大型品种饲养较困难、繁殖率低，不善育雏，经验不足者很难饲养好。初养者最好选择白羽王鸽，白羽王鸽在我国已饲养多年，该品系已适应我国各种气候，南至海南岛，北至黑龙江均可健康成长。

（四）种鸽的运输技术

1. 种鸽运输前的沐浴与饮水 种鸽运输前 3 天，若为 4～6 月龄的青年鸽，应给 0.2%敌百虫溶液沐浴，天气冷时中午沐浴 1 次，天气热时沐浴 2 次，第 2 次沐浴可用百毒杀稀释液。饮水中加入青霉素，每只 5000 U，连用 2 天。

2. 种鸽运输前的检疫 在启运前一天，通知本地区的兽医卫生检疫单位派人来对种鸽进行检疫，没有发现疫病情况时，由检疫部门出具种鸽检疫证明书。

3. 种鸽运输途中的注意事项 炎热天气可利用早晚及夜间行车，中午休息，并将鸽笼置于阴凉处，先喂水，再喂少量湿料。休息时间不能太长，注意避免因停车空气流通差造成中间缺乏空气、温度太高及闷死情况。寒冷天气运种鸽则利用白天行车，注意用汽车帆布遮好车厢，只留通风孔即可，以防种鸽伤风感冒及患气管炎。

4. 种鸽回场后的检疫 种鸽到达目的地后，应立即将种鸽放入阴凉、消过毒的青年鸽舍内，注意与场内原有的种鸽隔离饲养，至少观察检疫 3 周，没有发现任何疫情才可免于严格的隔离。

二、肉鸽的繁殖技术

(一)繁殖周期

肉鸽的一个繁殖周期大约为 45 天,分为配合期、孵化期、育雏期 3 个阶段。

1. 配合期 童鸽饲养 50 日龄便开始换第 1 根主翼羽,以后每隔 15～20 天换 1 根,换羽的顺序由内向外。一般换到 6～8 根新羽时性成熟,这时为 5～6 月龄(早熟的 4 个多月龄)。性成熟的种鸽会表现出求偶配对行为,配对可顺其自然,也可人工配对。将公母鸽配成 1 对关在 1 个鸽笼中,使它们相互熟悉,产生感情以至交配产蛋,这一时期称为配合期,大多数鸽子都能在配合期培养出感情,成为恩爱“夫妻”,共同生活,共同生产。此阶段为 10～12 天。为了延长种用年限,通常在 3 月龄左右(性成熟前)将公母鸽分开饲养,防止早配。适宜的配对年龄一般是 6 月龄左右。种鸽配对后,一周左右就开始筑巢产蛋。

2. 孵化期 孵化期是指公母鸽配对成功后,两者交配并产下受精蛋,然后轮流孵化至孵出乳鸽的阶段。孵化期 17～18 天。孵化工作由公母鸽轮换进行,公鸽负责早上 9 时至下午 4 时左右的抱窝工作,而其余时间则由母鸽抱窝。抱窝的种鸽有时因故离巢,另一只会主动接替。

3. 育雏期 育雏期指自乳鸽出生至能独立生活的阶段。种蛋孵化 17 天就开始啄壳出雏,如果啄壳痕迹呈线状,大多能顺利出壳,如呈点状,则极可能难产,这时可用水蘸湿胚蛋使壳质变脆,从而有利出壳;啄壳 20 h 后应人工剥壳助产。乳鸽出壳后,公母鸽随之产生鸽乳。乳鸽一直由双亲哺喂嗉囊食糜到 28 日龄左右才能独立生活。育雏头 10 天,嗉囊分泌物中含有大量蛋白质和消化酶,能满足乳鸽生长发育需要,而 10 日龄后呕哺的食糜基本上是软化的饲料,所以人工育雏一般从第 15 日龄左右开始,而前 10 天人工育雏是很难的,成活率很低。在这期间,亲鸽又开始交配,在乳鸽 2～3 周龄后,又产下一窝蛋,这一阶段需 20～30 天。在正常情况下,肉鸽的繁殖周期为 45 天,但若饲养管理技术好,繁殖周期可缩短至 30 天,饲养管理条件差的也有达 60 天或更长时间的。因此,要提高效益,就应不断改进饲养管理技术,缩短肉鸽的繁殖周期。

(二)配对

乳鸽出生至发育完善,约需 4 个月时间,有的早熟品种仅需 3 个月,这时,鸽子变得情态活跃,情绪不稳,凌晨叫声比寻常嘹亮,若公母放在一起,则相互撩拨,以喙相吻,此时鸽子已达到性成熟发情年纪,应及时放鸽交配。肉鸽繁殖有自然配对法和强制配对法。自然配对法就是让成群的鸽子各自找对象,双双成对。强制配对法是按配种计划将公、母鸽强制放入笼中,可起到严防近亲繁殖的作用。实施人工配对时可以人为地将选择好的公、母鸽放在一个笼中,在笼的中间先用铁丝网隔开,使公、母鸽经过隔窗相望,互相熟悉,经过几天,公、母鸽亲近时,抽去隔窗即配成对。配对成功后套上脚号移至种鸽舍的鸽笼中。一般实行老公鸽或母鸽与年轻的母鸽或公鸽配对,其子代遗传品质较好。

(三)筑巢

配对后的肉鸽第 1 个行动就是筑巢。一般公鸽去衔草(也可由鸽主事先筑巢);笼饲时可设塑料巢盆,上加铺一麻袋片。公鸽开始时严厉限制母鸽行动,或紧追母鸽,至产出第 2 个鸽蛋时停止上述跟踪活动。

(四)交配

在正式交配前,鸽子均有一些求偶行为,以公鸽为主,表现为头颈伸长,颈羽竖立,颈部气囊膨胀,尾羽展开成扇状,频频点头,发出“咕、咕”声,跟在母鸽后亦步亦趋;或以母鸽为中心,做出画圈步伐,逐渐靠拢母鸽。如母鸽愿意,会将头靠近公鸽颈部,有时还从公鸽嗉囊中吃一点食物,表示亲热。经一番追逐、挑逗、调情、接近后,便行交配。

(五)产蛋

一般每窝连产 2 个蛋。第 1 个是在第 1 天下午或傍晚时产下,第 2 天停产,于第 3 天中午再产下第 2 个蛋。

（六）孵化

孵化的时间多在产蛋后开始，公、母鸽轮流孵蛋。公鸽在上午 9 时左右替换母鸽出来吃料、饮水，然后下午 4 时左右再由母鸽进去孵蛋，直至第 2 天上午由公鸽接班。

三、繁殖过程中异常情况的处理

（一）全公或全母

若配对后两鸽经常打架，或两鸽低头、鼓颈，相互追逐，并有“咕、咕”的叫声，则可能 2 只全为公鸽；若两鸽配对后连续产蛋 3～4 个的，则可能 2 只全为母鸽，应将配错的同性鸽拆开重配。

（二）“同性恋”

若配对后两鸽感情很好，但 1 个多月仍未产蛋，应仔细观察是否为 2 只公鸽“同性恋”，若是，应立即将其拆开。

（三）产蛋异常

若每窝产蛋 1 个，或产沙壳蛋，应供给足够营养水平的饲料和成分齐全的保健砂。

（四）破蛋或不孵蛋现象

初产鸽往往情绪不稳定，性格较烈，或鸽子有恶习常踩破蛋，或弃蛋不孵，或者频频离巢，使孵化失败，导致死精或死胚。这时应调换鸽笼，改变其生活环境。

（五）母鸽不成熟或一方恋旧

有些公、母鸽配对确实无误，但两者感情不和，母鸽拒绝交配，公鸽强行交配失败，就会不断追打母鸽。应检查母鸽是否成熟，若母鸽尚未成熟，不到育龄，可重换发情的母鸽配对。也有可能配对的公、母鸽有一方在配对前已有“对象”，对眼前的“对象”没有感情，出现这种情况时，可先在笼的中间加放一块铁丝网，将两鸽隔开，使彼此可以看到，但接触不到，经过 2～3 天就能培养出感情。

（六）群养鸽公母比例不适宜

在群养鸽中，如果公鸽多于母鸽，鸽群会出现争偶打架的现象，导致打斗受伤或交配失败。

（七）不抱窝

新开产种鸽不会抱窝的现象较常见，只要及时清除巢中粪便，垫上麻袋片，放一些羽毛、杂草和鸽蛋（最好是无精蛋）引孵，两三次后种鸽便会自动抱窝。经育雏种鸽不抱窝时，可用布遮盖鸽笼创造一个安静环境或变换到另一个笼子。若采取多种措施后种鸽仍不抱窝的可淘汰或让其专门生蛋，让保姆鸽孵化。

（八）抱空窝

对抱空窝 2 个月以上不产蛋的应拆掉蛋巢，或更换到光线较亮的鸽笼，也可肌注雌激素或雄激素。若以上措施均无效果，应及时淘汰。

四、提高繁殖率的措施

（一）选择优良种鸽

理想的高产种鸽年繁殖乳鸽 8～10 对，至少应为 6 对，否则获利很少，另外，种鸽的性情是否温顺，对孵化和育雏影响很大，一般性情温顺的种鸽，孵化、育雏能力也较强。

（二）选择体重大的种鸽配对生产

在肉鸽生产中，要求种鸽年产乳鸽 6 对以上，生产的乳鸽个体要大，体重超过 600 g。一般体重大的种鸽，生产的乳鸽体重也较大。因此，要生产出符合要求的乳鸽，应选择体重较大的种鸽配对。

（三）加强饲养管理

在饲养管理中要注意饲料、保健砂的营养全面，并充分供给；保证供给清洁、充足的饮水；保证鸽舍安静，少惊动孵蛋鸽，以降低损耗率和雏鸽死亡率。

(四)缩短换羽期

在选种时应注意选择换羽期短或在换羽期继续产蛋的鸽子留种,这是提高肉鸽繁殖率的有效措施。

任务训练

一、选择题

1. 肉鸽的一个繁殖周期大约为__________。

A. 30 天　B. 45 天　C. 50 天　D. 60 天

2. 理想的高产种鸽年繁殖乳鸽__________。

A. 3~5 对　B. 5~6 对　C. 8~10 对　D. 10~15 对

3. 公母种肉鸽的性别比例应为__________。

A. 1∶1　B. 1∶2　C. 2∶1　D. 1∶3

二、判断题

1. 肉鸽的一个繁殖周期分为配合期、孵化期、育雏期 3 个阶段。(　　)

2. 若肉鸽产蛋异常,每窝产蛋 1 个,或产沙壳蛋,应供给足够营养水平的饲料和成分齐全的保健砂。(　　)

任务五　饲 养 管 理

任务描述

主要介绍肉鸽的饲养管理特点等。

扫码学
课件 8-5

任务目标

▲**知识目标**

能说出各类肉鸽的营养需要、饲养标准特点。

▲**能力目标**

能科学合理地进行肉鸽的日常管理及日粮配制。

▲**课程思政目标**

培养学生科学严谨的职业素养;培养学生立足专业,服务乡村振兴的思想意识。

▲**岗位对接**

特种禽类动物饲养、特种禽类动物繁殖。

任务学习

一、肉鸽的日粮配制

(一)常用饲料原料

肉鸽的日粮主要由以下几类饲料组成。

Note

1. 植物性蛋白质饲料　植物性蛋白质饲料主要有豌豆、蚕豆、绿豆和黑豆等。

2. 动物性蛋白质饲料　动物性蛋白质饲料常用的有鱼粉、虾粉、血粉、肉骨粉等。

3. 能量饲料　能量饲料包括玉米、稻谷、大米、小米、高粱、大麦和小麦等碳水化合物饲料及油菜籽、芝麻和花生等脂肪饲料。脂肪饲料在肉鸽长羽期日粮中不可缺少，其用量虽小，但对增强羽毛光泽极为重要。

4. 青饲料　青饲料常用的有白菜、菠菜、胡萝卜和嫩绿牧草等。这些饲料中含有丰富的叶绿素、胡萝卜素及其他各种维生素，是肉鸽所需各种维生素的主要来源。

5. 矿物质饲料　矿物质饲料主要有贝壳粉、骨粉、蛋壳粉及微量元素添加剂。这些饲料中含有钙、磷、钾、铁、锌、硫、锰等矿物质，是肉鸽正常生长发育、增强抗病力必不可少的。

6. 特种饲料　特种饲料包括抗生素、酶制剂等。

（二）肉鸽的日粮配方

(1)要按鸽子的品种、年龄、用途、生理阶段、生产水平等不同情况，确定其营养需要量，制订饲养标准，然后根据饲养标准选择饲料，进行搭配。

(2)要控制好日粮的体积。既要保证营养水平又要考虑食量，一般肉鸽 1 天内耗料 30～60 g，如果日粮中粗纤维含量较大，则易造成体积较大，肉鸽按正常量食入时，不能满足其营养需要。因此，一般粗纤维的含量应控制在 5%之内。

(3)要多种饲料搭配，发挥营养的互补作用，使日粮的营养价值高且适口性好，提高饲料的消化率和生产效能。

(4)要求饲料原料无毒、无霉变、无污染，不含致病微生物和寄生虫。要尽可能考虑利用本地的饲料资源，同时考虑到原料的市场价格，在保证营养的前提下，降低饲料成本。

在国内许多鸽场采用饲料原料组配喂鸽子，现介绍几种饲料配方以供参考。

配方 1：稻谷 50%，玉米 20%，小麦 10%，绿豆和其他豆类 20%。

配方 2：玉米 40%，豌豆 30%，稻谷 20%，小麦 7%，菜籽 3%。

配方 3：玉米 30%，糙米 20%，大麦 10%，高粱 10%，绿豆 15%，豌豆 10%，菜籽 5%。

配方 4：玉米 50%，豌豆 25%，稻谷 25%。

配方 5：玉米 30%，糙米 18%，小麦 10%，高粱 10%，豌豆 17%，绿豆 10%，火麻仁 5%。

配方 6：玉米 35%，豌豆 26%，绿豆 6%，高粱 10%，小麦 12%，稻谷 6%，火麻仁 5%。

随着养禽业的飞速发展，多数家禽饲养都采用了全价配合饲料。肉鸽饲养使用全价配合饲料，是今后肉鸽集约化发展的必然趋势。

（三）肉鸽保健砂的配制与使用

保健砂即矿物质饲料，含有鸽子所必需的矿物质，用于补充日粮中矿物质的不足。主要成分为沙砾、深层红土、石粉、石膏、骨粉、贝壳粉、蛋壳粉、石灰石、木炭、食盐，有的还加入龙胆草、甘草、金银花、三氧化二铁等。

1. 保健砂的配制　保健砂的配方很多，每个鸽场都有自己的配方，而且互相保密，其中的成分有的有十多种，有的仅有几种，每种成分在配方中的百分比差异很大。

参考配方一：贝壳粉 37%、熟石灰 7%、木炭 1%、盐 5%(冬季 4%，夏季 5%～6%)、细沙 30%、黄泥 20%。

参考配方二：贝壳粉 30%、熟石灰 15%、木炭 1%、盐 5%、细沙 23%、黄泥 26%。另加龙胆草 25 g、甘草 25 g、三氧化二铁 50 g。

参考配方三：贝壳粉 30%、熟石灰 2%、砖末 2%、木炭粉 3.5%、食盐 4%、生长素 2%、龙胆草 0.7%、二氧化铁 0.2%、多种维生素 0.2%、赖氨酸 1.5%、大麦粉 0.6%、微量元素 0.5%、红土 20%、细沙 32.8%。

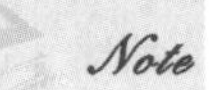

2. 保健砂的使用　保健砂的配制量一般按所养鸽子的多少来估算，以 3～5 天配 1 次为好，配得

过多，存放太久，会导致某些活性物质在存放期就失效。配好的保健砂应装入容器密封好，以免老鼠跨爬，灰尘和绒毛等掺入。从饲喂某种类型保健砂到改喂另一种类型的保健砂，必须有一个过渡期。一般需10天左右，否则会导致部分鸽子消化不良。从哺乳期第二周龄的后3～4天至第三周龄的这段时间内，一定要给种鸽供足保健砂，以保证下一窝蛋蛋壳的形成。这期间除为形成正常的蛋壳做好钙、磷的积蓄准备外，种鸽还要保证本身和两只乳鸽对保健砂各种成分的需要。

保健砂的优势，要经过一段时间的应用方能判断，不宜随便更改，若经过饲养观察认为效果是好的，应稳定使用。检查某种保健砂的优势，可以从如下方面考虑：一是蛋壳质量的优劣、畸形蛋比率的高低以及种蛋孵化的效果；二是种鸽饲料消化是否正常、有无消化道疾病；三是种鸽的健康、乳鸽的生长发育以及鸽群的成活率如何。

3. 保健砂使用注意事项 使用土霉素、四环素治疗鸽子胃肠道疾病时，要禁用保健砂，因为保健砂中的石粉、骨粉、贝壳粉和蛋壳粉等钙制剂，影响铁的吸收，会降低药效。饲喂菠菜时，不能再喂保健砂，因菠菜中含有草酸，易与钙结合为不溶性草酸钙，阻碍鸽子机体对钙的吸收。有的在饲喂时加入维生素、氨基酸等或得病时拌入药物做群体预防治疗，但应注意鸽群数量，控制好量，并保持新鲜，现配现用。

二、肉鸽的饲养管理的一般原则

（一）饲喂原则

1. 定时定量投喂饲料 每天要定时定量给肉鸽投喂饲料。每天投喂2次，即上午8时和下午4时各投喂1次，每次每对种鸽投喂45 g，育雏期种鸽中午应多投喂1次，投喂量视乳鸽大小而定，一般乳鸽10日龄以上的上午、下午各喂70 g，中午喂30 g。

2. 全天供给充足清洁的饮水 肉鸽通常是先吃饲料后饮水，没有饮过水的种鸽是不会哺喂乳鸽的。一对种鸽日饮水量约300 mL，育雏期种鸽的饮水量会增加1倍以上，热天饮水量也相应增多。因此，应整天供给肉鸽清洁卫生的饮水，让其自由饮用。

3. 定时定量供给保健砂 保健砂应每天定时定量供给，应在上午喂料后才喂给保健砂，即每天9时供给新配保健砂1次。每对种鸽每次供给15～20 g，育雏期种鸽可增加供给量，青年鸽和非育雏期种鸽则减少供给量，10日龄以上的乳鸽每日约采食15 g。当要改变保健砂的类型时，必须有10天左右的过渡期，让肉鸽逐渐适应新换的保健砂。

（二）管理原则

1. 搞好清洁卫生 群养鸽每天都要清除粪便，笼养种鸽每3～4天清粪1次。

2. 勤于观察 对肉鸽的采食、饮水、排粪等情况认真观察，做好每天的查蛋、照蛋、并蛋和并雏工作，并做好必要的记录。

3. 定时洗浴 天气暖和时每天洗浴1次，炎热时2次，天气寒冷时，每周1～2次。单笼笼养的种鸽洗浴较困难，洗浴次数可少些，可每年安排1～2次专门洗浴，并在水中加入敌百虫等药物，以预防和杀灭体外寄生虫。洗浴前必须让鸽子饮足清水，以防鸽子饮用洗浴用药水。

4. 定期消毒 水槽、饲槽除每天清洁外，每周应消毒1次。鸽舍、鸽笼及用具在进鸽子前可用2∶1的甲醛和高锰酸钾熏蒸消毒；舍外阴沟每月用生石灰、漂白粉或敌敌畏等消毒并清理，乳鸽离开亲鸽后，应清洁消毒巢盆以备用。

5. 保持鸽舍环境安静 保持鸽舍环境安静，谢绝外来人员参观，工作人员进出鸽舍及打扫卫生和投喂饲料时，动作要轻巧，并严禁其他动物进入鸽舍内。

6. 保持鸽舍环境干燥 经常保持鸽舍干燥，尤其是在梅雨季节，更要做好除湿防潮工作。经常保持舍内通风透气。在梅雨季节或回潮季节要关闭门窗，并在舍内放置生石灰吸湿。

7. 严格执行卫生防疫制度 定期检疫，并根据本地区、本场的实际情况，及常见鸽病发生的年龄及流行季节等制订疫病预防措施，发现病鸽，及时隔离治疗。

三、乳鸽的饲养管理

乳鸽是指4周龄内的幼鸽。其特点是体型大、营养丰富、药用价值高，是很好的滋补营养品。肉质细嫩味美，为血肉品之首。

（一）常规饲养管理

1. 留种乳鸽及时戴上脚环 当乳鸽达到1周龄时，如果需要留种，要给乳鸽戴上脚环，脚环上标注出生日期、体重及编号。

2. 加强乳鸽的饲喂 乳鸽出壳后宜喂小粒饲料以利于消化，如绿豆、糙米、小粒玉米、小麦、芝麻、油菜籽等。饲料要清洁、无霉变。要增加乳鸽的饲喂次数，延长每次的饲喂时间，使亲鸽有充足的采食时间和哺喂时间。

3. 加强乳鸽护理，使两只乳鸽均匀生长 一对乳鸽一大一小，应给较小乳鸽喂一些保健砂加强胃的吸收能力。或者及时将大的那只乳鸽暂时隔离，让弱小的那只获得较多的哺喂料。也可以把两只乳鸽的栖位调换。经过几天，两鸽体重相近时就不必再特殊照顾。

4. 加强单仔鸽的调整 一对乳鸽中途死亡1只或只孵出1只仔鸽，可将仔鸽放到相同日龄或相近日龄的另一窝单仔鸽窝里。这一过程应在夜间进行，以防啄伤。乳鸽出壳3日内不要惊动种鸽，以防其踩死乳鸽。不要让粪便污染乳鸽。

5. 防止乳鸽消化不良 乳鸽阶段，根据亲鸽喂食成分不同可分3个时期。0～4日龄的乳鸽完全靠亲鸽哺喂；5～8日龄，在乳鸽料中夹有部分经过软化发酵的饲料；9日龄以后，亲鸽全部给乳鸽吐喂原颗粒饲料。因此，在后两个时期饲料调制不当，易引起消化不良，出现嗉囊积食和炎症。除对亲鸽饲喂助消化药外，可对乳鸽单独补喂维生素 B_1 和酵母片来帮助消化。

6. 注意饮水的清洁 每天早晨清扫鸽舍后将水槽洗净，盛上洁净饮水。每隔4～5天将水槽用0.2%高锰酸钾溶液清洗消毒，将0.01%～0.02%高锰酸钾溶液供种鸽饮用，可预防乳鸽胃肠炎和嗉囊炎。

7. 及时出售商品乳鸽 25～28日龄的商品乳鸽即可上市销售。

（二）乳鸽的人工哺育技术

1. 鸽乳的特点 亲鸽在孵蛋和哺育乳鸽期间分泌催乳素，促使嗉囊产生鸽乳。孵化至第8天，催乳素开始产生并起作用，至第16天，嗉囊开始分泌鸽乳，并持续至乳鸽两周龄。鸽乳呈微黄色乳汁状，与豆浆相似。鸽乳的状态和营养成分随乳鸽日龄的增大而变化。第1～2天的鸽乳，呈全稠状态；第2天的鸽乳，含水分64.3%，蛋白质18.8%，脂肪2.7%，灰分1.6%，铁2.6%，还有消化酶、抗体、激素及微量元素；第3～5天的鸽乳，呈半稠状态，乳中可见细碎的饲料；第6天以后的鸽乳，呈流质液体，并与半碎饲料混合在一起。

2. 人工鸽乳的配制 1～2日龄的乳鸽，可用新鲜消毒牛奶，加入葡萄糖及消化酶，配制成全稠状态的人工鸽乳饲喂；3～4日龄的乳鸽，可用新鲜消毒牛奶或奶粉，加入熟鸡蛋黄、葡萄糖及蛋白酶等，配成稠状的人工鸽乳饲喂；5～6日龄的乳鸽，可在稀粥中加入奶粉、葡萄糖、鸡蛋、米粉、复合维生素B及消化酶，制成半稠状人工鸽乳饲喂；7～10日龄的乳鸽，可在稀饭中加入奶粉、葡萄糖、米粉、面粉、豌豆粉及消化酶、酵母片，制成半稠状流质乳液饲喂；11～14日龄的乳鸽，用稀饭、豆粉、葡萄糖、麦片、奶粉及酵母片等，配成流质料饲喂；15～20日龄的乳鸽，可用玉米、高粱、小麦、豌豆、绿豆、蚕豆等磨碎后，加入奶粉及酵母片，配制成半流质料饲喂；21～30日龄的乳鸽，可用玉米、高粱、小麦、豌豆、绿豆、蚕豆等磨成较大颗粒的料，加入奶粉及酵母片，再用开水配制成浆状料饲喂；30日龄以后的乳鸽，可放玉米、高粱、豌豆等原料让其慢慢啄食，经1～3天后，乳鸽会根据自己的需要采食饲料。

3. 鸽子的人工哺育技术 1～3日龄的乳鸽，用20 mL的注射器，吸入配好的人工鸽乳，每次喂量不宜太多，每天喂4次。4～6日龄的乳鸽，可用小型吊桶式灌喂器饲喂。6日龄以后的乳鸽，可用吊桶式灌喂器，或气筒式哺育器，或脚踏式填喂机，或吸球式灌喂器饲喂。一般每天饲喂3次，每次

Note

不可喂得太多，以防消化不良。乳鸽上市前7～10天改用配合饲料人工肥育。

四、童鸽的饲养管理

留为种用的乳鸽在性成熟配对前，即1～2月龄时，称为童鸽。此时期是肉鸽离开亲鸽的照料，自己独立生活的开始和过渡的时期，其对新的环境有一个适应的过程，身体的功能也发生较大的变化，因此，童鸽的管理更需要认真、细心。

（一）小群饲养

刚离开亲鸽的童鸽，生活能力还不强，有的采食还不熟练，因此，童鸽最好采用小群饲养，防止相互争食打斗，弱小的童鸽吃不足、吃不到蛋白质饲料。有条件的养殖场可建设专用的童鸽舍和网笼，一般每平方米养6只，也有的养殖场将童鸽养殖在鸽笼内，每笼3～4只。

（二）饲喂技术

当童鸽刚刚被转移到新鸽舍时，有些对新的环境不适应，情绪不稳，不思饮食。但不必担心，让它饿几个小时至十几个小时之后，见到其他鸽子在饲槽中得到食物，也会跟着采食饲料。对于童鸽，应尽量供给颗粒较细、质量好的饲料，最初几天可用开水将饲料颗粒浸泡软化后饲喂，便于童鸽消化吸收。由于童鸽采食量较小，饲料中蛋白质饲料的比例应稍高，以满足其生长发育需要。童鸽期饲料供应可以不限量，但应注意少添勤喂。

童鸽消化功能较差，有的童鸽吃得太饱，容易引起积食，可灌服酵母片帮助消化。保健砂的供应一般每只童鸽每天5 g左右，定时供应，保健砂颗粒不宜过大，可添加适量酵母粉和中草药粉，既帮助消化，又增强抵抗力。

（三）环境控制

舍内环境温度一般控制在25 ℃左右，避免强风直吹，冬季可用红外线灯泡加热增温。夏季控制蚊子叮咬，最好用纱窗阻挡，也可用灭蚊剂喷洒驱除，但要注意避免童鸽大量吸入引起中毒。每周至少进行一次环境消毒，每周可在饮水中加入维生素，每2周可用含0.01%～0.02%高锰酸钾溶液的饮水消毒，预防病害发生。

（四）第二次选种

挑选发育好，筋骨健壮结实，符合本品种性状的童鸽做第一次选种。对于留种用的童鸽，在45日龄后应适当增加其运动量，可通过挑逗让童鸽多运动。在55日龄左右，童鸽开始更换主翼羽，这时再进行一次选留，根据个体发育情况，对不符合种用条件的童鸽予以淘汰。对留种用的青年鸽进行新城疫、禽流感疫苗免疫接种。

五、青年鸽的饲养管理

青年鸽指从童鸽至6月龄这一阶段的鸽子，是鸽子生长的重要阶段。

（一）及时调整饲粮构成，促进青年鸽换羽

2月龄的青年鸽，由于正处在换羽高峰，对能量饲料需求增加，为此，要提高配方中能量饲料比例，使之占85%左右，同时为促进羽毛更新，可使火麻仁的用量增至5%～6%。

（二）挑选育成鸽并对公母分群饲喂

由于育成鸽第二性征的出现，活动能力越来越强，此时，可进行选优去劣，公母分开饲喂，以保证鸽子均匀发育。

（三）及时转群，加强青年鸽体质锻炼

青年鸽活泼好动，是鸽子一生中生命力最旺盛的阶段，这时应及时转入离地网养或地面平养，力求让它多晒太阳，尽情运动，以增强体质。

（四）做好限饲和控光工作，防止鸽子过肥、早熟

青年鸽代谢旺盛，易采食过量，导致过肥，影响种用价值，应做好限饲工作。每天可喂料3次，每

Note

次喂料量以半小时吃完为宜。但保健砂应充足供应，每天用量为3～4 g。为了防止青年鸽早熟，除限饲外，还应加强光照管理，避免此期光照时间和强度的增加。应根据当地自然光照时间，采用减少或维持恒定的办法控制光照。

（五）加强卫生防疫及驱虫工作

由于青年鸽多群养，接触地面和粪便机会多，易感染体内外寄生虫及其他疫病，应及时对青年鸽进行免疫接种及驱虫。同时，还要加强舍内卫生消毒工作。在保健砂中要适当增加龙胆草等药用量，饮水中有计划地加入抗生素，并对鸽子按免疫程序及时做好各种免疫接种工作。鸽舍应隔周带鸽消毒1次，饲槽、水槽应3～5天消毒1次，以确保鸽群健康无病。

（六）选优去劣，做好配对工作

6月龄的青年鸽大多已成熟，其主翼羽大部分更换到最后一根，这时应结合配对，选优去劣，做好配对工作。

六、种鸽的饲养管理

（一）配对期种鸽的饲养管理

在6.5月龄配对较好，要选择体型、体重相似，毛色一致的公、母鸽配对。配对后经常产无精蛋的应重配。配对后不生蛋的可对公鸽肌注丙酸睾酮5毫克/次，3～5天后再肌注1次；或口服维生素E，每只一粒。配对后不融洽、常打架的也应重配，重配后要把双方隔离到互相看不见的地方。

（二）孵化期种鸽的饲养管理

肉鸽配对后10～15天开始产蛋，产蛋前2天在蛋巢中放上麻袋片或短稻草、松针草。孵蛋期间防止雨水侵入，种蛋如经水泡或沾了水胚胎都会死亡。要防止垫料污湿，若污湿则应及时更换。注意种蛋不要离开亲鸽腹羽，天热时减少垫草，多开窗户，用凉水冲地或喷雾降温；天冷时增加垫料，注意保暖，6 ℃以下加温保暖。孵化后5天和第12天时各照蛋1次，及时取出无精蛋和死胚蛋；第17～18天时检查出雏情况，对出壳困难的要人工剥壳助产，并且只剥1/3以下的蛋壳。

（三）育雏期种鸽的饲养管理

育雏期应给予营养较高的饲料，要求饲料蛋白质含量达18%，日喂5～6次。对不会哺育的种鸽要进行调教；及时诊治有病的种鸽；亲鸽有病不能哺育或因故死亡，应将其乳鸽合并到其他日龄相同或相近的窝中；在乳鸽15日龄左右时，应将其从巢盆中移到笼底的垫片上，清洗、消毒巢盆后放回原处。

（四）换羽期种鸽的饲养管理

在此期间，除高产种鸽继续产蛋外，其他普遍停产。若普遍停产，可降低饲料的蛋白质含量，并减少给料量，促使鸽群在短时间内尽快换羽，换羽后期应及时恢复饲料的充分供应，并提高饲料的蛋白质含量，促使种鸽尽快产蛋。淘汰生产性能较差、体弱有病及老龄少产的种鸽，补充优良的种鸽。同时，对鸽笼及鸽舍内外环境进行一次全面的清洁消毒，创造一个清新的生产环境。

任务训练

一、选择题

1.乳鸽达到________周龄时，如果需要留种，则此时要给乳鸽戴上脚环。

A. 1　　B. 2　　C. 3　　D. 4

2.在________日龄左右，童鸽开始更换主翼羽，这时可进行二次选种，根据个体发育情况，对不符合种用条件的童鸽予以淘汰。

A. 20　　B. 35　　C. 55　　D. 100

Note

3.________时期的鸽子，出现第二性征逐渐明显、爱飞好斗、争夺栖架、早配等情况。

A. 乳鸽　　B. 肉鸽　　C. 童鸽　　D. 青年鸽

二、判断题

1. 使用土霉素、四环素治疗鸽子胃肠道疾病时，要禁用保健砂。(　　)

2. 25～28 日龄的商品乳鸽则可上市销售。(　　)

3. 种鸽在 4、5 月龄配对较好。(　　)

技能五　鸽子饲养管理常见操作技术

技能目标

会正确捉、持鸽子，掌握鸽子的公母鉴别技术。

动物场所

(1)动物：不同饲养时期的肉鸽若干。

(2)场所：鸽子饲养场。

技能步骤

一、捉鸽子方法

笼内捉鸽子时，先把鸽子赶到笼内一角，用拇指搭住鸽背，其他四指握住鸽腹，轻轻将鸽子按住，然后用食指和中指夹住鸽子的双脚，使头部向前，往外拿。

鸽舍群内抓鸽子时，先决定抓哪一只，然后把鸽子赶到舍内一角，两手高举，张开两掌从上往下，将鸽子轻轻压住。注意不要让它扑打翼羽，以防掉羽。

二、持鸽子方法

让鸽子的头对着人胸部，用右手抓住鸽子后，用左手的食指与中指夹住其双脚，把鸽腹部放在手掌上，用大拇指与无名指及小指由下向上握住翅膀，用右手托住鸽胸。

三、鸽子的公母鉴别

1. 乳鸽的性别鉴定

(1)在同窝的一对乳鸽中，一般总是公雏鸽争先受喂，身体较粗壮，生长速度稍快。

(2)10 日龄后，公雏鸽反应敏感，羽毛竖起，能啄人手指。

(3)公雏鸽显得特别活泼好斗，常先离开巢盆。

(4)公雏鸽头较粗大，背视近似方形，喙宽厚而稍短，鼻瘤大而扁平，脚较粗实，母雏鸽则相反。

(5)一般公雏鸽的最后 4 根主翼羽末端较尖，尾脂腺不开叉，脚骨较长且末端较尖，母雏鸽则相反。

2. 成鸽的性别鉴定

(1)公鸽常主动追逐母鸽，并发出“咕、咕”声。

(2)公鸽体型较大，活泼好斗，鼻瘤较大，脚粗有力。

(3)捉鸽子时公鸽抵抗较强烈，且发出连续的“咕、咕”声，瞬膜迅速闪动。

(4)公鸽颈羽粗而有光泽，求偶时松开成一团圆状，尾羽常污秽；母鸽颈纤细而较软，尾羽较干净，且收得紧贴。

(5)公鸽趾骨间距窄而紧，母鸽则宽而具弹性。

Note

技能考核

<table>
<tr><th colspan="2">评价内容</th><th>配分</th><th>考核内容及要求</th><th>评分细则</th></tr>
<tr><td colspan="2" rowspan="4">职业素养与
操作规范
（40 分）</td><td>10 分</td><td>穿戴实训服；遵守课堂纪律</td><td rowspan="4">每项酌情
扣 1～10 分</td></tr>
<tr><td>10 分</td><td>实训小组内部团结协作</td></tr>
<tr><td>10 分</td><td>实训操作过程规范</td></tr>
<tr><td>10 分</td><td>对现场进行清扫；用具及时整理归位</td></tr>
<tr><td rowspan="4">操作过程
与结果
（60 分）</td><td>抓取鸽子</td><td>15 分</td><td>能够在规定的时间内正确捉鸽子、持鸽子</td><td rowspan="4">每项酌情
扣 1～15 分</td></tr>
<tr><td>乳鸽公母鉴定</td><td>15 分</td><td>能够在规定的时间内准确识别所给出的乳鸽的性别</td></tr>
<tr><td>成鸽公母鉴定</td><td>15 分</td><td>能够在规定的时间内准确识别所给出的成鸽的性别</td></tr>
<tr><td>整体检查</td><td>15 分</td><td>能够在规定的时间内用教师指定的方法对鸽子进行顺利流畅的检查</td></tr>
</table>

技能报告

（1）通过捉鸽子、持鸽子的练习，写出要点和体会。

（2）准确进行 5 对肉鸽的公母鉴别，写出鉴别要点和体会。

项目九 鹌鹑养殖

任务一 生物学特性

扫码学
课件 9-1

任务描述

主要介绍鹌鹑的分布、形态特征和生活习性等。

任务目标

▲知识目标

能够科学合理说出鹌鹑的形态特征和生活习性。

▲能力目标

能根据鹌鹑生活习性制定饲养管理措施。

▲课程思政目标

具备科学严谨的职业素养;具备立足专业,服务乡村振兴的思想意识。

▲岗位对接

特种禽类动物饲养、特种禽类动物繁殖。

任务学习

一、鹌鹑的分布

野生鹌鹑在全世界分布于欧洲、非洲及亚洲的北部、中部、西部和南部等,在我国分布于东北、新疆,迁徙遍布全国。我国自 1952 年引进鹌鹑家养品种,现已在四川、黑龙江、吉林、辽宁、青海、河北、河南、山东、山西、安徽、云南、福建、广东、海南及台湾等地养殖。

野生鹌鹑一般在平原、丘陵、沼泽、湖泊、溪流的草丛中生活,有时亦在灌木林活动。喜欢在水边草地上营巢,有时在灌丛下做窝,巢构造简单,一般在地上挖一浅坑,铺上细草或植物枝叶等,巢内垫物厚约 1.5 cm,很松软,直径约 10 cm,每窝产蛋 7～14 个,卵呈黄褐色。鹌鹑主要以植物种子、幼芽、嫩枝为食,有时也吃昆虫及无脊椎动物。受惊时仅做短距离飞翔,又潜伏于草丛中。迁徙时多集群。

二、鹌鹑的形态特征

鹌鹑体型较小,羽色多较暗淡,通常雌雄相差不大。喙粗短而强,上喙先端微向下曲,但不具钩;鼻孔不为羽毛所掩盖。翅稍短圆。尾长短不一,尾羽或呈平扁状,或呈侧扁状。跗跖裸出,或仅上部被羽,雄性常具距,但有时雌雄均有;趾完全裸出,后趾位置较高于其他趾(图 9-1)。

Note

图 9-1　鹌鹑

母鹌鹑咽喉部黄白色，颈部、胸部有暗褐色斑点，脸部毛色浅。公鹌鹑头顶到颈部暗褐色，脸部毛色呈褐色，胸腹部毛色呈黄褐色，无斑点。

三、鹌鹑的生活习性

（一）喜干怕湿

鹌鹑喜欢干燥的生活环境，对潮湿的环境较为敏感，湿度较大的生活环境容易引起疾病。一般要求鹌鹑舍的空气相对湿度在 50%～60%。

（二）喜温怕寒

鹌鹑的生长和产蛋均需较高的温度，喜欢生活在温暖的环境，对寒冷的环境适应能力较差。成年鹌鹑生长最适温度范围为 20～25 ℃。温度低于 10 ℃，产蛋率剧降，甚至停产与脱毛；温度高于 30 ℃，鹌鹑食欲减退，产蛋率下降，蛋壳变薄。雏鹌鹑生长最适温度范围为 35～37 ℃。

（三）喜光怕暗

鹌鹑喜欢光线充足的环境，黑暗的环境不利于其生长发育和繁殖。

（四）胆小怕惊

鹌鹑（尤其是 5 日龄前的鹌鹑）富于神经质，对周围的任何刺激反应均很敏感，对光照强度、时间、色泽和气温变化等各种应激，反应迅速而激烈，容易出现骚动、惊群、啄癖等，要求保持安静的环境。

（五）抗病力强

鹌鹑的抗病力强，在正常情况下很少生病，因而成活率较高。

（六）食性较杂，消化力强

鹌鹑食谱极广，以谷物籽实为主食，喜食颗粒状饲料、昆虫与青饲料，但大多数养殖场都喂干粉料。善于连续采食，黄昏时采食特别积极。有明显的味觉嗜好，对饲料成分的改变非常敏感。在人工饲养条件下，鹌鹑每天不停采食，每小时排粪 2～4 次。

（七）酷爱沙浴

鹌鹑酷爱沙浴，野生鹌鹑通过沙浴清洁羽毛，并清除体表寄生虫。在笼养条件下，若未设置沙浴盘，也会用喙摄取粉料撒于身上进行沙浴，或在食槽内沙浴。

（八）善于啼鸣

公鹌鹑善于啼鸣，声音高亢。母鹌鹑叫声尖细低回。

（九）无就巢性

鹌鹑无就巢性，这是人工选择的结果，需借助人工孵化来繁殖后代，人工孵化期仅 17 天。

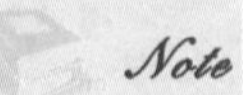

(十)择偶严格

公、母鹌鹑均有较强的择偶性,且交配多为强制性行为。公鹌鹑精液少而精子密度大。

任务训练

一、选择题

1. 成年鹌鹑生长最适温度范围为__________。

A. 5～15 ℃　　B. 15～25 ℃　　C. 20～25 ℃　　D. 25～35 ℃

2. 雏鹌鹑生长最适温度范围为__________。

A. 5～15 ℃　　B. 15～25 ℃　　C. 20～25 ℃　　D. 35～37 ℃

二、判断题

1. 鹌鹑喜欢光线充足的环境,黑暗的环境不利于其生长发育和繁殖。(　　)

2. 鹌鹑无就巢性,需借助人工孵化来繁殖后代。(　　)

任务二　品　　种

扫码学
课件 9-2

任务描述

主要介绍鹌鹑的品种。

任务目标

▲**知识目标**

能说出各类鹌鹑的品种分类。

▲**能力目标**

能识别主要的鹌鹑品种。

▲**课程思政目标**

具备科学严谨的职业素养;具备立足专业,服务乡村振兴的思想意识。

▲**岗位对接**

特种禽类动物饲养、特种禽类动物繁殖。

任务学习

一、蛋用型品种

蛋用型品种主要有日本鹌鹑、朝鲜鹌鹑、中国白羽鹌鹑、黄羽鹌鹑、自别雌雄配套系鹌鹑等。

(一)中国白羽鹌鹑

中国白羽鹌鹑系采用朝鲜鹌鹑的突变个体——隐性白色鹌鹑,由北京市种鹌鹑场、南京农业大学、北京农业大学等单位经过7年的反交、筛选、提纯、纯繁等工作培育而成。其体型略大于朝鲜鹌鹑。初时体羽呈浅黄色,背部有深黄条斑。初级换羽后即变为纯白色,其背线及两翼有浅黄色条斑。

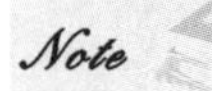

具有自别雌雄的特点，将该品种作为杂交父本，褐色鹌鹑作为杂交母本，其杂种一代的羽色如果是白色则为雌鹌鹑，是褐色则为雄鹌鹑。该品种有良好的生产性能，成年公鹌鹑体重约 145 g，母鹌鹑体重约 170 g，开产日龄约 45 天，年平均产蛋率 80%～85%，年产蛋量 265～300 枚，蛋重 11.5～13.5 g。有抗病力强、自然淘汰率低、性情温顺等诸多优点。

（二）日本鹌鹑

日本鹌鹑系利用中国野生鹌鹑为育种素材，经 65 年反复改良培育而成，主要分布在日本、朝鲜、中国及印度一带。日本鹌鹑体型较小，成年鹌鹑全身羽毛多呈栗褐色，夹杂黄黑色相间的条纹，头部黑褐色，头顶有淡色直纹 3 条，腹部色泽较浅。公鹌鹑胸部羽毛红褐色，其上镶有少许不太清晰的小黑斑点；母鹌鹑胸部为淡黄色，其上密缀着黑色细小斑点。初生雏鹌鹑重 6～7 g，成年公鹌鹑体重约 110 g，母鹌鹑约 130 g。35～40 日龄开产，年产蛋量 250～300 枚，平均蛋重 10.5 g。蛋壳上有深褐色斑块，有光泽；或呈青紫色细斑点或斑块，壳表为粉状而无光泽。

（三）朝鲜鹌鹑

朝鲜鹌鹑系由朝鲜采用日本鹌鹑培育而成，分为龙城品系和黄城品系，体重较日本鹌鹑稍大，羽色基本相同，目前在我国养鹌鹑业中所占比例极大，覆盖面广。朝鲜鹌鹑适应性好，生产性能高，但由于缺乏系统选育，整齐度稍差。初生雏鹌鹑重约 7.5 g，成年公鹌鹑体重 125～130 g，母鹌鹑约 150 g。45～50 日龄开产，年产蛋量 270～280 枚，蛋重 11.5～12 g。

（四）黄羽鹌鹑

由南京农业大学发现并培育成的隐性黄羽新品系。体羽黄色，体型与朝鲜鹌鹑相似。成年母鹌鹑体重约 144 g，约 50 日龄开产，年产蛋约 285 枚，平均蛋重 11.43 g，料蛋比约为 2.7∶1，具有伴性遗传特性，为自别雌雄配套系的父本。

（五）自别雌雄配套系鹌鹑

利用伴性遗传的原理，北京市种鹌鹑场与南京农业大学合作培育了自别雌雄配套系鹌鹑。鹌鹑白羽纯系含有隐性基因，且具有伴性遗传的特性。以白羽公鹌鹑与栗羽朝鲜母鹌鹑配种时，其子一代羽色性状分离，可根据羽色判断雌雄。羽色为浅黄色（初级羽换后为白色）均为雌性，而栗羽者均为雄性。这种自别雌雄配套系的产生，在生产、科研和教学上都有着很大的经济价值和学术价值。

二、肉用型品种

肉用型品种主要有法国巨型肉鹌鹑、莎维麦特肉用鹌鹑、美国法老肉用鹌鹑等。

（一）法国巨型肉鹌鹑

法国巨型肉鹌鹑由法国迪法克公司育成。我国于 1986 年引进。该鹌鹑体型大，体羽呈黑褐色，间杂有红棕色的直纹羽毛，头部黑褐色，头顶有 3 条淡黄色直纹，尾羽短。公鹌鹑胸羽呈红棕色，母鹌鹑胸羽为灰白色，并缀有黑色斑点。种鹌鹑约 42 日龄开产，平均产蛋率为 70%～75%，蛋重 13～14.5 g；35 日龄平均活重 200 g，料重比约为 2.13∶1，成年体重为 300～350 g。

（二）莎维麦特肉鹌鹑

莎维麦特肉鹌鹑由法国莎维麦特公司育成。我国 1992 年引进。体型硕大，其生长发育与生产性能在某些方面已超过法国巨型肉鹌鹑。种鹌鹑 35～45 日龄开产，年产蛋 250 枚以上，蛋重 13.5～14.5 g，公母配比为 1∶2.5 时，种蛋受精率可达 90%以上，孵化率超过 85%。35 日龄平均体重超过 220 g，料重比约为 2.4∶1；成年鹌鹑最大体重超过 450 g。

（三）美国法老肉用鹌鹑

美国法老肉用鹌鹑为美国育成的肉用型品种。成年鹌鹑体重 300 g 左右，仔鹌鹑经育肥后 5 周龄活重达 250～300 g。生长发育快，屠宰率高，鹌鹑肉品质好。

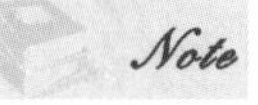

任务训练

一、选择题

1. 有抗病力强、自然淘汰率低、性情温顺等诸多优点的鹌鹑品种是__________。

A. 日本鹌鹑　　B. 朝鲜鹌鹑　　C. 中国白羽鹌鹑　　D. 黄羽鹌鹑

2. 中国白羽鹌鹑系采用__________的突变个体——隐性白色鹌鹑，由北京市种鹌鹑场、南京农业大学、北京农业大学等单位经过 7 年的反交、筛选、提纯、纯繁等工作培育而成。

A. 日本鹌鹑　　B. 朝鲜鹌鹑　　C. 中国白羽鹌鹑　　D. 黄羽鹌鹑

二、判断题

1. 朝鲜鹌鹑系由朝鲜采用日本鹌鹑培育而成，分为龙城品系和黄城品系。（　　）

2. 美国法老肉用鹌鹑，生长发育快，屠宰率高，鹌鹑肉品质好。（　　）

3. 利用伴性遗传的原理，由北京市种鹑场与南京农业大学合作培育了自别雌雄配套系鹌鹑。（　　）

任务三　圈舍建造

扫码学
课件 9-3

任务描述

主要介绍鹌鹑养殖的场址选择、圈舍形式、圈舍建造等。

任务目标

▲知识目标

能说出鹌鹑养殖的场址选择、圈舍形式、圈舍建造的特点。

▲能力目标

能科学合理进行鹌鹑的场址选择、圈舍建造。

▲课程思政目标

具备科学严谨的职业素养；具备立足专业，服务乡村振兴的思想意识。

▲岗位对接

特种禽类动物饲养、特种禽类动物繁殖。

任务学习

家庭饲养可因地制宜，因陋就简。规模养殖场地最好选择在背风向阳，排水方便，地势高燥、坐北朝南、光线微暗、通风良好的地方。

一、鹌鹑舍

鹌鹑舍顶棚宜高，北墙宜厚，窗户大小适中且设有铁丝网罩。一般小型鹌鹑舍，正面宽 3.6 m，进深 1.8 m，前墙高 2.4 m，后墙高 2.1 m，屋顶单坡式，可饲养 500～800 只鹌鹑。中型鹌鹑舍，正面宽 5.4 m，进深 3.6 m，可饲养 1000～3000 只。大型鹌鹑舍，正面宽 7.2 m，进深 4.5 m，高 2.7 m，可

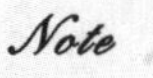

饲养5000～6000只。

二、鹌鹑笼

根据生长发育的要求，鹌鹑笼可分为三种。

（一）雏鹌鹑笼

供饲养0～3周龄的雏鹌鹑。多采用5层叠层式，每层高度约20 cm。顶网用网眼10 mm×10 mm的塑料网或塑料窗纱，侧壁用10 mm×15 mm的铜板网，底网用10 mm×10 mm的金属丝网，下配白铁皮或玻璃钢粪盘，门在育雏笼的两侧。饮水器和料槽放置在笼内，供喂料、供水、免疫等需要。笼的热源可为电热丝或电热管、红外线灯泡等。

（二）种鹌鹑笼

应能适应配种，保证不破蛋，饲料不溅失；不损伤鹌鹑头，且便于安装和操作。结构有叠式、全阶梯式、半阶梯式等。以叠式和全阶梯式（图9-2）多用，每层双列四单元结构，层宽60 cm，长100 cm，中高24 cm，两侧28 cm；笼底方形，网眼2 cm×2 cm，食槽和水槽安放在笼外集蛋槽上方，食槽和水槽的间隔以2.7 cm为宜，以便于鹌鹑伸头采食。每单元养公鹌鹑2只、母鹌鹑5～7只或产蛋鹌鹑10只。

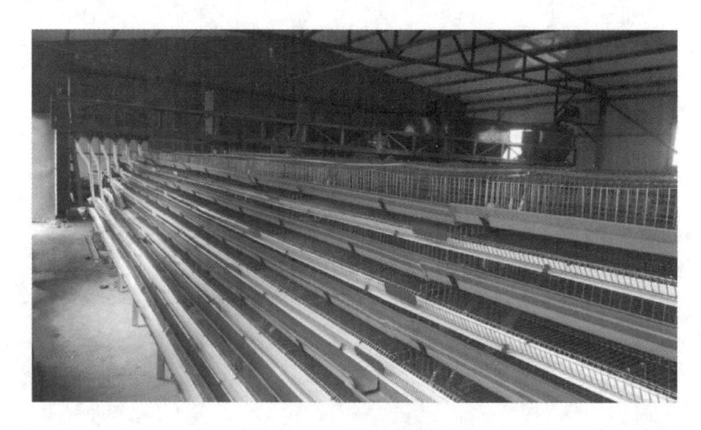

图9-2　种鹌鹑笼

（三）产蛋鹌鹑笼

产蛋鹌鹑笼专供饲养产蛋鹌鹑之用。产蛋鹌鹑笼与种鹌鹑笼的不同之处如下。

（1）由于不需放养种公鹌鹑，中间的隔栅可以取消，做成一个大间（60 cm×100 cm）。

（2）每层笼的高度可降低到20 cm之内。

（3）料槽与集蛋槽同在一边，水槽设在另一边。

三、水槽与料槽

随鹌鹑的生长发育不同，水槽和料槽均可分为育雏及成鹌鹑两种规格。

（一）育雏阶段

育雏阶段的水槽和料槽都要放入育雏笼内，因常拿进拿出，必须做得灵巧耐用，易换水、换料，又便于冲洗消毒。一般可用白铁皮或木板制作，要求宽7.5 cm，四边高2 cm，长度可自由选择。放入饲料后，槽内最好还置一块1.5 cm×1.5 cm的铁丝网罩，防止雏鹌鹑把饲料扒到槽外，造成浪费。水槽总长为料槽的1/2，采用白铁皮制作。如不用水槽，可用市售饮水器，不仅可避免雏鹌鹑淹死，还保证了饮水清洁。

（二）成鹌鹑阶段

雏鹌鹑10日龄后喂水、喂料都可在笼外进行。水槽、料槽可用塑料、白铁皮等制成，其长短的截取基本与笼体的长度相等。由于成鹌鹑吃食时有钩食甩头的习惯，易造成饲料的浪费，因此，制作成鹌鹑料槽时要从结构上考虑，克服或减少饲料的浪费。

任务训练

论述题

1. 简述鹌鹑养殖时场地的选择。
2. 根据生长发育的要求，鹌鹑笼可分为哪几种？

任务四　繁殖技术

扫码学
课件 9-4

任务描述

主要介绍鹌鹑的雌雄鉴别、选种、繁殖特点、配种等。

任务目标

▲知识目标

能说出各类鹌鹑的繁殖技术要点。

▲能力目标

能科学合理制定提高鹌鹑繁殖率的措施，能对鹌鹑繁殖过程中异常情况进行处理。

▲课程思政目标

具备科学严谨的职业素养；具备立足专业，服务乡村振兴的思想意识。

▲岗位对接

特种禽类动物饲养、特种禽类动物繁殖。

任务学习

一、鹌鹑的选种

（一）鹌鹑的雌雄鉴别

1. 翻肛鉴别　在鹌鹑刚出壳的 24 h 内，可以进行翻肛鉴别，具体方法：在 100 W 的白炽灯下，用左手将雏鹌鹑的头朝下，背紧贴手掌心，并轻握固定；再以左手的拇指、食指和中指捏住鹌鹑体，接着用右手的食指和拇指将雏鹌鹑的泄殖腔上下轻轻拨开；如果泄殖腔的黏膜呈黄赤色且下壁的中央有一小的生殖突，即为雄性；反之，如果呈淡黑色且无生殖突，则为雌性。超过 24 h 之后，就要依据外形特征对雏鹌鹑进行雌雄鉴别。

2. 外形鉴别

(1)公鹌鹑体形紧凑，体重较小；母鹌鹑体形宽松，体重较大。

(2)公鹌鹑的胸部和面颊部羽毛为红褐色，而母鹌鹑的胸部和面颊部羽毛为灰色带黑色斑点。

(3)公鹌鹑的鸣叫声短促高朗，母鹌鹑的鸣叫声细小低微。

(4)公鹌鹑的肛门上方有红色膨大的性腺，而母鹌鹑的肛门上方无膨大部。

(5)公鹌鹑粪便往往有白色泡沫状附着物，而母鹌鹑的粪便中无泡沫状附着物。

Note

(二)种鹌鹑的选择

1. 优良种鹌鹑的标准

(1)选留的公鹌鹑应体质健壮,头大,喙色深而有光泽。眼大有神,叫声高亢响亮。趾爪伸展正常,爪尖锐。羽毛覆盖完整而紧密,颜色深而有光泽。肛门呈深红色,以手轻轻挤压,有白色泡沫状物出现。体重达到 115～300 g。

(2)选留的母鹌鹑体大,头小而圆,喙短而结实。眼大有神,活泼好动,颈细长,体态匀称,羽毛色彩光亮。胸肌发达,皮薄腹软,觅食力强。耻骨与胸骨末端的间距 3 指宽,左右耻骨 2～3 指宽。体重达到130～150 g。如有条件,可统计开产后 3 个月的平均产蛋率,以达到 85%以上者为选留标准。

2. 选种时间 种鹌鹑从出雏到利用必须经过 3 次选择。

第一次选择:出雏完成后,淘汰弱雏、残雏及病雏。

第二次选择:在 20 日龄左右进行,挑选后公母分开饲养。公鹌鹑特征明显的可留作后备种用,留种数量要比实际需要多一些,以备第三次选择。

第三次选择:在 50 日龄进行,这时公母鹌鹑都已发育成熟,品种特征已完全显现,发育良好的公鹌鹑叫声洪亮,眼大有神,尾下部红球大而呈紫红色,用手挤压有丰富的泡沫状物。把那些发育不良、体质差、体重过大或过小的公鹌鹑选出并淘汰。种用母鹌鹑在选择过程中保留符合品种的特征,如肛门松软、有光泽、有弹性,趾骨间可容二指,坚决淘汰身体瘦小,带白痢病和两性鹌鹑。两性鹌鹑的特征是体大、肉肥、毛亮、脚黄、肛门收缩、触摸无弹性、趾骨间距离窄,外观既有公鹌鹑特征,又有母鹌鹑特征。

二、繁殖技术

(一)配种时间

公鹌鹑出壳后 30 天开始鸣叫,逐渐达到性成熟。母鹌鹑出壳后 40～50 天开产,开产后即可配种。但是过早配种会影响公鹌鹑的发育和母鹌鹑产蛋,一般种公鹌鹑为 90 日龄,种母鹌鹑在开产 20 天之后开始配种较适宜,配种后 7 天开始留种蛋,受精率较高。利用期限为种公鹌鹑 4～6 月龄,种母鹌鹑 3～12 月龄。

(二)配种方式

根据生产目的的不同,可分别采用单配(1 雄 1 雌)或轮配(1 雄 4 雌,每天在人工控制下进行间隔交配);小群配种(2 雄 5～7 雌);大群配种(10 雄 30 雌)。生产证明小群配种优于大群配种,小群配种公鹌鹑斗架较少,母鹌鹑的伤残率低,受精率高。种鹌鹑入笼时,应先放入公鹌鹑,使其先熟悉环境,占据笼位顺序优势,数日后再放入母鹌鹑,这样可防止众多母鹌鹑欺负公鹌鹑,是防止受精率低的措施之一。

鹌鹑的配种以春、秋季为佳,此时气候温和,种鹌鹑的受精率和孵化率均较高,也有利于雏鹌鹑的生长发育,若具备一定的温度条件,可常年交配。

(三)孵化

鹌鹑的孵化有自然孵化与人工孵化两种,自然孵化可选择雌鸡、雌鸽代孵,人工孵化是采用鸡的孵化器,孵化选择好的鹌鹑种蛋。孵化温度较鸡雏孵化温度略高,一般室温 20～23 ℃即可,相对湿度应保持 65%左右。

在快出雏的前两天,湿度增至 80%以上,且常通风换气,在胚胎将破壳出雏时,每隔 2～3 h,以 90°角转动种蛋,帮助胚胎活动。种蛋孵化期为 17 天,雏鹌鹑出壳后 12 h 开始喂料,饮水,最晚不超过 24 h。

任务训练

一、选择题

1. 种鹌鹑从出雏到利用必须经过__________次选择。

A. 1 次　　B. 2 次　　C. 3 次　　D. 4 次

2. 公鹌鹑出壳后__________达到性成熟。

A. 20 天　　B. 26 天　　C. 30 天　　D. 38 天

二、判断题

1. 在鹌鹑刚出壳的 24 h 内，可以进行翻肛鉴别。(　　)

2. 母鹌鹑出壳后 40～50 天开产，开产后即可配种。(　　)

任务五　饲养管理

扫码学
课件 9-5

任务描述

主要介绍鹌鹑的营养需要、饲养标准、饲养管理特点等。

任务目标

▲知识目标

能说出各类鹌鹑的营养需要、饲养标准、饲养管理特点。

▲能力目标

能科学合理地进行鹌鹑的日常管理及日粮配制。

▲课程思政目标

具备科学严谨的职业素养；具备立足专业，服务乡村振兴的思想意识。

▲岗位对接

特种禽类动物饲养、特种禽类动物繁殖。

任务学习

一、鹌鹑饲养阶段划分

根据鹌鹑的生长发育与生理特点，蛋用型品种大致可以划分为三个饲养阶段。

(一) 育雏期

育雏期指初雏出壳至 4 周龄阶段，此阶段的鹌鹑称为雏鹌鹑。

(二) 育成期

育成期指 5～6 周龄阶段，此阶段的鹌鹑称为仔鹌鹑。

(三) 产蛋期

产蛋期指 7～57 周龄阶段，此阶段的鹌鹑称为成年鹌鹑。

二、鹌鹑的日粮配制

鹌鹑饲料可分植物性和动物性两大类。植物性饲料包括玉米、小麦、碎米、米糠、麦麸、花生饼、大豆饼、青菜等。动物性饲料有鱼粉、肉骨粉等。

饲料的配合应注意以下几点。

(一) 根据鹌鹑不同的生长期配合饲料

参考配方示例见表 9-1。

Note

表 9-1 鹌鹑各期饲料配方示例 单位:g

项目	育雏期(0～20 日龄)	育成期(21～40 日龄)	产蛋率		
			80%以上	70%～80%	70%以下
玉米	40	40	53	52	52
豆饼	25	20	21	20	18
麸皮	6	10	—	3	—
鱼粉	14	11	13	12	10
谷子	7	8	—	—	—
小麦	5	8	4	—	—
次粉	—	—	—	5	10
花生饼	—	—	3	3	3
稻糖	—	—	—	—	2
骨粉	2	2	3	2	2
贝壳粉	0.7	0.7	2	2	2
石粉	—	—	1	1	1
食盐	0.3	0.3	—	—	—

注:①各期每 100 kg 日粮加硫酸锰 15 g、硫酸锌 10 g、多种维生素 10 g。②产蛋期日粮中如用进口鱼粉,每 100 kg 另加食盐 30 g、沙粒 2～3 kg。

蛋用型鹌鹑日粮配合总的要求是“两头高,中间低”,即雏鹌鹑和成年鹌鹑日粮中蛋白质和代谢能含量都比较高,而仔鹌鹑日粮中的含量降低一些,以达到控制鹌鹑性成熟,使其不至于过早开产的目的。开产日龄控制在 45～50 日龄之间为好。仔鹌鹑日粮可减少一些鱼粉等蛋白质饲料,增加糠麸类饲料使用量。

需特别指出的是,产蛋期日粮蛋白质含量还应根据产蛋率水平和不同季节气温高低差异进行适当调整。夏季高温,采食量减少,应适当增加日粮中蛋白质含量;冬季低温,采食量增加,应适当降低日粮中蛋白质含量,增加能量饲料比例,这样才能做到既充分发挥成鹌鹑的生产性能,又减少了不必要的浪费。肉用仔鹌鹑则与蛋用仔鹌鹑不同,为了获得较大的上市体重,从出壳至上市都应给予较高营养水平的饲料。

(二)饲料多样性

动、植物饲料适当搭配。要保持饲料的相对稳定,不要变化太大,因鹌鹑对饲料变化敏感性强。喂养应干湿结合,每次配合饲料不能使用过长,以免变质,影响鹌鹑生长发育或致中毒死亡。

三、鹌鹑的饲养管理技术

(一)雏鹌鹑的饲养管理

鹌鹑的育雏期为 4 周龄。初生鹌鹑毛干后就可以放入育雏器中饲养。

1. 育雏前的准备 对育雏室及笼具清洗消毒,然后每立方米空间用 40%福尔马林溶液 28 mL 和高锰酸钾 14 g 混合进行熏蒸,密闭 24 h;对保温伞、照明、排气等电器设备进行检查维修;接雏前,将笼舍内温度升到 35 ℃,并使其均匀、稳定;将育雏的饲料、药品准备好。

2. 饲喂 雏鹌鹑放进育雏笼或保温箱后,先让其休息 2 h,再开始喂水。1～7 日龄的饮水采用凉开水。100 kg 凉开水加 50 g 速溶多维、30 g 维生素 C、10 kg 白糖或葡萄糖配制成的保健水可供饮用。1～7 日龄每天饮用 2 次青霉素和链霉素,每次每只鹌鹑饮用链霉素和青霉素各 50 U;8～14 日龄方法同上,但糖的添加量应减少一半。为防止疫病的发生,8～14 日龄每天饮用 5%的恩诺沙星饮水剂,1 mL 药品加 1 kg 水混匀即可。每 50～100 只鹌鹑 1 个饮水器。开始喂水后的前 3 天要加强管理,饮水器中不断水,让鹌鹑自由饮水。

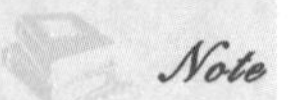

开始饮水后约 1 h 可喂第一次饲料(即开食)。开食饲料最好用纯粹玉米、碎大米,2 日后用全价

配合饲料。用手拌和均匀，撒在布片或开食盘上，放在热源（灯泡）附近温暖的地方，让其自由采食。在粉料中添加0.1%土霉素粉，可防白痢发生。5日后用专用育雏料塔饲喂。10日前每天投喂6～8次，10日后每天喂4～5次。均采用昼夜自由采食，须保持不断水，不断料。

3. 管理

（1）控制适宜温度。

育雏时温度头2天应保持35～38 ℃，而后降至34～35 ℃，保持一星期，以后逐步降低到正常水平。育雏器内温度和室温相同时，即可脱温。室内温度以保持在20～24 ℃为宜。温度掌握不仅仅依靠温度计，更主要的是观察雏鹌鹑的状态。同时，还应注意天气变化，冬季稍高些，夏季稍低些；阴雨天稍高些，晴天稍低些；晚上稍高些，白天稍低些。

（2）增加光照时间。

育雏期间的合理光照，有促进生长发育的作用，光线不足，会推迟开产时间。一般第一周采用24 h光照，以后保持每天14～16 h光照，光照强度以10 Lx为宜。自然光照不足部分可在天黑后用白炽灯补充。

（3）保持通风与适宜的湿度。

通风的目的是排出舍内有害气体，换入新鲜空气，只要育雏室温度能保证，空气越流通越好。

育雏的前阶段（1周龄），相对湿度保持在60%～65%，以人不感到干燥为宜。稍后（2周龄）由于体温增加，呼吸量及排粪量增加，育雏室内容易潮湿，因而要及时清除粪便，相对湿度以55%～60%为宜。

（4）掌握合理的饲养密度。

饲养密度过大，会造成成活率降低，小雏生长缓慢，长势不一；密度过小，加大育雏成本，不利保温。因此，应合理安排饲养密度。每平方米第一周龄250～300只，第二周龄100只左右，第三周龄75～100只（蛋鹌鹑100只，肉鹌鹑75只），冬季密度可适当增大，夏季则相应减少。同时，应结合鹌鹑的大小，结合分群适当调整密度。

（5）保持清洁。

育雏笼、料槽和水槽要保持清洁，及时清除粪便，定期消毒，并注意通风换气，保持空气新鲜。

（6）观察。

每天都必须观察雏鹌鹑的精神、采食、饮水及粪便情况，发现异常情况应及时查找原因，并采取相应措施处理。进行预防投药，以防白痢和球虫病发生。

（二）仔鹌鹑（育成鹌鹑）的饲养管理

1. 转群　转群是将雏鹌鹑转移到成鹌鹑舍中或成鹌鹑笼内的过程。转群前对笼具彻底消毒。转群前后舍内温度相同。选择在晴朗无风的白天进行转群。转群前、转群后提供充足饲料和饮水，可在水中加入适量的抗生素类药物。按照体质分群饲养。凡发育差的仔鹌鹑，转入肥育笼，作为肉用鹌鹑强化饲养后上市。留作种用的仔鹌鹑继续地面平养或入仔鹌鹑笼饲养。

2. 饲养管理

（1）室温保持在18～25 ℃，每天光照时间不宜超过12 h，光照采用暗光（10 lx）。

（2）保持环境安静，防止惊群。每天早晨要观察鹌鹑的动态，如精神状态是否良好，采食、饮水是否正常，发现问题，要找出原因，并立即采取措施。勤检查与调整室内温度、湿度、通风、光照。注意通风换气。

（3）保证饲料与饮水的供应，自由采食和饮水。饮水每天更换一次，使饮水始终保持清洁，供水不可间断。

（4）每日清扫承粪盘1～2次，饮水器每天清洗1～2次。鹌鹑舍要通风、干燥、清洁，定期用3%～5%来苏尔溶液进行消毒。

（5）发现病雏，及时隔离。为预防疾病，适时进行免疫接种或驱虫，防止传染病和寄生虫病的流行与传播。

（三）产蛋鹌鹑与种鹌鹑的饲养管理

1. 转群　对产蛋鹌鹑舍及笼具进行清洗消毒，然后将40日龄的仔鹌鹑转入产蛋鹌鹑笼，可结合

Note

转群进行适当的选择与淘汰。

2. 饲喂 产蛋鹌鹑的日粮配方必须依据季节和产蛋率情况而定。每只产蛋鹌鹑每天耗料25～30 g，一般每天投喂4次，即早晨6—7点，第一次喂料，上午11—12点，第二次喂料，下午5—6点，第三次喂料，晚上9点至9点半，第四次补喂，对于吃光的料槽再适当少补充一点。每次喂料应定时、定量，少喂勤添。为了饲喂方便、节省时间，可直接饲喂干粉料，不必加水拌湿。此外，必须保证饮水不中断。饲料更换，应采取逐渐过渡的办法，否则会引起产蛋率下降。

3. 产蛋鹌鹑舍的环境控制 舍内温度维持在20～25 ℃较适宜，低于15 ℃或高于30 ℃时，将影响产蛋率。60%～70%相对湿度最利于生产性能的发挥。合理的光照可获得较高的产蛋率，应保持14～16 h的光照。一般做法是天黑后补充光照3～4 h，接着整夜改用小功率白炽灯维持较弱光线，以防黑夜易受惊扰而影响栖息。保持环境安静，以免引起应激骚动使产蛋率下降。通风换气和适宜湿度对产蛋率也有较大影响，不可忽视。

4. 加强防疫 经常清理粪便、清洗食槽是保持鹌鹑舍卫生的主要手段，清粪一般是3天一次。因为鹌鹑产蛋集中在下午2点到晚9点，所以清理粪便应在上午进行。清粪后用消毒液消毒，最后在地面洒一层熟石灰粉。

做好防鼠、防敌害工作。

5. 不同产蛋期的饲养管理 产蛋期可分为产蛋初期、产蛋高峰期和产蛋后期。产蛋初期为35～60日龄，产蛋率0～80%；产蛋高峰期为61～240日龄，产蛋率85%～95%；产蛋后期为241～360日龄，产蛋率降至80%。

（1）产蛋初期的管理。

鹌鹑长至35日龄后，便逐渐开产，鹌鹑开产后要使用产蛋期的饲料配方。这一时期，鹌鹑虽已开产但其身体及生殖系统往往还没有完全发育成熟，刚开产的鹌鹑蛋蛋重较小，一般在8～9 g，并且畸形蛋、白壳蛋、软壳蛋较多，随着日龄的增长，蛋重逐渐增大，畸形蛋、软壳蛋逐渐减少。

这时期的管理要点是防止鹌鹑过肥和脱肛，饲料中的蛋白质水平不可太高，达到20%即可，另外还需注意光照强度的合理性，光照强度太大，时间过长，鹌鹑活动量就大，体重相对较轻，这样整个产蛋期平均蛋重就轻。这一时期，光照时间应掌握以自然光照加人工补光为14 h为宜，用25 W的白炽灯照明即可。

（2）产蛋高峰期的管理。

这一时期鹌鹑产蛋率达到了85%～95%，需要从日粮中摄取大量的蛋白质、能量以及各种营养物质，这一时期饲料中的蛋白质含量要达到22%以上，但不能高于24%，每天饲喂要达到4次，即早、中、晚各一次，熄灯前1 h再喂1次。光照时间以自然光照加人工补光达到16 h为宜，40 W白炽灯照明即可。

（3）产蛋后期的管理。

这一时期产蛋率逐渐降低到80%，并且有一部分鹌鹑已经停产，约占3%。对于停产的鹌鹑要提前淘汰。停产的鹌鹑肛门已严重收缩、干燥、无光泽、无弹性。随着日龄的不断增加，鹌鹑体质下降，抗病力降低，自然淘汰逐渐增加。若平时不注意预防，日淘汰率可达到四分之一以上。鹌鹑到了后期，产蛋率下降，日消耗量增加，蛋料比降低。这一时期日粮中蛋白质水平保持在20%～21%就可以了，饲料或饮水中定期加一些预防大肠杆菌的药物，如环丙沙星、诺氟沙星等。这样可显著降低自然淘汰率，提高产蛋率。添加药物时要采用逐级混配的方法。随着鹌鹑吸收能力的下降，蛋壳逐渐变薄、韧性降低，要注意饲料中钙质和维生素D的添加。

任务训练

论述题

1. 简述雏鹌鹑的日常管理要点。
2. 简述种鹌鹑的饲养管理要点。

项目十 雉鸡养殖

任务一 生物学特性

扫码学
课件 10-1

任务描述

主要介绍雉鸡的分类与分布、形态特征和生活习性等。

任务目标

▲知识目标

能科学合理说出各类雉鸡的形态特征和生活习性。

▲能力目标

能辨别雉鸡的形态特征。

▲课程思政目标

培养学生科学严谨的职业素养;培养学生立足专业,服务乡村振兴的思想意识。

▲岗位对接

特种禽类饲养、特种禽类动物繁殖。

任务学习

雉鸡又名七彩锦鸡、山鸡等,在动物分类学上属鸟纲、鸡形目、雉科、雉属。雉鸡是集肉用、观赏和药用于一身的名贵珍禽,是世界上重要的狩猎禽和经济禽类之一。雉鸡肉质细嫩鲜美,雉味浓,其蛋白质含量高达 40%,是普通鸡肉、猪肉的 2.5 倍,脂肪含量仅为 0.9%,是猪肉的 1/45、牛肉的 1/10、鸡肉的 1/15,基本不含胆固醇,属高蛋白质、低脂肪食品。雉鸡的羽毛别具特色,还可制成羽毛扇、羽毛画等工艺品。

一、雉鸡的分类与分布

雉鸡在我国分布极广,数量多,除个别省少数地区外,几乎遍及全国。全世界雉鸡共有 30 多个亚种,分布于我国境内的有 19 个亚种,其中 16 个亚种为我国所特有,因而称为中华组。目前在世界许多国家,如美国、俄罗斯、乌克兰、匈牙利等均有饲养。目前我国各地饲养的雉鸡以环颈雉为主,其中饲养量最大的是美国七彩雉鸡。

二、雉鸡的品种及形态特征

目前我国各地饲养的雉鸡品种,主要有美国七彩雉鸡、河北亚种雉鸡、黑化雉鸡(孔雀蓝雉鸡)、浅金黄色雉鸡、白雉鸡等。其中又以美国七彩雉鸡、河北亚种雉鸡饲养为主。

1.华北雉鸡 由中国农业科学院特产研究所于1978—1985年在东北野生雉鸡的基础上驯化培育而成,属河北亚种。华北雉鸡雄、雌外貌区别明显,雄雉鸡体形细长,头部眼眶上有明显的白眉,头顶两侧各有1束黑色闪蓝的耳羽簇,羽端方形,顶部是铜红色,颈部呈金属绿色,脸部皮肤裸露,呈绯红色,颈下有一白色颈环,胸背部为褐色,腰背呈浅蓝色(图10-1);雌雉鸡体型小,头顶有草黄色或黑褐色斑纹,腹部呈黄褐色。成年雄雉鸡体重1.2~1.5 kg,雌雉鸡体重0.9~1.1 kg。年产蛋2窝,每窝12~17个。高产者年产蛋量可达50个,蛋重多在25~30 g,蛋壳颜色较杂,有浅橄榄色、灰色、浅褐色、黄褐色和蓝色。华北雉鸡体重和产蛋性能比美国七彩雉鸡要低,但肉质细嫩、肉味鲜美、氨基酸含量较高。

2.美国七彩雉鸡 美国七彩雉鸡是美国育种专家采用中国环颈雉与蒙古环颈雉通过杂交培育而成的。在美国大量驯养繁殖成功,从而得名。其羽毛与华北雉鸡基本相似。体型较大。雄雉鸡头部眼眶上无白眉,白色颈环较窄且不完全,在颈腹部有间断,胸部红褐色较鲜艳(图10-2);雌雉鸡腹部呈灰白色。成年雉鸡体重:雄雉鸡1.5~2 kg,雌雉鸡1.2~1.5 kg。雌鸡6月龄开始产蛋,年产蛋量一般为80~120个,蛋重多在28~32 g,蛋壳颜色多为橄榄黄色,少量蓝色,种蛋受精率达85%,受精蛋孵化率达86%。美国七彩雉鸡生长速度快,繁殖力强,驯化程度高,目前饲养量较大,但不太适合狩猎用,肉质较粗糙,不及华北雉鸡。

图10-1 华北雉鸡

图10-2 美国七彩雉鸡

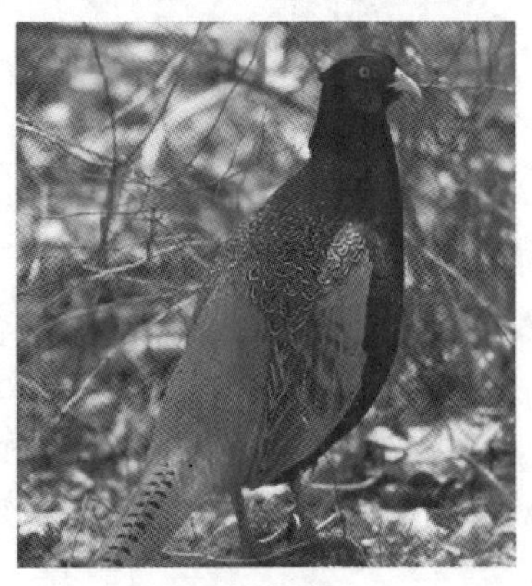

图10-3 黑化雉鸡

3.黑化雉鸡 该品种系美国威斯康星州麦克法伦雉鸡公司生产,1990年由中国农业科学院特产研究所引进我国,又称孔雀蓝雉鸡。外貌特征:羽毛黑色并带有金属光泽,颈部则有蓝色光泽,尾羽灰橄榄色,并带有灰色条纹和青铜色边缘,腹部潮黑色(图10-3);雌雉鸡全身羽毛呈黑橄榄棕色。

4.白雉鸡 该品种系美国威斯康星州麦克法伦雉鸡公司生产,我国于1994年从美国引进。外貌特征:雄雉鸡头顶和颈部纯白色,虹膜蓝灰色,喙白色,面部呈鲜红色,身体各部羽毛为白色;雌雉鸡除了缺少鲜红色的面部和肉垂及尾羽较短外,其他羽色与雄雉鸡一致。其生产性能与美国七彩雉鸡相近,只是早期生长速度要快一些。白雉鸡家养驯化程度高,肉质较好,出肉率高,适合作为集约化商品雉鸡生产用品种。

三、雉鸡的生活习性

(一)适应性广,抗寒,耐热

生活环境从平原到山区,从河流到峡谷,栖息在海拔300~3000 m的陆地各种生态环境中。雉鸡夏季能耐受32 ℃以上高温,冬季-35 ℃也能在冰天雪地行动觅食,饮冰碴水,不怕雨淋。有随季节变化小范围垂直迁徙的习性,夏季栖息于海拔较高的针阔叶混交林边缘的灌丛中,秋季迁徙到海拔较低的避风向阳处,但同一季节栖息地一般较为固定。

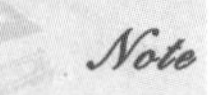

（二）集群性强

繁殖季节以雄雉鸡为核心，组成相对稳定的繁殖群，独处一地活动，其他雄雉鸡群不能侵入，否则会展开强烈争斗。自然状态下，由雌雉鸡孵蛋，雏雉鸡出生后，由雌雉鸡带领其活动。待雏雉鸡长大后，又重新组成群体，到处觅食，形成觅食群。群体可大可小，因此，人工养殖的雉鸡，可以适合大群饲养环境，但密度过大时，妨碍采食，常发生互啄现象。

（三）胆怯机警

雉鸡在平时觅食过程中，时常抬起头机警地向四周观望，若有动静，迅速逃窜，尤其在人工笼养情况下，当突然受到人或动物的惊吓或有激烈的嘈杂噪音刺激时，会使雉鸡群惊飞乱撞，发生撞伤，头破血流或造成死亡。笼养雄雉鸡在繁殖季节，有主动攻击人的行为，野生成年雌雄雉鸡常佯装跛行或拍打翅膀引开敌害，以保护雏雉鸡。因此，养殖场要求保持环境安静，防止动作粗暴及产生突然的尖锐声响，以防雉鸡群受惊。

（四）食量小，食性杂

雉鸡嗉囊较小，容纳的食物也少，喜欢吃一点就走，转一圈回来再吃。雉鸡是杂食鸟，喜欢各种昆虫、小型两栖动物、谷类、豆类、草籽、绿叶、嫩枝等。人工养殖的雉鸡，以植物性饲料为主，配以鱼粉等动物性饲料。据观察，家养雉鸡上午比下午采食量多，早晨天刚亮和下午 5—6 时，是全天 2 次采食高峰；夜间不吃食，喜欢安静环境。

（五）性情活泼，善于奔走，不善飞行

雉鸡喜欢游走觅食，奔跑速度快，高飞能力差，只能短距离低飞，而且不能持久。

（六）叫声特殊

雉鸡在相互联系，相互呼唤时常发出悦耳的叫声，就像“柯—哆—啰”或“咯—克—咯”。当突然受惊时，则暴发出一系列尖锐的“咯咯”声。繁殖季节，雄雉鸡在天刚亮时，发出“克—哆—哆”欢喜清脆的啼鸣声，日间炎热时，雌雄雉鸡不叫或很少鸣叫。

任务训练

一、选择题

1. 目前我国各地驯养的雉鸡以环颈雉为主，其中饲养量最大的是__________。

A. 美国七彩雉鸡　　B. 华北雉鸡　　C. 黑化雉鸡　　D. 白雉鸡

2. 雉鸡的采食性是__________。

A. 肉食性　　B. 杂食性　　C. 素食性　　D. 其他

二、判断题

1. 雉鸡嗉囊较小，容纳的食物也少。（　　）

2. 雉鸡适应性广，能耐 32 ℃以上高温。（　　）

任务二　圈舍建造

扫码学

课件 10-2

任务描述

主要介绍雉鸡的场址选择、圈舍形式、圈舍建造等。

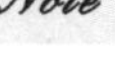

任务目标

▲知识目标

能说出各类雉鸡的场址选择、圈舍形式、圈舍建造特点。

▲能力目标

能科学合理地进行雉鸡的场址选择、圈舍建造等。

▲课程思政目标

具备科学严谨的职业素养;具备立足专业,服务乡村振兴的思想意识。

▲岗位对接

特种禽类动物饲养、特种禽类动物繁殖。

任务学习

一、场址选择

家庭养殖雉鸡,可利用空闲房屋、庭院、阳台,就地取材养殖。

规模养殖场,要选择地势高燥、排水方便、背风向阳、无污染源的地方。场址要远离噪音比较大的工厂、居民区、公路和铁路干线。水源要求水量充足和水质清洁。

二、雉鸡舍的建造

(一)幼雏舍

幼雏舍主要用于饲养1～4周龄的雉鸡。刚出壳的幼雏,其生理功能还不健全,几乎没有调节体温的能力。人工育雏成功的关键环节就是保温。因此,幼雏舍要有良好的保暖性能和相应的设施,还要求阳光充足、通风良好。

1. 样式 幼雏舍一般采用单坡式或双坡式。双坡式跨度5～6 m,单坡式跨度3 m左右。四周用砖砌,墙壁要比其他雉鸡舍稍厚,尤其是北面墙壁,以利于保温。

2. 门窗 幼雏舍的门最好开在东西两头,南北开窗。窗与舍内面积之比为1∶(6～8),寒冷地区窗与舍内面积之比宜适当小些,北窗面积一般为南窗的1/2,南窗、北窗均离地100 cm。要严防隙风,墙面、门和窗要无缝。墙面最好抹灰,门和窗上最好设有布帘,既便于遮光,也可避免冷风直入幼雏舍。

3. 气窗 南墙应设气窗,以便于调整舍内空气,克服保暖和通气的矛盾。如果立体育雏,要求最上一层与顶棚应有1～1.5 m的距离。

(二)育成舍

育成舍用于饲养5～10周龄的雉鸡。对5～10周龄的雉鸡,育成舍一般由房舍和露天运动场两部分组成。

房舍和露天运动场间设有供雉鸡自由出入的小门。

育成舍建造的基本要求类似于幼雏舍,但保暖要求没有幼雏舍那样严格,露天运动场的面积可为房舍面积的2～3倍,房舍可建成单坡单列式或双坡单列式,房舍前面安有门窗,后面设有小窗,门、窗和通风口处要装上铁丝网,既防雉鸡外逃,又防鸟兽进入。

露天运动场一般高1.7～1.8 m,网眼大小以2 cm×2 cm为宜,地面要有一定的坡度,以利于排水。

(三)网舍

网舍用于饲养11～16周龄的雉鸡。

为使网舍既能避风防雨，又能防暑降温，可在网舍的一侧设置避风雨的小棚，棚内设栖架供雉鸡风雨天及夜间休息，网舍高度、网眼大小同育成舍，网舍地面应铺一层细沙，并有能排水的坡度，每间网舍的大小一般为 100 m^2。

网舍以坐北朝南为好，砌一高 2 m 的北墙，由北墙顶部向南搭一个 2 m 长的斜坡式房盖，房盖最低处用木桩支撑，网舍的东南西三面用木柱和网眼大小为 2 cm×2 cm 左右的铁丝网或尼龙网搭成，在网舍南侧留出高 1.7 m、宽 0.6 m 的工作门，网舍里面放饮水器、料槽、栖架，栖架可用长 4 cm、与网舍相适应的木条建成。

农家的小规模饲养为减少投资成本可因陋而简，将闲置房间修缮后，达到天上不漏、地上无洞、墙上无缝、有门、有窗、有防护网的标准即可作雉鸡舍，再经过严格消毒后便可进行雉鸡饲养。

任务训练

问答题

1. 简述雉鸡养殖时场址的选择。
2. 根据生长发育的要求，雉鸡舍可分为哪几类？其特点分别是什么？

任务三　繁殖技术

扫码学
课件 10-3

任务描述

主要介绍雉鸡的繁殖特点、选种、雌雄鉴别、配种等。

任务目标

▲知识目标

能说出雉鸡的繁殖技术要点。

▲能力目标

能进行雉鸡选种、雌雄鉴别、配种等；能合理采取提高雉鸡繁殖率的措施。

▲课程思政目标

具备科学严谨的职业素养；具备立足专业，服务乡村振兴的思想意识。

▲岗位对接

特种禽类动物饲养、特种禽类动物繁殖。

任务学习

一、雉鸡的繁殖特点

（一）性成熟

雉鸡属于季节性繁殖禽类。由于春季日照延长，雉鸡于清明前后开始发情交配；雄雉鸡性成熟的标志是第一次成功的交配，雌雉鸡性成熟的标志是产第一个蛋。野生状态下的雉鸡，一般在出壳后 10～11 个月才能达到性成熟，雄雉鸡比雌雉鸡要晚 1 个月左右达到性成熟。在自然光照和环境

条件下,6 月孵出的雉鸡,在第二年 4 月可达到性成熟。人工饲养能使雉鸡性成熟时间提前,如美国七彩雉鸡 4～5 月龄即达到性成熟。美国七彩雉鸡引入我国各地人工饲养后,其性成熟时期随着纬度而变化,南方与北方约相差 1 个月。

(二)繁殖期

野生状态下雉鸡的繁殖期一般是每年的 3—7 月,人工饲养条件下雉鸡的繁殖期一般在 3—9 月,也有延长至 10 月的,南方与北方约相差 1 个月。在人工饲养条件下,由于营养、温度、光照等条件的改善,每年雉鸡开始交配、产卵的时间提前,而停止产蛋的时间推后,繁殖期延长。在繁殖期内,雉鸡多选择在由柞木、杨树、桦木及苕条等组成的树丛中随地营巢,以干草、杂叶等铺在地面凹处。巢附近多半有草藤覆盖。

(三)雄雉鸡争偶

繁殖期雄雉鸡具有强烈的争偶现象,在几只雄雉鸡的相互啄斗中,获胜者通常称为"王子鸡"。一旦确定了"王子鸡",雉鸡群在短期内便不会再有争斗现象发生,但间隔一段时间后有的雉鸡群仍有"争王"现象发生,直至重新产生"王子鸡"。

(四)交配

饲养条件下,雉鸡在交配繁殖期的雌雄比例,是影响种蛋受精率的重要因素之一。野生雉鸡自每年 3—4 月开始交配、繁殖,以 5—6 月交配次数最多,至 7 月停止交配、繁殖。人工饲养的美国七彩雉鸡,每年 3 月开始交配,一般在 4 月中旬约有 50%的成年雌雉鸡接受交配,5—7 月交配较为频繁,8 月初后,交配次数逐渐减少,至 9 月停止。一天之中,雉鸡交配比较活跃的时间是每天清晨和傍晚。

雄雉鸡求偶的姿势多种多样,如雄雉鸡会围绕雌雉鸡快速走动,并回头观察雌雉鸡的反应;或者在雌雉鸡附近将食物或沙砾反复啄来啄去,啄起又放下,并发出"咕噜噜……咕噜噜"的呼唤声,以诱引雌雉鸡向自己靠拢;或将头仰起,内侧翅膀下垂,一只脚向后轻踢,逐渐向雌雉鸡靠近。

雉鸡的交配约在 10 s 内完成。交配时,雄雉鸡颈部羽毛蓬松,首先抬头挺胸,尾羽竖立,迅速追赶雌雉鸡,从侧面靠近雌雉鸡,并将内侧翅膀下垂,外侧翅膀不停地煽动,围着雌雉鸡转圈。如果雌雉鸡站立不动或蹲伏,则雄雉鸡跳到雌雉鸡背上,叼住雌雉鸡头顶的羽毛,尾上举,尾羽偏向一侧,雄雉鸡尾部下降,雌雉鸡体伏卧,尾羽张开,待雌雄雉鸡泄殖腔吻合,雄雉鸡瞬间射精,完成交配。完成交配后,雌雉鸡抖动羽毛,雄雉鸡走开。

(五)产卵

野生的雌雉鸡每年产 2 窝卵,个别的产 3 窝卵,每窝产蛋 6～14 枚。蛋壳呈浅橄榄黄色,椭圆形,蛋重 24～28 g,长径为 40～43 mm,短径为 32～34 mm。

雉鸡在人工饲养条件下,4 月底开始产蛋,5—7 月是产蛋旺期,占年产蛋量的 80%～85%,8 月初以后产蛋量逐渐下降,9 月时产蛋基本结束。一般雌雉鸡年产蛋数量在 20～25 枚。美国七彩雉鸡,用灯光控制的方法饲养,每年可有 2 个产蛋期,每期产蛋 30～40 枚,一只雌雉鸡全年可产蛋 60～80 枚,甚至超过 100 枚。

产蛋期内,雌雉鸡产蛋无规律性,一般连产 2 天休 1 天,个别连产 3 天休 1 天,初产雌雉鸡则以隔天产 1 枚蛋的较多。每天产蛋的时间多集中在上午 9 时到下午 3 时。正常产蛋持续时间为0.5～5 min。

野生雉鸡筑巢窝产蛋。人工养殖的雉鸡,由于网舍内雉鸡密度比野外大得多,雉鸡在其内来回走动,互相干扰,因而产蛋地点很难固定,雌雉鸡多在人工设置的产蛋箱或草窝内产蛋。

(六)孵化

雉鸡每年常孵 2 窝卵,孵化期为 23～24 天。雉鸡从筑巢开始到产卵、再到孵化结束的整个用巢时间为 40 天左右,除短暂(每天约 1 h)的取食时间及产卵期的夜间外,几乎都在巢内保护自己的巢和卵。

二、雉鸡的选种、配种

（一）雉鸡的选种

选种就是根据雉鸡育种的目的，并按其生产性能和生物学特性，通过判断和选择，将良好的雄雉鸡和雌雉鸡选留下来，以提高其生产性能。目前雉鸡的选种大多数还是参照家鸡的选种方法进行的。

1. 表型选择法 根据雉鸡的外貌特征和生理特征进行选择。一般要求选身体各部发育均匀良好、体大健壮、脸冠鲜红、羽毛丰满、胸部宽深、姿态雄伟的雄雉鸡作种。对雌雉鸡则要求选体质健壮，发育良好，身体呈椭圆形，羽毛紧贴而有光泽，性情温驯，眼大有神，耻骨末端柔薄有弹性，耻骨间距宽，无明显缺陷者。

2. 个体选择法 根据雉鸡本身的生产性能的高低进行选择，尤以体重、体型、蛋重、蛋壳品质等性状进行选择效果较好。由于雉鸡体重具有高度遗传性，因此选择种雉鸡时，以16周龄的雄雉鸡体重达1200 g，雌雉鸡体重超过900 g为宜。另外，也要考虑雉鸡的繁殖力，因为雉鸡的繁殖性能与其体重呈负相关。

（二）雉鸡的配种

1. 放配时间及种雉鸡利用年限 放配时间的确定必须考虑气温、繁殖季节及营养水平等因素。鸡群生长发育状况好时放配时间可以稍提前，而发育情况差时可推后。适宜放配时间为：经产雌雉鸡群在4月中旬，初产雌雉鸡群在4月末。但我国疆域辽阔，南北各地雉鸡进入繁殖期的时间相差达1个月，因此北方地区放配时间一般在4月中旬，南方地区一般在3月初。在正式合群前，可以通过试放一两只雄雉鸡到雌雉鸡群中，观察雌雉鸡是否乐意“领配”，也可根据雌雉鸡的鸣叫、红脸或筑巢行为来掌握合群时间。配对合群时间应在雌雉鸡比较乐意接受配种前5～10天为好。

成年种雉鸡用于配种的年龄：驯养代数少的雉鸡一般为10月龄，美国七彩雉鸡为5～6月龄。生产中一般留1年龄的雉鸡作种用于交配、繁殖。繁殖期一过即淘汰，但生产性能特别优秀的个体或群体，雄雉鸡可留用2年，雌雉鸡留用2～3年。美国七彩雉鸡一般利用2个产蛋期。

2. 雌雄比例 雉鸡的雌雄配比一般为4∶1时可达最佳受精效果。在开始合群时，以4∶1放入雄雉鸡，配种过程中随时淘汰争斗伤亡和无配种能力的雄雉鸡，而不再补充，维持整个繁殖期雌雄比例在(6～7)∶1。尽量保持种雄雉鸡的种群顺序的稳定性，减少调群造成斗架伤亡。

3. “王子鸡”的利用 “王子鸡”多为发育好、体型大的雄雉鸡。“王子鸡”在雌雉鸡群中享有优先交配权。雌雄雉鸡合群后，雄雉鸡间发生强烈的争偶斗架，经过几天的争斗，产生了获胜者“王子鸡”。一旦确立了“王子鸡”，雉鸡群便安定下来。利用“王子鸡”的优势，以控制雉鸡群中其他雄雉鸡之间的争斗，减少伤亡。

为提高受精率，可在配种运动场设置屏风或隔板，一方面可遮挡“王子鸡”的视线，使其他雄雉鸡均有与雌雉鸡交配的机会；另一方面当“王子鸡”追赶时，其他雄雉鸡有躲藏的地方，减少种雄雉鸡的伤亡。

4. 配种方法

(1)小群配种(小间配种)：经常应用于育种工作中。以雌雄比例(6～8)∶1组成群，单独放养在小间或饲养笼内，雉鸡均带有脚号。这种方法管理上比较烦琐，但可以通过家系繁殖，较好地观察雉鸡的生产性能。

(2)大群配种：此方法在生产中常用。在较大数量的雌雉鸡群中按雌雄比例4∶1放入雄雉鸡，任其自由交配，每群雌雉鸡数量以100～150只为宜。繁殖期间，随时挑出因斗殴伤亡或无配种能力的雄雉鸡，且不再补充新的雄雉鸡。

(3)人工授精：可以充分利用优良种雄雉鸡，对提高和改良品种作用很大，雉鸡人工授精的受精率可超过85%。

任务训练

一、选择题

1. 雉鸡小群配种的雌雄比例是__________。

A. 1∶1　　B. 5∶1　　C.（6～8）∶1　　D. 10∶1

2. 野生状态下的雉鸡，一般在出壳后__________才能达到性成熟。

A. 1 个月后　　B. 3 个月后　　C. 10～11 个月　　D. 1 年后

二、判断题

1. 雉鸡的雌雄配比一般为 4∶1 时可达最佳受精效果。（　　）

2. 雉鸡用于配种年龄，驯养代数少的雉鸡一般为 10 月龄，美国七彩雉鸡为 5～6 月龄。（　　）

3. 野生的雉鸡，雌雉鸡每年产 2 窝卵，个别的产 3 窝卵，每窝产蛋 6～14 枚。（　　）

任务四　饲养管理

扫码学
课件 10-4

任务描述

主要介绍雉鸡的营养需要、饲养标准、饲养管理特点等。

任务目标

▲知识目标

能说出各类雉鸡的营养需要、饲养标准、饲养管理特点等。

▲能力目标

能科学合理地进行雉鸡的日常管理及日粮配制。

▲课程思政目标

具备科学严谨的职业素养；具备立足专业，服务乡村振兴的思想意识。

▲岗位对接

特种禽类动物饲养、特种禽类动物繁殖。

任务学习

一、雉鸡育雏期的饲养管理

雉鸡的育雏期是指雉鸡从出生到 4 周龄的时期。

（一）育雏方式

1. 地面更换垫料平养　将雏雉鸡养在铺有垫料的地面上，垫料厚 3～5 cm，以后根据垫料的卫生状况，经常更换，以保持室内清洁、温暖。要求垫料干燥、清洁、柔软、吸水性强、灰尘少、无霉变，常用作垫料的有锯末、谷壳、稻草、麦秸等，近来也用旧报纸作为垫料，其效果比锯末好，表现在饲料转化率高、死亡率低和增重快。

2. 地面厚垫料平养 这种饲养方式既适用于雏雉鸡，也适用于商品雉鸡。雉鸡舍最好是水泥地面，如果是土质地面，则地势应高燥，否则地下水位高，又无隔湿措施，垫料极易受潮腐烂，造成不良后果。土质地面上应先铺上一层生石灰，然后再垫上 10 cm 厚的垫料，以后对潮湿的地方进行局部撤换，同时全面加垫，直至垫料厚度达 20 cm。

这种饲养方式的优点是投资少、费用低、适合雉鸡的习性，缺点是容易通过粪便传播疾病，舍内空气中灰尘与细菌数均较多，窝外蛋和脏蛋数量较多，由于要经常撤换垫料，用工较多，饲养定额较低。使用这种饲养方式的种鸡舍，隔热与通风条件要良好，否则垫料潮湿，空气污浊，氨气浓度升高，易诱发雉鸡眼病、呼吸道疾病。饮水器最好放于铁丝网上，也可挂起，其下设地漏，以防沾湿垫料。料槽与水槽要均匀分布于舍内，使任何一只雉鸡距离饮水采食点不超过 3 m。

3. 网上平养 将雉鸡养在离地面 50～60 cm 的铁丝网、塑料网或竹片网上，网眼大小为 1.25 cm×1.25 cm，此法同样适用于雏雉鸡和商品雉鸡。该方式饲养的雉鸡不与地面和粪便接触，减少了疾病传播的机会，特别是球虫病的发病率大大降低，但成本比地面平养要高，商品雉鸡的残次率也高，而且要求饲料营养全面，特别是微量元素、维生素，否则易引发雉鸡营养性疾病。

4. 立体笼养 采用 3 层或 4 层笼养。育雏笼由笼架、笼体、承粪盘组成，笼内有供暖设备。立体笼养的优点是可以增加饲养密度，节省建筑面积和土地面积，便于管理，能提高雉鸡成活率和饲料转化率，不足之处是投资成本高，需有较高的饲养管理技术和营养全面的饲料。

（二）饲养管理

1. 保温 由于刚出壳的雏雉鸡对外界的适应能力较差，特别是对温度变化非常敏感，因此在育雏期一定要注意控制温度，相关要求如下：1 日龄 36.5～37 ℃；2～3 日龄 36 ℃；4～7 日龄 34 ℃；从 2 周后，每周下调 3 ℃。如果温度适宜，雏雉鸡表现活泼，羽毛蓬松、干净。

2. 湿度 育雏过程中由于温度较高，水分蒸发相对较快，因而对湿度要求也相对较高。如果育雏期湿度过大，雏雉鸡水分蒸发散热困难，易导致食欲不振，容易患白痢、球虫病、霍乱等疾病；湿度过低，雏雉鸡体内水分蒸发过快，会使刚出壳的雏雉鸡腹内卵黄吸收不良，羽毛生长受阻，毛发焦干，出现啄毛、啄肛现象。育雏期湿度应控制在 65%左右。

3. 密度 育雏期饲养密度过大，易导致死亡率升高，降低育雏期成活率；饲养密度过小，则会造成资源浪费，因而在育雏期应严格控制好饲养密度，其要求为 1 周龄每平方米 50 只，2 周龄每平方米 40 只，从 3 周龄起每周每平方米减少 5 只，到 7 周龄时达每平方米 15 只。

4. 光照 雏雉鸡刚出壳时，视力较差，胆小，敏感，易受惊吓，为了便于其采食及活动，控制光照是非常有必要的。在出壳至 2 周龄期间，应保持 24 h 光照，2 周龄后逐渐缩短光照时间。

5. 断喙 雏雉鸡有相互啄斗的恶习，到 2 周龄时，就出现啄癖者，应对其进行断喙。在雉鸡一生中需断喙 2 次，初次断喙在 14～16 日龄，补断喙在 7～8 周龄。断喙前 2 天要做好准备工作，为防止雉鸡应激，应在饮用水中加入电解质、维生素等，连用 3 天，同时由于断喙后雉鸡采食难度增加，为了保证其能够正常采食，应将料槽中饲料加满。

6. 初饮 雏雉鸡通常在出壳后 24～36 h 进行第一次饮水，饮用水中可加入 0.01%高锰酸钾，水温应与室温相近。为防白痢、大肠杆菌病，可在水中加入 0.01%诺氟沙星或环丙沙星，连用 10 天，有良好的预防效果；同时还可在水中加入维生素、电解质或葡萄糖。

7. 开食 在雏雉鸡初饮后 1 h，将饲料均匀撒在开食盘中或垫纸上，诱使雏雉鸡采食。此时主要是为了让雏雉鸡学会采食，不必要求采食数量，并且由于雏雉鸡嗉囊较小，控制采食量能力较低，在喂料时要少给勤添，防止饲料腐败。

8. 免疫接种 雏雉鸡在育雏期间防疫工作的好坏，将直接影响其以后的生长发育。雉鸡相对家养普通鸡而言，各种疾病发生率较低，因而一般只需于 20 日龄后以饮水或滴眼的形式接种新城疫疫苗即可。具体接种程序应结合养殖场实际情况制定。

9. 通风 育雏期间环境相对密闭，因而易造成空气污染，应经常通风换气，保持室内空气新鲜，及时清扫地面，但通风时需注意维持适宜的温度。

二、雉鸡育成期的饲养管理

雉鸡脱温后至性成熟前的阶段，为雉鸡的育成期。

（一）饲养方式

1. 网舍饲养法 主要用于后备雉鸡的饲养，可提供较大的活动空间，使种用雉鸡繁殖性能提高。网舍饲养应在网室内或运动场上设沙地和沙池，供雉鸡自由采食和进行沙浴。

2. 散养法 根据雉鸡的野生群集习性，充分利用荒坡、林地、丘陵、牧场等资源条件，建立网圈，对雉鸡进行散养。在外界环境温度不低于 17 ℃时，雏雉鸡脱温后即可散养，散养密度为每平方米1～3 只。这种饲养方法，雉鸡基本生活在自然环境中，空气新鲜、卫生条件好、活动范围大，既有天然植物、昆虫可供采食，又有足够的人工投放饲料、饮用水，有利于雉鸡育成期的快速生长。

3. 立体笼养法 主要用于商品肉用雉鸡的大批饲养。此期雉鸡的饲养密度应随鸡龄的增大而降低，结合脱温、转群疏散密度，使饲养密度达到每平方米 20 只，以后每 2 周左右疏散 1 次，笼养应同时降低光照强度，以防啄癖。

（二）饲养管理

1. 饲养技术

（1）饲料及营养：此阶段饲料中蛋白质含量逐步降低，饲料颗粒要求大小适宜，不能太小，否则会引起雉鸡采食量降低，影响生长速度，也不能太大，否则会使雉鸡群挑食导致营养不良。在夏季天气酷暑和冬季寒冷时，应提高雉鸡日粮的能量水平，补充维生素、微量元素，以保证育成期的生长发育所需。

（2）饲喂方法：育雏期结束后，应更换饲料，但注意更换饲料的方法，不要突然把育雏料全部更换成育成料，以免对雉鸡造成应激。可以有 3～4 天的过渡时间，第一天用 2/3 育雏料和 1/3 育成料混匀饲喂，第二天用育雏料和育成料各 1/2 混匀饲喂，第三天用 1/3 育雏料和 2/3 育成料混匀饲喂，第四天则全部更换成育成料。5～10 周龄的雉鸡每天喂 4 次以上，11～18 周龄的雉鸡每天喂 3 次。饲喂时间应早晚 2 次尽量拉开时间间隔，中间再喂 1 次。在雉鸡饲养过程中，必须不间断地供给清洁饮用水。

（3）后备种雉鸡限饲：对于确定留种用的育成雉鸡，除在 6～8 周龄进行初选外，还必须控制体重，防止过肥。通常通过降低日粮中蛋白质和能量标准，控制喂料量，增加粗纤维和青饲料喂量，减少饲喂次数，增加运动量等来达到控制体重的目的。

（4）减少饲料浪费：雉鸡饲料消耗占饲养成本的 60%左右，节约饲料能明显提高经济效益。饲料浪费的原因是多方面的。减少饲料浪费的措施如下：要保证饲料的全价营养，饲料营养不全面是最大的浪费；不饲喂发霉变质的饲料；饲料添加量应为 1/3 料槽高，饲料添加量过大会造成抛撒，其浪费量往往也是惊人的；饲料粉碎得不宜太细，否则会引起雉鸡采食困难和产生大量的饲料粉尘；低产雉鸡、停产雉鸡和久病不愈的雉鸡应及时淘汰，尤其是病弱雉鸡常带有各种致病细菌和病毒，威胁着整个雉鸡群的安全，及时淘汰病弱雉鸡不仅可以降低饲料的消耗和饲养成本，而且在卫生防疫方面也显得特别重要。

2. 日常管理

（1）及时分群：雉鸡饲养至 6～8 周龄时，由育雏舍转入育成舍，如作为种雉鸡，应在 19～20 周龄进行第二次转群，由育成舍转入产蛋舍。在转群前，要进行大小、强弱分群，以便分群饲养管理，达到均衡生长。对于种用雉鸡，两次转群要结合选择，将体型、外貌等有严重缺陷的雉鸡淘汰作商品雉鸡饲养。雉鸡在转群期间，由于环境条件的突然改变，会产生应激反应，表现为精神不安，惊惶万状，在舍内四角起堆，互相挤压。

（2）适宜的温度：应重视 30～60 日龄雉鸡的环境温度。因为脱温后，雉鸡对较低的温度仍较敏感，对高温也不太适应。环境温度低于 18 ℃时仍需加温，而在 25 ℃以上，则应加强通风，降低饲养密度。

Note

(3)驯化:为了让转群雉鸡尽快熟悉环境及饲养员的操作行为等,形成条件反射,使其不怕人,愿意接近人,在网舍饲养时,在转群的1～2周内,将雉鸡关在房舍内,定时饲喂,在天气暖和的中午可将雉鸡赶到室外自由活动,下午4时以前赶回房舍,1～2周后,白天将雉鸡赶到网室运动场自由活动,晚上赶回房舍。待形成一定的条件反射后,就可以昼夜敞开鸡舍门,使雉鸡自由出入。

(4)饲养密度:5～10周龄每平方米6～8只,若将运动场面积计算在内则每平方米3～5只,雉鸡群以300只以内为宜;11周龄每平方米3～4只,若将运动场面积计算在内则每平方米1.4～2.5只,按雌雄及强弱分别组群饲养,每群100～200只。

(5)光照:对于留作种用的雉鸡应按照种鸡的光照要求进行管理,使雄、雌种用雉鸡适时达到同步性成熟。对于肉用雉鸡,采用夜间增加光照来促使雉鸡群增加夜间采食、饮水活动,从而提高生长速度和脂肪沉积能力。

(6)第2次断喙:雉鸡在7～8周龄进行第2次断喙,称为补断喙。

(7)加强运动:雉鸡仍有一定野性,经常奔走跳动。为适应此特性,必须设置活动场地,使雉鸡可以在场上自由活动;场内设栖架,供雉鸡攀缘飞跃使用,也可以设置沙池,供雉鸡沙浴使用。

(8)防飞失:随着日龄的增加,雉鸡的飞翔本领也增强,至60日龄时已能在舍内和活动场上任意飞翔。虽然雉鸡飞翔的持久性较差,飞翔的高度有限,但仍有飞逃的危险。所以,应及时检查门窗及围网,发现破损或漏洞及时修复。

(9)防止雉鸡的应激:雉鸡驯化的时间相对家禽来讲较短,抗应激能力也较弱,为此必须采取相应的措施以减少各种应激。主要方法:使各种环境因素尽可能适当、稳定和渐变;注意天气预报,对高温与寒流天气要及早预防;雉鸡群的大小与饲养密度要适当,提供足够数量的料槽和饮水器;按一定的制度有规律地进行日常饲养管理;接近雉鸡群时要预先给以信号,尽可能在晚间或清晨捕捉雉鸡,动作要轻;尽量避免连续采用引起雉鸡骚乱的措施;预知雉鸡将会应激时,可在饲料中加倍拌入维生素A、维生素E;谢绝参观者进入雉鸡舍,特别是人数众多时或服装奇特的参观者。

(10)卫生防疫:应做好日常卫生工作,定期清理粪便,料槽和饮水器应定期清洗、消毒。有条件的应每月进行1次带鸡消毒,在90～120日龄期间要用新城疫Ⅰ系疫苗进行1次免疫接种。如果是网上平养,应预防球虫病,可以在饲料中添加药物进行预防。

3. 做好生产记录 种雉鸡的饲养管理要做好记录。通过分析雉鸡的饲料消耗量,可以看出雉鸡的采食情况,并据此判断雉鸡种群是否正常,也便于进行效益分析。记录雉鸡的免疫时间、疫苗种类、死伤、发病和治疗情况等,可及时发现异常,做到早发现早处理。

三、种用雉鸡的饲养管理

育成青年雌雉鸡到10月龄可达到性成熟,雄雉鸡比雌雉鸡性成熟时间晚1个月左右。种用雉鸡饲养和管理的目的是培育健壮的种雉鸡,使之生产出更多高质量的种蛋。种雉鸡饲养时间较长,可分休产期和繁殖期。休产期分为繁殖准备期(3—4月)、换羽期(8—9月)和越冬期(10月至翌年2月)。

(一)休产期

此期的重点是做好种雉鸡分群、整顿、免疫等工作。

冬季主要对种雉鸡群进行调整,选出育种群、商品群和淘汰群。对种雉鸡进行断喙、接种疫苗等工作,同时要做好雉鸡舍的防寒保暖工作,增加并及时更换垫料,加大高能量饲料饲喂量,提高饲料代谢能水平,以利于开春后种雉鸡早开产、多产蛋。

天气转暖后,日照时间变长,为促使雉鸡发情,应适当提高日粮蛋白质水平,补充维生素、微量元素,适当补充钙、磷,增加活动空间,降低饲养密度。整顿雉鸡群,选留体质健壮、发育整齐者,每100只左右为一群。此期还应整顿雉鸡舍,网室换铺沙子,设置产蛋箱。在运动场应设置石棉瓦挡板,减少雄雉鸡争偶打斗和增加交配机会。这一时期的防疫消毒工作也非常重要,由于气温回升,各种病菌容易繁殖,要进行一次彻底的卫生消毒,注意疫苗的接种。

(二)繁殖期

此期除要根据实际情况适时进行雄雌合群,确定和保护"王子鸡"的地位外,还应注意以下几点。

Note

1. 适时雌雄合群配对 雉鸡进入繁殖期即要放对配种。配对时间一般以3月中旬为宜，但也有提前到每年2月的。可以通过试配方法确定合适的合群时间。方法是先试放1～2只雄雉鸡入雌雉鸡群，观察雌雉鸡是否愿意交配；也可根据雌雉鸡的鸣唱、红脸或筑窝等行为来掌握合群放配时间。繁殖期雉鸡群体的大小对产蛋量和受精率均有影响，一般以100只左右一群为宜，雌雄比例为(5～6)∶1。

2. 及早确立和保护“王子鸡”的地位 雌雄雉鸡合群后，雄雉鸡间出现激烈的争偶斗架，胜利者即为“王子鸡”。这个过程称为“拔王过程”。“王子鸡”确定后，整个雉鸡群就稳定下来，在“拔王过程”中，尽可能人为地帮助确立“王子鸡”的地位，并加以保护，以有利于稳定雉鸡群、减少死亡。

3. 限制饲喂，控制体重 确定留种用的雉鸡，除在6～8周龄进行初选外，还必须控制体重，防止过肥。在这期间除增加雉鸡运动量外还必须限制饲喂。雉鸡限饲应从8周龄起，并随机抽样称测体重，作为限饲的依据，每2周抽测1次，观察体重变化，以酌情增减饲料喂量。限制饲喂过程中应减少各种应激因素，如发生疾病或死亡率突然升高，应立即停止限饲。

4. 提供营养丰富的饲料 繁殖期雉鸡的饲料要求营养丰富，尤其需要补充动物性蛋白质，产蛋高峰期饲料中粗蛋白质含量要求达20%，此外还需适当增加饲料中维生素和微量元素的含量。饲料应尽量做到营养全价，并合理搭配，保证有适宜的钙、磷含量。

5. 设置产蛋箱(巢) 雉鸡喜欢在阴暗处产蛋，因此产蛋箱(巢)应设置在墙角或其他阴暗地方，一般要求每4～5只雌雉鸡有1个产蛋箱(巢)。雌雉鸡喜欢在产第一个蛋的地方继续产蛋，要改变这种习惯往往很困难，所以产蛋箱(巢)的设置一定要在开产前完成。在雌雉鸡产第一个蛋时，要强制它在产蛋箱(巢)内产蛋，或者将白色乒乓球放在产蛋箱(巢)内，引诱雌雉鸡进入箱内产蛋。

6. 适宜的温度和光照 对繁殖期雉鸡来说，温度过高或过低都会影响它的产蛋率，雉鸡产蛋的适宜温度是18～25 ℃，低于10 ℃或高于30 ℃时，雉鸡产蛋率明显降低。低于5 ℃或高于35 ℃的情况下，雉鸡完全停产。

对产蛋的雌雉鸡，光照时间只能增加，不能减少，总的原则是只增不减，保持平衡。一般每天光照时间在14～16 h。此外，光照强度宜小，即采用弱光照，这样有利于雉鸡正常饮水和采食，使其发育整齐，开产一致，又能减少打斗及啄癖的发生。

7. 保持良好而稳定的环境条件 雉鸡对环境变化，特别是环境突变非常敏感。例如，饲养规程的改变、突然的声响等不良刺激，都能引起雉鸡的惊群、炸群，从而使产蛋率迅速下降。因此，产蛋雉鸡的饲养管理要做到“三定”，即定人、定时、定管理。出入雉鸡舍动作要轻；谢绝外人参观，以免参观者的喧哗和鲜艳的着装刺激惊扰雉鸡群，还可减少疾病传播的风险。管理工作要本着少干扰雉鸡群的原则进行，不轻易捕捉雉鸡，接种疫苗、分群、断喙、合群等工作要尽可能安排在晚上。要经常检查与修补网室，防止兽害惊扰雉鸡群。夏季要注意防暑降温。

四、商品雉鸡的饲养管理

商品雉鸡饲养至4月龄，体重达到1250 g，即可上市销售。为保证商品雉鸡的外观漂亮并达到一定的体重，必须加强饲养管理。

(一)改变饲养方式

平养的雉鸡在外观上比笼养雉鸡要差些，主要是由于采用地面大群散养，而雉鸡又有啄羽的恶习，漂亮的羽毛往往会被啄掉一部分，影响外观，导致出售价格下跌。因此，原来采用平养的雉鸡，长出漂亮的彩羽后，就要及时改成笼养，这样一方面可保持其漂亮的外观，另一方面又可限制其活动，减少能量消耗，以便尽快上市。

(二)加强早期饲喂

为了防止商品雉鸡的生长发育受阻，能尽快上市，应加强其早期饲喂。这是商品雉鸡整个饲养过程中的关键措施。雉鸡的早期营养来源有两个：一个是雏雉鸡出壳卵黄囊内携带的卵黄，另一个就是饲料。雉鸡出壳后，若开食时间较迟，则卵黄会被很快吸收；如果适时开食，则卵黄的吸收维持

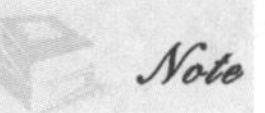

在正常水平。加强此期饲喂，供给营养均衡的饲料，可减缓卵黄囊消失的速度，延长两种营养物质来源共同供应的时间，这对当下和未来的生长发育都是有利的。因此，出壳后的商品雏鸡应该早入舍、早初饮、早开食。

（三）强弱分群饲养

为了保证同一批商品雏鸡能同期上市，提高出栏率，就要提前做好大小强弱分群。弱雏鸡群要单独饲养，多补充营养丰富的饲料，使其在体重上能尽快赶上强雏鸡群。如果采用的是地面平养方式，则雏鸡群的大小可根据雏鸡场设备条件来确定，一般为小群饲养，每群以 50 只为宜。

（四）采用"全进全出"的饲养制度

商品雏鸡生产要求采用"全进全出"的饲养制度，这是保证雏鸡群健康生长、减少病原体产生的重要措施之一。所谓"全进全出"就是在同一饲养范围内只进同一批雏，饲养同一日龄的雏鸡，并且在相同时间全部出场，出场后即彻底打扫、清洗、消毒，切断病原体的循环感染途径。"全进全出"制度分为三个级别，其一是每一幢雏鸡舍内"全进全出"，其二是饲养户或雏鸡场的某个区范围内的"全进全出"，其三是整个雏鸡场实行"全进全出"。在商品雏鸡生产中，至少要做到整幢雏鸡舍实行"全进全出"。

（五）合理光照

商品雏鸡的光照宜采用弱光照，一方面可减少啄羽现象发生，另一方面可减少雏鸡活动量。在夜间通常也应适当补充一些弱光照，这样可促使雏鸡群夜间采食，发育均匀，提早上市，有些弱雏鸡白天抢不到食物，可以在夜间继续采食。关于光照时间，宜采用 1～2 h 光照，随后 2～4 h 黑暗的间歇光照法（一昼夜总的光照时间为 8 h，黑暗时间为 16 h）。这种方法不仅节省电费，还可促进商品雏鸡采食，加快生长发育速度，提升经济效益。

（六）加强通风

1～2 周龄雏鸡以保温为主，适当注意通风。3 周龄开始则要适当增加通风量和通风时间。4 周龄后，除冬季外，均应以通风为主。特别是夏季，良好的通风不仅能为雏鸡群提供充足的氧气，还能降低雏鸡舍温度和湿度，提高雏鸡采食量和生长速度。

（七）育肥

雏鸡 8～18 周龄期间，生长速度较快，容易沉积脂肪，在饲养管理上应采取适当的育肥措施。例如，适当提高饲料中能量和蛋白质含量，减少青饲料和粗纤维含量高的饲料使用量，增加饲喂量和饲喂次数，降低雏鸡活动量等。同时也要保证雏鸡有足够的采食量，在整个饲养过程中提供足够的采食位置；保证充足的采食时间；高温季节采用有效的降温措施，加强夜间饲喂；检查饲料品质，严禁使用发霉饲料；控制适口性不良的饲料的比例等。

（八）卫生防疫

应保持雏鸡舍清洁干燥，雏鸡舍湿度过高，容易促使病菌繁殖而诱发疾病。同时，要及时清理粪便，水槽和料槽要定期清洗、消毒，每周还要带鸡喷雾消毒 1 次，重视定期防疫。

任务训练

论述题

1. 简述雏鸡育雏期的饲养管理要点。
2. 简述雏鸡育成期的饲养管理要点。

项目十一　鸵鸟养殖

任务一　生物学特性

扫码学
课件 11-1

任务描述

主要介绍鸵鸟品种分类；各类鸵鸟品种的产地、品种特征、生产性能等。

任务目标

▲知识目标

能说出鸵鸟品种的分类及各类鸵鸟的品种特征和生产性能特点。

▲能力目标

能识别主要鸵鸟品种；能科学合理根据生产需要选择相应鸵鸟品种。

▲课程思政目标

具备科学严谨的职业素养；具备立足专业，服务乡村振兴的思想意识。

▲岗位对接

特种禽类动物饲养、特种禽类动物繁殖。

任务学习

一、分类与分布

鸵鸟(ostrich)(图 11-1)在动物分类学上属鸟纲、平胸总目、鸵鸟目、鸵鸟科、鸵鸟属、鸵鸟种，是世界上现存体型最大的鸟类。鸵鸟(*Struthio camelus*)，又称非洲鸵鸟，包括 5 个亚种，即北非鸵鸟、东非鸵鸟、南非鸵鸟、索马里鸵鸟和叙利亚鸵鸟(已灭绝)，主要分布于非洲沙漠草地和稀树草原。与鸵鸟共同属于平胸总目，且与鸵鸟形态相仿的鸟还有鸸鹋、美洲鸵鸟和鹤鸵。鸸鹋又名澳洲鸵鸟，属鹤鸵目、鸸鹋科，仅一种，产于澳大利亚；美洲鸵鸟，属于美洲鸵鸟目、美洲鸵鸟科，分大、小两种；鹤鸵又称食火鸡，属鹤鸵目、鹤鸵科，共三种，即双垂鹤鸵、单垂鹤鸵和侏鹤鸵，主要分布于非洲、美洲和澳大利亚。

图 11-1　鸵鸟

二、形态特征

鸵鸟体型大，成年雄鸵鸟高 2.1～2.7 m，雌鸵鸟略小，平均体重 110 kg。头部平坦，具有秃斑块。眼睛较大，直径可达 50 mm，两眼占头部面积的 1/3，且有瞬膜，睫毛是细长的刚羽。鸵鸟视力好，突出的眼和灵活的颈

使其能观察四周，两耳能开能闭，由微细的羽毛覆盖。上喙二鼻孔通过有形膜呼吸。

鸵鸟颈部具绒羽，无正羽，是容易受伤的敏感部位之一，但皮肤愈合速度很快。在繁殖季节，雄鸵鸟的裸露部分十分鲜艳，以跗跖和颈部最为明显，这两部分颜色在不同亚种间表现为粉红色或蓝色。鸵鸟躯体硕大，腹面无羽。雄鸵鸟体羽呈白色和黑色，雌性成鸟全为污灰褐色，幼鸟羽色与雌鸵鸟相似。

鸵鸟翅退化，羽毛有羽小枝，羽小枝不形成羽钩，羽毛疏松柔软不能成羽片。雄鸵鸟翅呈白色，雌鸵鸟为灰褐色。在快速奔跑过程中，尤其在极度转弯时，翅的作用是保持身体的平衡。

鸵鸟具 2 趾，由 3 个关节组成。内趾（源于第三趾）较大，外趾（源于第四趾）较小，具爪，趾间具微蹼。

三、生活习性

（一）繁殖力强

一只成熟的雌鸵鸟每年年产蛋数为 80～120 枚，蛋重 1～1.8 kg，可育成 40～50 只鸵鸟，有效繁殖时间为 40～50 年。

（二）生长速度快，产肉量高，周期短

刚出壳的雏鸵鸟体重为 1～1.2 kg，饲养 3 个月体重可达 30 kg，1 岁时体重可超过 100 kg，每只雌鸵鸟一年可产肉 4000 kg。

（三）食性

鸵鸟主食草类、蔬菜、水果、种子等，但在干燥的环境下采食多汁植物，啄食蜥蜴、蝗虫、蚂蚁等软体动物以补充水分、蛋白质和能量。鸵鸟有腺胃和肌胃两个胃，但没有嗉囊，有两条不等长的发达盲肠，消化能力强。

（四）适应性强

除雏鸵鸟需要一定的保温条件外，3 月龄以上的鸵鸟对气温的适应性很强，能适应各种恶劣的天气。据报道，鸵鸟在高温 45 ℃、低温 −30 ℃的情况下，除产蛋受影响外，可正常生长发育。美国鸵鸟养殖场众多。我国养殖鸵鸟的经验也证明，鸵鸟确实是一种适应性非常强的动物。我国北至辽宁省，南至海南、广东，鸵鸟均能正常生长和繁殖。

（五）抗病力强

鸵鸟属于鸟类，仍有患禽类共患疾病的可能性。这些疾病包括新城疫、禽痘、大肠杆菌病、沙门氏菌病、结核病、巴氏杆菌病、衣原体病、真菌病，以及体内和体外寄生虫病等。但是，鸵鸟的抗病力强，只要加强预防，注意鸵鸟养殖场的卫生工作，鸵鸟较其他家禽患病率低，是一种抗病力较强的鸟类。

四、种类

（一）非洲鸵鸟

1. 蓝颈鸵鸟 主要有南非蓝颈鸵鸟和索马里蓝颈鸵鸟 2 种。南非蓝颈鸵鸟头顶有羽毛，雄鸵鸟颈部蓝灰色，跗跖红色，无裸冠斑，尾羽棕黄色，通常将喙抬得较高。索马里蓝颈鸵鸟颈部有一较宽的白色颈环，身体羽毛明显呈黑白两色，而雌鸵鸟偏灰色；颈部和大腿为蓝灰色，跗跖亮红色，尾羽白色，有裸冠斑，虹膜灰色。蓝颈鸵鸟体型较大，生长速度较快，商品鸵鸟 10～12 月龄即可上市。

2. 红颈鸵鸟 主要有北非红颈鸵鸟和马赛红颈鸵鸟。北非红颈鸵鸟头顶无羽毛，周围长有一圈棕色羽毛，并一直向颈后延伸；雄鸵鸟的颈部和大腿为红色或者粉红色，喙和跗跖更红，在繁殖期特别明显，有裸冠斑；尾羽污白色，略带褐色或红色。红颈鸵鸟饲养较少，主要用于改良鸵鸟的生长速度和增大体型。

Note

3. 非洲黑鸵鸟 人工培育品种，体型小，腿短，颈短，体躯丰厚，性情温驯。其羽毛密集，分布均匀，羽小枝较长。产蛋性能好。

（二）其他主要类群

1. 澳洲鸵鸟 羽呈黑灰褐色，各羽的副羽十分发达，成为与正羽一般大小的羽片。其翅羽退化，仅余7枚与体羽一样的初级飞羽，头顶不具盔。其内趾爪不发达。成鸟头顶和颈部为黑色，繁殖季节雌鸵鸟头顶和颈部具有稠密的黑色羽毛；幼鸟的头顶和颈部具有黑色横斑。

2. 美洲鸵鸟 主要特征似非洲鸵鸟，但体型较小，雄鸵鸟小于雌鸵鸟。

任务训练

一、判断题

1. 鸵鸟是世界上现存体型最大的鸟类。（ ）
2. 雌鸵鸟体型比雄鸵鸟要高大。（ ）
3. 鸵鸟具2趾，由3个关节组成。（ ）
4. 鸵鸟有嗉囊、腺胃和肌胃。（ ）
5. 鸵鸟对环境条件要求不严，高温和低温均无不良影响。（ ）

二、填空题

1. 鸵鸟包括5个亚种分别是________、________、________、________、________。
2. 一只成熟的雌鸵鸟每年产蛋________枚，蛋重________kg。

任务二　圈舍建造

扫码学
课件11-2

任务描述

主要介绍场址选择、圈舍形式和圈舍建造等内容。

任务目标

▲知识目标

能说出鸵鸟场场址选择的自然条件和社会条件以及饲养鸵鸟的圈舍类型和圈舍建造特点。

▲能力目标

能根据实际需要选择鸵鸟场场址；能科学合理根据生产需要进行鸵鸟圈舍建造。

▲课程思政目标

通过合理选择鸵鸟场场址的学习，学生理解科学建场、卫生防疫对鸵鸟养殖的重要性，具备科学养殖的理念。

▲岗位对接

特种禽类动物饲养、特种禽类动物繁殖。

任务学习

一、场址选择

(一)地址

非洲鸵鸟适宜的生长环境为干旱或半干旱地区。因此,鸵鸟场应选择在地势较高、排水便利、光照充足、通风良好的位置,以贫瘠、稍有自然坡度、朝南山坡地较好。避免在阴湿、低洼积水的地方建场。选择场址时,确定场地面积大小,既要符合生产规模(特别要保证充足的牧草种植用地),又要考虑可能的发展目标。

(二)土壤

必须具备良好的卫生条件,以沙土或沙壤土为好。因为沙土或沙壤土有较多的孔隙,透气性和透水性良好,持水性小,雨后不会太泥泞,易保持干燥,可防止病原菌、寄生虫卵、蚊蝇等的生存和繁殖;同时,透气性好,有利于土壤发挥自身的自净作用。最好不要在黏土地区建场。建场地点之前应未被传染病或寄生虫病病原体所污染,特别不要在原来饲养家禽的地方建设鸵鸟场,也不要在富含矿物质元素(特别是重金属)矿场附近建场,因为鸵鸟有采食沙砾的习惯,以免鸵鸟中毒。

(三)水源

提供充足清洁的饮用水,是保证鸵鸟生产性能充分发挥的重要条件。因此,在建场之前,必须认真调查水源,并对水质进行检测。对水源的要求如下。

1. 水量充足 能满足场内的鸵鸟饮用及生产生活用水。

2. 水质良好 建场前应从水源采集水样,送卫生防疫或环保部门检测。鸵鸟场最好建在以不经处理即能符合饮用标准的水源处。对于不合标准的水源,需经过滤、澄清、消毒处理,达到标准后才能使用。对合格的水源,应定期检查,防止污染。

3. 便于保护 保证水源、水质处于良好状态,不受周围环境的污染。随着工业生产的发展,废水和废气的排放量越来越大,常对周围水源造成污染,必须采取相应的措施加以保护。

水源的污染主要来自三个方面:①有机物的污染,如生活污水、本场或附近其他畜禽场污水、造纸工业废水等含有大量易腐败的有机物。②微生物污染,天然水中常生存着各种各样的微生物,其中主要是腐败寄生菌。若水源被病原微生物污染,可引起某些传染病的传播与流行,如鸡新城疫、大肠杆菌病等。③有毒物质污染,如重金属、农药等。因此,最好使用符合卫生要求的地下水。选择水源时还应考虑离场距离、投资成本、处理技术难易程度等。

(四)周围环境

非洲鸵鸟驯化时间不长,至今仍保持较大的野性,对周围环境的刺激反应特别敏感,容易受惊和引起应激反应。因此,鸵鸟场周围的环境一定要安静,远离居民区、飞机场、火车站、轮船码头、采矿场等嘈杂地区。鸵鸟场周围要绿化,使鸵鸟生活在一个接近自然的环境里,从而更好地发挥其生产潜力。场地周围可种植一些叶茂而不易枯落的树木(树叶无毒),既可在夏季遮阴,又可挡风害、降低噪音和净化空气。

(五)便于交通和防疫

鸵鸟场要求运输方便,有利防疫。场址距离主要公路 500 m 以上,距离次要公路 200 m 以上,且切忌离其他家禽场太近,因为鸵鸟和鸡有许多共患病,二者会产生交叉感染。

(六)电源要求充足和稳定,供电线路尽可能短

鸵鸟生产中,雏鸵鸟保温、种蛋孵化、管理人员日常照明都离不开电。场内应备有适当功率的发电机,以防孵化和育雏过程中突然停电。

Note

二、圈舍建造

根据鸵鸟不同年龄的行为特性和生理特点，通常将鸵鸟圈舍分为三大类：种鸵鸟栏舍、生长鸵鸟栏舍和雏鸵鸟栏舍。鸵鸟圈舍设计的总体要求是四周有良好的排水沟渠，围栏、房舍、拐弯处没有突起的棱角，场地内没有异物。

（一）形状与面积

种鸵鸟在配种前通常有追赶行为，因此，必须为其提供较大的运动场地。运动场一般以长方形或楔形较好。楔形运动场的优点在于其易于从小头集中鸵鸟，便于驱赶；而长方形运动场则更有利于种鸵鸟快速追赶时安全拐弯，有足够的奔跑距离。

我国目前的鸵鸟饲养属集约化型，种鸵鸟饲养通常是以一雄两雌或三雌为一组，一组种鸵鸟运动场在 1200 m^2 左右。

（二）围栏

围栏一般要求高 1.5～2 m（硬质水泥管及竹木围栏稍低，软质网状围栏略高）。用于围栏的材料有金属丝网、竹木条、铁管等。我国目前使用最多的是镀锌铁丝网围栏，铁丝直径为 3.25 mm，网孔大小为 6 cm×6 cm，间隔 3 m 设有一柱桩，以支持固定铁丝网。柱桩可用 12 cm×12 cm 的水泥柱或 50 mm×50 mm×5 mm 角铁制成，长度为 2.5 m，其中 0.5 m 埋于地下，并以混凝土固定。使用铁丝网围栏时，要特别注意用塑料水管包住铁丝网上端的倒钩，以防其钩伤鸵鸟颈部，因为种鸵鸟经常沿运动场四周走动。

最简易的围栏是毛竹围栏。通常用 3 根直径为 10 cm 以上的毛竹，固定在间隔 3 m 的柱桩上，最低一根毛竹离地 40～50 cm。

另一种较简易的围栏是 5 条铁丝围栏，即用 5 条直径为 3.25 mm 的高强度镀锌铁丝固定于相距 3 m 的柱桩上，第一条铁丝离地 30 cm，两柱桩之间有 2 根显眼的标志物，提示鸵鸟不要冲撞围栏。此外，还有简单的树篱围栏。

两个种鸵鸟栏之间，必须保持 1.3～2 m 的间隔，以防止雄鸵鸟之间打斗。

（三）运动场垫料

垫料应根据当地气候条件来定。对于雨水较少、干燥地区，用自然土质地面或自然草地面（草不能太高）为好，无须另外铺沙。对于南方多雨潮湿地区，则应在运动场上铺沙，以便排水和保持卫生。

（四）圈舍形式

1. 种鸵鸟栏舍　每个鸵鸟圈舍必须建设种鸵鸟栏舍，用于产蛋、雨天投喂饲料、夏季遮阴、冬天挡风及保温等。南方地区气温较高，通常仅需三面有墙（甚至完全无墙）；北方地区则应四面有墙，并且有较好的保温能力，同时应配置通风换气装置。舍门应高 2.3 m。

2. 生长鸵鸟栏舍　生长鸵鸟通常是大群饲养，以 30～50 只为一群。生长鸵鸟有大群奔跑的行为，因此，其运动场以正方形较为适宜，运动场面积因鸵鸟年龄不同而不同。生长鸵鸟栏舍的围栏与垫料与种鸵鸟的相似，但如果用毛竹或 5 根铁丝围栏，则其最底部空间高度应缩小，以免鸵鸟钻出。4～6 月龄生长鸵鸟的栏舍与种鸵鸟栏舍结构相似，但 6 月龄以上生长鸵鸟的栏舍通常只是一个简单的遮雨棚，四周无墙，用于雨天饲喂和夏季遮阴。

3. 雏鸵鸟栏舍　总体要求是保温性能良好，防潮，易于通风换气，便于清洁卫生。因此，雏鸵鸟栏舍的地面一般用有防潮功能的粗糙水泥地面或防潮砖地面，有的养殖场还在育雏舍地面铺上干沙。舍内四壁光滑，便于清洗消毒。南北墙可装一对换气扇。雏鸵鸟栏舍外缘应向外延伸 2～5 m，建成遮雨棚，以便雏鸵鸟在雨天有足够的运动场地。

（1）形状与面积：雏鸵鸟运动场一般为长方形，运动场宽度与雏鸵鸟栏舍宽度相同。

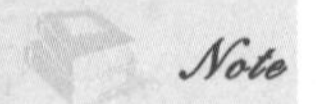

（2）围栏：一般高 1.2～1.5 m。用于围栏的材料多为铁丝网或塑料网，其强度远远低于生长鸵

鸟及种鸵鸟栏舍的围栏。须特别注意的是，用于围栏的铁丝网或塑料网孔不可太大（小于 2 cm×2 cm），以防雏鸵鸟脚伸入导致损伤。或者在其围栏底部砌出 30 cm 高的砖墙，然后在其上架网。

（3）垫料：运动场垫料可选择水泥地面、草地面或沙地面，各有利弊。水泥地面可有效防止雏鸵鸟食沙过多，但容易打滑，导致其受伤。草地面能防止雏鸵鸟打滑和食沙过多，但粪便容易污染草地，特别在雨季，雏鸵鸟采食被粪便污染的草后，易感染消化道疾病。沙地面能有效地防止打滑，但常会引起雏鸵鸟食沙过多而发生前胃阻塞，同时为保持卫生，需经常更换沙子，劳动量较大。因此，应根据当地的气候特点来选择垫料。我国北方较干燥地区，运动场可用水泥地面或沙地面；而在多雨潮湿的南方地区，最好将运动场一半铺上水泥地面，另一半作为沙地面。这样，春季多雨季节，使用水泥地面育雏；秋冬干燥季节，全部铺沙，以沙地面育雏。

任务训练

一、判断题

1. 非洲鸵鸟适宜的生长环境为干旱或半干旱地区，因此因远离水源地。（　　）
2. 鸵鸟和鸡有许多共患病，二者会产生交叉感染。（　　）
3. 多雨潮湿的南方地区，运动场可以一半为水泥地面，另一半为沙地面。（　　）

二、填空题

1. 选择鸵鸟场场址时，自然条件包括__________、__________、__________、气温、光照时间、湿度、风向、自然灾害及其他自然因素。
2. 选择鸵鸟场场址时，社会条件包括__________、__________、__________、疫情、经济条件及社会习俗等方面，并考虑将来发展的可能性。
3. 考虑到鸵鸟场场址的卫生条件，土壤以__________或__________为好。

任务三　繁殖技术

扫码学

课件 11-3

任务描述

主要介绍鸵鸟的繁殖特点、选种、雌雄鉴别和孵化等内容。

任务目标

▲知识目标

能说出鸵鸟的繁殖特点；种鸵鸟的选种、雌雄鉴别要点和孵化条件。

▲能力目标

能识别种鸵鸟的性别；进行种鸵鸟的选种；根据生产需要进行鸵鸟的孵化。

▲课程思政目标

具备科学严谨的职业素养；具备立足专业，服务乡村振兴的思想意识。

▲岗位对接

特种禽类动物饲养、特种禽类动物繁殖。

任务学习

一、繁殖特点

(一)性成熟期

雌鸵鸟一般在2～2.5岁达到性成熟,最早18个月开始产蛋。雄鸵鸟性成熟时间比雌鸵鸟晚,一般在3岁以后方可达到性成熟。因而在生产中进行配种时,雄鸵鸟应比雌鸵鸟大半岁以上,否则将会影响受精率。当雄鸵鸟达到性成熟时,体躯、翅膀的羽毛为典型的黑色,而翅膀的下缘和尾端的羽毛则为白色。在繁殖季节,雄鸵鸟的喙、眼睛周围的裸露皮肤及前额和跗的前面变为鲜红色,泄殖腔周围也变为红色。

(二)产蛋特性

1. 产蛋行为 鸵鸟在产蛋前有一些特殊的表现,如紧张不安,沿围栏来回跑动,长时间伸脖远看或避开其他鸵鸟等。当开始产蛋时,雌鸵鸟在做好的沙窝上蹲下来,张开两翼上下晃动,同时翼尾不时触地,临产时腹部用力收缩,经过一阵反复收缩动作后,泄殖腔缓缓张开,蛋由小头产出。产程因鸵鸟的不同状况而有长有短,初产鸵鸟产程较长,有时可达2 h,经产鸵鸟产程相对较短,最短仅为几分钟。

2. 产蛋规律 总的来说,鸵鸟产蛋规律性不明显,有的鸵鸟在一个产蛋周期中每2天产蛋1枚,产到8～15枚后,休息1周左右,又开始下一个产蛋周期,但有些鸵鸟可停产1～2个月,而个别高产的鸵鸟可连续产到40枚左右才休息。绝大多数鸵鸟的产蛋时间为下午3—6时,但也有个别鸵鸟在上午和夜间产蛋。

3. 产蛋量 产蛋量在不同年龄和个体之间有较大的差异。一般来说,刚开产的鸵鸟产蛋量较少,年产蛋量为12～20枚,而到产蛋高峰(4～5岁)时,可为60～80枚;产蛋量低者年产蛋量为30枚左右,而高产者可超过100枚。

4. 蛋重 蛋重多为1200～1700 g,个别可达2000 g。蛋形一般为卵圆形,纵径平均为165 mm,直径平均为130 mm。

二、选种

种鸵鸟的选择是提高种鸵鸟品质、增加良种数量及改进鸵鸟产品质量的重要工作。

(一)幼鸟的选择

根据系谱资料和生长发育情况进行选择。选择系谱清晰、双亲生产性能高、幼鸟生长速度快、发育良好的个体。最好从不同场选择幼鸟,避免近交。

(二)成鸟的选择

1. 体型特征 雌鸵鸟头较小,眼大有神,颈粗细适中,不弯曲;体躯长宽而深,椭圆形,腰脊微呈龟背形不弯曲。雄鸵鸟头较大,眼大有神,颈粗长,体躯前高后低。雄鸵鸟颈、喙的颜色与繁殖力有密切关系,颜色猩红者繁殖力最佳,颜色变淡则受精率下降。在繁殖季节选择状态好、色彩艳丽的雄鸵鸟进行交配。

2. 生产性能 优秀种鸵鸟应健康无病,没有遗传缺陷。雌鸵鸟一般隔天产1枚蛋,应连产20枚以上才停产,4岁以上年产蛋量在80枚以上,且蛋的表面光滑,蛋形正常。雄鸵鸟每天配种次数应超过6次,且种蛋的受精率高。

三、雌雄鉴别

15月龄以前的鸵鸟体型和羽毛基本一致,很难从外表上区别雌雄。进行雌雄鉴别有利于分群饲养和营养配给。雏鸵鸟的雌雄鉴别多采用翻肛法,即翻开雏鸵鸟的肛门,看是否有向左弯曲的阴茎,但这种方法只有70%左右的准确性,因此,雏鸵鸟的雌雄鉴别要进行多次,一般在1周龄、2月

龄、3月龄分别进行鉴定。

四、配种

（一）配种过程及次数

雄鸵鸟发情时蹲在地上，翅膀向两边伸展并振动，头部和颈部不停地左右摇摆，同时用弯曲的颈部向后撞击背部；有时会憋足气，将脖子膨胀，发出吼叫声。雌鸵鸟发情的表现为主动接近雄鸵鸟，边走边低头，直至脑袋几乎触到地面，下垂翅膀，奋力振翅，同时喙快速一张一合，发出吧嗒吧嗒的声响。交配时，雌鸵鸟尾朝雄鸵鸟伏下，雄鸵鸟则猛地站起，两翅同时上举，以小踏步快速走近雌鸵鸟，右腿趴在雌鸵鸟背上，左腿趴在地上，从雌鸵鸟左边将阴茎插入生殖道进行交配。交配时间为30 s至1 min。一只雄鸵鸟一般每天交配4～6次，有少数者可超过12次。

（二）雌雄配比

在人工饲养条件下，雄鸵鸟对雌鸵鸟的选择性不很明显，必要时可以调整配对的雄鸵鸟和雌鸵鸟比例。在目前的生产实际中，多以3只或4只为一组，雄雌配比采用1∶2或1∶3，国外也有用2雄配5雌或3雄配8雌的，甚至采用一定配比的大群配种方式。

五、孵化

（一）种蛋的收集与储存

1. 收集　鸵鸟正常产蛋时间集中在每天下午3—6时。因此，在此期间，饲养员应留场观察雌鸵鸟产蛋情况，以便准确建立鸵鸟档案。同时，每只鸵鸟的产蛋规律有其自身特点（间隔天数、产蛋时间、蛋的大小和形状等），饲养员可以据此确定更为准确的观察时间。雌鸵鸟产蛋前一般有较长时间的外部特征表现，但坐巢后仅需1～2 min即可将蛋产出。大部分雌鸵鸟在固定的产蛋巢内产蛋，必须经常对产蛋巢进行全面消毒，以保证种蛋卫生。

种蛋产出后，饲养员应马上拾起种蛋，以免种鸵鸟玩戏种蛋，使细菌侵入蛋内。收集种蛋时，不要用手触摸，应用消毒过的干燥纱布包好拾起，放入消毒过的集蛋篮内（拾蛋时应特别注意防范雄鸵鸟的攻击）。如果种蛋上沾有一般的泥沙，可以用消毒纱布擦拭或者用消毒的硬质刷子（木刷、钢丝刷）扫刷。如果种蛋被粪便污染或沾染血迹，可用蘸有消毒剂（如新洁尔灭）的湿纱布擦洗，洗后即用干的消毒纱布擦干。种蛋消毒水应比种蛋温度高10 ℃以上，推荐水温为45.1～48.9 ℃，如果水温低于种蛋温度，种蛋可能会吸入水分，从而带入病原体。

2. 储存　种蛋收集后，立即称重，用铅笔做好标记（种鸵鸟号、蛋重、产蛋日）。约2 h后照蛋并画出气室，送储蛋室。种蛋存放前，必须进行第一次消毒。消毒方法通常有如下两种。

（1）紫外线照射消毒：在室温7～10 ℃的房间里，在一只铁丝网箱内上下各装有一支30 W的紫外线灯管，箱内放入种蛋，打开紫外线灯，照射消毒20 min。

（2）熏蒸消毒：在一只密封的纸箱内，按每立方米20 mL福尔马林加10 g高锰酸钾混合熏蒸20 min。储蛋室最好与孵化室分开，温度控制在15～20 ℃，湿度控制在75%～80%。在此环境里，种蛋一般存放3～5天，在第5～6天入孵，最长存放时间不超过7天，最短不少于3天，但初产蛋或一个产蛋季节中最初产出的部分蛋，应适当延长存放时间。在生产场，因管理需要间隔7天入孵一批，种蛋存放期内，气室朝上放置，且每天翻蛋（向左和向右各45°）2次。

（二）种蛋的运输

有些鸵鸟场由于生产规模小，未配备孵化设备，或由于从国内外购进种蛋等原因，需要进行种蛋的运输。运输种蛋应注意以下问题。

（1）包装要完善，要有泡沫垫，上下有海绵包围，一般不分层，包装箱里有气孔。

（2）装车、装机时，蛋箱要安放平稳，以免振动碰撞，导致系带断裂或卵黄膜破裂。

（3）注意适当的保温，防止种蛋高温受热或低温受冻的不良影响。

（三）种蛋的选择

(1)新鲜，保存时间适宜，表面清洁，不得有污物和破损、裂痕。

(2)蛋形、颜色、大小、蛋壳厚薄正常。表面有凸出隆起或凹下的畸形蛋，或表面粗糙、失去光泽的白色蛋，蛋壳过厚、过薄，蛋体过大、过小者都不宜用于孵化。

对经选择合格入孵的种蛋进行称重，登记编号，记录产蛋日期、雌雄鸵鸟编号、入孵时间等。

（四）孵化前的准备

1. 孵化室准备 入孵前 2 天对孵化室进行熏蒸消毒（按每立方米 40 mL 福尔马林加 20 g 高锰酸钾混合熏蒸）2 h，然后打开所有门窗换入新鲜空气。孵化室内装有一定功率的空调机和抽湿设备，保持孵化室温度为 15～20 ℃，相对湿度不超过 45%。

2. 孵化机准备 在开始孵化前 4～7 天，开动孵化机试转，并对温控装置进行测定。

3. 种蛋准备 从储蛋室取出种蛋入孵前，必须预热到室温（25 ℃左右），并进行入孵前熏蒸消毒，然后放入孵化机内，上升到孵化温度，种蛋在孵化机内一般应将气室向上放置，放蛋时遵守先中间后两边的原则。有实验表明，孵化前的 2～3 周，将种蛋水平放置，以后再转为气室向上垂直放置，可提高种蛋孵化率。

（五）孵化条件

目前我国鸵鸟场规模一般较小，一次收集到的种蛋数量有限，因此，人工孵化基本使用恒温孵化法，即整个孵化期孵化温度是恒定的。鸵鸟场实际使用的孵化温度多在 36.4 ℃，相应的湿度为 18%～22%。

湿度对鸵鸟的胚胎发育有很大作用。首先，湿度与蛋内水分蒸发和胚胎的物质代谢有关。孵化过程中，如果湿度不足，则蛋内水分加速向外蒸发，因而破坏了胚胎正常的物质代谢。其次，湿度有导热的作用。孵化初期，适当的湿度可使胚胎受热良好；而孵化末期，可使胚胎散热加强，因而有利于胚胎的发育。最后，湿度与胚胎的破壳有关。出雏时，在足够的湿度和空气中二氧化碳的作用下，蛋壳随之变脆，有利于雏鸵鸟啄壳。因此，为了胚胎正常的生长和发育，孵化机内必须保持合适的湿度。

胚胎在发育过程中，不断吸收氧气和排出二氧化碳。为保证胚胎正常的气体代谢，必须供给新鲜空气。鸵鸟在啄壳前，气室内短暂氧气紧张较其他禽类严重得多。孵化室应通气良好，为鸵鸟种蛋提供充足的氧气。

（六）照蛋

照蛋的主要作用在于监测胚胎的发育程度和异常，种蛋入孵前须先进行一次照蛋，观察并画出气室的位置，以便孵化期间正确放置种蛋和观察气室大小的变化。孵化过程中每周照蛋 1 次，39 天落盘时照蛋 1 次，落盘后每天至少照蛋 1 次，临出壳前根据需要，每日可照蛋数次。

（七）称重

每周称重，记录孵化过程中种蛋重量损失情况，是鸵鸟孵化管理的重要程序和判定孵化条件是否适宜的重要手段。人工孵化时，种蛋每天失重 0.27%～0.30%，全期总失重 8%～13.5%。

（八）落盘与助产

落盘是指种蛋从孵化机转入出雏机的过程。鸵鸟的平均孵化期为 42 天（实际孵化期受雌鸵鸟年龄，种蛋储存条件、时间，孵化温湿度等因素影响），39 天左右落盘。

出雏机的温度选择应根据其负荷而定，可以高于、低于或等于孵化机温度。如果出雏机中负荷很小（种蛋数量很少），则必须适当提高温度。如果出雏机已装满蛋，则可适当下调。

如果胚胎在 40 天前“破膜”，其后 48 h 之内让其自然破壳。如 48 h 后雏鸵鸟仍未破壳，应在气室内近喙处钻孔助产。如果胚胎在 42 天后“破膜”，其后 24 h 之内让其自然破壳，24 h 后仍未完全破壳时，应钻孔助产。雏鸵鸟出壳后，立即用碘酒消毒脐部，并在出雏机中放置 24～36 h 后才送往育雏室。

任务训练

一、判断题

1.雌鸵鸟一般在2～2.5岁达到性成熟，最早18个月开始产蛋。（　　）

2.雄鸵鸟一般在3岁以后达到性成熟。（　　）

3.鸵鸟产蛋量在不同年龄和个体之间差异不大。（　　）

4.鸵鸟选种时雄雌比例以1∶3为宜。（　　）

5.由于鸵鸟种蛋的蛋壳比较厚，孵化时可不消毒。（　　）

二、填空题

1.雌鸵鸟一般在__________岁达到性成熟，雄鸵鸟性成熟时间比雌鸵鸟晚，一般在__________岁以上方可达到性成熟。

2.雏鸵鸟的雌雄鉴别要进行多次，一般在__________周龄、__________月龄、__________月龄分别进行鉴定。

任务四　饲养管理

扫码学
课件11-4

任务描述

主要介绍鸵鸟的营养需要和饲养管理相关内容。

任务目标

▲知识目标

能说出各阶段鸵鸟的饲养管理要点。

▲能力目标

能科学合理饲养各阶段鸵鸟。

▲课程思政目标

具备科学严谨的职业素养；具备立足专业，服务乡村振兴的思想意识。

▲岗位对接

特种禽类动物饲养、特种禽类动物繁殖。

任务学习

一、营养需要

（一）能量需要

非洲鸵鸟既可和鸡一样消化高淀粉饲料，又具有很强的纤维（纤维素、半纤维素）消化能力。纤维发酵产物能为生长期鸵鸟提供维持代谢需要的76%的能量。非洲鸵鸟维持代谢能量需要较高。

（二）蛋白质需要

蛋白质是构成鸵鸟机体的主要成分。如果饲料中缺乏蛋白质，则鸵鸟生长缓慢，食欲减退，羽毛

生长不良，种鸵鸟性成熟推迟，产蛋量减少，蛋重减轻，受精率、孵化率降低，严重时体重下降，抗病力降低，容易感染各种疾病。

（三）矿物质需要

在鸵鸟的营养与饲料配制中，钙、磷、钠、锌、锰、铜、硒七种元素是必须重点考虑的矿物质元素。

（四）维生素需要

非洲鸵鸟是一类野生驯化品种，其对各种维生素的需要量较大。在野生状态或放牧饲养条件下，非洲鸵鸟可以从其采食的大量青饲料中获得所需的维生素；但在人工集约化饲养条件下，维生素来源于人工供给。鸵鸟有食粪特性，通过食粪可以补充部分B族维生素。

二、饲料配合特点

（1）参考鸵鸟的营养需要或饲料标准。

根据非洲鸵鸟在我国的饲养方式，其使用的配合饲料属精料补充料，但是，鸵鸟饲养业发展历史较短，相关研究开展较少，特别是有关鸵鸟饲料营养价值评定及营养需要量方面的资料极为有限。

（2）注意饲料的适口性，配制出适口性良好的饲料。

（3）饲料原料应保持清洁、卫生，无异物，未被病原微生物污染。

（4）尽量选用营养丰富而价格低廉的饲料原料进行配合降低饲料成本，提高效益。应因地、因时制宜，选用饲料原料。

（5）尽量使用多种饲料原料进行搭配，避免品种单一，保证营养均衡。

（6）充分考虑不同生长期鸵鸟的消化特点，选用适当的原料。如对于4月龄以下的雏鸵鸟，其消化道发育尚不完善，对粗纤维的消化能力较弱，因此，应选用易于消化、粗纤维含量相对较低的饲料原料；而对于4月龄以上的生长期鸵鸟及种鸵鸟，则可充分使用粗纤维含量较高的原料，降低饲料成本。

（7）注意饲料的整体平衡。用于饲喂鸵鸟的配合饲料实为精料混合料或精料补充料，它们的另一部分营养是通过采食的青饲料供应的。因此，进行饲料配合时，要充分考虑青饲料的种类、特性及用量，保证饲料整体营养平衡。

（8）配制饲料时，一定要搅拌均匀。特别是维生素、微量元素、氨基酸、药品等添加剂，在饲料中的用量小，如混合不均匀，不但不能起到相应作用，还可能导致毒害作用。

三、饲养管理

（一）育雏期的饲养管理

0～3月龄为鸵鸟育雏期。雏鸵鸟出壳体重仅0.8 kg，3月龄时可达25 kg，生长速度非常快，但各生理功能不健全，抵抗能力弱，对环境条件的变化非常敏感，因此，加强育雏期的饲养管理非常重要。

1. 育雏前的准备 采用地面小群（30只）圈养或网上平养。入雏前1周对育雏室进行全面清扫和消毒，地面和墙壁用2%的氢氧化钠溶液喷洒消毒，然后关闭门窗，用甲醛、高锰酸钾熏蒸消毒，育雏室门口设氢氧化钠消毒池。入雏前一天进行预热，温度为30～35 ℃。

2. 雏鸵鸟的饲养

（1）初饮：出壳2～3天后饮水，水中加0.01%的高锰酸钾。

（2）开食：饮水后2 h再喂给混合精料，精料以粉状拌湿喂给，也可用嫩绿的菜叶、多汁的青草、煮熟切碎的鸡蛋作为开食料。开食前后不能用垫料，因为此时雏鸵鸟分不清饲料与垫料，有啄食任何物质的习惯，往往造成肠梗阻。1周龄雏鸵鸟的饲喂以少喂勤添为原则，每隔3 h投喂1次，以后逐渐减少到每4 h投喂1次。每次先喂青饲料，后喂精料，每次以不剩料为准。1周龄以后喂料可不用拌湿料，而改喂颗粒料。1～3月龄的雏鸵鸟所喂精料占日粮的60%，青饲料占40%。1～12周龄的雏鸵鸟的日粮营养构成为蛋白质21%～22%，代谢能为12.18 MJ/kg，粗纤维4%，钙0.9%～1%，有效磷0.5%。在日粮的配制中，应有足够的优质草粉，一般占配合饲料的10%以上。

3. 雏鸵鸟的管理

(1)温度:一般在开始 10 天,温度控制在 31～33 ℃,以后渐渐降至 27～30 ℃,至第 7 周达到 21～22 ℃即可。

(2)光照:0～3 周龄保证 23～24 h 光照,以后可采取自然光照制度。

(3)饲养密度:初生雏鸵鸟的饲养密度为每平方米 5～6 只,随日龄的增加逐渐降低饲养密度,到 3 月龄时鸵鸟每只最少占地 2 m^2。随雏鸵鸟周龄的增长而逐渐分群。

(4)通风:排出室内污浊的空气,同时调节室内的温度、湿度。在炎热的夏天,育雏室要打开窗户通风。冬天通风要避免对流,使雏鸵鸟远离风口,防止感冒。一般通风以进入舍内闻不到氨味为佳。

(5)防疫:为预防疾病发生,饮用水要保证清洁,饲料要保证新鲜不变质。对育雏室、用具、工作服及周围环境进行定期和不定期的消毒。2 月龄时,根据疫情,对雏鸵鸟进行新城疫、支气管炎和大肠杆菌病的预防注射。

(二)育成期的饲养管理

1. 育成期的饲养 4～6 月龄为鸵鸟的育成期,4 月龄时,鸵鸟体重可达 36 kg,已能适应各种自然条件,应逐渐过渡到育成期饲料。日粮中应含粗蛋白质 15%～16.5%,代谢能 11.55 MJ/kg,粗纤维 6%,钙 0.9%～1%,有效磷 0.5%。饲养方式可为围栏圈养,也可为放牧饲养,让鸵鸟自由采食青饲料。日粮中颗粒饲料占比 30%,优质新鲜牧草占比 70%,在优质草地上放牧,可不补或少补充饲料。围栏圈养育成期鸵鸟,饲喂应定时、定量,以每日喂 4 次为宜。

2. 育成期的管理 3 月龄以上的鸵鸟在春、夏季可饲养在舍外,晚秋和冬季的白天在舍外饲养,夜间要赶入饲养棚。鸵鸟喜沙浴,通过沙浴可以洁身和清除体表寄生虫,增加运动量。饲养棚和运动场要垫沙,铺沙厚度为 10～20 cm。运动场可采用部分铺沙、部分种草的模式,同时种植一些遮阴的树或搭建遮阴棚。保持鸵鸟场周围环境的安静,避免汽笛、机械撞击、爆破等突发性强烈震响。

饲喂后 2 h 应驱赶鸵鸟运动,以避免鸵鸟沉积过多脂肪,这对大群饲养的育成期鸵鸟更重要,驱赶运动时间以每次 1 h 为宜。保证供给清洁的饮用水,水盆每天清洗 1 次,每周消毒 1 次。运动场要经常清除粪便、异物,定期消毒。

肉用鸵鸟(7～12 月龄)仍以大群饲养,每天投喂草料不少于 1 次,将切碎的青饲料与精料充分拌匀,并逐渐加大青饲料在日粮中所占比例。喂量不限,使鸵鸟充分采食,促其肉质丰满。

(三)产蛋期的饲养管理

1. 产蛋期的饲养 产蛋期鸵鸟日粮营养构成为粗蛋白质 18%,代谢能 11.76 MJ/kg,粗纤维 6%,有效磷 0.42%。青饲料以自由采食为主。特别要注意种鸵鸟对钙的摄入量,除在饲料中给予足够的钙、磷外,在栏舍内可以设置饲喂骨粉的料槽,任种鸵鸟自由采食。

饲喂应定时、定量,清晨鸵鸟在运动场上围着边网跑动,15～20 min 后采食,首次饲喂时间以早上 6 点半至 7 点半为宜。每天饲喂 3 次,将精料拌入青饲料中一起饲喂。精料饲喂量一般为每只 1.5 kg 左右,青饲料饲喂量为 5 kg。鸵鸟过肥会使产蛋量下降或停产。

2. 产蛋期的管理

(1)分群:雌鸵鸟在 24～30 月龄达到性成熟,雄鸵鸟在 36 月龄达到性成熟。性成熟前以大群饲养,每群 20～30 只,产蛋前 1 个月进行配偶分群。一般是 4 只(1 雄 3 雌)为一个饲养单位。分群工作一般是在傍晚进行,先将雌鸵鸟引入种鸵鸟栏舍,然后再将雄鸵鸟引入,这样可以减少雌雄之间、种群之间的排异性。

(2)运动:鸵鸟体型较大,需要的运动场面积相应也要大。一个饲养单位(1 雄 3 雌)约需 1500 m^2。这样可以给鸵鸟提供较为自由的活动范围,有利于提高受精率,防止过肥。运动场及棚舍最好每周消毒 1 次。

(3)休产:为了保持雌鸵鸟优良的产蛋性能,延长其使用年限,需强制休产。一般掌握在每年 11 月至次年 1 月为休产期。休产期开始时雌雄鸵鸟分开饲养,停止配种,停喂精料 5 天使雌鸵鸟停止

产蛋，然后喂以休产期饲料。

(4)捕捉：若要调换运动场或出售鸵鸟需要捕捉时，应特别小心。因为鸵鸟头骨很薄呈海绵状，头颈连接处也比较脆弱，均经不起撞击。捕捉的前1天在棚舍内饲喂，趁其采食时关入棚舍，捕捉时需3～4人合作，抓住颈部和翼羽，扶住前胸，在头部套上黑色头罩使其安定。鸵鸟一旦套上头罩，蒙住双眼，则任人摆布，可将其顺利装笼、装车。但对凶猛的鸵鸟要特别小心，在捕捉前3～4 h适量喂一些镇静药物。

(5)运输：种鸵鸟运输前须减料停产，确保运输时输卵管中无成熟的蛋。运输前3～4 h停喂饲料，在饮水中添加维生素C、食盐和镇静剂，以防止应激反应。运输季节以秋、冬、春季为宜，最好选择夜间进行，因鸵鸟看不清外界景物，可以减少骚动。运输工具和笼具要消毒，笼具要求坚固通风，顶部加盖黑色围网。运输过程中随时观察鸵鸟动态，长途运输注意定时给水。保持车内通风良好，给躁动不安的鸵鸟戴上黑色头罩。由于运输应激，鸵鸟进场后1～3天常会表现食欲下降，粪便呈粒状，应及时补充维生素、矿物质，饲料投喂逐步过渡，以利鸵鸟恢复。

任务训练

一、填空题

1.在鸵鸟的营养与饲料配制中，__________、__________、__________、__________、__________、__________、__________七种元素是必须重点考虑的矿物质元素。

2.鸵鸟性成熟前以大群饲养，每群__________只，产蛋前__________个月进行配偶分群。一般是4只(1雄3雌)为一个饲养单位。

二、简答题

1.简述鸵鸟育雏期的饲养管理要点。

2.简述鸵鸟育成期的管理要点。

3.简述鸵鸟休产期的意义。

Note

项目十二 鹧鸪养殖

任务一 生物学特性

扫码学
课件 12-1

任务描述

主要介绍鹧鸪品种分类与分布、形态特征、生活习性。

任务目标

▲知识目标

能说出鹧鸪品种的分类;鹧鸪的形态特征和生活习性。

▲能力目标

能识别主要鹧鸪品种;科学合理地根据生产需要选择相应鹧鸪品种。

▲课程思政目标

具备科学严谨的职业素养;具备立足专业,服务乡村振兴的思想意识。

▲岗位对接

特种禽类动物饲养、特种禽类动物繁殖。

任务学习

一、分类与分布

鹧鸪又名中华鹧鸪,是鸡形目、雉科、鹧鸪属的鸟类(图 12-1)。鹧鸪分布于中国广大的南方地区,如长江以南的海南、福建、江西、广东、广西和云南等地(只分布于温暖地区)。国外见于柬埔寨、印度、老挝、缅甸、泰国和越南。

二、鹧鸪的形态特征

中华鹧鸪,是鸟类的一种,体型似鸡而比鸡小,羽毛大多黑白相杂,尤以背上和胸、腹等部的眼状白斑更为显著。成年鹧鸪全长约 30 cm,体重 300 g 左右,多生活在丘陵、山地的草丛或灌丛中。鹧鸪肉味在雉鸡之上,是野味上品。此外,其也可作斗禽。

我国人工饲养的鹧鸪多为美国鹧鸪,体长 35～38 cm,雄鹧鸪体重为 0.6～0.85 kg、雌鹧鸪体重为 0.55～0.65 kg。美国鹧鸪自额起有棕色粗线纹贯两眼至颈侧而后向下转至喉前。颊与喉呈淡棕黄色,眉纹呈棕黄色,耳羽后部呈栗色。前额与头顶两侧为蓝灰色,头顶中央延伸至肩、背、翼、尾均呈红灰色,越向后色越深。前部翼羽覆盖栗黑色横斑的羽毛。胸部呈蓝灰色,下体余部棕黄色。眼

Note

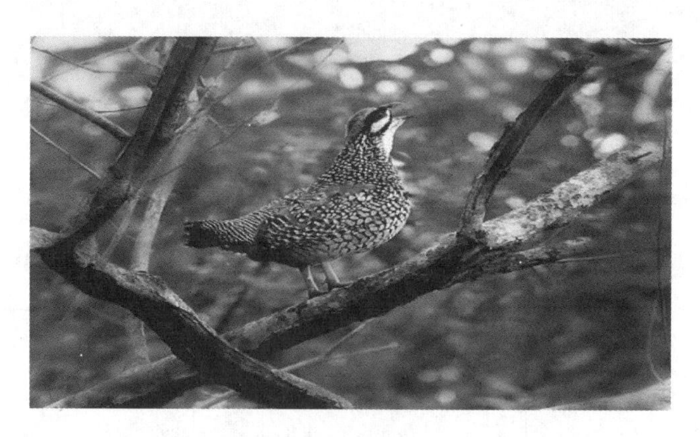

图 12-1 鹧鸪

栗褐色。喙、脸与眼周的无羽部、胫和趾均呈珊瑚红色。爪呈灰褐色。

三、鹧鸪的生活习性

（一）栖息性

野生鹧鸪喜栖息于密布草丛、灌木、小松林的山坡、高地上。喜干燥忌潮湿，喜温暖忌酷暑严寒，成年鹧鸪的最适生存温度为16～27 ℃，低于5 ℃或高于30 ℃时，对其采食量、产蛋量均有影响。鹧鸪常于清晨、傍晚三五成群活动觅食，夜晚栖息在野草丛中，无固定的巢窝。

（二）活动性

鹧鸪多在地面活动，翼羽短，双翅短圆，不耐久飞，但飞翔速度极快，常作短距离直线飞行；机警，善于隐伏；笼养时喜频频走动，善于钻空隙逃跑。

（三）群居性

鹧鸪喜群居，常以10余只为群栖息、活动，但好斗，尤以配种繁殖季节两雄争斗时更甚，雄鹧鸪叫声特殊。美国鹧鸪的好斗性已减弱，日常除有以强凌弱的现象外，即使配种季节数雄同栏时，也不相互争斗。

（四）杂食性

鹧鸪是杂食性鸟类，食谱较广，嗜食蚱蜢、蚂蚁等昆虫，也吃果实、草种谷粒、植物嫩芽等。

（五）应激性

当外界环境突变时，鹧鸪易产生应激反应，如光照时间和强度异常、不适宜的温湿度、噪声，以及捕捉、称重均会引起其惊恐，影响食欲、生长和产蛋。另外，鹧鸪还具有趋光性，且喜沙浴。

任务训练

一、判断题

1. 鹧鸪又名中华鹧鸪，体型比鸡大。（　　）
2. 鹧鸪多在地面活动，翼羽短，但飞翔速度极快。（　　）
3. 鹧鸪好斗，不喜群居。（　　）

二、简答题

1. 简述鹧鸪的形态特征。
2. 鹧鸪有哪些生活习性？

任务二 圈舍建造

扫码学
课件 12-2

任务描述

主要介绍场址选择、圈舍形式和圈舍建造等内容。

任务目标

▲知识目标

能说出鹧鸪场场址选择的自然条件和社会条件；鹧鸪的圈舍类型和圈舍建造特点。

▲能力目标

能根据实际需要选择鹧鸪场场址；能科学合理地根据生产需要进行鹧鸪圈舍建造。

▲课程思政目标

通过合理选择鹧鸪场场址的学习，学生理解科学建场、卫生防疫对鹧鸪养殖的重要性，树立科学养殖的理念。

▲岗位对接

特种禽类动物饲养、特种禽类动物繁殖。

任务学习

一、场址选择

（一）安静的环境

鹧鸪神经敏感，喜欢安静，对环境的噪音反应敏感，因此，场址要远离噪音比较大的工厂、居民区、公路和铁路干线等。

（二）地势

鹧鸪喜干怕潮，养殖场应选择在地势高燥、坐北朝南、通风和有利于保温的地方。平原地区，选择在地势高燥、排水好、土质良好、平坦或稍有缓坡（最好向东南倾斜）的地方建场；丘陵地区，选择在山坡或岗地的南面建场；山区则在通风好、阳光足、坡度小、朝阳背风的山腰建场。

（三）水源

要求水源充足，无污染，水质好，取水方便，常受“三废”污染的地方不宜建养殖场。没有自来水条件的地方，最好打井取水，地下水位应在 2 m 以下。最好不用池塘积水和河水，如作饮用水用，则必须静置、消毒。不能使用被屠宰场、工矿废物污染的池塘水。

（四）交通

场址应靠近消费地和饲料来源地，交通要便利，以降低运输成本。

（五）土质

选用透水性、透气性好的沙土或沙壤土，以满足鹧鸪沙浴习性。

Note

（六）其他

（1）电源要有保证。

（2）排污方便。

（3）通风方便。

（4）有利于保温。

二、圈舍建造

鹧鸪舍最好背风向阳，坐北朝南，或坐西北朝东南，舍外设有围网的运动场，场内设栖架和沙浴池。笼养商品肉鹧鸪舍不设运动场；平养种鹧鸪舍设运动场，圈舍与运动场面积按 1∶1 设计，运动场四周、顶部用尼龙网或铁丝网封闭以防逃失，种鹧鸪室按每平方米养 10～12 只设计（不含运动场）。

鹧鸪舍一般占地面积为 15～25 m^2，屋顶高度为 2.5～3 m，舍内地面需高出舍外地面 30～40 cm，窗和门的采光面积占地面面积的 1/3，换气窗则占 1/10。鹧鸪舍屋顶及四周墙壁都要隔热保温。屋顶要有顶棚，可用瓦片、镀锌铁皮或陶片等。墙体可用砖砌，地面最好铺水泥或砖。前后开好窗户，以充分利用自然通风，必要时还应安装换气扇。门宜开在东侧或向阳面。小型舍一般屋顶为单坡式，前墙高 2.6 m，后墙高 2.3 m。

鹧鸪笼置于室内，两侧放三层笼，中间为操作通道，舍内可养鹧鸪 250～400 只。大型舍屋顶多为双坡式，各排笼之间留 1.2 m 的间隔，中间是地沟，靠窗的两侧留 0.9 m 宽的通道。顶棚上开小天窗，并安装调节出气口大小的装置，以便使污浊的气体经出气口排出室外，天窗和窗户要增设铁纱网，以防猫、鼠侵袭。

营建鹧鸪舍，也可用旧鸡舍和闲房。舍内放置料槽、饮水器、栖架、产蛋箱并铺沙，还应装天花板、窗户和网门，以防鹧鸪逃失，并防猫、犬、禽和鼠进入。

三、鹧鸪笼

（一）育雏笼

育雏笼由木架或铁架和活动板或网板组成：活动板包括四周的 4 块挡板、1 块承粪板和 1 块承鹧鸪网板；网板都能拆装，以便于清洗和消毒。每层笼的尺寸为：长 125 cm，宽 80 cm，高 40 cm，脚高 15 cm。可以设计为 2～3 个笼层叠或直接连架。

（二）产蛋笼

产蛋笼由笼架和网块组成。网块是活动的，可以拆装，每层笼长 125 cm，宽 80 cm，高 40 cm；底网板中间高，两边低，有 7°～15°的坡度以便蛋自动滚出。两侧板铁丝间距为 3.5 cm，便于鹧鸪饮水和食料，底网板向两边伸出各 10 cm，边缘卷起 2 cm，以形成集蛋槽。产蛋笼也可作为中鸪笼。

任务训练

一、判断题

1. 为了交通方便，鹧鸪养殖场应选在公路附近。（　　）

2. 为了保持养殖场湿度，土质应为黏土。（　　）

3. 鹧鸪舍应选在背风向阳、冬暖夏凉、通风好、地势高燥、排水方便且僻静的地方。（　　）

二、简答题

1. 简述鹧鸪场场址选择的自然条件和社会条件。

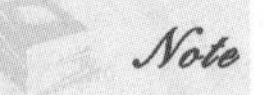

2. 简述鹧鸪笼的类型和特点。

任务三 繁殖技术

扫码学
课件 12-3

任务描述

主要介绍鹧鸪的繁殖特点、选种、雌雄鉴别和孵化等内容。

任务目标

▲知识目标

能说出鹧鸪的繁殖特点;种鹧鸪的选择、雌雄鉴别要点和孵化条件。

▲能力目标

能识别种鹧鸪的性别;能进行种鹧鸪的选种;能根据生产需要进行鹧鸪蛋的孵化。

▲课程思政目标

具备科学严谨的职业素养;具备立足专业,服务乡村振兴的思想意识。

▲岗位对接

特种禽类动物饲养、特种禽类动物繁殖。

任务学习

一、鹧鸪的繁殖特点

鹧鸪一般6～7月龄达到性成熟,雌鹧鸪比雄鹧鸪性成熟时间早2～4周。鹧鸪属季节性繁殖鸟类,在人工控制良好的情况下,一年四季均可产蛋,年产蛋80～100枚,高产者可超过150枚。野生情况下,鹧鸪为1雄1雌配对,人工驯化后,平面散养时雌雄比例为(2～3)∶1,笼养时为(3～4)∶1,种蛋受精率一般为92%～96%,孵化率为84%～91%。鹧鸪的孵化期为24天。

二、种鹧鸪的选择

(一)种鹧鸪选择

种鹧鸪应选择符合本品种特点的健康个体。从当年的育成鹧鸪中选择的种鹧鸪一般可使用2年。第一次选择应在1周龄前,去掉弱雏、畸形雏等,将健壮雏鹧鸪按种用进行饲养和管理;第二次选择在13周龄;第三次选择在28周龄。对成年鹧鸪,注意选择健壮、体大而不肥的个体,个体要求为:①雄鹧鸪体重600 g以上,雌鹧鸪体重500 g以上;②肩向尾的自然倾斜度为45°;③行动敏捷,眼大有神;④喙短宽稍弯曲;⑤胸部和背部平宽且平行;⑥胫部硬直有力无羽毛,脚趾齐全(正常4趾);⑦羽毛整齐,毛色鲜艳。

(二)雌雄鉴别

正确掌握性别鉴定方法,雌雄搭配合理,才能提高种蛋受精率。4月龄以内的雌雄鹧鸪在羽毛颜色上没有区别,具体鉴别方法如下。

1. 翻肛法 翻开雏鹧鸪肛门,雄鹧鸪泄殖腔黏膜呈黄色,下壁中央有一小的生殖突起物,成年雄鹧鸪的呈圆锥状,明显可见。

2. 看腿法 幼龄鹧鸪从外观很难区分雌雄,3月龄后性别差异逐渐明显。主要区别是雄鹧鸪两

脚胫下方内侧有大小高低不对称的扁三角形突起的距。一般 4 月龄左右突出胫表面 0.15～0.2 cm，雌鹧鸪大多数两脚无扁三角形突起的距，少数一只脚有且不明显。

3. 看外貌法 成年鹧鸪的雌雄虽从羽毛上无法辨别，但只要仔细观察可发现雄鹧鸪头部大、方，颈较短，身体略长；雌鹧鸪则个体略小，颈稍细长，身体稍圆。

此外，用手倒提雏鹧鸪双腿，若鹧鸪身子下垂，头向前伸，两翅张开不乱扑，一般为雄鹧鸪；若头向胸部弯曲，身子向上使劲，两翅乱扑，一般为雌鹧鸪。另外，雄鹧鸪被抓时反应强烈，两爪前后乱蹬，而雌鹧鸪一般只蹬一两下，两爪靠在前胸上；雄鹧鸪互相争斗，雌鹧鸪间不争斗。

三、配种技术

（一）大群配种

平养，雌雄比例为(3～5)∶1，配种群以 50～100 只为宜。

（二）小群配种

平养，雌雄比例为(3～4)∶1，每笼按 1 雄配 3～4 雌，或配 6～8 雌，或 3 雄配 9～12 雌来混合饲养，任其自由交配。

四、孵化

（一）选蛋

鹧鸪的繁殖期为 3—6 月，3—4 月开始求偶交配，每窝产卵 3～6 枚，多时可达 8 枚，卵为椭圆形或梨形，颜色为淡黄色至黄褐色。鹧鸪人工孵化时尽量利用两周以内的种蛋，要严格挑选出双黄种蛋和畸形蛋，选好后用 30 ℃的温水加 0.1%的高锰酸钾溶液浸泡种蛋 3 min，取出后晾干即可入孵。

（二）入孵

鹧鸪种蛋预热后即可码盘入孵，将经过选择、消毒、预温的种蛋大头向上、小头向下略微倾斜地装入蛋盘(尽可能地将种蛋放在蛋盘中间)，蛋盘放入孵化机内即可开始孵化。往孵化机内放蛋盘时一定要卡好，以防翻蛋时蛋盘自行滑落、脱出。

（三）温度

一般情况下胚龄小(孵化初期)要求较高的孵化温度，随着胚龄的增大，孵化温度应相应降低。冬天和早春孵化要求孵化温度较高，以后随着气温逐渐上升，孵化温度可稍低。鹧鸪种蛋的孵化温度略低于家鸡，孵化温度应根据胚龄、季节和具体条件来掌握，使孵化温度最适宜于种胚的孵化，上、下偏差在±0.2 ℃以内。对整批入孵的种蛋，也可采用变温方式孵化：前期(第 1～7 天)温度为 38 ℃，中期(第 8～16 天)为 37.8 ℃，后期(第 17～24 天)为 37.7 ℃。

（四）湿度

鹧鸪种蛋的孵化湿度稍高于家鸡，孵化第 1～7 天孵化机内相对湿度应保持在65%～70%，第 8～20 天相对湿度降低至 55%～60%，第 21 天至出雏相对湿度应增加到 60%～70%，通常在孵化机内加入水盘的面积相当于孵化机底面积的 2/3 或 3/4 就可基本满足湿度要求，孵化室相对湿度最好保持在 55%～60%。

（五）通风

孵化过程中应随着胚胎发育对氧气需求的增加适当通风换气，孵化前 8 天定时换气，8 天后经常换气。

（六）翻蛋

翻蛋的目的主要是防止胚胎粘连，孵化前期蛋黄上浮，如果不翻蛋，就容易发生胚盘与壳膜粘连。孵化中期不翻蛋会使尿囊与卵黄囊粘连而引起胚胎死亡，降低孵化率。全自动孵化器有自动翻蛋装置，可以设定翻蛋时间，否则就必须由人工翻蛋。要求上下种蛋要对调，蛋盘四周与中央的种蛋对调。种蛋入孵 20 天内，每隔 2～4 h 翻蛋一次。孵化到 20 天以后，胚胎已发育成雏鹧鸪，应停止翻蛋。

任务训练

一、判断题

1. 鹧鸪一般6～7月龄达到性成熟,雌鹧鸪比雄鹧鸪性成熟时间早。( )
2. 4月龄以内雌雄鹧鸪在羽毛颜色上没有区别。( )
3. 成年鹧鸪的雌雄虽从羽毛上无法辨别,但雌鹧鸪比雄鹧鸪大。( )

二、简答题

1. 简述鹧鸪的繁殖特点。
2. 鹧鸪如何进行性别鉴定?
3. 鹧鸪种蛋入孵时,需要注意什么?

任务四　饲养管理

扫码学
课件 12-4

任务描述

主要介绍鹧鸪的营养需要和饲养管理相关内容。

任务目标

▲知识目标

能说出各阶段鹧鸪的饲养管理要点。

▲能力目标

能科学合理饲养各阶段鹧鸪。

▲课程思政目标

具备科学严谨的职业素养;具备立足专业,服务乡村振兴的思想意识。

▲岗位对接

特种禽类动物饲养、特种禽类动物繁殖。

任务学习

一、饲料配合

上海市农业科学院推荐的鹧鸪营养需要见表12-1。

表12-1　鹧鸪营养需要

项目	种用鹧鸪				肉用鹧鸪		
	0～1周	2～4周	5～28周	成年鹧鸪	0～1周	2～4周	5～13周
代谢能/(MJ/kg)	11.723	11.723	11.514	11.514	12.142	12.142	12.142
粗蛋白质/(%)	24	20	16	18	26	24	20
粗脂肪/(%)	3.0	3.0	3.0	3.0	3.0	3.5	3.5

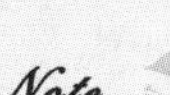

续表

项目	种用鹧鸪				肉用鹧鸪		
	0～1 周	2～4 周	5～28 周	成年鹧鸪	0～1 周	2～4 周	5～13 周
粗纤维/(%)	3.0	3.0	4.0	3.5	3.0	3.0	3.5
钙/(%)	1.0	1.0	1.2	2.8	1.0	1.1	1.1
磷/(%)	0.65	0.60	0.60	0.70	0.65	0.60	0.60
赖氨酸/(%)	1.1	1.0	0.7	0.8	1.2	1.1	1.0
蛋氨酸+胱氨酸/(%)	0.90	0.80	0.65	0.70	0.90	0.80	0.70
蛋氨酸/(%)	0.40	0.40	0.30	0.35	0.40	0.40	0.35
色氨酸/(%)	0.30	0.25	0.20	0.25	0.30	0.25	0.20

鹧鸪为杂食性鸟类,其食性广泛。鸡饲料稍做调整即可用以喂养鹧鸪,饲料配合比例:谷实类一般占 50%～60%,饼粕类占 20%～30%,糠麸类不超过 10%,动物性蛋白质饲料应控制在 10%以下。鹧鸪对微量元素和维生素要求比鸡高,添加剂必须混合均匀。

二、饲养管理

(一)育雏期饲养管理

1. 饲养方式 饲养雏鹧鸪一般有平养和笼养两种方式。平养一般用保温伞,地面用木屑作垫料。笼养用育雏笼,多由常规的多层鸡用育雏笼代替,但网眼必须小一些,避免鹧鸪钻出。笼养 15 日龄内用麻布垫底,防止雏鹧鸪发生软脚病,麻布需 3～4 天更换一次,保持清洁。

2. 温度、湿度 适宜的温度是育雏成功的保证。育雏室温度 25 ℃,育雏机温度设置如下:第一周 35～36 ℃,第二周 34～35 ℃,以后每周下降 1～2 ℃,10 周龄后保持为 24 ℃。定时记录温度计读数并观察雏鹧鸪的状态,雏鹧鸪均匀分布且休息时很安静;如果温度偏低,雏鹧鸪靠近热源堆积在一起,尖叫不安;如果温度过高,雏鹧鸪会远离热源,并张口呼吸,翅膀下垂。

相对湿度一般第一周控制在 65%～70%,一周后控制在 55%～60%。

3. 通风、光照 育雏期间饲养密度较大,通风要求是在保温的前提下,力求空气清新,避免贼风及空气污染和闷热。

育雏室光线分布要均匀:0～1 周龄,24 h 光照,光照强度为 4 W/m^2;1 周龄后,每天光照 16 h,光照强度为 2 W/m^2;1 月龄后采用自然光照。商品肉用鹧鸪光照时间为 20 h,光照强度为 2 W/m^2。

4. 饲养管理

(1)饮水:雏鹧鸪出壳 24 h 内,放入育雏机后立即让其饮温开水,并在水中加入适量 0.01%的高锰酸钾溶液。外地引进种,可在饮用水中加 5%葡萄糖和适量维生素。饮水器不能太大,否则鹧鸪会进入饮水器内弄湿羽毛而受凉、诱发疾病。刚出壳的许多雏鹧鸪不会饮水,需要调教。

(2)开食:开饮 1 h 后用全价碎粒料开食,用浅平盘或直接把料撒在麻布上。食盘数量要充足并均匀放置,3 天内自由采食,4～10 日龄每天饲喂 6～8 次,11 日龄至 4 周龄每天饲喂 5～6 次,4 周龄后每天饲喂 3～4 次,喂料量随日龄增加而增加。雏鹧鸪必须有充足的采食位置,每只雏鹧鸪第 1 周为 2 cm,第 2 周为 3 cm,第 3 周为 4 cm,第 4 周以后为 5 cm。1 周龄、2 周龄、3 周龄、4 周龄、5～25 周龄鹧鸪,每日平均采食量分别要达到 6 g、12 g、18 g、24 g、30～40 g。

(3)饲养密度:饲养密度的大小与生长速度、疾病有一定的关系。适宜的饲养密度为 10 日龄前每平方米 70～80 只,11～28 日龄每平方米 50 只,5～12 周龄每平方米 25～30 只。

(4)断喙:1 周龄左右断喙,断去上喙的 1/4(喙尖至鼻孔)。断喙前后 3 天在饮用水中添加适量维生素 K 和多维素,断喙后食槽中饲料应稍添满些。

(5)消毒防疫:保持鹧鸪舍内外环境卫生,水槽、食槽每天清洗 1～2 次,每 2 天用 0.01%的高锰酸钾溶液消毒 1 次;每天清扫粪便 2 次;舍内每周消毒 2 次,夏季每周消毒 3 次。10～15 日龄接种新

城疫疫苗，2～3 周龄用药预防球虫病。

（二）育成期饲养管理

育雏至 6 周龄后进入中鹑阶段，就可以完全脱温，转至育成笼或育成舍饲养。转群前后应注意：①育成舍彻底清洗干净并严格消毒；②转群后 1 周内用消毒剂每天消毒鹌鹑舍 1 次；③转群前后饲料或水中加抗应激药物和多维素，必要时还要添加抗球虫剂；④供应充足的饲料和饮用水，保证每只中鹑（育成鹑）及时吃到饲料和饮水。

（三）商品肉用鹌鹑的饲养管理

1. 饲料　商品肉用鹌鹑 80～90 日龄，体重应达 50 g。饲料可用肉用仔鸡的中、后期料代替，但要另加适量的多维素和微量元素，也可自行配制，饲料配方参考：玉米 42%，小麦 30%，豆粕 17%，鱼粉 5%，石粉 4%，微量元素 1.5%，食盐 0.2%，添加剂 0.3%。

2. 管理要点

（1）光照：为充分提高采食量，可采用 23 h 光照，光照强度为 2 W/m^2。

（2）饲养密度：平养一般为每平方米 5～20 只，笼养为每平方米 25～30 只。

（四）后备种用鹌鹑的饲养管理

1. 饲养　产蛋前体重应达到雌鹌鹑 450～500 g、雄鹌鹑 550～600 g，不过肥过瘦，因此营养水平不宜太高，代谢能为 11.54 MJ/kg，粗蛋白质 16%，每天每只喂料 30～35 g，每天喂 3 次。中鹑期要控制体重，方法是定期称重和实行控制饲喂。根据鹌鹑的强弱、大小和雌雄进行分群饲养；及时淘汰发育不良、体重达不到要求的个体。

2. 管理要点

（1）饲养密度：地面平养需设与室内面积为 1∶1 的运动场，并安装尼龙网或铁丝网防止鹌鹑逃逸，运动场一角设沙浴池，饲养密度为每平方米 8～10 只。笼养饲养密度以每平方米 15 只为宜。笼可用鸡笼改装，但要做到既能使鹌鹑方便采食和饮水，又不致逃逸。

（2）光照：采用自然光照。

（3）修喙：在育成期定期修喙，修喙应在夜间熄灯后进行，以防全群飞蹿，产生严重应激反应。

（4）防疫：1～3 周龄主要预防球虫病及呼吸道疾病，3 周龄后，主要预防沙门氏菌病，尤其是盲肠肝炎（黑头病）。

（五）产蛋期饲养管理

1. 饲养要点　产蛋鹌鹑营养要求：粗蛋白质 18%，代谢能 11.51 MJ/kg，微量元素和维生素要充足，营养全面合理。每天每只鹌鹑采食量为 60～65 g。

2. 管理要点

（1）温度、湿度：31 周龄左右鹌鹑开始产蛋，2 周后达到产蛋顶峰，产蛋期鹌鹑对温度较敏感，应控制在 18～25 ℃，低于 10 ℃或高于 30 ℃后产蛋量明显减少；相对湿度应为 50%～55%，高温高湿或低温高湿时，均会造成种鹌鹑食欲不好、体质差、病淘率高。

（2）光照：25 周龄后每周增加光照时间 0.5 h，光照强度为 3 W/m^2。

（3）饲养密度：地面平养设运动场，每群以 50～100 只为宜。饲养密度为每平方米 8～10 只。在产蛋前 2 周按雌雄（3～4）∶1 的比例共同转入产蛋舍，多余的雄鹌鹑选留 10%备用。舍内阴暗处设产蛋箱。笼养为三层重叠式，每笼长、宽、高分别为 160 cm、70 cm、45 cm，每笼可放雄鹌鹑 3 只、雌鹌鹑 9 只，形成一个繁殖群。

（4）保持环境安静：鹌鹑神经敏感，对各种刺激反应强烈，因此，鹌鹑舍要保持安静，喂料、打扫等动作要轻，尽可能降低噪声对产蛋率的影响。

（六）休产期饲养管理

鹌鹑的产蛋期约为 6 个月，为了提高鹌鹑的利用年限，提高产蛋量（第 2 年可比第 1 年产蛋量提高15%)，在第1个产蛋期结束后，将产蛋量少、活力差的鹧鸪淘汰。同时将雌雄鹧鸪分开饲养，进入休产期管理。

1. 饲喂 休产期种雌鹧鸪限制饲喂，以控制体重。第1～2周每只每天喂料20～25 g，饲料可在产蛋料基础上加入20%～25%的粗饲料(谷糠等)，2周内种鹧鸪完成脱毛过程。第3周种鹧鸪开始长出针状新羽，此时饲喂量增加至23～28 g。第4周新羽迅速生长，饲喂量增至40 g，粗饲料增加至30%～35%以满足其食欲。第7周新羽逐渐长成，粗饲料可适当减少。第9周种鹧鸪进入预产期，饲喂量增至35 g左右，停用粗饲料。种鹧鸪在休产期内应定时称重，预产雌鹧鸪体重应控制在450～500 g。休产期内雄鹧鸪可自由采食，不限制饲喂量。

2. 光照 光照是休产期的关键，为了减少鹧鸪兴奋，得到充分休息，要控制每天8 h光照、16 h黑暗。门、窗用2层黑布帘遮挡。上午9时将黑布帘卷起，下午5时将黑布帘放下，饲喂等操作应安排在上午9时至下午5时。如鹧鸪在夏季休产，则鹧鸪舍内应保持空气流通，舍内温度以不超过30 ℃为宜。遮光期一般维持在雌鹧鸪9周、雄鹧鸪7周。雄鹧鸪在遮光7周后恢复16 h光照刺激，9周后雌雄合群恢复16 h光照，进入产蛋期。

休产期的管理还应注意以下几点：保证充足饮水，饮水器早晚各清洗1次；鹧鸪场保持安静，避免对鹧鸪群产生干扰，影响其休息；在检查鹧鸪或称重时，应轻抓轻放；种鹧鸪开产前，注射新城疫、传染性支气管炎和减蛋综合征三联油剂疫苗防疫。

任务训练

一、判断题

1. 鹧鸪食性广泛，鸡饲料稍做调整即可用以喂养鹧鸪。( )
2. 鹧鸪对微量元素和维生素要求比鸡低。( )
3. 雏鹧鸪出壳后先开食，再饮水。( )
4. 修喙应在夜间熄灯后进行，以防全群飞蹿，产生严重应激反应。( )

二、简答题

1. 简述育雏期的饲养管理要点。
2. 简述商品肉用鹧鸪的饲养管理要点。

Note

项目十三　绿头野鸭养殖

任务一　生物学特性

扫码学
课件 13-1

任务描述

主要介绍绿头野鸭的分布、形态特征和生活习性。

任务目标

▲知识目标

能说出绿头野鸭的分布、形态特征和生活习性。

▲能力目标

能识别绿头野鸭。

▲课程思政目标

具备科学严谨的职业素养;具备立足专业,服务乡村振兴的思想意识。

▲岗位对接

特种禽类动物饲养、特种禽类动物繁殖。

任务学习

绿头野鸭的适应性强,食性广,耐粗饲,增重快,产蛋早且多。在良好的饲养条件下,饲养达 80 日龄即可上市,全期料肉比为 3.7∶1,肉质鲜嫩,肉味较好。绿头野鸭是目前野鸭养殖中的主要种类。

一、分类与分布

绿头野鸭别名野鹜、大绿头、大麻鸭、大红腿鸭,因其雄鸭头颈暗绿色带金属光泽而得名。在动物学分类上属鸟纲、雁形目、鸭科、鸭属,是除番鸭以外的所有家鸭的祖先,是最常见的大型野鸭优良品种,是开展人工驯养的主要对象。在世界各地分布很广,中国除海南外,各地均有分布。

二、形态特征

(一)雏鸭形态特征

雏鸭全身为黑灰色绒羽,脸、肩、背部和腹部有淡黄色绒羽相间,喙和脚呈灰色,趾爪呈黄色。雏鸭羽毛生长变化有一定规律:15 日龄毛色全部变为灰白色,腹羽开始生长;25 日龄翅羽生长,侧羽毛齐、展羽;30 日龄翅尖已见硬毛管,腹羽长齐;40 日龄毛齐,翼尖长约 4 cm;45 日龄尾羽放叶;50 日龄翼尖羽毛长约 4 cm,背部羽毛长齐;60 日龄翼羽伸长达 12 cm,副翼的锦羽开始生长;70 日龄主翼羽长达 16 cm,锦羽长齐;80 日龄羽毛长齐,翼长达 19 cm,具有成年野鸭的形态特征。

Note

（二）成年野鸭形态特征

雄鸭头和颈暗绿色，并带金属光泽，颈的下部有一非常显著的白色圈环；体羽棕灰色带灰色斑纹，胁、腹灰白色，翼羽紫蓝色具白缘；尾羽大部分白色，仅中央4枚羽为黑色并向上卷曲如钩状，这4枚羽为雄鸭特有，称为雄性羽，根据雄性羽就可辨别雌雄（图13-1）。喙和脚灰色，趾和爪黄色；雄鸭体型较大，体长55～60 cm，体重1.2～1.4 kg。

图13-1　成年雌鸭与成年雄鸭

雌鸭全身羽毛呈棕褐色，并缀有暗黑色斑点；胸腹部有黑色条纹；尾部羽毛亦缀有白色，与家鸭相似，但羽毛不卷，亮而紧凑，有大小不等的圆形白麻花纹；颈下无白环，喙为灰黄色，趾和爪一般为橙黄色，也有灰黑色的；雌鸭体型较小，体长50～56 cm，体重约1 kg。

三、生活习性

（一）喜水性

野鸭为水禽，水性极好，觅食、求偶交配和自卫等活动均可在水中进行，嬉水更是野鸭的本能。

（二）群居性

野鸭喜结群活动和群栖，自出壳毛干后即表现出很强的集群性。夏季以小群形式栖息于水生植物繁盛的淡水河流、湖泊、沼泽、水库附近和水流缓慢的河湾芦苇丛中或河滩上。秋季脱换飞羽及迁徙过程中常集结成数百以至千余只的大群。越冬时集结成百余只的鸭群栖息。

（三）杂食性

野鸭为杂食性动物。在岸上可掠草、捉虫，下到水里可滤食水中的浮游生物。陆地上植物的叶、茎、根、果、苞及昆虫和小动物，水中的鱼、虾、虫、藻类等，都是野鸭的食物。

（四）就巢性

野鸭有筑巢孵蛋的习性，常筑巢于湖泊、河流沿岸的杂草丛或蒲苇滩的旱地上，或堤岸附近的穴洞里，或大树的树杈间。巢由自身的绒羽、干草、蒲苇的茎叶等搭成。

（五）抗病性强

野鸭的抗病性极强，不易患疾病或被动传染，死亡率极低。

（六）繁殖力强

野鸭在我国北方繁殖，冬季在长江流域或更南的地方越冬。野鸭在越冬结群期间就已开始配对繁殖，雄鸭150日龄达性成熟，雌鸭150～160日龄开始产蛋，一年有两季产蛋，春季3—5月为主要产蛋期，秋季10—11月再产一批蛋，年产蛋量一般为100多枚，最高可达230枚，蛋重60 g左右，种蛋受精率为85%以上，种蛋孵化期为27～28天。

（七）飞翔能力强

野鸭翅膀强健，飞翔能力强。秋季南迁越冬，春末北迁。人工驯养的野鸭，仍保持其飞翔特性，所以家养野鸭要配有天网。

(八)鸣叫

野鸭鸣声响亮,与家鸭极为相似。南方猎人常用绿头野鸭和家鸭的自然杂交后代作“媒鸭”,诱捕飞来的鸭群。

(九)换羽

野鸭一年换羽两次。

任务训练

一、判断题

1.成年雌鸭头和颈呈暗绿色,并带金属光泽,颈的下部有一白色圈环。(   )

2.野鸭有喜水性,但不在水中交配和筑巢。(   )

3.野鸭易患疾病或被动传染,死亡率较高。(   )

4.人工驯养的野鸭不再有飞翔特性。(   )

5.野鸭一年换羽两次。(   )

二、填空题

1.绿头野鸭别名__________、__________、__________、__________,因其雄鸭头颈暗绿色带金属光泽而得名。

2.雄鸭体型较大,体长__________ cm,体重__________ kg。雌鸭体型较小,体长__________ cm,体重约__________ kg。

任务二 圈舍建造

扫码学
课件 13-2

任务描述

主要介绍场址选择、圈舍形式和圈舍建造等内容。

任务目标

▲知识目标

能说出野鸭场场址选择的自然条件和社会条件;饲养野鸭的圈舍类型和圈舍建造特点。

▲能力目标

能根据实际需要选择野鸭场场址;能科学合理根据生产需要进行野鸭圈舍建造。

▲课程思政目标

通过合理选择野鸭场场址的学习,学生理解科学建场、卫生防疫对野鸭养殖的重要性,具备科学养殖的理念。

▲岗位对接

特种禽类动物饲养、特种禽类动物繁殖。

Note

任务学习

一、场址选择

(一)交通

野鸭场应靠近消费地和饲料来源地,交通要便利,以降低运输成本,并保证产品和饲料等的运输,但场址不宜靠近交通干线(如公路干线、铁道、河流)。原因有二:一是野鸭喜欢安静,而交通干线噪声大;二是交通干线增加了传染疫病的机会。野鸭场要单独修筑道路,与交通要道相通,道路要平整。

(二)环境

野鸭神经敏感,有喜欢安静的习性,野鸭比家禽对环境的噪音反应敏感,因此,野鸭场应建在僻静的地方。

(三)地势

野鸭虽属水禽,但禽舍也需干燥。因此,野鸭场应选择地势高燥、坐北朝南、通风和有利于保温的地方。在平原地区,应选择地势高燥、土质良好、平坦或稍有缓坡(最好向东南倾斜)的地方。山区、丘陵地区,应选择山坡或岗地的南面建场,这样有利于排水、通风和增加光照,并可避免冬季西北风的侵袭,有利于禽舍保温。野鸭场不宜建在昼夜温差太大的山顶,不宜选择通风不良的潮湿山谷洼地,也不宜建在周围有高大建筑物的地方。野鸭的水上运动场,其水岸不宜陡峭,一般以小于30°的缓坡为宜。坡度过大则野鸭上岸、下水都有困难。

(四)气候

建设野鸭养殖场之前,必须考察场址所在地的环境温度和湿度等自然气候条件是否能满足野鸭生长发育的要求。天气过冷或过热都不利于野鸭的生长发育。由于野鸭无汗腺怕高温,因此,夏季最高气温常超过40 ℃的地方,不宜选作场址。除考查绝对最高气温、绝对最低气温、平均气温这些温度指标外,还必须考虑降雨量与积雪深度、最大风力、常年主导风向、日照及灾害性天气等情况。在沿海地区要考虑台风影响及禽舍抗风能力。

(五)水源

野鸭场要求水源能满足两个条件:一是水量充足,能满足野鸭饮用、洗涤及降温等的需要;二是水质清洁。

(六)电源

现代化野鸭场照明、孵化、取暖、育雏、通风换气,甚至喂料、给水、集蛋、清粪等,无不需要用电,尤其是孵化,经常停电影响很大。因此,电源必须可靠,必要时还要自备发电机。

(七)防疫条件

虽然肉用野鸭的抗病性相对家禽而言较强,但为了预防野鸭发病,场址最好选择在没有养过牲畜和家禽的新地,尽量远离河流、公路、铁路的主干线及市场、屠宰厂、家禽仓库、居民点等易于传播疫病的地方。

(八)土质

对初步选定的场址,要检查地质构造有无断层、陷落、塌方及地下泥沼地层等,主要看其对建房基础的耐压力。选用土质不好的土层基建,就会因加固基础而增加成本。对于大多数野鸭,选用透水性、透气性好的砂质土壤或壤土比较适合。

(九)排污

一个具有相当规模的野鸭场,每天排出的污水和粪便数量是相当大的。建场前一定要考虑污水的排放和粪便集散的问题,如野鸭场污水的排放方式、污水去向、距其他人畜饮水源的距离和纳污能力等。野鸭场的污水和粪便处理最好能结合农田灌溉和养殖业的综合利用,以免造成公害。

野鸭场的场址选择还要根据生产性质而有所侧重,如种禽场对防疫的要求更为严格。生产规模和生产方式决定了场址大小,如地面平养、离地网养和笼养等不同饲养方式,其饲养所需土地面积可相差 30%~100%。

二、圈舍建造

(一)鸭舍建造要求

鸭舍是野鸭生活、栖息、生长和繁殖的场所,饲养野鸭无论是利用旧房改建,还是新建鸭舍,都必须符合下列要求。

1. 保温隔热性能好 保温性是指鸭舍内热量损失少,在冬季舍内温度比舍外温度高,使野鸭不感到十分寒冷,以利于野鸭生长和种鸭在春季提前产蛋。隔热性是指夏季鸭舍外的高温辐射不传入舍内,使野鸭感到凉爽,可以提高野鸭的生长速度和产蛋量。一般鸭舍温度宜保持在 18~25 ℃,育雏舍在育雏期间温度宜保持在 30~35 ℃。

2. 便于采光 鸭舍内光照充足是养好野鸭的一个重要条件。光照可促进野鸭机体的新陈代谢,增进食欲,从而提高生长速度,促进性成熟。如果自然光照(包括强度和时间)不足,则需要进行人工辅助光照。鸭舍坐北朝南或坐西北朝东南,有利于自然采光。

3. 通风良好 要求鸭舍通风良好。

4. 有利于防疫消毒 鸭舍内以水泥地面为好,注意留足下水道口,以便于清扫和消毒。

5. 坚固而严密 鸭舍要坚固,以防鼠、猫等敌害侵入,鸭舍的门、窗要严密,冬季可防寒。

6. 经济实用 鸭舍建筑在满足野鸭所需的温度、光照和防疫等条件的前提下,本着经济实用的原则,因地、因材制宜,尽量降低建筑造价,达到经济实用的目的。

(二)各类鸭舍的建造要求

1. 育雏舍 刚出壳的幼雏,其生理功能还不健全,几乎没有调节体温的能力。人工育雏成功与否,关键的环节就是保温。因此,育雏舍要具有良好的保暖性能和相应的设施。育雏舍还要求阳光充足、通风良好。育雏舍一般采用单坡式或双坡式。双坡式的跨度为 5~6 m,单坡式的跨度为 3 m 左右。四周用砖砌,墙壁要比其他鸭舍稍厚,尤其是北面墙壁要厚,以利于保温。门最好开在东西两侧,南北开窗。窗的透光面积与舍内面积之比为 1∶(10~15),寒冷地区该比例宜适当小些,北窗面积一般为南窗的 1/2,南窗离地 60 cm,北窗离地 100 cm。墙面与门、窗应无缝隙。墙面最好抹灰,门和窗上最好设有布帘,既便于遮光,也可避免冷风直入鸭舍。南墙应设气窗,以便于调整舍内温度。育雏舍最好分隔成约 4 m^2 大小的小间,以便于分小群育雏;地面和墙壁要便于冲洗,最好是水泥地面,并设有小水池。

2. 育成鸭舍 用于饲养育成期种鸭和商品鸭,育成期商品鸭需要进行育肥,因此又称育肥舍。育成鸭舍可简易些,可建成饲养棚。一般长 9 m,宽 4 m,高 3.2 m;棚的立架可用竹、木、钢材或砖石构建,棚的顶架则用竹、木、钢材搭建,棚顶采用芦席铺盖而成,其上再覆以油毛毡或塑料薄膜以防雨雪。野鸭 70 日龄前用竹栅圈围鸭群,70 日龄后需配置天网;鸭棚内一般分成 10~12 m^2 的小栏,每平方米饲养 8~10 只育成期野鸭。采用水泥地面铺垫是最经济的常用饲养方式,垫料用锯末、刨花或铡短的麦秸和稻草等,舍内也可一半放垫料而另一半放饮水盆和食槽,垫料要勤换以保持洁净和干燥;也可采用网上或木条格板等离地饲养方式。

由于育成阶段的野鸭自我调节温度的能力逐渐增强,在气候温暖的地方,育成鸭舍的建造可以从简。例如,修建成有顶棚而四周无墙壁仅以铁丝网代之的鸭舍,或者三面墙壁用砖砌,南面围以铁丝网,或者将野鸭直接置于露天网室饲养。露天网室长 30.5 m,宽 3.7 m,栏底、顶以及四周均围以铁丝网,顶的一端设 1 个宽 3~4 m 的罩盖,其下放置食槽、饮水器和栖架,供野鸭采食、饮水以及栖息、避光、避雨。

3. 种鸭舍 种鸭舍又称产蛋鸭舍,主要供种用野鸭交配、产蛋用,休产期的种用野鸭也在其中饲养。种鸭舍要求有足够的光照条件及保温条件,受光面积大。北面墙壁要防风,屋顶要求保温隔热性能好。一般每间 30 m^2,每平方米饲养成年种鸭 3~4 只。种鸭舍内一角设产蛋间,可通过人工辅

助光照来促进野鸭性成熟和提高产蛋量。因此，种鸭舍内要有照明装置，以便提供人工辅助光照。一般每 10 m^2 安装 1 个 20～25 W 的灯泡。

在种鸭舍外设鸭坪，鸭坪是野鸭采食、饮水、理毛和休息的场所，鸭坪的面积以每平方米不超过 20 只为宜。鸭坪要平而坚实，并有 15°的倾斜度，下雨不积水。鸭坪上应适当种植乔木等，以利遮阴。鸭坪上建食棚，在食棚内根据所养种鸭的数目放置食槽和饮水器，无论刮风下雨都可在舍外饲喂，这样有利于保持舍内清洁、干燥。此外，食棚在夏季还可起到遮阳棚的作用。

4. 鸭滩　鸭滩是从水面到鸭坪的斜坡，坡度以 30°为好，可用石子和水泥修砌，还可在其上铺上草垫，既防止野鸭跌滑，又可使其从水面上滩后不带泥入鸭舍。

5. 水上运动场　由于野鸭具有喜水的生活习性，水上运动场并非可有可无，野鸭虽能在陆地上交配，但受精率低且雄鸭阴茎易受伤。

水上运动场可利用湖泊、河道和池塘等，没有天然水域的可挖人工池供野鸭洗澡和交配。人工池的面积按每 15～20 只野鸭占 1 m^2 水面计算，池深 30～40 cm，但必须有深水区，水深应在 0.5 m 以上。人工池要建有供水及排水的管道，池水要经常更换，以保证水质洁净。人工池内可以养鱼。

任务训练

一、判断题

1. 野鸭场应靠近消费地，交通要便利，所以应建设在主要干线旁边。(　　)
2. 光照可促进野鸭机体的新陈代谢，增进食欲，从而提高生长速度。(　　)
3. 一般野鸭育雏舍在育雏期间温度宜保持在 30～35 ℃。(　　)

二、简答题

1. 选择野鸭场场址要考虑哪几方面的条件?
2. 分别说出种鸭舍和育成鸭舍的特点。

任务三　繁殖技术

扫码学
课件 13-3

任务描述

主要介绍野鸭的繁殖特点、选种、雌雄鉴别和孵化等内容。

任务目标

▲知识目标

能说出野鸭的繁殖特点；种鸭的选择、雌雄鉴别要点和孵化条件。

▲能力目标

能识别种鸭的性别；能进行种鸭的选种；能根据生产需要进行种蛋的孵化。

▲课程思政目标

具备科学严谨的职业素养；具备立足专业，服务乡村振兴的思想意识。

▲岗位对接

特种禽类动物饲养、特种禽类动物繁殖。

任务学习

一、繁殖特点

（一）性成熟期

野鸭150～160日龄达到性成熟，雄鸭成熟时间早于雌鸭。野鸭年产蛋100～150枚，高产者可超过200枚，产蛋期料蛋比为(3.5～3.8)∶1。蛋重50～60 g，蛋壳为青色，偶见玉白色。

（二）繁殖季节

野鸭产蛋集中在3—5月，产蛋量占全年产蛋量的70%～80%，种蛋受精率可超过90%；第二个产蛋高峰在10—11月，产蛋量只占全年产蛋量的30%，种蛋受精率为85%左右。

（三）雌雄配比

种鸭的雌雄配比为8∶1左右。

（四）抱窝习性

野鸭在野生状态下有抱窝的习性，孵化靠雌鸭自孵。人工养殖条件下，采用人工孵化，孵化期为27～28天。

（五）利用年限

野鸭的利用年限，一般雄鸭为2年、雌鸭为2～3年，其中雌鸭第二年的产蛋量最高。

二、野鸭的杂交利用

（一）亲本选择

一般以绿头野鸭为父本。要求保持原有的形态和野性，体质健壮，头大，活泼，交配能力强。雌鸭的选择兼顾产蛋性能和产肉性能两个方面，常用北京鸭、高邮鸭等作为杂交母本。

（二）杂交效果

杂交鸭在生长发育和产肉性能方面介于绿头野鸭和家鸭之间；体型上介于两亲但与绿头野鸭更为相似；飞翔能力减弱，有利于规模化的商品生产。

三、雌雄鉴别

成年野鸭，雄鸭尾羽中央有4枚雄性羽，为黑色并向上卷曲如钩状，颈下有一非常明显的白色圈环。这些是成年雄鸭较典型的特征，而成年雌鸭则无这些特征。

雏鸭可用以下方法鉴别。

（一）外观鉴别法

将雏鸭托在手上，凡头较大，颈粗、昂起而长圆狭小，鼻基粗硬，平面无起伏，额毛直立的为雄鸭；而雌鸭则头小，身扁，尾巴散开，鼻孔较大略圆，鼻基柔软，额毛贴卧。

（二）动作鉴别法

驱赶雏鸭时，低头伸颈，鸣声高尖而清晰的为雄鸭；高昂着头，鸣声低粗而沉的为雌鸭。

（三）摸鸣管法

通过摸鸣管鉴别，雄鸭位于气管下部的鸣管呈球形，易摸到；雌鸭的鸣管与其上部的气管一样。

（四）翻肛法

将初生雏鸭握在左手掌中，用中指和无名指夹住其颈部，使头向外，腹朝上，呈仰卧姿势；然后用右手大拇指和食指挤出胎粪，再轻轻翻开肛门。若为雄鸭，则可见长3～4 cm的交配器，而雌鸭则没有。

（五）按捏肛门法

左手捉住雏鸭使其背朝天，肛门朝向鉴定者的右手。用右手的拇指和食指在肛门外部轻轻一捏，若为雄鸭，手指间可感到有油菜籽大小的交配器管；若为雌鸭，则感觉不到有异物。

四、孵化

（一）种蛋的选择

1. 注意种鸭的品质 选择遗传性能稳定、生产性能优良、繁殖力较高、健康状况良好的鸭群的种蛋。

2. 保证种蛋的新鲜 种蛋的储存时间越短越好，以储存 7 天为宜，3 天为最佳保存期。两周以内的种蛋可保持一定孵化率；若超过两周则孵化期推迟，孵化率降低，雏鸭弱雏较多。

3. 种蛋形状 蛋形应要求正常，呈卵圆形，过长过圆、两头尖等均不宜作种蛋使用，蛋重应符合品种要求，过大过小都不好，蛋重过小孵出的雏鸭较小，蛋重过大孵化率较低。大型肉鸭蛋重一般为 85～95 g。

4. 蛋壳的结构 致密均匀，表面正常，厚薄适度。蛋壳厚度一般为 0.035～0.04 mm。蛋壳过厚、过硬时，孵化时受热缓慢，水分不易蒸发，气体交换不良，破壳困难；过薄时水分蒸发过快，孵化率降低。蛋壳结构不均匀、表面粗糙等均不宜作种蛋使用。

5. 蛋壳表面的清洁度 蛋壳表面不应有粪便、泥土等污物，否则，污物中的病原微生物侵入蛋内，引起种蛋变质腐败。或由于污物堵塞气孔，妨碍蛋的气体交换，影响孵化率。

（二）孵化条件

1. 孵化温度 野鸭蛋的孵化温度应比相同胚龄的家鸭蛋低约 0.5 ℃，要求使用变温孵化，以满足胚胎发育的需要。野鸭蛋孵化的具体温度为：1～15 天，37.5～38 ℃；16～25 天，37.2～37.5 ℃；26～28 天，37～37.2 ℃。

2. 孵化湿度 入孵的 1～15 天，相对湿度为 65%～70%；16～25 天，相对湿度可降至 60%～65%；26～28 天，相对湿度应增加至 65%～70%。

3. 通风 在不影响孵化温度和湿度的情况下，应注意通风换气。在孵化过程中种蛋周围空气中的二氧化碳含量不能超过 0.5%。

4. 翻蛋 一般每 2～3 h 翻蛋 1 次，翻蛋角度为±45°，孵化至 26 天转入出雏机内停止翻蛋。

5. 晾蛋 野鸭蛋脂肪含量较高，孵化后期由于脂肪代谢增强，蛋温急剧增高，不但影响胚胎发育，而且可能“烧死”胚蛋，必须向外排出多余的热量和保持足够的新鲜空气。从 14 天起，每天晾蛋 2～3 次，每次 20～30 min。夏季室温较高时，可喷水降温，将 25～30 ℃的温水喷雾在种蛋表面，使种蛋表面有露珠即可，以提高孵化率和出雏率。

6. 照蛋 野鸭蛋在孵化过程中应随时抽检胚蛋，掌握胚蛋发育情况，以便控制和调整孵化条件。第一次照蛋是在野鸭蛋孵化第 7 天进行，检出无精蛋和死胚蛋。此时发育正常的胚胎，其血管呈鲜红色，扩散而较大，胚胎上浮或隐约可见。第二次照蛋是在孵化第 13 天进行，此时尿囊已经合拢。第三次照蛋是在孵化第 25 天进行，此时发育良好的胚胎，除气室外已占满蛋的全部容积，颈部紧压气室，因此气室边界弯曲，血管粗大，有时可以见到胎动。

任务训练

一、填空题

1. 种蛋的储存时间越短越好，以储存__________天为宜。

2. 野鸭__________日龄达到性成熟，雄鸭成熟时间早于雌鸭，年产蛋__________枚。

二、简答题

1. 简述野鸭杂交的亲本选择和杂交效果。

2. 如何鉴别野鸭的性别?
3. 如何挑选合格种蛋?

任务四 饲养管理

扫码学
课件 13-4

任务描述

主要介绍野鸭的营养需要和饲养管理相关内容。

任务目标

▲知识目标

能说出各阶段野鸭的饲养管理要点。

▲能力目标

能科学合理饲养各阶段野鸭。

▲课程思政目标

具备科学严谨的职业素养;具备立足专业,服务乡村振兴的思想意识。

▲岗位对接

特种禽类动物饲养、特种禽类动物繁殖。

任务学习

一、营养需要与饲料

种鸭饲养管理可划分为三个阶段,即育雏期(0~30 日龄)饲养管理、育成期(31~140 日龄)饲养管理和产蛋期(141 日龄至淘汰)饲养管理。商品野鸭饲养管理划分为两个阶段,即育雏期(0~30 日龄)饲养管理和育成期(31~80 日龄)饲养管理。

野鸭各阶段的营养需要,目前尚无完整、通用的标准,可根据本地区、本养殖场的情况,参照家鸭的饲养标准拟定(表 13-1)。

表 13-1 野鸭各阶段的营养需要

营养	育雏期/天		育成期/天			产蛋期	
	0~10	11~30	31~70	71~112	113~140	盛产期	中后期
代谢能/(MJ/kg)	12.54	12.12	11.50	10.45	11.29	11.50	11.29
粗蛋白质/(%)	21	19	16	14	15	18	17
粗纤维/(%)	3	4	6	11	11	5	5
钙/(%)	0.9	1.0	1.0	1.0	1.0	3	3.2
磷/(%)	0.5	0.5	0.6	0.6	0.6	0.7	0.7

二、雏鸭的饲养管理

(一)育雏温湿度

保温是野鸭育雏成功的关键,1 周龄为 28~30 ℃,2 周龄为 25~28 ℃,3 周龄为 24~26 ℃,4 周

龄可常温饲养。注意观察温度和雏鸭的情况，发现温度不适宜要及时调整。育雏期相对湿度保持在60%～65%。

（二）适时潮口和开食

雏鸭出壳24 h应及时饮水，俗称“潮口”，水中加适量0.01%高锰酸钾溶液，长途运输的雏鸭可在水中加5%的葡萄糖和适量复合维生素。雏鸭饮水后即可开食，开食饲料一般为用温开水拌湿的全价配合饲料，也可将煮至半熟的米粒用冷水浸一下去掉黏性后饲喂。开食方法：将饲料撒在食盘内或塑料布上，让雏鸭自由采食并注意引诱其采食。饲料旁要放饮水器，使雏鸭随吃随饮，促进食欲。开食后可喂配合饲料，7日龄后补喂青饲料和小鱼、小虾、蚌等鲜活动物，以满足其野生食性的需要。

（三）分群饲养

育雏时应将强弱、大小不同的雏鸭分群饲养，50～100只为一群，随着日龄增长，再逐渐合并为大群饲养，利用野鸭喜群栖的特性，减少饲养和管理的工作量。饲养密度：0～2周龄为每平方米20～25只，3～4周龄为每平方米15～20只。

（四）放水

3～4日龄后放水。将雏鸭放在舍内浅水池中戏水，每次下水时间为3～5 min，初次放水一定要注意看护，以防雏鸭扎堆。10日龄后在晴朗天气，可放入运动场或天然的浅水塘中，放水时间为每天上午9时、下午3时，每天2次，每次30 min。以后则根据气温、日龄逐渐增加放水次数和时间，30日龄后则让野鸭在水中自由活动。雏鸭每次放水后，要让其理干羽毛后再回舍内，以免沾湿垫料。

（五）其他管理

保持鸭舍清洁干燥、空气清新，勤清粪便，勤换垫料，以保证雏鸭健康无病。

三、肉用野鸭的饲养管理

31～80日龄为肉用野鸭育肥阶段。饲喂要精心，日投料量为其体重的5%，每次喂料后要放水5 min，在运动场理干羽毛，促使野鸭生长，体重达1200 g即可上市，50～70日龄为适时屠宰日龄。

四、种用野鸭的饲养管理

（一）育成期饲养管理

1. 选择分群　转群前应先将鸭舍消毒，再铺上垫料，墙角处多铺垫草，防止野鸭打堆压死。70日龄时按雌雄比例（6～8）∶1选留，雌雄鸭分群饲养，淘汰体弱、病残鸭。饲养密度：5周龄为每平方米15～18只，以后每隔1周每平方米减少2～3只，直至每平方米10只左右为止。

2. 限制饲喂　日粮粗蛋白质水平控制在11%左右，喂量90 g左右，每天2次，酌情增加青饲料，用量约占总饲料量的15%，以适当控制体重。产蛋前30～40天，青饲料可增加至55%～70%，粗料占20%～30%，精料占10%～15%，可推迟或减轻野性发生，节约饲料，促进羽毛生长。

3. 防止“吵棚”　“吵棚”是指在野鸭野性发作时激发飞翔的行为，表现为躁动不安，呈神经质状，采食量锐减，体重下降。预防办法是对野鸭进行适当限饲，保持环境安静，避免应激。

4. 日常管理　保持鸭舍卫生、清洁、干燥，做到勤换垫料，定期消毒；控制光照时间，通常只采用自然光照。确保每只野鸭都有采食位置，定期称量体重，并酌情调整饲料，使种用育成鸭达到标准体重。种鸭开产前3～4周进行免疫接种。

（二）产蛋期饲养管理

1. 调整饲料　进入产蛋期的野鸭，按开产前、产蛋初期（150～300日龄）、产蛋中期（301～400日龄）和产蛋后期（401～500日龄）四个时期调整饲料。每日每只饲喂量为170 g左右，于早晨6时、下午2时、晚上10时分三次喂料。

2. 设产蛋区　在鸭舍内近墙壁处设产蛋区，或设置足够的产蛋箱。产蛋区垫上洁净的干草，训练种鸭在产蛋区内产蛋，保证种蛋清洁，提高种蛋的孵化率，避免其到处产蛋，造成种蛋污染。

3. 光照　野鸭从 18 周龄开始增加光照时间，22 周龄增加到 16～17 h，以后保持不变。鸭舍内、运动场均应安装照明灯，鸭舍内每 20 m^2 安装一个 40 W 的灯泡，安装高度为离地面 2 m，这样既可增加光照，又能防止惊群。

4. 保持环境安静　在产蛋期间，要避免外人进入鸭舍惊扰鸭群，引发“吵棚”，造成体重和产蛋量下降。鸭舍内要保持干燥，勤换垫料。

5. 疫病防治　野鸭疫病防治、免疫程序参照家鸭的疫病防治、免疫程序。

任务训练

一、判断题

1. 保温是野鸭育雏成功的关键，2 周龄后可常温饲养。（　　）
2. 雏鸭出壳 24 h 应及时饮水，饮水后即可开食。（　　）
3. 预防“吵棚”的方法是对野鸭采用自由采食方式，避免应激。（　　）

二、简答题

1. 简述鸭舍的建设要求。
2. 如何饲养种用野鸭？

技能六　特禽的孵化技术

技能目标

能正确进行特禽种蛋的选择、消毒；能使用电孵化器，熟练掌握机器孵化的操作程序；能掌握胚胎发育检查程序。

材料用具

（1）种蛋：新鲜鹌鹑、野鸭、孔雀、火鸡等特禽种蛋若干枚。

（2）器材：量筒、粗天平、消毒盆、消毒柜、照蛋器、温度计、孵化机、出雏机、胚胎发育彩图、孵化记录表格等。

（3）药品：高锰酸钾、甲醛、新洁尔灭。

技能步骤

一、种蛋的选择

通过粗天平、照蛋器等工具及外貌观察法对种蛋做综合鉴定，选择合格的种蛋。

二、种蛋的消毒

1. 熏蒸法　按每立方米甲醛 30 mL、高锰酸钾 15 g 熏蒸消毒 20～30 min。

2. 新洁尔灭消毒法　将 5%新洁尔灭溶液加水 50 倍稀释成 0.1%的消毒液，用喷雾器直接对种蛋蛋面喷雾。该消毒液切忌与肥皂、碘、升汞、高锰酸钾和其他碱类化学物品混用，以免药液失效。

3. 孵化前的准备

(1)孵化机的检查:在正式开机入孵前,首先仔细阅读孵化机使用说明书,熟悉和掌握孵化机的性能,然后对孵化机进行运转检查和温度校对,检查自动控温、控湿装置以及报警设备。确认孵化机运转正常后,调整温度、湿度达到孵化要求如下表所示,空运转 1~2 天后入孵。

不同特禽的孵化要求

孵化条件		乌鸡	雉鸡	孔雀	鹌鹑	肉鸽	火鸡
孵化温度/℃	前期	37.8~38.0	37.8~38.0	38.5~39.0	38.0	38.7	37.5~37.8
	中期	37.5~37.8	37.5~37.8	38.0~38.5	37.8	38.3	37.2~37.5
	后期	37.3~37.5	37.0~37.5	37.5~38.0	37.5	38.0	36.4~37.0
孵化湿度/(%)	前期	65~70	65~70	65~70	65~70	65~70	55~60
	中期	50~55	50~55	60~65	55~60	50~55	55~60
	后期	65~70	70~75	65~75	65~70	65~75	65~75
照蛋时间/天	头照	7	7	7	5	5	7
	二照	—	—	14	—	—	14
	三照	18	18~19	25~26	12~13	10	24~25
落盘时间/天		18~20	21	25~26	14~15	15~16	25~26
出雏时间/天		20~21	23~24	27~28	16~17	17~18	27~28
孵化期/天		21	24	28	17	18	28

孵化条件		珍珠鸡	鹧鸪	鸵鸟	野鸭	大雁
孵化温度/℃	前期	38.2~38.8	37.5~38.0	36.5	38.0~38.5	38.0~38.5
	中期	37.5~38.2	37.2~37.5	36.0	37.5~37.8	37.0~37.5
	后期	37.0~37.5	37.0~37.2	35.5	36.5~37.5	36.0~37.0
孵化湿度/(%)	前期	60~65	55~60	22~28	65~70	60~65
	中期	50~55	50~55	18~22	60~65	60~65
	后期	60~70	60~70	22~28	70~75	70~75
照蛋时间/天	头照	7	7	14	7	7
	二照	14	—	22	18	14
	三照	23~24	20~21	36~38	24~25	26~28
落盘时间/天		24~25	20~21	39~40	25~26	28~30
出雏时间/天		26~27	23~24	40~42	26~28	30~31
孵化期/天		27	24	42	28	31

(2)孵化室和孵化机消毒:入孵前对孵化室房顶、门窗、地面及各个角落,孵化机的内外、蛋盘、出雏盘进行彻底的清扫和刷洗,然后熏蒸消毒(按每立方米甲醛 30 mL、高锰酸钾 15 g 进行)。设置温度为 25 ℃,相对湿度 70%左右,密闭熏蒸 60 min。然后打开机门,开动风扇,散去甲醛,即可入孵。

(3)种蛋预温:种蛋入孵前要预温 12~20 h,使蛋温缓慢升至 30 ℃左右,然后再入孵。

(4)种蛋装盘:将经过选择、消毒、预温的种蛋大头向上略微倾斜地装入蛋盘,蛋盘放入孵化机内卡紧,开始孵化。

4. 孵化管理

(1)日常管理：孵化期间应经常检查孵化机和孵化室的温度、湿度情况，观察机器的运转情况。孵化机内水盘应每天加一次温水。

(2)照蛋检查：在孵化过程中应定时抽检胚蛋，以掌握胚胎发育情况，并据此控制和调整孵化条件。全面照蛋检查一般进行 2 次，第一次在“起珠”时进行，检出无精蛋和死胚蛋；第二次在斜口转身后结合落盘进行，剔除死胚蛋，将发育正常的胚蛋移至出雏盘。

(3)出雏：在孵化条件掌握适度的情况下，孵化期满即出雏，出雏期间不要经常打开机门，以免降低机内温度，影响出雏整齐度，一般情况下每 2～6 h 拣雏一次。已出壳的雏禽应待绒毛干燥后分批取出，并拣出空蛋壳，以利继续出雏。

(4)孵化记录：为使孵化工作有序进行和分析总结孵化效果，应认真做好孵化管理、孵化进程和孵化结果的记录，记录表格可自行设计。

(5)孵化效果的分析：根据孵化结果分析孵化过程中存在的问题。孵化率的表示方法分两种：一种是以出雏数占入孵蛋数的百分比来表示；另一种是以出雏数占入孵受精蛋数的百分比表示。公式如下：

入孵蛋孵化率(％)＝(出雏数/入孵蛋数)×100％

受精蛋孵化率(％)＝(出雏数/入孵受精蛋数)×100％

技能考核

评价内容		配分	考核内容及要求	评分细则
职业素养与操作规范(40 分)		10 分	穿戴实训服，遵守课堂纪律	每项酌情扣 1～10 分
		10 分	实训小组内部团结协作	
		10 分	实训操作过程规范	
		10 分	对现场进行清扫，用具及时整理并归位	
操作过程与结果(60 分)	种蛋选择、消毒	10 分	能够正确选择合格种蛋，正确进行种蛋消毒	每项酌情扣 1～10 分
	上蛋入孵	10 分	能够正确码蛋，正确启用孵化机开始孵化	
	日常管理	10 分	能够认真负责保持孵化机正常运作	
	照蛋检查	10 分	能够检出无精蛋和死胚蛋	
	孵化记录	10 分	能够进行孵化期内完整的孵化记录	
	孵化效果	10 分	能够根据孵化结果分析孵化过程中存在的问题	

技能报告

根据孵化记录进行孵化效果分析，在规定的时间内撰写出技能报告，要求实训结果真实可靠。

任务拓展

特禽疾病防治

模块三

特种水产类经济动物养殖技术

项目十四　鳖　养　殖

任务一　生物学特性

任务描述

学会运用鳖的生物学特性，密切联系鳖的养殖生产，开展科学饲养管理工作。

任务目标

▲知识目标

能说出鳖的形态特征、生活习性和繁殖习性知识。

▲能力目标

能依据鳖的形态特征、生活习性、繁殖习性，识别鳖，进行科学饲养管理。

▲课程思政目标

结合认识论讲述鳖的生物学特性与养殖生产的密切联系，具备尊重自然、尊重科学，树立找寻事物发展规律的意识。

▲岗位对接

水产经济动物饲养、水产经济动物繁殖。

任务学习

一、形态特征

鳖，又称甲鱼、团鱼、圆鱼、水鱼、王八等，是一种水陆两栖野生动物。在分类上属于爬行纲、龟鳖目、鳖科、鳖属。鳖科在我国有 3 属 4 种，即鼋、山瑞鳖、中华鳖和小鳖。鼋属在我国只有鼋 1 种，是鳖科中体型最大的品种，其特征是吻端极短。山瑞鳖属也只有山瑞鳖 1 种，山瑞鳖和鼋是国家保护动物。中华鳖属有中华鳖、砂鳖、东北鳖和小鳖 4 种，小鳖系我国学者报道的新种，体型与砂鳖相似，体背的疣粒与中华鳖相似。

中华鳖身较山瑞鳖扁薄，背部光滑，无黑斑，无疣粒，一般呈暗绿色；腹部灰白色，少数为黄白色。山瑞鳖的身体比较肥厚，平均个体比中华鳖重，行动缓慢；背部呈深绿色，有黑斑，大部分背甲有基本一致的疣粒，尤以后半部裙边较多，背甲前缘有一排明显的粗大疣粒。腹甲为白色且布满黑斑。颈基部两侧各有一团跖疣。头、颈部均可全部暂时缩回壳内。躯干部宽而短、扁平，背面近圆形或椭圆形，背甲稍凸起，腹甲呈平板状，背腹甲的侧面由韧带组织相连。背腹甲外层有柔软的革质皮肤，称裙边。尾部较短，雌性个体尾部达不到裙边，雄性个体尾部稍伸出裙边外缘。鳖的四肢扁平粗短，位于躯体两侧，能缩入壳内。前肢五指，后肢五趾。指和趾间有发达的蹼膜，趾端有钩状利爪，协助捕捉食物。

二、生活习性

鳖生活习性可以概括为胆怯机灵，凶猛好斗，性喜静怕惊，喜洁怕脏，喜阳怕风，喜暖怕寒，暖天喜晒背，寒冷要冬眠。

鳖是用肺呼吸的两栖爬行动物，咽喉腔有退化鳃状组织，平时可以潜伏在水中 6 h 以上，冬眠近半年。鳖喜欢水质干净的泥沙环境，主要栖息在安静、水质活爽、水体稳定、通气良好、光照充足和饵料丰富的环境中，pH 值 7.8～8.0，最适溶氧量 4～5 mg/L。

昼伏夜出，性情凶残好斗，常常为争夺食物、配偶及栖息场所而自相残杀，一旦遇到侵害会迅速伸长头颈攻击捕捉者。鳖的活动一般都在晚上，但在天气晴朗时，喜欢爬上岸或在水面漂浮物上晒背，提高体温，加快血液循环，增强新陈代谢，提高抗病力和免疫力；促进神经系统和生殖系统的发育；促使鳖表皮中的脱氢胆固醇转化为维生素 D_3，促进钙、磷吸收；杀死附着在鳖体表的寄生虫和其他病原体，使附着在身上的水绵和污物暴晒后脱落，有利于鳖的健康生长。若长时间不晒背，鳖就会因生理功能紊乱而患病，因而在设计建造养鳖场时必须考虑晒背场地。

鳖是变温动物，对环境温度的变化尤为敏感，适宜生长温度为 25～35 ℃，最适生长温度为 28～30 ℃。当水温降至 20 ℃以下时，代谢强度降低，15 ℃以下停止摄食，12 ℃开始潜伏于泥沙中，低于 10 ℃则完全停止活动和觅食，将整个身体全部埋入泥沙中进入冬眠状态。次年春季水温上升至 15 ℃以上时，鳖才从冬眠中苏醒过来开始活动，2 天后开始觅食，20 ℃以上时逐步转为正常生活。当水温超过 35 ℃时，鳖便会潜居在树阴下或水草丛生的遮阳处避暑，出现“伏暑”现象。江南一带就有描述鳖习性的谚语：“桃花水发爬上滩，三伏炎夏歇树间，九月重阳入水底，寒冬腊月钻泥潭。”

一年中适宜鳖生长的时间短，其生长速度较慢，在自然界里长到 500 g 左右的商品规格需要的时间，长江中下游地区为 3～4 年，华南沿海及海南地区为 2～3 年，华北、西北和东北地区则需 4～6 年。人工控温养殖条件下，鳖不再冬眠，生长速度大幅加快。

三、繁殖习性

鳖是雌雄异体、体内受精、营卵生生殖的动物。我国大部分地区，鳖的性成熟年龄为 4～5 龄，北方地区需要 5～6 年，华南沿海地区只需 3 年，海南省 2 年即可达到性成熟。春季水温达 15 ℃时，鳖逐渐从冬眠中苏醒，当水温升至 20 ℃以上时，达到性成熟的鳖开始发情交配，发情时雄鳖和雌鳖戏水追逐，然后雄鳖爬到雌鳖背上，并用前肢抱持雌鳖的前部，尾部下垂，与雌鳖的泄殖孔接近，进行交配。交配季节为 4—10 月。经第一次交配后 2～3 周，部分雌鳖便开始产卵，北方大部分地区为 6—8 月，华中、华东地区为 5—8 月，华南地区为 4—9 月，海南省为 3—10 月。鳖产卵一般在午夜或黎明时进行，产卵时雌鳖从水中爬上岸寻找产卵场产卵。产卵场最好是不湿不干的沙土，用手一捏可以成团，而一碰即散，沙粒直径为 0.6 mm 左右，保水和透气性较好。鳖确定了产卵地点后就用前肢刨土挖产卵穴，穴的直径为 5～8 cm，深 10～15 cm。洞穴挖好后，雌鳖将卵产入穴中，产完卵后，用后肢把挖洞穴掏出的泥沙再填回洞中，将洞口盖好，并用腹部把沙土压平，使产卵场不留下明显痕迹。鳖卵在沙中自然孵化。

任务训练

一、选择题

1. 下列不属于鳖“四喜四怕”的生活习性的是__________。

A. 喜静怕惊　B. 喜暖怕寒　C. 喜洁怕脏　D. 喜干怕水

2. 鳖是变温动物，对环境温度的变化尤为敏感，最适生长温度为__________。

A. 15～20 ℃　B. 20～25 ℃　C. 28～30 ℃　D. 35～38 ℃

3. 鳖卵孵化用沙的粒径以__________ mm 为宜。

A. 0.2～0.3　B. 0.4～0.5　C. 0.6～0.7　D. 0.8～0.9

Note

4. 稚鳖在__________左右时摄食旺盛。

A. 30 ℃　　B. 20 ℃　　C. 35 ℃　　D. 25 ℃

二、判断题

1. 中华鳖是鳖科鼋属动物。(　　)
2. 鳖是恒温动物,生存活动完全受环境温度的制约,对环境温度的变化尤为敏感。(　　)
3. 鳖除了具有冬眠现象之外,还有“伏暑”现象。(　　)
4. 成鳖的雌雄鉴定通常用尾上的泄殖孔与腹甲后边缘的距离远近来分辨,距离近的为雌鳖,反之为雄鳖。(　　)
5. 水温 30 ℃左右稚鳖摄食旺盛,生长迅速。(　　)
6. 成鳖只食用螺、蚌、鱼、虾、蚯蚓等动物性饵料。(　　)
7. 鳖是雌雄同体、体内受精、营卵生生殖的动物。(　　)
8. 鳖晒背可提高体温,加快血液循环,增强新陈代谢等。(　　)
9. 鳖生活在水里,主要用鳃呼吸。(　　)
10. 鳖卵的孵化是自然孵化。(　　)
11. 鳖吻端有一对鼻孔与后端短管相通。(　　)

三、填空题

1. 鳖的全身分为__________、__________、__________、__________、__________五部分。
2. 当水温低于__________℃时,鳖完全停止觅食,当上升至__________℃时开始活动。
3. 鳖产卵穴的直径在__________ cm,深为__________ cm。

四、问答题

1. 试阐述谚语“桃花水发爬上滩,三伏炎夏歇树间,九月重阳入水底,寒冬腊月钻泥潭”的含义。
2. 试论述如何利用鳖的“四喜四怕”习性为鳖的科学养殖服务。

任务二　养鳖场建造

任务描述

在养鳖场建造环境中,通过运用养鳖场建造技术,完成不同类型鳖池的规划设计和建造指导工作任务。

任务目标

▲知识目标

能说出不同类型鳖池的作用、要求和建造指标参数。

▲能力目标

能针对不同类型鳖池进行养殖场的规划设计和建造指导。

▲课程思政目标

具备严谨务实、勇于探究的职业素养;具备创新创业意识。

▲岗位对接

水产经济动物饲养、水产经济动物繁殖。

Note

任务学习

一、亲鳖池的建造

用于养殖已达到性成熟并用于繁殖后代的雄鳖和雌鳖的池塘称作亲鳖池。

为了满足亲鳖性腺发育和产卵的需要，亲鳖池应建在光照充足、环境安静的地方。亲鳖池由池塘、休息场（兼设饵料台）、产卵场、防逃和排灌设施等部分组成（图 14-1、图 14-2）。亲鳖池面积以 500～2000 m^2，池深 2～2.5 m，水深 1.8～2 m 为宜。要求池底平坦，并铺一层厚 0.3 m 左右的松软沙土，以利于鳖的潜沙栖息和越冬。鳖池四周用砖或石块砌成高 0.5 m、内壁光滑的防逃墙，防鳖攀爬逃逸。在鳖池向阳一侧或中央修建占亲鳖池面积 10%～20%的休息场，供亲鳖上岸晒背休息。休息场上设置饵料台。进、出水口安装铁丝网以防鳖逃逸。

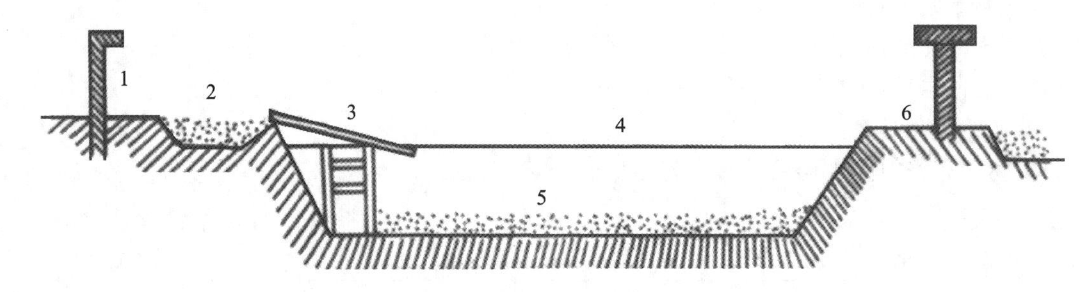

图 14-1　亲鳖池断面图（土池）

1. 防逃墙；2. 产卵场兼休息场；3. 饵料台；4. 水面；5. 沙土池底；6. 池埂

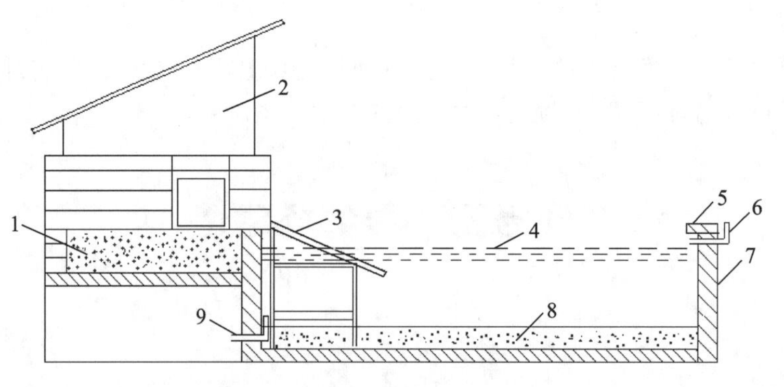

图 14-2　亲鳖池断面图（水泥池）

1. 细沙；2. 产卵房；3. 饵料台兼休息台；4. 水面；5. 防逃墙（倒檐）；6. 进水口；7. 池壁；8. 沙土；9. 出水口

为了给亲鳖提供产卵场所，亲鳖池还要在地势较高、地面略倾斜、背风向阳的一边修建沙质产卵场。修建产卵场一侧从池底到堤面的坡度为 30°，便于亲鳖爬上产卵场产卵。产卵场面积要根据亲鳖放养数量而定，通常按每只雌鳖占 0.2 m^2 的面积设计。产卵场沙土厚度为 0.3 m 左右。在产卵场上方覆盖遮阳网或在四周种植植物，防止阳光直射，为雌鳖提供隐蔽、凉爽、湿润的产卵环境。

二、稚鳖池的建造

稚鳖池是用来将刚刚孵化出壳，体重 3～5 g 的稚鳖饲养到 30 g 左右小鳖的池子，多建在室内，采用砖石水泥结构，池底及四周用水泥抹面（图 14-3）。面积一般为 10～30 m^2，池深 0.5～0.8 m，养殖水深 0.2～0.5 m。池中用木板或水泥板架设一面积为 1～3 m^2、平行于水面的可升降的活动台（供稚鳖休息晒背）。饵料台是稚鳖摄食的场所，也是休息的场地，可设在池子向阳面斜坡处。池的四周建高 0.3 m 左右的防逃墙。进、出水口分设在池子两端，并安装铁丝制成的防逃网。池底铺厚 10 cm 左右的细沙。

三、幼鳖池的建造

Note

幼鳖池是用来饲养体重 30～200 g 的大规格鳖的池子，可建在室外，土池或水泥池均可，为缩短

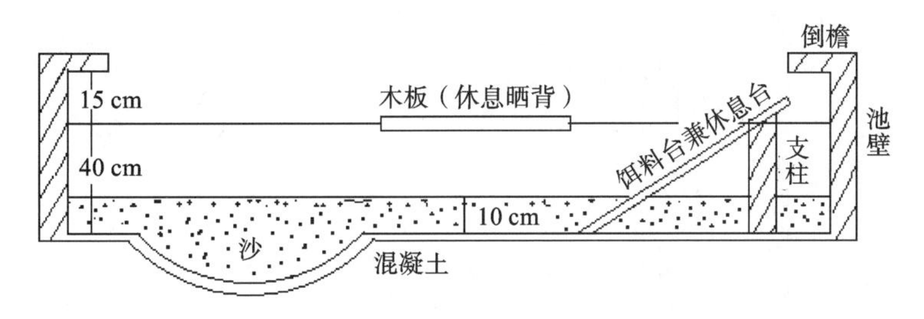

图 14-3 稚鳖池断面图

生长周期，也可建成室内加温式幼鳖养殖池（图 14-4）。面积 50～200 m^2，池深 0.8～1.2 m，水深 0.5～1 m，池底铺细沙 15～25 cm（加温式幼鳖养殖池铺细沙 5～6 cm）。在池子一侧设置斜坡，池边留出面积为水池面积 1/5 左右的休息场，便于幼鳖栖息、晒背和摄食。饵料台设在休息场上，饵料台上方用帘子遮阳。防逃墙高 0.4 m，内壁光滑，墙的顶端做成向池内伸出 10～15 cm 的檐。

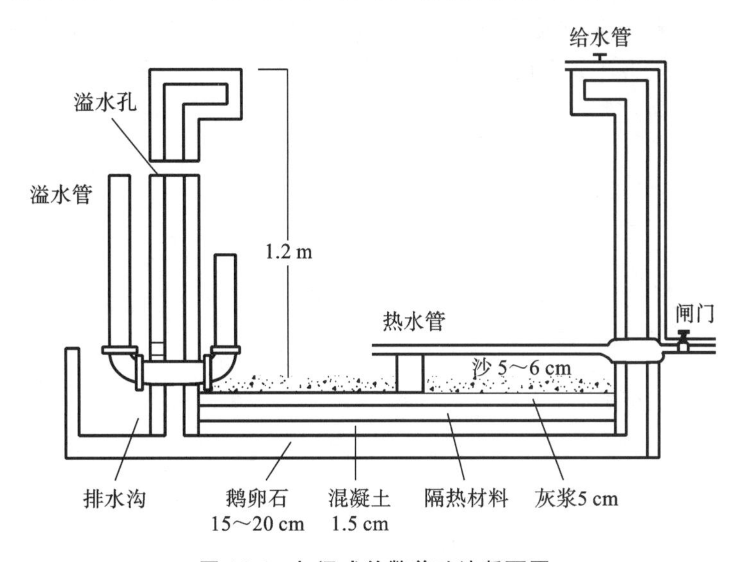

图 14-4 加温式幼鳖养殖池断面图

四、成鳖池的建造

成鳖池是饲养体重 200 g 以上或商品鳖（400 g 以上）的池子，一般都建于室外，有水泥池和土池两种（图 14-5、图 14-6）。水泥池面积为 50～200 m^2，建在室内或者建于室外的塑料棚中，方便进行成鳖的保温、加温养殖。池的四周用砖砌，水泥抹面，池底用混凝土铺面，池深 1.5 m 左右，蓄水深度 1 m 左右，池壁顶端向池内伸出 15～20 cm 的檐。池底铺细沙 20～30 cm。饵料台和晒背、休息场可用水泥板、木板搭设，面积占水池面积的 10%～20%。

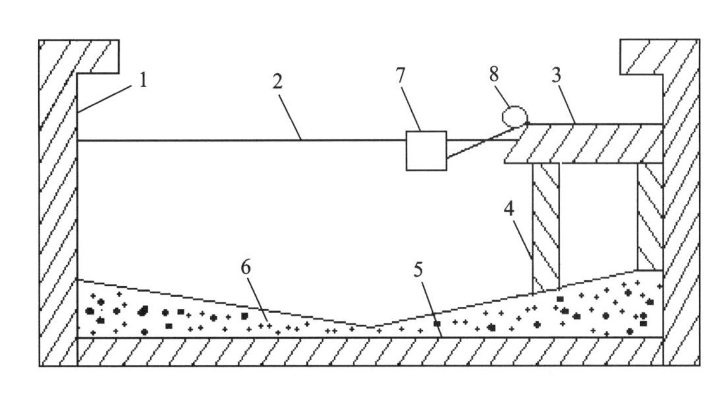

图 14-5 成鳖池断面图（水泥池）

1. 防逃墙；2. 水面；3. 休息场；4. 支柱；5. 池底；6. 沙层；7. 浮台（球）；8. 饵料台（可活动）

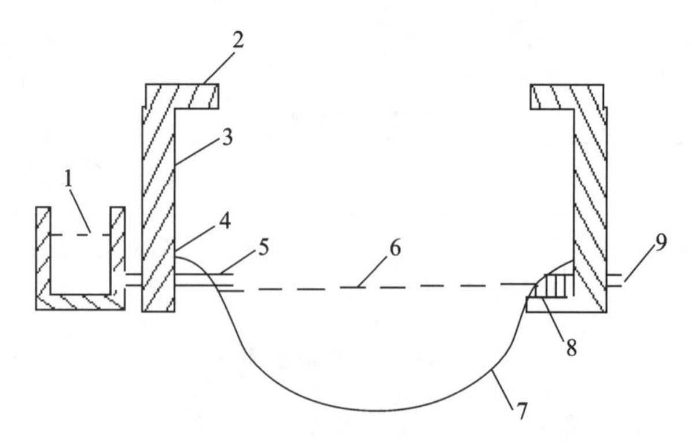

图 14-6 成鳖池断面图(土池)

1. 水渠;2. 防逃墙(倒檐);3. 围墙;4. 池内地面;5. 进水口;6. 水面;7. 池底;8. 防逃网;9. 出水口

土池可用鱼池改造而成,面积为 500～2000 m^2,池深 2 m 以上,水深 1.5～2 m,池底铺沙土 30 cm。池塘向南一侧池埂倾斜,埂顶宽 0.5～1.5 m,作为鳖晒背、摄食和休息的场所,面积为水池面积的 20%左右。池的四周建 0.5 m 高的防逃墙,墙顶要向内伸出 15～20 cm。进、出水口分设在池子两端,并安装铁丝制成的防逃网。

任务训练

一、选择题

1. 成鳖池应有完善的__________。

A. 排灌水系统　　B. 鳖进出通道　　C. 鳖休息洞穴　　D. 鳖产卵场地

2. 设计建造养鳖池时必须考虑__________场地。

A. 活动　　B. 晒背　　C. 交配　　D. 进食

二、判断题

1. 设计建造养鳖场时必须考虑晒背场地。(　　)

2. 为了满足亲鳖性腺发育和产卵的需要,亲鳖池应建在光照充足、环境安静的地方。(　　)

3. 为了给亲鳖提供产卵场所,亲鳖池还要在地势较低、地面平整、背风向阳的一边修建沙质产卵场。(　　)

任务三　繁殖技术

任务描述

在亲鳖养殖环境中,通过运用亲鳖繁殖技术,完成亲鳖的雌雄鉴别、种鳖选择、发情识别、产卵场准备和人工孵化工作任务。

任务目标

▲知识目标

能说出亲鳖的来源与选择,发情产卵和人工孵化相关知识。

▲能力目标

能进行鳖的雌雄鉴别，选择优良种鳖；能进行鳖的发情识别，产卵场准备，开展鳖的人工孵化。

▲课程思政目标

通过鳖的人工孵化实训，结合实践论，突出过程的艰辛和取得成果的满足，使学生具备艰苦奋斗的精神。

▲岗位对接

水产经济动物饲养、水产经济动物繁殖。

任务学习

一、亲鳖的来源与选择

（一）亲鳖的来源

亲鳖的来源途径有两种：一种是从自然水域中捕获野生鳖，另一种是从人工养殖的鳖群中挑选。野生鳖体质强壮，繁殖力强，近亲繁殖机会少，子代体质好，生长快，但难以获得较大的数量，难以组织实施大规模生产。人工养殖的鳖，年龄易掌握，亲鳖数量充足，但近亲繁殖的概率相对增加，易引起优良性状的退化。生产上在选择亲鳖时，可选择野生雄或雌鳖与人工养殖的雌或雄鳖配组繁殖，以防止近亲繁殖，提高苗种质量。

（二）亲鳖的选择

1. 年龄　选择达到性成熟年龄的鳖作亲鳖。东北地区为 6 龄以上，华北地区为 5～6 龄，长江流域为 4～5 龄，华南亚热带地区为 3～4 龄，海南省则为 2～3 龄。但由于刚达性成熟的鳖初次产卵数量少，卵小，受精率不高，因此，最好选择性成熟后 2 年以上的鳖作亲鳖，这种鳖繁殖力强，子代质量好。

2. 体重　亲鳖个体的大小直接关系到所产卵的质量和数量。作为亲鳖，个体重量至少在 1 kg 以上，最好为 1.5～3 kg。

3. 体质　亲鳖必须体色正常，皮肤光滑完整，肥满健壮，裙边肥厚、坚挺，背甲后缘有皱纹，无病、无伤残。腹甲呈灰白色，全身无红白斑、糜烂点、溃疡等病灶。颈部不肥大、无充血现象。行动敏捷，放入池内能迅速潜入泥沙中。

（三）鳖的雌雄鉴别与配比

鳖的雌雄鉴别：雌雄鳖最明显的区别在于它们的尾部不同，雄鳖尾部长而细，长度超出裙边；雌鳖尾部短而粗，长度达不到裙边，其他区别见表 14-1。根据鳖的生殖特性，雌雄配比以（4～5）∶1 为好。

表 14-1　鳖雌雄鉴别对照表

部位	雌鳖	雄鳖
尾部	较短，不能自然伸出裙边	较长，能自然伸出裙边
背甲	椭圆形，前后基本一致	椭圆形，后甲较前甲宽，中部隆起
腹甲	中部较平	曲玉形
体形	“十”字形	较薄
后腿距离	较宽	较狭

Note

续表

部位	雌鳖	雄鳖
同龄体重	较轻	较重
泄殖孔	较宽	交配后无红肿

二、亲鳖的发情产卵

春季当鳖从冬眠中苏醒，经过一段时间的培育，水温达到 20 ℃时，亲鳖开始发情交配，多在下半夜至黎明前后进行，在池边浅水区，雄鳖追逐雌鳖，然后雄鳖爬到雌鳖背上完成交配过程。水温稳定在 22 ℃以上时，约 1 周后就有部分雌鳖开始产卵。水温 28～30 ℃是亲鳖产卵的最适宜温度。水温超过 35 ℃时，产卵活动基本停止。如果产卵场泥沙板结，鳖挖穴困难，产卵量也会减少。

雌鳖每年产卵窝数、每窝卵数均与其个体大小和营养状况有关。雌鳖个体越大产卵量越多，一般每只雌鳖年产卵 3～5 窝，每窝卵数少则几个，多则 20 个以上。

三、人工孵化技术

（一）鳖卵收集

每天早上在产卵场根据雌鳖产卵留下的痕迹查找产卵窝，如果发现四周有松动沙土，中间有一块地方平整光滑，那么该处就是鳖的产卵窝。发现产卵窝后就在旁边插上标记，待鳖卵产出 8～12 h 后即下午 3 时以后再收卵。如果收集过早，胚胎尚未定位，卵的动物极与植物极不易分清，无法确定是否受精。

鳖卵收集时可采用浅木箱收运。箱底铺一层细沙，用以固定卵粒。收卵时动作要轻，用手轻轻地将产卵窝上的沙土拨开，取出鳖卵，将鳖卵动物极（白色亮区）朝上，整齐地排列在木箱中。鳖卵采收完毕后，应将卵穴重新填平压实，以便鳖再次前来挖洞产卵。

收集到的卵在孵化前要先检查是否受精：受精卵的卵壳色泽光亮，一端有一圆形的白点，白点周围清晰光滑，随时间推移越来越大。如果卵没有白点，或白点不规则，轮廓不清晰，又不随时间的推移而扩大，该卵就是未受精或发育不良的卵。将当日收取的受精鳖卵，标明产卵时间后送孵化器孵化。

（二）孵化

在自然条件下鳖受精卵的孵化时间较长，孵化率不高。为了提高孵化率，缩短孵化时间，可在人为控制的温度和湿度下孵化。

1. 孵化的环境条件

（1）温度：鳖受精卵胚胎发育所能耐受的温度为 22～36 ℃，最适温度为 30～35 ℃。在 30 ℃时，约需 50 天孵出稚鳖。在 32～33 ℃时，45 天左右可孵出稚鳖。22 ℃以下胚胎停止发育，36 ℃以上胚胎脱水死亡。

（2）湿度：鳖受精卵孵化的空气相对湿度应维持在 80%～85%，孵化沙的含水量应保持在 8%～12%，以手紧握沙能成团，一碰即散为好。鳖卵孵化用沙以粒径 0.5～0.6 mm 为宜，保水、透气性适中。

2. 孵化方法

（1）常温孵化：小规模生产可在室内常温孵化。制作一些长 0.5 m、宽 0.3 m、高 0.2 m 的孵化箱，箱的数量根据需要而定，用木板制成，箱的底部设滤水孔若干。箱底先铺 5 cm 厚的细沙，然后排放卵，卵粒之间距离 2 cm 左右，盖上 3～5 cm 厚的细沙。孵化箱放在室内木架上待鳖卵自然孵化。为了在孵化过程中保温、保湿并利于观察，可在孵化箱上覆盖玻璃或透明的塑料薄膜。

（2）恒温孵化：小批量生产可用恒温箱孵化。恒温箱可用鸡苗孵化器改装而成，体积为 0.2～0.5 m^3，箱内有隔板 5～8 层，每层放沙盘 1 个，可同时孵化 1000～2000 枚受精卵。温度控制在 33 ℃左右，空气相对湿度 90%，孵化期 40 天左右。

3. 孵化管理 每天早、中、晚各检查 1 次空气和沙子的温度，当温度超过 35 ℃时，应做好通风降温工作。恒温孵化则要检修设备，防止故障。每天要检查空气和沙子的湿度，每隔 1～2 天喷水 1 次，保持孵化沙床湿润，但沙不能太湿，否则影响透气效果。

在稚鳖出壳前 1～2 天将卵上沾的沙除去，以利于稚鳖顺利出壳。刚出壳的稚鳖有趋水性，如果使用小型木制或塑料孵化盘，则在出壳前 1～2 天将其架在大盆上，盆中水深 3～5 cm，底部铺 2～3 cm 厚的消毒细沙，稚鳖出壳后落入盆中，任其自行潜入沙内。规模较大的孵化室，孵化盘用架子叠放，稚鳖出壳前 2～3 天将孵化盘从上层移到最下层，以便出壳的稚鳖安全落到架子下面的水槽内。稚鳖出壳时间大多在凌晨前。出壳 8～12 h 开始投喂熟蛋黄，每 80～100 只稚鳖投喂 1 个蛋黄，每天喂 2 次，喂完后换水。如此暂养 2 天后可移到稚鳖池中培育。孵化过程中要注意防止老鼠和蚂蚁对卵、稚鳖的危害。

4. 孵化期间注意事项 ①为了使稚鳖出壳时间相对集中，要求同批孵化的鳖卵产出日期相隔时间在 5 天内。②孵化 30 天内的胚胎对震动较为敏感，孵化期间尽量避免翻动和震动鳖卵。③鳖卵孵化过程中要防止蛇、鼠和蚂蚁等天敌危害。④刚出壳的稚鳖比较娇嫩，应在浅水盆内暂养 2～3 天，再移入稚鳖池内饲养。

任务训练

一、选择题

1. 鳖的产卵水温为__________。

A. 10 ℃以下　　B. 15 ℃　　C. 20 ℃　　D. 25 ℃以上

2. 中华鳖的自然性成熟年龄是__________。

A. 2 龄　　B. 3 龄　　C. 4 龄　　D. 5 龄

3. 鳖的孵化温度一般在__________。

A. 10 ℃以下　　B. 10～20 ℃　　C. 22～37 ℃　　D. 40 ℃以上

二、判断题

1. 刚出生的稚鳖可以直接放在池内饲养。(　　)

2. 人工孵化不需要每天检查湿度和温度。(　　)

3. 收集鳖卵应在卵产出 8 h 后进行。(　　)

任务四　饲养管理

任务描述

在鳖养殖环境中，通过运用鳖饲养管理技术，完成鳖放养前准备、合理放养、科学饲喂和日常管理工作任务。

任务目标

▲**知识目标**

能说出各种类型鳖的饲养管理相关知识。

Note

▲能力目标

能够针对不同类型鳖进行放养前准备、合理放养、科学饲喂和日常管理。

▲课程思政目标

通过分析各种类型鳖养殖成败原因，具备安全生产意识和科学、严谨的思维方式。

▲岗位对接

水产经济动物饲养、水产经济动物繁殖。

任务学习

一、饵料种类

鳖是以动物性饵料为主的杂食性动物，食性广而杂，吞食、贪食而凶残，耐饥能力强。在自然条件下，多喜食低脂肪、高蛋白质的鲜活饵料，稚鳖摄食大型浮游动物、水蚯蚓、摇蚊幼虫、小鱼、小虾等。幼鳖与成鳖喜欢摄食螺蛳、黄鳝、河蚌、泥鳅、鱼、虾、蝌蚪、动物尸体等，当动物性饵料不足时，鳖也能吃幼嫩的水草、蔬菜、瓜果、谷类等植物性饵料。人工养殖时，还可投喂动物内脏、蝇蛆、黄粉虫、蚕蛹、人工配合饵料等。

二、亲鳖培育

（一）亲鳖池的消毒

放养亲鳖前必须对亲鳖池进行消毒，杀灭池中的各种病原体、敌害生物，改良底质，改善水质条件，为亲鳖创造一个良好的生活环境。常用的消毒清塘的药物是生石灰。清塘药物毒性消失后即可放养。

（二）亲鳖放养

各地亲鳖放养时间不一致，以水温为标准，当春季水温上升到 15～17 ℃时是亲鳖放养的最佳时间，这时水温相对不高，鳖的活动能力不强，运输和放养不易受伤，亲鳖下塘后经过一段时间的适应即可交配产卵。在越冬前水温降至 15 ℃前放养，有利于鳖的越冬。

亲鳖放养密度，应根据个体大小和池子条件而定，亲鳖个体小，水质好可适当多放。一般以每平方米放养 1～2 只为宜，雌雄配比为(4～5)∶1。

（三）饲养管理

1. 投饵 亲鳖在不同的阶段对营养的需求不一致。在产前和产后需要投喂高蛋白质、低脂肪的饵料，饵料中蛋白质占 40%～50%，脂肪含量在 1%以下，并且要以动物性蛋白质为主。越冬前饵料中脂肪含量要提高至 3%～5%，以利于亲鳖积累较多的脂肪而越冬。在繁殖季节，由于亲鳖产卵需要消耗大量的钙、磷等，饵料中应适当添加钙、磷和维生素。

亲鳖冬眠结束后，当水温上升到 18 ℃左右时，就要开始投喂少量的饵料，每 2～3 天投喂 1 次，主要投喂鱼、虾、河蚌、螺蛳、蚯蚓等鳖喜食的鲜活饵料，水温超过 20 ℃时每天投喂 1 次，在一天中温度最高时投喂。水温在 27～33 ℃时，鳖的食欲旺盛，生长和发育速度最快，要喂足喂好，满足其营养需求，每天 9—10 时和 14—17 时各投喂 1 次。饵料投在食台的水位线之上，方便鳖摄食，又利于检查摄食情况和及时清除残饵。饵料的投喂量：配合饵料每天的投喂量为鳖体重的 1.5%～3%，鲜活饵料的投喂量为 10%～20%，一般以投喂后 2 h 内吃完为宜。为了增加鲜活饵料，可往亲鳖池中投放螺蛳，每亩(1 亩≈667 m^2)水面一次性投放 300 kg 左右。

2. 日常管理 主要是水位的调节、水质的控制、防病、防害等工作。亲鳖池的水位在春、秋季应控制在 0.8～1.2 m，夏、冬季应控制在 1.5～2 m，在一段时间内要保持水位相对稳定。每周注水 1

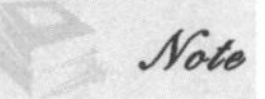

次，每月换水1次，保持水质清新富氧，水色呈淡绿色或茶褐色，透明度以30～40 cm为宜。当水质过肥过浓时要及时换水。注水时注意不要有流水声响，尤其在亲鳖的交配期和产卵期。每天要打扫食台，清除残饵，保持水质和周围环境的清洁。每15～20天泼洒生石灰水1次，每立方米水体用生石灰10～15 g兑水泼洒，消毒亲鳖池，增加水中的钙质。经常巡池，发现病鳖要隔离治疗，发现防逃设施损坏要及时修补。

三、稚鳖培育

稚鳖培育是指当年孵化的3 g左右的稚鳖，经1～3个月培育，越冬后至翌年4月稚鳖复苏的培育阶段。

（一）放养前的准备工作

对往年养殖用过的池子，放养前先用水冲洗干净沙子，排干水暴晒数天至沙干燥，修补好进、出水口等处的防逃设施，即可注水，水深为30 cm左右。在稚鳖池放养少量的水葫芦、水浮莲等水生植物作为隐蔽物。

（二）放养密度

一般放养密度为每平方米40～50只，换水、保温条件较好的池子放养密度可为每平方米80～100只。稚鳖放养前先用3%～4%食盐水浸泡10～15 min消毒。调节好放养池的水温，与原池水温差不超过2 ℃。

（三）饲养管理

1. 投饵 稚鳖摄食能力差，对饵料要求严格，要求选用新鲜、营养全面、适口性好、蛋白质含量高、脂肪含量低的饵料。开始时投喂浮游动物、水蚯蚓、摇蚊幼虫、熟蛋黄等。一周后可投喂新鲜的猪肝、绞碎的鲜鱼肉及动物内脏、蚯蚓等，最好能投喂稚鳖专用配合饲料。不喂脂肪含量过高和盐腌过的饵料。做到“四定”（定时、定量、定质、定点）投喂。饵料投在固定的食台上，开始时食台放在水面下2 cm左右处，部分饵料浸入水中，方便稚鳖摄食，以后慢慢抬高食台，直到完全露出水面，可防止饵料散失。每天喂2次，分别于9时和17时各投喂1次，每天投喂量为鳖体重的5%～10%，具体视摄食情况而定。饵料要求新鲜、适口，无腐烂发臭、无霉变现象。

2. 日常管理

(1)水质调节：每1～2天注水1次，每3～5天换水1次，每次换水量为水体总量的1/3左右，水色呈黄绿色或黄褐色，透明度在40 cm左右为好。在生长期，每20天每立方米水体用生石灰10 g兑水全池泼洒。

(2)水温调节：水温30 ℃左右时稚鳖食欲旺盛，生长迅速。因此，前期水温处于上升阶段，浅水有利于升温，秋末水温下降，则要加深池水保温。高温季节水温超过35 ℃时，要做好防暑降温工作，可加深池水，室外养鳖池还要搭设遮阳棚，或投放一些水葫芦等水生植物遮阳降温，净化水质。越冬期间，可将稚鳖移入室内，采取增温措施，使水温保持在25～30 ℃，延长生长期，以利于提高稚鳖的越冬成活率。

(3)分养：由于稚鳖出壳时间不同以及个体差异，饲养一段时间后，会出现明显的个体大小不一现象，如果不及时分养，会引起撕咬受伤，降低成活率。在生产上，当出现较明显的个体差异时就要及时分规格专池养殖，同池养殖规格基本一致的稚鳖。

(4)病害预防：定期换水，并用生石灰消毒池水。投喂的饵料要新鲜、适口，无腐烂、霉变现象，兼喂一些富含维生素的饵料。注意防止老鼠、蛇、鸟、家禽等的危害。

（四）越冬

稚鳖个体较小，对外界环境的适应力差，越冬期间如果管理不善会造成死亡。因此，在稚鳖养殖过程中要喂足喂好，加强饲养管理，增强体质，确保其安全越冬。当冬季水温降到15 ℃左右时，在室外养殖的稚鳖就要及时转入室内越冬池内越冬，或者在池子上搭设塑料保温棚保温，使棚内温度保

Note

持在 5 ℃以上。越冬期间如遇到高温天气，要揭膜通风降温。如遇严寒，要采取加温措施，尽量保持越冬水温不大起大落，影响稚鳖越冬。

四、幼鳖培育

幼鳖培育是将稚鳖培育到体重 200 g 左右大规格鳖的过程。

（一）幼鳖放养

幼鳖放养前的准备工作同稚鳖培育。放养密度，一般体重 10 g 以上的幼鳖放养密度为每平方米 5～10 只，体重在 10 g 以下的为每平方米 10～15 只。同池放养规格基本一致的幼鳖，随着幼鳖的生长，饲养过程中要按个体大小分池并调整放养密度。

（二）饲养管理

1. 投饵 以动物性饵料为主，开春后水温上升到 16 ℃以上时开始投喂。开始时每天 12 时左右投喂 1 次。水温升至 20 ℃以上时，幼鳖的摄食量增加，要增加投喂次数。当水温在 27～33 ℃时，幼鳖食欲特别旺盛，生长速度快，要强化投喂，每天喂 2 次。入秋后水温逐渐降低，幼鳖摄食量减少，投饵量要减少，此时可适当投喂脂肪含量较高的饵料，如动物内脏和鲜蚕蛹，增加幼鳖的脂肪积累，提高越冬成活率。做到“四定”投饵。一般每天投干饵料量为鳖体重的 3%～4%，鲜活饵料则为10%～20%，以投喂后 2 h 内吃完为度。

2. 日常管理 幼鳖池保持水深 50～60 cm，每 3～5 天换水 1 次，使池水透明度保持在 30～40 cm。每 15～20 天泼洒生石灰 1 次，每立方米 10～15 g，调节水体酸碱度，消毒池水。盛夏高温时，可在水面种植水葫芦或在池子四周种植藤蔓植物遮阳降温。冬季加大水深到 1 m 左右，幼鳖对低温抵抗能力较强，能自然越冬。

五、成鳖养殖

成鳖是指体重 200 g 以上的鳖。

（一）放养前的准备工作

在放养前 10～15 天用生石灰或漂白粉按常规进行清池消毒。对旧养鳖池要认真检查防逃设施，新建水泥养鳖池需注水反复浸泡去碱，15 天后方能使用。

（二）放养时间

我国南北气候差异大，放养时间应以当地水温为准。当春季水温上升并稳定在 15 ℃以上时即可放养，提早放养可充分利用生长期。

（三）鳖种放养

选择优质鳖种放养。质量好的鳖种，体质健壮，规格较整齐，无伤残，腹板为灰白色或带有黑色花斑，如将其背面朝下能立即翻转，反应灵活。质量不好的鳖种，规格大小不一，身体瘦弱，有发红、发白斑或糜烂点，颈部肥大或有溃疡灶等。放养时要对鳖体消毒，常用食盐与小苏打(1∶1)合剂 1%浓度浸泡 30 min。

放养密度与养殖方式、鳖种规格、饲养管理水平等有关。常温露天养殖，鳖种规格为 50～100 g 的，放养密度为每平方米 5 只，150～200 g 的为每平方米 3～4 只；常温鱼鳖混养，鳖种规格 50～100 g 的放养密度为每平方米 2～4 只，150～200 g 的为每平方米 1～2 只；塑料棚保温养殖和室内加温养殖，鳖种规格 150～200 g 的放养密度为每平方米 6～8 只。

（四）饲养管理

1. 投饵 以投喂鱼虾、螺蚌肉、动物内脏等动物性饵料为主，适量投喂些豆饼、花生饼与瓜菜，动、植物性饵料一定要合理搭配。用配合饵料和鲜活饵料混合投喂效果较好，人工配合饵料干重与鲜鱼肉、螺蚌肉、蚯蚓、动物内脏等天然饵料湿重的比例为 1∶(2～4)，然后再添加 1%～2%的切碎蔬菜、3%～5%的植物油，充分混匀后揉成团状或软颗粒即可投喂，按照“定时、定量、定质、定点”原则投喂。

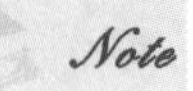

日投饵量，一般干饵料为鳖体重的1%～3%，鲜活饵料为8%～15%，具体每天投饵量视鳖的摄食情况而定，以投喂后2～3 h内吃完为度。生产上，当水温稳定在30 ℃左右、天气晴朗、鳖的摄食活动旺盛时，要适当增加投饵量，在阴雨天则需酌情减少。露天池养殖时，如遇到阴雨连绵天气，最好在食台上方搭设遮雨棚。室外养鳖池中，在鳖摄食和生长的最适水温范围内(6—9月)，要喂足喂好，加速鳖的生长。当冬季水温降至18 ℃时，鳖的摄食活动逐渐减弱，此时可停止投喂。加温养殖池在越冬期间，只要水温适宜，要正常投喂。

饵料要投在固定的食台上，一般每亩水面设5～7个食台，或按每100只鳖设食台1个，食台一半浸入水中，一半露出水面。鲜鱼肉、螺蚌肉、蚯蚓、动物内脏等饵料可直接投在水面下，配合饵料投在水面上。投喂时间应相对固定，早春和晚秋时，可每天15—16时投喂1次。盛夏时节，每天9时和16时各投喂1次。

2. 水质调节 随着水温的升高、投饵量增加，残饵和排泄物污染池水，使水质恶化、溶氧量不足，直接影响鳖的生长发育和对疾病的抵抗力。因此，要做好水质调节工作，加温养殖池尤其要注意。

(1)池水肥度调节：池水呈油绿色或绿褐色，透明度30 cm左右，有利于鳖的隐蔽，防止和减少鳖互咬。若池水过瘦，可适当施一些腐熟的有机肥。如遇水色过浓，应及时注入新水。池中套养一定数量的鲢鱼、罗非鱼等，有利于降低池水肥度。

(2)水温调节：成鳖池水位一般控制在1 m左右，在春、秋季节气温不稳定时，应适当加深水位。初夏季节水温达25 ℃时，可适当降低水位。盛夏季节水温达35 ℃左右时，应加深水位到1.5 m以上，还可在水面种植占水面面积1/3的水浮莲、水葫芦等植物以遮阳降温。在加温养殖时，要注意控制好温度，防止水温过高或过低，以及水温迅速波动。

(3)定期消毒池水：定期消毒池水可预防和减少鳖病的发生。一般每隔15～20天，每亩水面用生石灰25～30 kg兑水全池泼洒，既能消毒池水、调节水质，又能满足鳖和饵料生物对钙质的需求。

3. 日常管理 在生产季节，要勤巡鳖池，观察鳖的活动、摄食与生长情况。及时清除残饵，清洗、消毒食台，保持池水环境卫生。监测水质，及时掌握水温变化，在盛夏高温季节要做好防暑降温措施。加温养殖在冬季加温期间，如遇严寒天气要增加热量供应，防止水温剧烈变化。如遇高温天气要减少或停止热量供应并揭开部分塑料薄膜降温。定期检查与加固防逃设施，发现疾病及时治疗。

六、捕捞与运输

(一)鳖的捕捞

据资料，鳖体重达到0.7 kg时，生长速度就会明显减慢，国内消费者也喜欢购买0.5～0.75 kg的商品鳖，因此，当鳖体重为0.7 kg左右时要及时捕捉上市。捕捞时要小心操作，勿使鳖体受伤而影响其商品质量。

捕捉方法：把池水排干，白天鳖会钻入泥沙中难以发现，但到了晚上，鳖会爬出来，此时用灯光照明可大量捕捉。次日用齿长15 cm、齿间宽10 cm的木质齿耙逐块翻开泥沙进行最后的搜捕，这种捕捞法适用于捕捞成鳖。鳖颌缘的角质硬鞘比较锋利，捕捉时要注意防止被咬伤。

(二)活鳖运输

1. 稚鳖运输

(1)使用工具：塑料箱或木板箱，规格一般为60 cm×40 cm×15 cm，箱底和四周均设通气小孔。

(2)方法：运输前，先在箱底铺上一层水草(如浮萍、水葫芦、水浮莲、切断的水花生等)，放完稚鳖后再覆盖一层水草，其上淋一些水。每箱可装稚鳖500～600只。

(3)运输管理：运输途中要注意保持稚鳖身体湿润，每隔1 h左右喷水1次。同时，注意防止稚鳖逃出。如果气温过高，还可在箱体周围放置冰块降温。稚鳖运到目的地后，如果运输箱内的温度与池水温度不一致，不要立即将稚鳖放入池中，而应先消除温差。可用池水喷洒稚鳖几次，或连同容器一起放入池中降温，待稚鳖适应后，再将其缓缓放入池中，以免稚鳖突然受温差应激而生病，甚至死亡。

2. 成鳖运输

(1)使用工具：塑料桶或木桶，规格为100 cm×60 cm×50 cm，桶底钻几个小滤水孔。

(2)方法:成鳖在运输前先进行清洗,并用 20 mg/L 的高锰酸钾溶液浸泡消毒 10 min。每桶可装成鳖 20～30 kg,并用少量水草覆盖。

(3)运输管理:高温季节,运输途中要经常淋水降温,保持成鳖身体湿润,最好在早晨和夜晚运输,不要在烈日暴晒下运输;也可在桶内加冰块降温,但冰块不能与成鳖直接接触,以免冻伤。当水温在 18 ℃以下时,成鳖的活动能力弱,运输较为方便,此时可参照稚鳖运输方法运输。

任务训练

一、选择题

1. 鳖在产前和产后需要投喂高蛋白质、低脂肪的饵料,饵料中蛋白质的含量要求占________。

A. 36%～40%　　B. 40%～50%　　C. 60%～65%　　D. 70%～80%

2. 亲鳖饵料的投喂量,配合饵料每天的投喂量为鳖体重的________,鲜活饵料的投喂量为 10%～20%,一般以投喂后 2 h 内吃完为宜。

A. 1.0%以下　　B. 1.5%～3%　　C. 3%～4.5%　　D. 4.5%以上

3. 成鳖常温露天养殖时,鳖种规格为 50～100 g 的,放养密度为每平方米 5 只,150～200 g 的为每平方米________。

A. 2 只以下　　B. 3～4 只　　C. 5～6 只　　D. 7 只以上

二、判断题

1. 成鳖只食用螺、蚌、鱼、虾、蚯蚓等动物性饵料。(　　)

2. 亲鳖池的水位在春、秋季控制在 0.8～1.2 m,夏、冬季控制在 1.5～2 m。(　　)

三、问答题

如何从水的化学指标、水色、水温、水位、水体消毒、底质环境及水生动植物控制等方面做好成鳖池水质管理?

任务拓展

鳖常见疾病防治

项目十五　泥鳅养殖

任务一　生物学特性

任务描述

学会运用泥鳅的生物学特性，密切联系泥鳅的养殖生产，进行科学饲养管理。

任务目标

▲知识目标

能说出泥鳅的形态特征、生活习性、繁殖习性和需求。

▲能力目标

能依据泥鳅的形态特征、生活习性、繁殖习性，进行科学的饲养管理。

▲课程思政目标

结合认识论讲述泥鳅的生物学特性与养殖生产的密切联系，使学生具备尊重自然、尊重科学，树立找寻事物发展规律的意识。

▲岗位对接

水产经济动物饲养、水产经济动物繁殖。

任务学习

一、形态特征

泥鳅属鲤形目、鳅科、花鳅亚科、泥鳅属。我国有鳅科鱼类100多种，目前，国内供养殖的种类主要为泥鳅。泥鳅是天然水域中常见的杂食性小型淡水鱼类，在我国分布很广，广泛分布于长江和珠江流域中下游，产量较大。

泥鳅身体细长呈圆筒形，尾部侧扁。口下位，呈马蹄形。须5对，最长的口须向后伸达或超过眼后缘。胸鳍远离腹鳍，尾鳍圆形。尾柄上下有明显的隆起棱，鳞细小，埋入皮下。体背部及体侧灰黑色，并有黑色斑点，腹部灰白色。尾鳍基部上侧有一明显的黑斑点，背鳍及尾鳍有密集黑色斑条。

二、生活习性

泥鳅属温水性底层鱼类，对环境适应能力强，常栖息于河、湖、池塘、稻田的浅水区域，水温过高或过低时潜入泥中，平时喜栖息在水体底层，特别喜欢栖息在有丰富腐烂植物淤泥的中性或弱酸性底泥表面。泥鳅除用鳃呼吸外，还能用肠道作为辅助呼吸器官，从空气中获得氧气，当水中溶解氧不足时，它便浮出水面吞咽空气，空气在后肠部位进行气体交换，二氧化碳等废气由肛门排出体外。由于泥鳅能进行肠呼吸，因此它对低溶氧的忍耐力是很强的，在缺水的环境中，只要泥土中稍湿润，泥鳅仍可生存。泥鳅离水后也不易死亡，方便运输。

泥鳅的生长水温范围为15～30 ℃，最适水温为22～28 ℃。当水温超过34 ℃时，泥鳅即钻入泥中度夏；冬季水温降到5 ℃以下时，便钻入泥中20～30 cm深处越冬。泥鳅冬眠期不摄食，活动少，依靠少量的水分，用肠壁进行呼吸。

泥鳅属杂食性鱼类。幼鱼阶段，主要以动物性饵料为食，如浮游动物、摇蚊幼虫、水蚯蚓等。然后逐渐转向杂食性，成鱼以摄食植物性饵料为主。泥鳅在水温超过10 ℃时开始觅食，水温为15 ℃时食欲渐增，水温在24～28 ℃时泥鳅摄食强度最大，生长速度最快。当水温超过30 ℃时，其食欲锐减，超过34 ℃或低于10 ℃则停止摄食。泥鳅白天大多潜伏，在傍晚至半夜出来觅食。人工养殖时，经驯养也可改为白天摄食，一天中泥鳅在7—10时和16—18时摄食量较大。

三、繁殖习性

泥鳅一般2冬龄后达到性成熟，水温超过18 ℃时开始繁殖。产卵期为4—9月，以5—7月、水温25～26 ℃时繁殖活动最盛。怀卵量与体长有关，体长8 cm的雌鳅，怀卵量为2000～2500粒；体长10 cm的怀卵量为6000～8000粒；体长12 cm的怀卵量为10000～14000粒；体长15 cm的怀卵量为12000～18000粒；体长20 cm的怀卵量为20000～25000粒。卵圆形，黄色，卵径0.8～1 mm，有黏性。泥鳅为多次产卵型鱼类，需经数次分批产卵才能产完。产卵时，雄鳅用吻端刺激雌鳅腹部，并把雌鳅卷住，进行排卵、射精，受精卵附着在水草上或其他物体上，经2～3天即可孵化成鳅苗。

任务训练

一、选择题

1. 泥鳅口部有触须__________对。

A. 2　　B. 3　　C. 4　　D. 5

2. 泥鳅生长的最适水温为__________。

A. 22～28 ℃　　B. 20～30 ℃　　C. 15～30 ℃　　D. 10～20 ℃

3. 当冬季水温下降到5 ℃以下时，泥鳅会钻入泥中__________。

A. 20～30 cm　　B. 15～30 cm　　C. 10～20 cm　　D. 10～15 cm

4. 泥鳅的性成熟周期为__________冬龄。

A. 2　　B. 3　　C. 4　　D. 5

5. 泥鳅主要分布于__________，产量较大。

A. 长江和黄河流域中下游　　B. 长江和淮河流域中上游

C. 长江和珠江流域中下游　　D. 长江和雅鲁藏布江下游

二、判断题

1. 因泥鳅的皮肤及肠道均有呼吸功能，运输较为方便，按运输时间长短可分别采用无水湿法运输、带水运输、降温运输方法。（　　）

2. 泥鳅属杂食性鱼类，但不属于温水性底层鱼类。（　　）

3. 泥鳅一般2冬龄后达到性成熟，水温超过18 ℃时开始繁殖。（　　）

4. 泥鳅属于鱼类，只能用鳃呼吸。（　　）

5. 在缺水的情况下，泥土中稍湿润，泥鳅就能存活。（　　）

6. 泥鳅幼鱼阶段以动物性饵料为食，成鱼主要摄食植物性饵料。（　　）

7. 流水养鳅池几乎没有天然饵料，全部依靠投喂饵料。（　　）

8. 超过34 ℃或低于10 ℃时泥鳅停止摄食。（　　）

三、填空题

Note

1. 泥鳅属于杂食性鱼类，也属于__________性鱼类，泥鳅除用鳃呼吸外，还能用__________作为辅助呼吸器官。

2.泥鳅的生长水温范围为__________℃，最适水温为__________℃。泥鳅一般在__________℃以上时于泥中度夏，5 ℃以下时冬眠。

3.泥鳅为多次产卵型鱼类，需经数次分批产卵才能产完。__________附着在水草上或其他物体上孵化。

任务二　繁殖技术

任务描述

在亲鳅养殖环境中，通过运用亲鳅繁殖技术，完成亲鳅的雌雄鉴别、亲鳅选择、人工催产、人工授精和人工孵化工作任务。

任务目标

▲知识目标

能说出亲鳅的来源与选择知识及人工繁殖、自然繁殖的相关知识。

▲能力目标

能进行亲鳅的雌雄鉴别，选择优良亲鳅；能进行泥鳅人工催产、人工授精和人工孵化。

▲课程思政目标

通过泥鳅人工催产、人工授精和人工孵化实训，突出泥鳅人工催产和人工孵化过程的艰辛和取得成果的满足，激发学生的奋斗精神。

▲岗位对接

水产经济动物饲养、水产经济动物繁殖。

任务学习

一、亲鳅的来源与选择

（一）亲鳅的来源

(1)从自己培育的成鳅中选择。

(2)从湖泊、沟渠、稻田等水域捕捉的野生泥鳅。

(3)从市场上购买的性成熟的泥鳅。

自己培育的成鳅在质量上和数量上都有保证，也不会带入新的传染源。从外界捕捉和购买亲鳅的优点是可避免泥鳅近亲繁殖，泥鳅的适应性强，食性杂，性腺发育好。

（二）亲鳅的选择

无论是自己培育的泥鳅，还是从外界购买或捕捉的泥鳅，在亲鳅培育前，必须进行严格选择。泥鳅一般是2冬龄时达到性成熟，但选择亲鳅要求在2～4冬龄，雌鳅体长10～15 cm，体重16～30 g。雄鳅体长8～12 cm，体重10～15 g。要求亲鳅体质好，体色鲜亮，体表黏液正常，无寄生虫，无外伤。雌雄比例在1∶2左右。雌雄鳅鉴别见表15-1和图15-1。

Note

表 15-1　亲鳅雌雄鉴别对照表

部位	雌鳅	雄鳅
个体	较大	较小
胸鳍	较短，末端较圆，第二鳍条的基部无骨质薄片	较长，末端尖而上翘，第二鳍条的基部有一骨质薄片，鳍条上有“追星”
背鳍	无异样	末端两侧有肉瘤
腹部	产前明显膨大而圆	不膨大，较扁平
背鳍下方体侧	无纵隆起	有纵隆起
腹鳍上方体侧	产后有一白色圆斑	无圆斑

二、人工繁殖

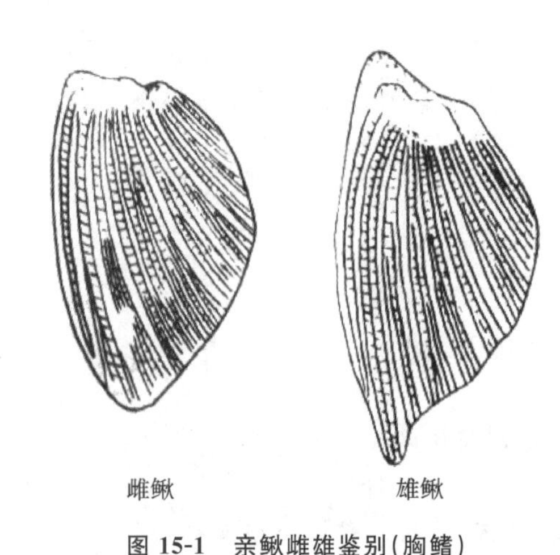

图 15-1　亲鳅雌雄鉴别（胸鳍）

泥鳅的人工繁殖是指给亲鳅注射催产剂，使亲鳅集中产卵，进行人工孵化的繁殖方法，可大大提高泥鳅的产卵量、受精率和孵化率。

（一）常用工具和催产剂的准备

在人工催产前必须备好如下工具：研钵 2 只，1～2 mL 的医用注射器数支和 4 号注射针头数枚，解剖剪、手术刀、镊子各 2 把，硬质羽毛数支，1000 mL 细口瓶 1 只，20 mL 吸管 2 支，500 mL 烧杯 1 个，毛巾数条，水盆或水桶数只。常用的催产剂有 3 种：鲤鱼脑垂体、绒毛膜促性腺激素（CGH）、促黄体生成素释放激素类似物（LRH-A）。LRH-A 的催产效果最好，在催产前要准备好。

（二）催产剂的配制

催产剂应随配随用。鲤鱼脑垂体配制时应先置于干燥的研钵中研磨成细粉，再逐渐加入 0.6% 的生理盐水，搅拌均匀即可。配制 CGH 或 LRH-A 时，则可将其放入研钵中，逐渐加入 0.6%的生理盐水，让其充分溶解即可。

（三）人工催产

当春季水温稳定在 18 ℃以上，亲鳅培育池中个别泥鳅有追逐现象时，就可开始捕捉亲鳅催产。

成熟度好的雌鳅，腹部庞大而柔软，有光泽，轻压雄鳅腹部能挤出精液。雌雄比例为 1∶2。注射剂量以每尾雌鳅用鲤鱼脑垂体 0.5～1 个，或注射 LRH-A 5～8 μg，或注射 CGH 30～40 mg。雄鳅剂量减半。注射时，可用毛巾或纱布包裹鳅体，方便注射操作。注射部位为胸鳍基部内侧（腹腔注射）和背部肌肉，进针的角度以注射器与鳅体轴成 45°左右，进针深度为 0.2 cm 左右。由于泥鳅个体较小，雌鳅每尾注射液量以 0.2 mL 为宜，雄鳅为 0.1 mL。

注射宜在下午或傍晚进行，泥鳅在第 2 天清晨或上午发情产卵。注射后的亲鳅放入网箱或大水缸内。效应时间与水温有关，当水温为 20 ℃时，效应时间为 15 h 左右；水温在 25 ℃时，效应时间为 10 h 左右；水温达 27 ℃时，效应时间为 8 h 左右。在临近效应时间时，注意观察水体中亲鳅的状态，若发现雌、雄亲鳅追逐渐频，表明发情已达到高潮，即可进行人工采卵。捞出雌鳅从前至后轻挤其腹部，将成熟的卵挤入干净且干燥的烧杯或搪瓷碗中，同时将雄鳅精液也挤到上述容器内。若雄鳅的精液很难挤出，可剖开雄鳅腹部后用镊子轻轻挑出两条乳白色精巢，再将其置入研钵中，用剪刀剪碎，加入适量的生理盐水配制成精巢液，然后将精巢液倒入存放卵子的容器内，用羽毛搅拌，使精子与卵子充分接触受精。几秒钟后即可加入少量清水，漂洗受精卵数次，将受精卵均匀地撒在杨柳树根、棕榈皮、窗纱布等制成的鱼巢上，使其黏附其上，移至网箱或育苗池中进行静水孵化，或经脱黏后

Note

移入孵化桶、孵化环道内人工孵化。

如果进行自行产卵受精，可把注射催产剂后的亲鳅放入产卵池，并往池中布置由棕榈皮、水葫芦等制成的鱼巢。当亲鳅产卵结束后，把鱼巢移入孵化池进行孵化。

（四）人工孵化

人工孵化是将泥鳅的受精卵放入孵化器内，在人工控制条件下，使鳅卵胚胎顺利发育，最终孵出鳅苗的全过程。

1. 孵化条件 影响孵化率的因素主要有卵子质量、水温、水质、溶氧量、敌害生物等。泥鳅受精卵适宜的孵化温度是 15～30 ℃，短时间内温度变动不应超过 2 ℃。孵化用水要求干净清洁，pH 值为 7，没有受工业污染，溶氧量要求在 5～8 mg/L，孵化用水要用双层筛绢过滤，清除敌害生物。

2. 孵化方法 泥鳅受精卵在水温 18～20 ℃时，受精后 50 h 孵出鳅苗；水温 24～25 ℃时，经30～35 h 可孵出鳅苗；水温 27～28 ℃时，28 h 左右即可孵出鳅苗。

泥鳅受精卵的孵化方法主要有网箱孵化法、孵化桶孵化法和孵化环道孵化法等。

(1)网箱孵化法：网箱用聚乙烯网片制成，面积 3～5 m^2，箱体置于微流水中，高出水面 30 cm，深入水面 40 cm，每升水可放卵 500 粒左右。保持水质清新，经常观察，在胚胎破膜前，将网箱带卵、鱼巢一并移至育苗池内。

(2)孵化桶孵化法：孵化桶主要是塑料桶。由于泥鳅的卵有黏性，在孵化前要先对卵子进行脱黏处理，方法是把干黄泥碾碎，加水浸泡搅拌成稀泥浆，用纱布过滤到盆中。卵子和精液混匀 1～2 min 后倒入泥浆中，边倒边搅拌，倒完后再搅 1～2 min，然后将带卵泥浆水倒入网布中，洗去泥浆即可放入孵化桶中孵化。放卵密度约为每升水放 1000 粒卵。

(3)孵化环道孵化法：大规模繁殖时可用家鱼孵化环道孵化。

刚孵出的鳅苗全长 3～4 mm，3 天后鳅苗生长至 7 mm 左右，鳔已渐圆，卵黄囊基本消失，能水平游动，此时，可将鳅苗送到育苗池中培育。

三、自然繁殖

自然繁殖指在人工控制条件下，模仿自然环境条件，让泥鳅自行产卵孵化。这种方法操作简单，很适合泥鳅养殖专业户使用。

产卵池可选择小水泥池、小池塘等，水面积 5～10 m^2，水深 40～50 cm，最好能保持微流水。或者选在稻田、池塘、沟渠的水深保持在 15 cm 左右的地方，用网片围成 3 m^2 左右的水面作为产卵池。在产卵池中放入水草、杨柳根须、棕榈皮等做鱼巢，供卵子附着。每平方米放亲鳅 7～10 组（一雌两雄为 1 组）。每日上午将鱼巢捞出观察，若鱼巢上卵子较多，应移至孵化池内孵化。

泥鳅受精卵常在育苗池内孵化。育苗池面积以 40 m^2 左右为宜，每平方米约放鳅卵 1 万粒，出苗率约为 40%。鱼巢上方要遮阳，避免阳光直射，同时，防止青蛙、野杂鱼进入池中危害鳅卵、鳅苗。在整个孵化过程中，要勤于观察，并及时将蛙卵、污物等捞出。

任务训练

一、选择题

1. 泥鳅繁殖时，亲鳅的选择要求在 2～4 冬龄，雌鳅体长 10～15 cm，体重 16～30 g；雄鳅体长8～12 cm，体重 10～15 g，雌雄比例为__________。

A. 1∶2　　B. 1∶4　　C. 1∶6　　D. 1∶8

2. 下列哪种孵化方式卵子要先经过脱黏处理后孵化？__________

A. 网箱孵化　　B. 孵化桶孵化　　C. 孵化环道孵化　　D. 自然孵化

3. 以下哪个不是孵化的必要条件？__________

Note

A. 卵子质量　　B. 水量　　C. 溶氧量　　D. 水温

4. 鳅苗孵出__________天后能够短距离平行游动并开始摄食。

A. 1　　B. 3　　C. 7　　D. 10

二、判断题

1. 泥鳅受精卵适宜的孵化温度为 35 ℃以上，短时间内温度变动不应超过 2 ℃。（　　）

2. 区别雌雄鳅的方法是雌鳅胸鳍较短，末端较圆，第二鳍条的基部无骨质薄片。（　　）

3. 鳅苗孵化 3 天后体色变黑，能够随意游动并开始摄食。（　　）

4. 影响孵化率的因素主要有卵子质量、水温、水质、溶氧量、敌害生物等。（　　）

5. 人工控制条件下，模仿自然环境条件，泥鳅可以自行产卵孵化，当受精卵黏附在鱼巢上，如果鱼巢收取不及时，受精卵会被亲鳅吃掉。（　　）

6. 泥鳅受精卵在水温 18～20 ℃时，受精后 50 h 孵出鳅苗。（　　）

7. 刚孵出的鳅苗全长 3～4 mm，3 天后鳅苗生长至 7 mm 左右。（　　）

三、填空题

1. 泥鳅受精卵的孵化方法主要有__________、__________和__________。

2. 泥鳅受精卵在水温__________时，受精后__________ h 孵出鳅苗。

3. 泥鳅的人工繁殖是指给亲鳅注射__________使亲鳅集中产卵，进行人工孵化的繁殖方式，可大大提高泥鳅的__________、受精率和孵化率。

4. 雌鳅胸鳍较__________，末端较__________，第二鳍条的基部__________骨质薄片，产卵前腹部膨大而圆。

任务三　饲养管理

任务描述

在泥鳅养殖环境中，通过运用泥鳅饲养管理技术，完成泥鳅的放养前准备、合理放养、科学饲喂和日常管理工作任务。

任务目标

▲知识目标

能说出各种类型泥鳅的饲养管理相关知识。

▲能力目标

能针对不同类型泥鳅进行放养前准备、合理放养、科学饲喂和日常管理。

▲课程思政目标

通过对各种类型泥鳅养殖成败原因的分析，帮助学生树立安全生产意识，培养学生科学、严谨的思维方式。

▲岗位对接

水产经济动物饲养、水产经济动物繁殖。

任务学习

一、饵料种类

泥鳅体长小于 5 cm 时，主要摄食浮游动物、摇蚊幼虫等动物性饵料；体长 5～10 cm 时，逐渐转为杂食性，主要摄食甲壳类、摇蚊幼虫、幼螺、蚯蚓等无脊椎动物，同时摄食丝状藻类、植物的碎片和种子、有机碎屑等植物性饵料；体长大于 10 cm 时，则以植物性饵料为主，兼食部分适口的动物性饵料。人工养殖条件下，可投喂水蚯蚓、蛆虫、黄粉虫、河蚌、螺蛳、鱼粉、野杂鱼肉、畜禽下脚料等动物性饵料，米糠、麦麸、豆饼、花生饼、菜籽饼、玉米粉、豆渣、酒糟等配合饵料以及浮萍、蔬菜等植物性饵料。

二、亲鳅培育

（一）亲鳅培育池

亲鳅培育池要求面积在 30～50 m^2，深 1.5 m，最好是长方形的水泥池。池底铺 20 cm 厚的壤土层。池两端设有进、排水口，以便换水，保持水质良好。进、排水口要安装铁丝网或塑料网。

（二）亲鳅放养前的准备

亲鳅放养前 10～15 天，要把池水放干进行清理，包括检查进、排水渠道是否畅通，防逃网是否完好无损，并用生石灰消毒杀灭敌害生物，改良底质。按每平方米用 100～200 g，将生石灰兑水拌匀后全池泼洒。若底质有机物过多、有臭味，应全部清除掉，更换新底泥。亲鳅下池前 5～7 天施少量有机粪肥，然后注水至 50 cm。

（三）亲鳅放养

为保证性腺发育良好，亲鳅的放养密度不可过大，以每平方米放 10～20 尾为好，雌雄比例控制在 1∶2 左右。

（四）投饵

为促进性腺发育，投喂的饵料要注意营养全面、平衡，动、植物性饵料搭配投喂，切忌喂单一饵料，如果长时间投喂动物性饵料，亲鳅会生长过肥，导致性腺发育不良，影响催产效果。如果连续投喂植物性饵料，亲鳅也会因营养不良而影响性腺发育。投喂时要把食物做成团状和块状的黏性饵料，置于饵料盘中，沉入池底，让泥鳅自由取食。每个池要设置多处投喂点，以便所有亲鳅都能吃饱吃好。每天上午、下午各投喂 1 次，每次的投饵量以 1 h 能吃完为宜。

（五）日常管理

日常管理主要是注意换水，经常清除残饵，保持水质清洁。夏、秋季高温季节，在水面上种植适量的水生植物进行遮阳降温。经常检查进、排水口处的防逃网有无损坏，防止亲鳅逃逸。每 15～20 天，每平方米水面用生石灰 10 g 兑水全池泼洒。

三、苗种培育技术

鳅苗孵出后，活动、摄食能力弱，要经过苗种培育才能用于成鳅养殖。

鳅苗培育是指把孵出的鳅苗饲养 1 个月左右，养成全长 3～4 cm，体重 1 g 左右的鳅种。

1. 鳅苗的摄食习性 刚孵出的鳅苗以卵黄囊为营养供体，2～3 天后卵黄囊基本消失，开始从外界摄食。开始时以摄食轮虫、无节幼体为主，3～4 天后可摄食大型浮游动物，一周后可投喂水蚯蚓。喜食豆浆、熟蛋黄等。

2. 鳅苗池的规格要求 泥鳅育苗池一般采用浅水土池或水泥池，面积以 30～50 m^2、池深 60～80 cm、水深 30 cm 左右为宜。如用土池培苗，可在池内铺一层黑色塑料薄膜防渗漏。池形以长方形为宜，两端分别设进、排水口，并设置拦鳅设施。拦鳅设施可用聚乙烯网片或竹箔编成。池中要设一面积占池子总面积的 5%～10%、深 30～40 cm 的集鱼坑。无论水泥池还是铺有塑料薄膜的土池，都要在池底铺一层 10～15 cm 厚的淤泥。

在鳅苗放养前7～10天每平方米水面用100 g生石灰兑水全池泼洒消毒，清塘后施基肥培肥水质，繁殖轮虫等天然饵料，一般每平方米水面施1.5 kg鸡粪。如果是新建水泥池，必须反复浸泡冲洗去碱后才能使用。鳅苗池水深30 cm左右。注水后往池中移植少量水葫芦。

3. 鳅苗培育方法 鳅苗入池前1天，检查池水毒性是否消失，确认无毒后即可放鱼。选择晴天的8—10时或15—17时放养。鳅苗的放养密度应根据养殖条件和饲养技术水平等灵活掌握。微流水育苗池，每平方米可放养鳅苗1500～2000尾。静水育苗池，则以每平方米放养800～1000尾为宜。

(1)投饵：鳅苗下池后的第2天开始泼洒豆浆，开始时每天每20万尾鳅苗投喂1 kg黄豆浆，1周后增至1.5 kg，2周后投喂量再适当增加，每日投喂2.5 kg。在豆浆中添加少量鱼粉可促进鳅苗生长。20天后，随着鳅苗的长大和食量的增加，逐渐增加豆渣、米糠和豆饼糊，投喂量以鳅苗能在1 h左右吃完为好。每天上午、下午各投喂1次。除投喂豆浆外，还可以投喂熟蛋黄。下池1周后还可增加投喂浮游动物、水蚯蚓等鲜活饵料。

(2)施肥：鳅苗入池几天后，如果池水肥度下降，可施粪肥培育水质，促进浮游生物的生长。一般每3～5天施1次，每次每平方米水面施腐熟粪肥50～100 g。

(3)鳅苗的日常管理：鳅苗培育的主要日常管理工作是巡池。每天早、中、晚巡池3次，仔细观察鳅苗的活动情况和水色、水位的变化，发现问题，及时解决。

经1个月左右的饲养，鳅苗体长可达4 cm，体重达1 g。此时鳅苗已初具钻泥能力，转入鳅种池培育。

四、鳅种培育

鳅种培育是把全长3～4 cm的幼鳅饲养3～5个月，养成体长5～6 cm，体重3～5 g的鳅种的过程。

(一)鳅种池

鳅种池可以是土池，也可以是水泥池。面积为50～100 m^2，深80～100 cm，水深30～40 cm。池内的结构，如进、排水口，集鱼坑等均与鳅苗池相同。

(二)鳅种放养

当清塘后池水毒性消失时就可以放养鳅种。放养密度为每平方米50～100尾。鳅种放养后每日投喂饵料3次，日投饵量为鳅体总重的5%～8%，以1 h内将饵料吃完为宜。日常管理主要是经常巡池，保持水质清洁，控制水温，防治敌害生物。巡池分早晨和傍晚2次，观察鳅种的吃食、活动、生长情况，发现问题，及时解决，并随时将池中的蝌蚪、污物捞出。根据水质的情况，随时注水。夏季高温季节，鳅种池的水温很容易超过30 ℃，应遮阳降温，或在水面上种植水葫芦。鳅种培育到体长达6 cm，体重5 g左右时出塘，可转入成鳅池养殖。

五、成鳅养殖

(一)成鳅池的条件

选择水源充足，水质良好，pH值适宜，排水方便，土质呈中性或弱酸性，光照充分，电力、交通方便的地方建设成鳅池。面积为100～600 m^2，池深80～100 cm，水深30～60 cm。池的四壁和池底在挖成后夯实，或铺一层塑料薄膜，以免渗漏和泥鳅外逃。池底铺上20～30 cm厚的软泥。在进、排水口处设一深30 cm，占鱼池总面积5%～10%的集鱼坑。进、排水口设在池子对应的两边，进、排水管要用金属网或尼龙网罩住，以防泥鳅逃逸或敌害生物随水入池(图15-2)。

(二)放养前的准备

放养前7～10天排干池水，挖出过多的淤泥，堵塞漏洞，疏通进、排水口。再用生石灰清塘，把池水排到10 cm深，每100平方米水面用生石灰10 kg兑水均匀泼洒消毒。清塘后次日加注新水，注水深度为20～30 cm。鳅种下池前5～7天施基肥培育天然饵料，每平方米水面施腐熟粪肥1～2 kg。放养前一天检查池水清塘药物的毒性是否消失，并在水面上种植适量水葫芦。

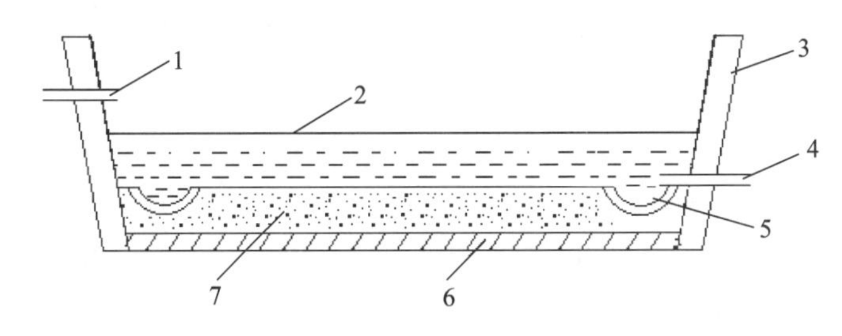

图 15-2 成鳅池断面图

1.进水口;2.水面;3.池壁;4.排水口;5.集鱼坑;6.池底;7.肥淤泥(软泥)

(三)鳅种放养

每年春季水温稳定在 10 ℃以上时就可放养。放养密度与养殖条件和饲养技术水平、鳅种规格有关。鳅种规格为 3～4 cm 的,每平方米放养 100～150 尾;规格为 5～6 cm 的,每平方米放养 50～80 尾。

(四)饲养管理

1. 投饵 泥鳅的投饵量要根据池塘中天然饵料的数量以及天气、水温、水质等来确定。坚持"四定"投饵。春季水温在 16～20 ℃时,以投喂植物性饵料为主,占总投饵量的 60%～70%,动物性饵料占 30%～40%。水温为 21～24 ℃时,动、植物性饵料各占 50%。水温在 25～28 ℃时,是泥鳅生长最快的时期,要加强营养促进生长,动物性饵料占 60%～70%,植物性饵料减少到 30%～40%。投喂时间和次数:水温 24 ℃以下时每天中午投喂 1 次;水温在 24～28 ℃时,每天投喂 2 次,时间为 9—10 时和 16 时。每天投饵量应占泥鳅体重的 2%～4%,以投喂后 1 h 内吃完为宜,多吃多投,少吃少投,不吃则不投。饵料要投在食台上,食台采用悬挂式,方便消毒与投饵。

2. 施肥 通过施肥培育天然饵料可减少投饵量,降低生产成本。一般每隔 10～15 天施追肥 1 次,每平方米水面施腐熟粪肥 0.1～0.2 kg,池水透明度控制在 20～30 cm,以水呈油绿色或黄绿色为好。

3. 日常管理

(1)水质调节:每 15～20 天每立方米池水用生石灰 10 g 兑水全池泼洒。每 3～5 天注入新水 1 次,若发现水质发黑、混浊,泥鳅不断上浮吞气,则应立即停止施肥、投饵,及时换水。

(2)巡塘:每天早、中、晚各观察养殖池 1 次,密切注意池水的水色变化和泥鳅的活动状态、摄食情况等,及时将蛙卵、蝌蚪及塘中污物清除。若发现泥鳅食量突然减少,要查明原因,及时解决。

(3)防逃:在下暴雨或连日大雨时,要及时排水,防止因池水上涨造成泥鳅逃逸。在加注新水或排放池水时,要先检查进、排水口的防逃网是否牢固,若有损坏,要重新安装。

六、成鳅捕捞和运输

(一)捕捞方法

池塘养殖和稻田养殖的泥鳅捕捉有一定的困难,必须讲究方法。

1. 稻田养殖泥鳅的捕捉

(1)诱捕:用捕捉黄鳝用的鳝笼来捕捉。将米糠、麦粉等炒香,加适量面粉拌制成团料,或将泥鳅喜食的螺蛳肉、蚌肉等放入鳝笼内,于傍晚将笼置于鱼沟、鱼溜中,每 1～2 h 起捕 1 次。此法在成鳅饲养期间均可采用,也可用于繁殖期间捕捉亲鳅。连续数天可捕起大部分泥鳅。或在投饵地点预先设置地网,再投喂饵料,引诱泥鳅来摄食,待大量泥鳅来摄食时,迅速提起网,即可捕获。

(2)排水捕捉法:在排水口外设置网袋,拆除拦鱼栅。夜间缓慢排水,泥鳅会随排水落入网袋。未随水进入网袋的泥鳅,都集中在鱼沟、鱼溜中,先用抄网抄捕,最后用手翻土捕尽。

在长江以南地区,淤泥中的泥鳅可留下越冬,待次年再饲养,而长江以北地带则必须设法捕完,否则泥鳅在稻田里可能被冻死。

2. 池塘养殖泥鳅的捕捉 在生长期捕捉部分泥鳅,可用铺设地网的方法诱捕。如要全部捕捉,

可在晚上把池水慢慢排干，大部分泥鳅会集中在集鱼坑中，可用抄网捕捉。最后排尽坑内水，捕捉潜入淤泥中的泥鳅。

（二）成鳅运输

因泥鳅的皮肤及肠道均有呼吸功能，运输较为方便，按运输时间长短可分别采用以下几种方法。

1. 无水湿法运输　在温度 25 ℃以下，运输时间在 5 h 以内时，可采用无水湿法运输。方法是将水草放入饵料袋或竹篓内，再放入泥鳅后泼洒些水，使其皮肤保持湿润，即可运输。

2. 带水运输　水温在 25 ℃以上，运输时间在 5～10 h，需带水运输。其运输工具可用鱼篓、帆布桶。投放密度为每升水 1～1.2 kg。

3. 降温运输

（1）利用冷藏车或冰块降温运输：把鲜活泥鳅置于 5 ℃左右的低温环境内运送，在运输车中加载适量冰块，保持低温环境从而使泥鳅在运输途中保持半休眠状态。采用冷藏车控温，可长距离安全运输 20 h。

（2）带水降温运输：一般 6 kg 水可装 8 kg 泥鳅，运输时将冰块放在网袋内，并将其吊在容器上，使冰水慢慢滴入容器内，达到降温目的，这种降温运输方式，成鳅成活率较高且不易受伤。

任务训练

一、选择题

1. 亲鳅培育池池底需铺＿＿＿＿＿厚的壤土层。

A. 5 cm　　B. 10 cm　　C. 15 cm　　D. 20 cm

2. 鳅种放养应在春季水温稳定在＿＿＿＿＿以上时。

A. 10 ℃　　B. 15 ℃　　C. 20 ℃　　D. 25 ℃

3. 刚孵出的鳅苗以卵黄囊为营养供体，2～3 天后卵黄囊基本消失，开始从外界摄食，开始时以摄食＿＿＿＿＿为主，3～4 天后可摄食大型浮游动物，一周后可投喂水蚯蚓。

A. 轮虫、无节幼体　　B. 桡足类　　C. 枝角类　　D. 水蚯蚓

二、判断题

1. 泥鳅饵料要投在食台上，采用悬挂式食台。（　　）

2. 成鳅池的池底要铺上 20～30 cm 厚的软泥，在水面上种植适量水葫芦。（　　）

三、填空题

1. 泥鳅育苗池一般采用浅水＿＿＿＿＿或＿＿＿＿＿。

2. 泥鳅体长 5 cm 以前，主要摄食＿＿＿＿＿，体长 5～10 cm 时主要摄食＿＿＿＿＿，体长大于 10 cm 后，则以＿＿＿＿＿为主。

四、问答题

1. 泥鳅养殖如何进行投饵和施肥管理？

2. 按运输时间长短，可以采用哪几种方法运输泥鳅？

任务拓展

泥鳅常见疾病防治

项目十六　黄鳝养殖

任务一　生物学特性

扫码学
课件 16

任务描述

学会运用黄鳝的生物学特性，密切联系黄鳝的养殖生产，进行科学饲养管理。

任务目标

▲知识目标

能说出黄鳝的生活习性和繁殖习性要点。

▲能力目标

能依据黄鳝的生活习性、繁殖习性，进行科学饲养管理。

▲课程思政目标

通过介绍黄鳝的生物学特性与养殖生产的密切联系，引导学生尊重自然、尊重科学，树立找寻事物发展规律的意识。

▲岗位对接

水产经济动物饲养、水产经济动物繁殖。

任务学习

黄鳝，地方名鳝鱼、田鳝，在分类上隶属于合鳃鱼目、合鳃鱼科、黄鳝属。黄鳝为亚热带的淡水底栖鱼类，是常见的淡水鱼类，广泛分布在各地的江河、湖泊、沟渠、池塘、稻田等水体中。

黄鳝是著名的滋补药用食品。传统医学认为黄鳝肉具有祛风湿、补中益血、通血脉、利筋骨、壮阳等作用。现代医学已认定黄鳝对治疗面部神经麻痹、中耳炎、骨质增生、痢疾等有疗效。大力发展黄鳝养殖有广阔的前景。

一、生活习性

黄鳝为底栖生活鱼类，对环境的适应能力很强，在各种淡水水域中几乎都能生存，喜欢生活在腐殖质较多的偏酸性和中性的水底泥穴中，常在田埂、塘基、堤坝附近浅水中穴居，洞穴深度为体长的3倍左右。黄鳝白天很少活动，夜间出洞后在洞口附近觅食，捕食后迅速缩回洞中。黄鳝是温水性鱼类，6—9月是摄食生长旺季，适宜生长水温为15～30 ℃，最适生长水温为24～28 ℃。当水温高于30 ℃或低于15 ℃时，其摄食量明显减少；水温低于10 ℃时则停止摄食，并潜入洞穴中冬眠。冬季当

Note

水干涸时，黄鳝能深潜土中越冬达数月之久。

黄鳝的鳃严重退化，能用口咽腔的皱褶上皮及肠内壁进行气体交换，从空气中获得氧气。所以，养殖水体的水深要适宜，保证黄鳝不离穴就能把头伸出水面呼吸。

黄鳝是以肉食为主的杂食性鱼类，喜吃鲜活饵料。在自然条件下，孵出4～5天的幼苗，主要摄食轮虫、枝角类、桡足类等浮游动物，鳝苗的最佳适口饵料为水蚯蚓。鳝种阶段捕食水生昆虫、水蚯蚓、摇蚊幼虫和蜻蜓幼虫等，也兼食有机碎屑、丝状藻类、浮游植物。成鳝阶段主要捕食小鱼虾、蝌蚪、幼蛙、水生昆虫及陆生动物(如蚯蚓、蚱蜢、飞蛾、蟋蟀等)。在饥饿条件下，黄鳝有大吃小的种内残食习性。黄鳝主要靠嗅觉和触觉在夜间觅食，当食物接近嘴边时，张口猛力一吸，将食物吸进口中，摄食动作迅速。黄鳝最大个体体长70 cm，体重1.5 kg。

二、繁殖习性

黄鳝有必然的性逆转现象。从胚胎开始到第一次性成熟全为雌性，产卵后开始性逆转。体长36～40 cm时，雌雄个体数几乎相等；体长41 cm以上时雄性占多数；体长60 cm以上时几乎全为雄性。

黄鳝的性成熟年龄为1冬龄，体长20 cm左右。黄鳝的怀卵量：一般体长20 cm左右的个体怀卵量为300～400粒；体长50 cm左右的个体，怀卵量可达1000粒。相对怀卵量为每克体重6～8粒。

黄鳝的生殖季节为4—7月。产卵地点在穴居洞口附近的田边草丛、乱石块间，或水生植物繁茂的地方。产卵前雌鳝先吐出泡沫堆成浮巢，然后将卵产在泡沫之中，雄鳝排精完成受精过程，受精卵借助泡沫的浮力浮在水面上发育。黄鳝卵径为3.8～4 mm。从受精到孵出仔鳝的时间：在30 ℃左右的水温中需5～7天，长者达11天。亲鳝具有护卵护幼习性，产卵后的亲鳝留在鱼巢附近，防止敌害袭击卵子，直到仔鳝孵出，卵黄囊消失，能自由游动摄食时才离开。刚出膜的鳝苗全长11～13 mm。仔鳝出膜到卵黄囊消失需9～11天，此时全长可达28 mm。

任务训练

一、选择题

1. 黄鳝有必然的性逆转现象。从胚胎开始到第一次性成熟全为雌性，产卵后开始性逆转。体长__________ cm以上时几乎全为雄性。

A. 30　　B. 40　　C. 50　　D. 60

2. 黄鳝养殖要保持良好的水质，春、秋季每3～5天换水1次，注入水与原池水的温差不能超过__________，否则易使黄鳝因温度骤变而引起死亡。

A. 3 ℃　　B. 4 ℃　　C. 5 ℃　　D. 6 ℃

3. 黄鳝的绝对怀卵量一般为__________粒。

A. 300～800　　B. 1万～2万　　C. 2000～5000　　D. 10万以上

二、判断题

1. 黄鳝的鳃严重退化，能用口咽腔的皱褶上皮及肠内壁进行气体交换，从空气中获得氧气。(　　)

2. 鳝苗的最佳适口饵料为水蚯蚓。(　　)

3. 在饥饿条件下，黄鳝有大吃小的种内残食习性。(　　)

4. 黄鳝主要靠嗅觉和触觉在夜间觅食。(　　)

5. 黄鳝喜欢吃腐臭食物。(　　)

Note

任务二 繁殖技术

任务描述

在亲鳝养殖环境中，通过运用亲鳝繁殖技术，完成亲鳝的雌雄鉴别、亲鳝选择、发情识别、人工催产、人工授精和人工孵化工作任务。

任务目标

▲知识目标

能说出亲鳝的选择要点及人工繁殖、自然繁殖等知识要点。

▲能力目标

能进行亲鳝的雌雄鉴别，选择优良鳝种；能进行黄鳝人工催产、人工授精和人工孵化。

▲课程思政目标

通过黄鳝人工催产、人工授精和人工孵化实训，结合实践论，突出黄鳝人工催产和人工孵化过程的艰辛和取得成果的满足，激发学生的奋斗精神。

▲岗位对接

水产经济动物饲养、水产经济动物繁殖。

任务学习

一、亲鳝的选择与培育

亲鳝可专门培育，或从野外捕捉，或从市场上选购。要求亲鳝体质健壮，无病、无损伤，活泼好动，以徒手捕捉或笼捕的为佳，不要选用电捕、钓捕的个体。体色以深黄色、光泽鲜亮的为好，青灰色、细黑花个体较差。雌雄比例为(2～3)：1。捕捉或选购亲鳝宜在秋季进行，以供次年繁殖用。

在繁殖季节，雌鳝头小不隆起，体背呈青褐色，无斑点，无纹，腹部膨大半透明，呈淡橘红色，并有一条紫红色横条纹，可见黄色卵粒轮廓，用手摸腹部感觉柔软而有弹性，生殖孔红肿。雄鳝头部较大，隆起明显，体背可见许多豹皮状色素斑点，腹部较小，腹面有血丝状斑纹分布，生殖孔稍红肿，用手压腹部，能挤出少量透明精液。在非繁殖季节一般根据体长来确定，体长 30 cm 以下的个体为雌鳝，50 cm 以上的个体为雄鳝。

二、成熟亲鳝的选择与催产

（一）成熟亲鳝的选择

性成熟度好的雌鳝腹部膨大柔软呈纺锤形，卵巢轮廓明显，呈淡橘红色，半透明，用手触摸腹部可感到柔软而有弹性，生殖孔红肿。雄鳝腹部较小，腹面有血丝状斑纹，用手轻压腹部，有透明精液溢出。

（二）亲鳝的催产

春季气温回升到 25 ℃以上，水温稳定在 22 ℃以上时，可进行人工催产。

1. 催产剂及剂量 采用促黄体生成素释放激素类似物(LRH-A)或绒毛膜促性腺激素作为催产

剂。注射量根据亲鳝的性腺成熟程度和大小而定，一般体重 20～50 g 的雌鳝，每尾注射 LRH-A 8～10 μg；体重 51～250 g 的雌鳝，每尾注射 LRH-A 10～30 μg；雄鳝不论大小，每尾注射 LRH-A 15～20 μg。如用绒毛膜促性腺激素，体重 20～50 g 的雌鳝，每尾注射 500～1000 U；如果雌鳝较大，注射量可适当增加。采用一次注射，雄鳝的注射时间比雌鳝推迟 24 h 左右。

2. 催产方法 催产剂的配制：将激素溶解在 0.6%的氯化钠溶液中，以每尾黄鳝平均注射 1 mL 注射液为宜。

注射部位及注射方法：采用胸腔或腹腔注射法。一人将选好的亲鳝用毛巾或纱布包好，防止滑动，并使其腹部朝上，另一人进行注射，进针方向大致与亲鳝前腹成 45°角，进针深度不超过 0.5 cm。注射后的亲鳝放入小水池中暂养，水深保持 30～40 cm，冲注新水。在水温 22～25 ℃时，经 40～50 h，有效催产的雌亲鳝腹部明显变软，生殖孔红肿，并逐渐开启，用手触摸其腹部，并由前向后移动，如感到鳝卵已经游离，有卵粒流出，应立即进行采卵授精。

三、人工授精

将开始排卵的雌鳝用干毛巾裹住身体前部，用手由前向后挤压雌鳝腹部 3～5 次，将卵子全部挤入预先消毒过的干燥、光滑的瓷盆中。同时，快速将成熟度适中的雄鳝剖腹，取出精巢并剪成碎片，放入少量生理盐水。将精巢液迅速加入盛卵子的瓷盆中，用羽毛充分搅拌均匀，再加少量清水，以刚好浸没卵子为度，轻轻搅拌，使卵子和精子充分混合，静置 3～5 min，即可将受精卵移入孵化池孵化。

人工授精雌雄亲鳝比例为(2～3)∶1。

如果雄鳝比较多，可采用自然产卵。将注射催产剂后的雌雄亲鳝按 1∶1 的比例放入产卵池，卵子产出后立即将受精卵捞入孵化池孵化。

四、人工孵化

人工孵化时，可依据受精卵数量确定孵化方法。如受精卵数量较多，可放于孵化缸中集中孵化，容积为 0.25 m^3 的孵化缸可放受精卵 20 万～25 万粒。如受精卵数量不多，可放于敞口式浅底的容器中孵化，如玻璃缸、水缸、塑料盆等，水深 10 cm 左右，勤换新水，保持容器内的溶解氧充足，注意换水时温度变化不应超过 2 ℃。孵化用水要清洁、富氧、无毒、无敌害生物，pH 值以 7～8.5 为好。在水温 25～30 ℃时，受精卵经 6～10 天可孵出鳝苗。刚孵出的鳝鱼，体长 11～13 mm，5～7 天后，体长可为 25～30 mm，此时其卵黄囊基本消失，开始正常游动和摄食，即可转入幼鳝池进行培育。

五、自然繁殖

自然繁殖就是不需要注射催产剂，让黄鳝自然配对产卵。土池、水泥池都可用作繁殖池。在水面上种植一些水生植物。把选择好的亲鳝按雌雄比例 1∶1 放入繁殖池中，放养密度为每平方米 6～8 尾。在繁殖前 1～2 个月精心管理，喂足蚯蚓、蝇蛆、黄粉虫等饵料，经常换水，促进亲鳝的性腺发育。黄鳝产卵期间，保持环境安静，每天及时收集受精卵进行人工孵化。只要看到泡沫团状物漂浮于水面，即可用瓢、盆捞起，移到孵化池孵化。

任务训练

一、选择题

1. 亲鳝在非繁殖季节一般根据体长来确定，以下最适合作为雌鳝繁殖个体的是＿＿＿＿＿者。

A. 40 cm 以上　　B. 50 cm 以下　　C. 30 cm 以下　　D. 30 cm 以上

2. 黄鳝自然繁殖时，亲鳝以体色深黄色光泽鲜亮的为好，雌雄比例为＿＿＿＿＿。

A. 1∶1　　B. 2∶1　　C. 3∶1　　D. 4∶1

3. 黄鳝人工授精雌雄亲鳝比例为＿＿＿＿＿。

A. 1∶1　　B. (2～3)∶1　　C. (4～5)∶1　　D. 6∶1

4.亲鳝在采用胸腔或腹腔注射法催产时，注射进针方向大致与亲鳝前腹成________角，进针深度不超过________ cm。

A. 30°,0.2　　B. 45°,0.5　　C. 30°,0.5　　D. 45°,0.2

二、判断题

1.亲鳝的放养密度，一般为每平方米6～8尾，人工授精雌雄比例为(2～3)∶1。(　　)

2.亲鳝的催产剂配制：可以将激素溶解在0.9%氯化钠溶液中，以每尾黄鳝平均注射2 mL注射液为宜。(　　)

3.自然繁殖就是不需要注射催产剂，让黄鳝自然配对产卵的过程。(　　)

4.春季气温回升到25 ℃以上，水温稳定在22 ℃以上时，可进行亲鳝的人工催产。(　　)

5.亲鳝可以采用胸腔或腹腔注射法进行催产。(　　)

任务三　饲养管理

任务描述

在黄鳝养殖环境中，通过运用黄鳝饲养管理技术，完成黄鳝的放养前准备、合理放养、科学饲喂和日常管理工作任务。

任务目标

▲知识目标

能说出各种类型黄鳝的饲养管理相关知识点。

▲能力目标

能针对不同类型黄鳝进行放养前准备、合理放养、科学饲喂和日常管理。

▲课程思政目标

通过对各种类型黄鳝养殖成败原因的分析，帮助学生树立安全生产意识，培养学生科学、严谨的思维方式。

▲岗位对接

水产经济动物饲养、水产经济动物繁殖。

任务学习

一、饵料种类

黄鳝的饵料以水蚯蚓、蚯蚓、蝇蛆、黄粉虫、小鱼虾、螺蚌肉、畜禽内脏、蚕蛹等为主，也可投喂米糠、麸皮、花生麸、酱糟、豆腐渣、豆饼、菜籽饼等。大规模养殖黄鳝，可投喂黄鳝专用配合饲料。黄鳝还摄食少量菜叶、浮萍等鲜嫩青饲料，一般不吃腐臭食物。

二、亲鳝的培育

(一)亲鳝池的建造

在通风好、光照好、靠近水源、排注方便和环境安静的地方建池。最好是水泥池，也可以在土池

Note

中铺一层防渗塑料薄膜而成。池子面积一般为10～20 m²，深1 m，水深15～20 cm，池底铺松软的有机土层20～30 cm。水泥池四壁要建成“r”形出檐，在水面放置一些水葫芦遮阳降温，净化水质。亲鳝池一般也作为产卵池。

（二）亲鳝培育

亲鳝放养前7～10天先用生石灰对亲鳝池进行消毒。亲鳝下池前用4%食盐水浸洗5 min消毒体表。亲鳝的放养密度，一般为每平方米6～8尾。雌雄比例：自然受精按1∶1，人工授精按（2～3）∶1。亲鳝池中可放养少量泥鳅，以清除池中过多的有机质、残饵，改善水质。

投喂优质新鲜饵料可促进亲鳝的性腺发育，如蚯蚓、蝇蛆、螺蚌肉、小鱼虾等，辅喂少量花生麸和豆腐渣等植物性蛋白饵料。日投饵量为亲鳝体重的3%～6%，以喂后1 h内吃完为宜。人工催产前一天停喂。水深保持在20 cm左右，每周加注新水1次，每次换水量为池水总量的1/3左右，保持水质良好。亲鳝临近产卵前10～15天每天注水1次，促进其性腺发育。

三、鳝苗培育技术

黄鳝的苗种培育是指将体长2.5～3 cm的鳝苗培育成体长15～25 cm、平均体重5～10 g的鳝种的过程。一般需要3～5个月。

（一）鳝苗的摄食习性

仔鳝出膜6天左右，卵黄囊逐渐消失，消化系统基本上发育完善，开始从外界摄食。在自然条件下主要摄食枝角类、桡足类、水生昆虫、水蚯蚓、摇蚊幼虫等。随着体长的增长，喜食陆生蚯蚓和蝇蛆等。人工养殖时可投喂熟蛋黄、水蚯蚓、捣碎的蚯蚓、黄粉虫、蝇蛆等。

（二）培育池的规格要求

在环境安静、避风向阳、水源充足、水质良好、排注方便的地点建池。水泥池、土池均可，土池要在池底和池壁铺一层塑料薄膜。培育池面积以10～15 m²、池深40～50 cm为宜。池中放一些水葫芦等水生植物。池底铺5 cm厚的塘泥，养殖水深10～20 cm，池顶高出地面10 cm以上，防雨水入池。进、出水口需用筛绢网片罩住，防止鳝苗逃走（图16-1）。池中用木板制作长条状食台。培育池在放苗前10～15天，用生石灰消毒，杀灭病菌、青蛙、蝌蚪、小鱼虾等。1～2天后再注入经过滤的新水。鳝苗放养前一周施发酵腐熟的畜禽粪肥0.5～1 g/m²作基肥，同时放入适量水蚯蚓，作为鳝苗下池后的基础饵料。

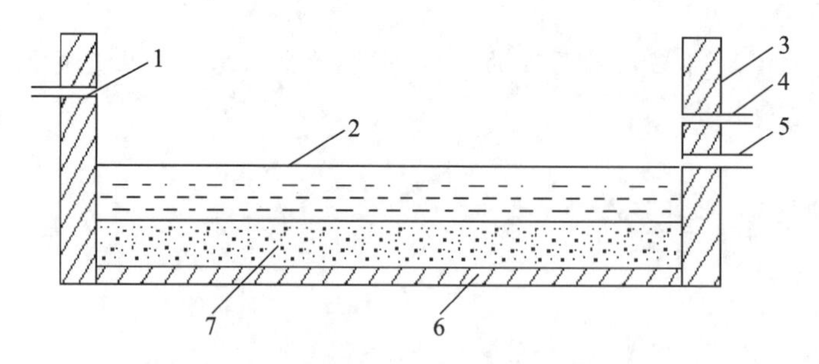

图16-1　鳝苗培育池断面图（水泥池）

1.进水口；2.水面；3.池壁；4.溢水口；5.出水口；6.池底；7.泥层

（三）鳝苗培育

1.鳝苗放养　施基肥5天后，当培育池中出现大量的浮游动物、水蚯蚓时即可放鳝苗入池。在8—9时或16—17时放养，放养密度为每平方米300～400尾。放养的鳝苗规格要基本一致，一次放足，防止规格相差过大，出现大吃小的现象。放养时要注意盛鳝苗容器的水温与放苗池的水温温差不要超过3 ℃。

2.投饵　在鳝苗下池后3天内，投喂水蚯蚓碎片和浮游动物。如没有水蚯蚓和浮游动物，也可采集陆生蚯蚓剁碎投喂，还可以投喂一部分蛋黄浆、鱼肉浆等。3天后，可投喂整条水蚯蚓。第一次分养后可投喂蚯蚓、蝇蛆、杂鱼肉浆，兼喂一些麦麸、米饭、瓜果和菜屑等。第二次分养后，可投喂蚯蚓、蝇蛆、黄粉虫及其他动物性饵料，也可配合投喂鱼类饵料。黄鳝不吃腐臭食物，不应投喂变质的饵料，残饵要及时清理。

(1)驯食：开始投喂时要先进行驯食。方法是开始时在每天傍晚全池投饵料，以后逐日提前时间并缩小投喂范围，逐渐过渡到白天在食台定时投喂，一般经 7～10 天的驯化即可。之后饵料要投在食台上，做到“四定”投喂。

(2)投喂量：必须为鳝苗提供优质、充足的饵料。刚开始正常投喂时，日投喂量为鳝鱼体重的6%～7%，所投喂的饵料以 3 h 内吃完为宜。鳝苗体长达 3 cm 时进行第一次分养，日投喂量为鳝苗体重的 8%～10%。第二次分养后，日投喂量占鳝苗体重的 10%～15%，每天投喂 2～3 次。到 12 月，鳝苗一般能达到体长 15 cm 以上的规格。

3. 日常管理

(1)做好水质调节工作：培育池水质要求清洁、富氧。鳝苗下池 1 周左右先排掉老水，再加入新水改善水质。以后每隔 2～3 天注水 1 次，每次注 3～5 cm，使水深保持在 10～15 cm。高温季节要勤换水，水温保持在 30 ℃以内最好，换水时间安排在傍晚前后进行，注水要缓慢，勿冲起底泥。

(2)水温调控：夏季高温季节，在池面上空搭设遮阳棚或于水面种植一定数量的水葫芦用于遮阳，池中放入竹筒瓦管，做成人工洞穴，也可采取换水降温的方法调节水温。

(3)勤巡池：每天早、中、晚 3 次检查防逃设施，观察鳝苗动态，及时捞除污物、堵塞漏洞。注意水质变化，防止水质过肥，发现幼鳝出穴，将头伸出水面呼吸，要及时注入新水增氧。

4. 分养 为防止个体大的黄鳝咬伤、咬死甚至吞食个体小的黄鳝，需进行分养。鳝苗下池养殖 15 天左右，体长达到 3 cm 时进行第一次分养。方法是在鳝苗集中摄食时，用密眼抄网将规格大、身体健壮、摄食能力强的鳝苗捞出，另池饲养，放养密度为每平方米 150～200 尾。小的鳝苗继续留在原池养殖。鳝苗经 1 个多月的饲养，体长长至 5 cm 时，进行第二次分养，放养密度为每平方米 100 尾左右。

四、成鳝有土静水养殖技术

成鳝养殖是指将体重 10 g 左右的鳝种养到 100 g 以上的食用鳝的过程。

(一)成鳝池的建造

在环境安静、避风向阳的地方建造成鳝池，水泥池和土池均可。要求水源充足，水质无污染，富氧，pH 值为 7～8.5。一般人工河、湖泊、水库是良好的养殖用水来源。不宜用工厂废水、生活污水、稻田水养殖黄鳝。

成鳝池的形状有长方形、圆形、椭圆形，以长方形和椭圆形较为常用。池子面积为 10～100 m^2，以 20～30 m^2 为佳。池深 1 m 左右，其中，土深 30～40 cm，养殖水深 10～20 cm，水面以上 30～50 cm。成鳝池建成后，在池内种植一些水浮莲、水葫芦、浮萍等，供黄鳝隐藏休息。在池子上方搭设遮阳棚，池四周种些瓜类，以遮挡阳光，降低水温，利于黄鳝的生长。在池子底部，投放一些竹筒瓦管等物，制造人工洞穴，模拟黄鳝生长的生态环境。

1. 水泥池 池壁用砖或石浆砌或混凝土浇筑，高出地面 10 cm 以上，防止雨水流入池内。池壁上沿向池内方向伸出成“r”形倒檐，防止黄鳝逃跑。池壁、池底用水泥抹面。进水口高出水面 30～40 cm。出水口安装在泥面上，以能将池水全部排出为宜。在离池底约 50 cm 处，开一溢水口控制水位。出水口和溢水口要安装防逃装置。在池底铺 30～40 cm 厚的含有机质较多的土壤供黄鳝打洞(图 16-2)。

2. 土池 在土质坚硬、黄鳝不能打洞的地方可建土池。建池时从地面向下挖 40～50 cm，用挖出的土做埂，埂宽 1 m 左右，高 50～60 cm，层层夯实。在池底及池四周铺一层塑料薄膜，在膜上堆20～30 cm 厚的有机土层。池壁顶端用油毡或塑料薄膜制成防逃出檐。埋设好进、出水管(图 16-3)。

(二)鳝种放养

1. 鳝种来源 春季水温上升到 15 ℃以上时，经越冬的鳝种纷纷出洞觅食，这时可在稻田、河沟、渠

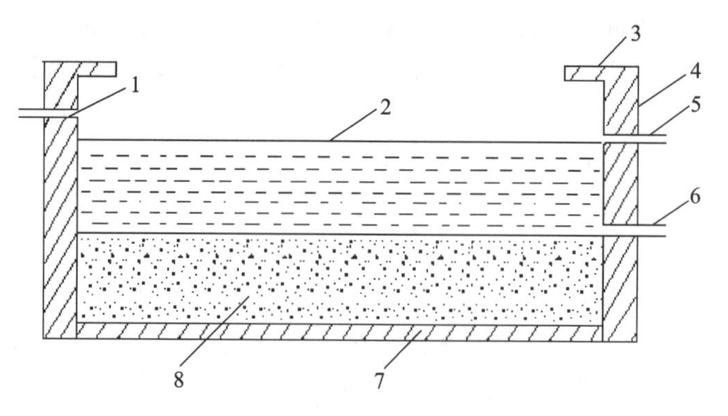

图 16-2　成鳝池断面图(水泥池)

1. 进水口;2. 水面;3. 倒檐;4. 池壁;5. 溢水口;6. 出水口;7. 池底;8. 泥层

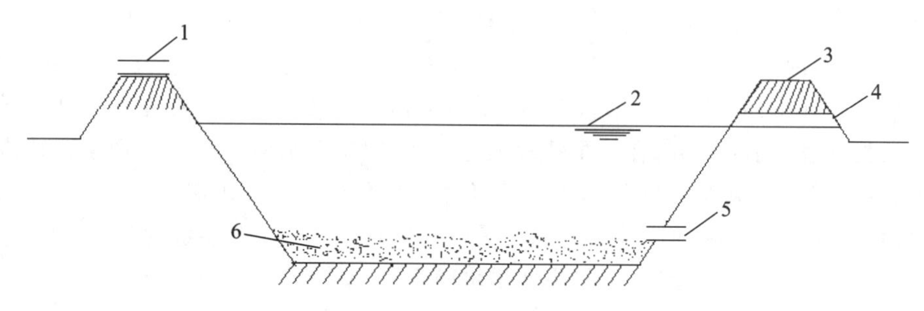

图 16-3　成鳝池断面图(土池)

1. 进水口;2. 水面;3. 池埂;4. 溢水口;5. 出水口;6. 泥层

道中用鳝笼捕捉野生鳝种。捕捉方法是在傍晚时将鳝笼放在黄鳝活动处,内置黄鳝喜吃的诱饵(如蚯蚓),次日黎明时将鳝笼收回即可。若从市场上采购鳝种,注意不要选择用钓捕和电捕获得的鳝种。人工繁殖鳝种是最可靠的来源,这种鳝种下池后成活率高,是规模养殖黄鳝鳝种来源的主要途径。

2. 鳝种质量与规格　体表无伤无病、活动能力强、体质健壮、规格整齐、体色深黄并杂有大斑点或体色土红有黑斑者为优质鳝种。体表破损受伤、体色发白、黏液减少、肛门红肿、断尾烂尾和瘦弱、反应迟缓的个体为劣质鳝种。鳝种规格要求在 10 g 以上,最好是 20～40 g 的个体。同池放养的鳝种要求规格整齐,大小一致。

3. 放养前的准备　养过鳝的池子,放养前要更换底泥或清除表层过肥的淤泥,底泥厚度保持在 30 cm 左右即可。在放养前 10 天左右用生石灰兑水泼洒消毒成鳝池。放种前 3～4 天注入新水,将水深控制在 15 cm 左右。放养前 1 天放入若干尾鲢鱼或鳙鱼种试水,检查池水毒性是否消失。

4. 放养时间和放养密度　当春季水温上升到 15 ℃时即可放养鳝种。放养密度根据成鳝池大小、鳝种规格、放养时间、水源、水质条件、饵料供应情况和管理水平等因素确定。一般每平方米放养体重 25 g 的鳝种 80～120 尾。放养前可用 4%的食盐水浸洗鳝种 5～10 min 或用 10～20 mg/kg 的高锰酸钾溶液药浴 10～20 min 进行消毒。

在池中搭配放养占黄鳝数量 5%左右的泥鳅,可防止黄鳝因放养密度过大而引起的互相缠绕,减少疾病发生。

(三)饲养管理

1. 投饵

(1)黄鳝饵料的来源:一是人工培育蚯蚓、蝇蛆、黄粉虫等动物性饵料。二是在成鳝池中套养一些青蛙、蟾蜍,使其自行繁殖孵化出蝌蚪,为黄鳝提供活饵;也可在池水中混养一些适应浅水生活的鱼类,如食蚊鱼等,使它们在池中繁殖出鱼苗,供黄鳝食用。三是将屠宰场的下脚料及禽畜血、内脏作饵料。四是在成鳝池中央上方距水面 20～30 cm 处安装黑光灯诱虫为饵。五是从稻田、水沟中采集福寿螺去壳投喂。大规模养殖用黄鳝专用配合饵料投喂。

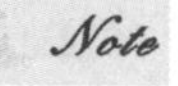

(2)驯食:黄鳝对饵料选择性较强,在饲养初期需要驯食。方法:刚入池的前 3 天不投喂饵料,使黄鳝适应养殖环境并处于饥饿状态。第 4 天在池的四周设置好食台,视成鳝池大小确定食台的数量,一般 20 m^2 左右的池子设 4 个食台,然后注入新水,于傍晚投喂,投喂量控制在鳝种总重的 1%范围内。开食时模仿天然鳝种摄食习惯,先投喂黄鳝最喜吃的新鲜切碎的蚯蚓、螺蚌肉等,如能配合适当进、排水造成微流水效果更好。第二天早上进行检查,如果饵料全部被吃光,当天可增投到 2%~3%。如果未吃完,则要将残饵捞出,仍按原量再投喂。驯食约 1 周后,黄鳝形成摄食人工饵料的习惯,再逐步用其他饵料如蝇蛆、豆饼、煮熟的动物下脚料以及配制的人工饵料和蚯蚓糜等混合后投喂,第一天可取代驯食投喂量的 1/5,以后每天增加 1/5 的量,5 天后就可完全投喂人工饵料。以后每天投饵时间逐渐提前 1~2 h,直至转为白天投喂。

(3)投喂方法:遵循“四定”原则投喂。水温在 20 ℃以下或 30 ℃以上时,每天投喂 1 次,20 ℃以下在 14—15 时投喂。30 ℃以上在 16 时至次日凌晨 1 时投喂。水温在 20~30 ℃的范围内,于 8—9 时和 16—17 时各投喂 1 次。其中上午的投喂量占日投喂量的 40%左右,下午的占 60%左右。

(4)日投喂量:水温在 20~30 ℃时,鲜活饵料的投喂量为黄鳝体重的 6%~10%,配合干饵料为 2%~3%。水温在 20 ℃以下、30 ℃以上时,鲜活饵料的投喂量为黄鳝体重的 4%~6%,配合干饵料为 1%~2%。投喂量以投饲后 2 h 之内吃完为度,避免残饵污染水质。饵料要求新鲜,如不是鲜活饵料,最好煮熟后投喂,不投喂发霉变质的饵料。

2. 水质调节 要保持良好的水质,生产上常用换水和泼洒生石灰水的方法来实现。正常情况下,夏季每 1~2 天换水 1 次,每 7~10 天泼 1 次生石灰水,使 pH 值保持在 7.0~8.5。春、秋季每 3~5 天换水 1 次。注入水与原池水的温差不能超过 3 ℃,否则易使黄鳝因温度骤变而死亡。

3. 防暑降温 黄鳝最适生长水温为 24~28 ℃。夏、秋季阳光充足,日照时间长,加上成鳝池水浅,如果养殖池完全暴露在太阳下,白天水温可迅速上升到 30 ℃以上,影响黄鳝的生长,严重时可导致黄鳝中暑,危害很大。因此,要特别注意做好防暑降温工作。可通过搭遮阳棚,在成鳝池内种植浮水植物、换水等措施进行降温。

4. 日常管理 每天注意观察池水的肥度变化。如池水呈浓绿色、墨绿色,说明池水过肥,要注入新水。如晚上不见黄鳝露出水面,可能是水质变差,要立即换水。在高温季节,每天早、中、晚三次测定池水温度。如果水温超过 30 ℃,要立即采取降温措施。要经常检查进、出水口的防逃网是否损坏,尤其是下雷暴雨时,防止黄鳝逃走。调节池水深度,池水过深,影响黄鳝吃食、呼吸;池水过浅,水温、水质易变化,一般需稳定在 10~20 cm,最深不能超过 30 cm。防止缺氧,每天清除残饵、污物,经常加注新水防止缺氧。如遇黄鳝纷纷出洞,将头伸出水面,反应迟钝,要立即换水。

日常管理还需防家禽、家畜及水蛇等敌害生物进入成鳝池捕食黄鳝。

五、黄鳝越冬

黄鳝在冬季水温下降到 10 ℃时停止摄食,潜入洞穴中冬眠。黄鳝在水中,只要池水不整池结冰,一般不会被冻死。为提高黄鳝的越冬成活率,在水温下降到 15 ℃前要加强投喂优质饵料,增强黄鳝的体质。用有土养殖池作为越冬池,可采用深水越冬法和排干水越冬法。

(一)深水越冬法

黄鳝进入越冬期之前,将池水加深至 1 m 左右,让黄鳝钻入水下底泥中冬眠。如遇霜冻天气,池水结冰,应及时进行人工破冰,防止长时间冰封养鳝池而导致越冬的黄鳝缺氧窒息。如遇气温较高,黄鳝白天还会出洞呼吸与捕食,可适当投喂。

(二)排干水越冬法

当冬季养鳝池水温下降到 10 ℃左右时及时排干池水,为防止冰冻,在泥面上铺盖一层稻草,使越冬土层的温度始终在 0 ℃以上,避免黄鳝冻伤。但覆盖层不能过厚,防止造成闭气致使黄鳝闷死。雨雪天要做好排水除雪工作,不使池中有积水。池内不堆压重物,以免压实黄鳝洞穴,造成通气不畅,影响黄鳝呼吸。越冬期间要严加防护,防止老鼠进入池中打洞。

Note

有条件的地方，可在越冬池上搭设塑料薄膜大棚，通过人工增温，使黄鳝在冬季正常生长。

六、成鳝的捕捞和运输

（一）成鳝的捕捞方法

1. 诱捕法 一是用鳝笼诱捕。鳝笼用竹篾编成，直径为 20 cm，长 40 cm，中段较大，两端口较小，在端口处做活动的向里带有倒刺的竹罩。用一节直径 5 cm 的竹筒装黄鳝喜食的活蚯蚓作诱饵，筒口用密网扎紧，将竹筒塞入鳝笼里。然后将鳝笼置于养鳝池水底，用手压入泥土 3～5 cm 固定，使笼身中段有小部分露出水面。傍晚下笼，每 2 h 收捕 1 次。二是用网片诱捕。将 1～2 m^2 的细网眼网片平置于池底水中，然后将黄鳝喜欢吃的蚯蚓撒入网片中间，并在饵料上铺盖芦席，15～20 min 后将网片的四角同时提出水面捕捉黄鳝。

2. 冲水法 先将池水排出 1/2，再从进水口注入微量清水，出水口继续排出与进水相等的水量，同时在进水口处放入一块网片，网片的四角用“十”字形竹竿固定，沉入池底，每隔 10 min 起网一次。也可在养鳝池的进水口处安装一块三面围住的网罩，留一面开口向养鳝池，待傍晚时分，在进水口处放入微流水，每隔 10 min 左右捕捉 1 次。

3. 干池法 先把池水排干，把池子四角的泥清除到池外，然后用双手依次翻泥捕捉。冬季要全部捕完，可先将池水排干，数天后待泥土能挖成块时，用铁锹翻土取鳝，在操作过程中一定要细心，避免损伤鳝体。

（二）成鳝的运输方法

运输黄鳝的方法很多，常见的运输方法有干法运输、带水运输和充氧运输。长途运输的黄鳝，在捕捉后需先暂养几天，待黄鳝把体内的粪便排泄干净后再运输，有利于提高运输成活率。

1. 干法运输 干法运输多用于小批量短距离的运输，运输时间一般在 24 h 以内。

运输工具有竹篓、塑料桶、铁皮箱、麻袋等。运输前先在容器底部放入适量水草或其他细软物，以利鳝体保持湿润。黄鳝的装载量：一般堆装高度为 20～25 cm，不宜过高，以防黄鳝在运输途中被闷死或压死。运输途中要做好通风、降温、保湿、防挤压等工作。装载容器须留有若干通气孔用于通风散热。高温季节运输可在装载容器盖上放置冰块降温，但冰块不能直接接触鳝体。每 2～3 h 向容器内淋水 1 次，保持鳝体湿润。运输过程中避免阳光照射。

2. 带水运输 带水运输适用于大批量长途运输。运输工具有鱼篓、木桶、塑料桶、帆布桶等。装完黄鳝和水后，容器内还要留有一定的空间，让黄鳝把头伸出水面呼吸，容器口用网片扎紧，防止黄鳝逃跑。装载密度，一般黄鳝的装载量与水量等重，装载黄鳝后的水面高度达到容器高度的 2/3 处。在运输过程中要经常拨动鳝体，以利黄鳝进行呼吸。若天气闷热，可在容器上放置冰块降温。运输途中如容器内水质变差要及时更换新鲜水。

3. 充氧运输 采用规格为 70 cm×40 cm 的双层尼龙袋，每袋可装成鳝和水各 10 kg。夏季高温天气用尼龙袋充氧运输，装袋前需采用逐级降温（每级 5 ℃左右）的方法将黄鳝体温和装载水温降到 10 ℃左右。方法：如暂养池水温为 25 ℃，将黄鳝从暂养池中捕出，放在 18～20 ℃的水中暂养 20～30 min，然后将黄鳝捞出，转放到 13～15 ℃的水中暂养 5～10 min，最后再将黄鳝放到 10 ℃水中暂养 5 min 左右即可装袋、充氧、封口，并将尼龙袋放入纸箱内运输。尼龙袋充氧运输成活率很高，是目前最好的运输方法。

任务训练

一、选择题

1. 仔鳝出膜__________天左右，卵黄囊逐渐消失，消化系统基本发育完善。

A. 6 B. 12 C. 24 D. 48

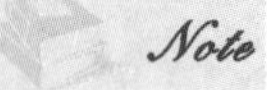

2. 养鳝池的建造 pH 值为__________。

A. 6.5～7.5　　B. 7～8.5　　C. 6.5～7.5　　D. 7～8.5

3. 亲鳝放养前＿＿＿＿先用生石灰对亲鳝池进行消毒。

A. 6～9 天　　B. 2～8 天　　C. 7～10 天　　D. 3～6 天

4. 盛鳝苗容器的水温与放苗池的水温温差不超过＿＿＿＿。

A. 3 ℃　　B. 2 ℃　　C. 5 ℃　　D. 4 ℃

5. 养殖鳝鱼不宜使用什么水？＿＿＿＿

A. 稻田水　　B. 湖泊水　　C. 江河水　　D. 水库水

6. 亲鳝放养密度一般在每平方米＿＿＿＿。

A. 3～5 尾　　B. 9～10 尾　　C. 6～8 尾　　D. 10～11 尾

7. 鳝种来源不恰当的是＿＿＿＿。

A. 在稻田、河沟、渠道中捕捉野生苗　　B. 直接购买市场中钓捕、电捕的鳝种

C. 购买的人工繁殖苗　　D. 自己养殖场培育的鳝种

8. 黄鳝的最适生长温度为＿＿＿＿。

A. 10 ℃以下　　B. 10～20 ℃　　C. 24～28 ℃　　D. 30 ℃以上

二、判断题

1. 黄鳝在冬季水温下降到 5 ℃时停止摄食，潜入洞穴中冬眠。(　　)

2. 用土养殖池作为越冬池，可采用深水越冬法和排干水越冬法。(　　)

3. 黄鳝可少量食用腐败食物。(　　)

4. 仔鳝出膜后可直接投喂水蚯蚓和蝇蛆等食物。(　　)

5. 鳝种体色深黄并杂有大斑点或体色土红有黑斑的可作为优质鳝种。(　　)

6. 养鳝池池水呈绿色、墨绿色，说明池水过肥，应当及时注入新水。(　　)

7. 促进亲鳝性腺发育的方式有亲鳝临近产卵前 10～15 天每天注水 1 次。(　　)

三、填空题

1. 当冬季养鳝池水温下降到＿＿＿＿左右时及时排干池水，为防止冰冻，在泥面上铺一层稻草，使越冬土层温度始终在＿＿＿＿以上。

2. 黄鳝常见的运输方式有＿＿＿＿、＿＿＿＿、＿＿＿＿。

3. 成鳝的捕捉方法有＿＿＿＿、＿＿＿＿、＿＿＿＿。

4. 亲鳝下池前应用＿＿＿＿食盐水浸洗体表 5 min 消毒。

四、分析题

黄鳝最适生长水温为 24～28 ℃。夏、秋季阳光充足，日照时间长，水温上升到 30 ℃以上将影响黄鳝的生长，严重时可导致黄鳝中暑，危害很大。因此，要特别注意做好防暑降温工作。请问养鳝池降温措施有哪些？

任务拓展

黄鳝常见疾病防治

Note

项目十七　食用蛙养殖

任务一　生物学特性

扫码学
课件 17-1

任务描述

主要介绍我国食用蛙品种分类、产地，蛙各时期的形态特征和习性等。

任务目标

▲知识目标

能清楚地描述常见食用蛙的种类及习性，了解食用蛙的形态特征和习性。

▲能力目标

能识别主要食用蛙品种；能科学合理地根据生产需要选择相应食用蛙品种。

▲课程思政目标

具备科学严谨的职业素养；具备立足专业，服务乡村振兴的思想意识。

▲岗位对接

特种水产动物饲养。

任务学习

蛙类属脊索动物门、脊椎动物亚门、两栖纲、无尾目、蛙科。食用蛙作为一种新型养殖对象在国内日益兴起，蛙类养殖业向产业化、规模化、商业化方向发展。

一、常见食用蛙分类

（一）牛蛙

牛蛙属大型水栖型中的静水生活型蛙类，是一种大型食用蛙（图 17-1）。个体重量可超过 1 kg，最大可达 2 kg。背部及两侧和腿部皮肤颜色一般为深褐色或黄绿色，有虎斑状横纹；腹部灰白色，有暗灰色斑纹。牛蛙生性好动，善跳跃，怕惊扰，蛙叫声大，雄蛙叫声似公牛，故称牛蛙。牛蛙养殖始于美国东部及加利福尼亚州，目前几乎遍及世界各地。我国牛蛙养殖始于 20 世纪 30 年代，牛蛙是目前国内从国外引进蛙类养殖的主要品种。

（二）美国青蛙（沼泽绿蛙）

美国青蛙（沼泽绿蛙）属大型水栖型中的静水生活型蛙类，比牛蛙略小（图 17-2）。一般个体重量在 400 g 以上，最大可达 1.2 kg。背部呈淡绿色或绿褐色，上有点状斑纹；腹部灰白色，眼小，背部有明显纵肤沟。生长速度快，耐寒能力强，性情温顺，不善跳跃，运动少，是继牛蛙后从国外引进的又一大型食用蛙品种。

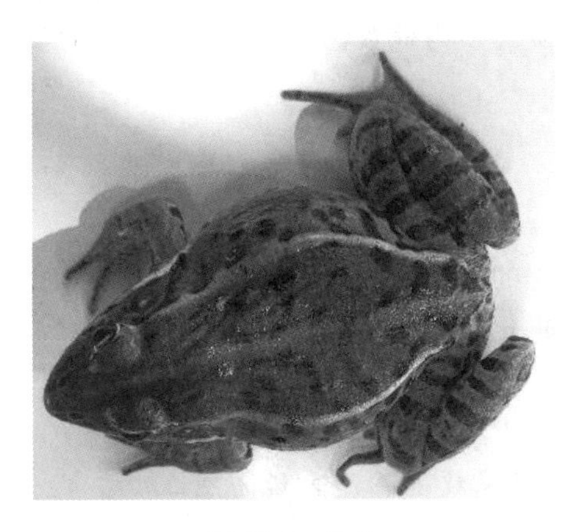

图 17-1　牛蛙

图 17-2　美国青蛙

（三）棘胸蛙（石蛙）

棘胸蛙（石蛙）属水栖型中的流水生活型蛙类（图 17-3）。体形似黑斑蛙，体色各异，以棕黄色为常见。背部有长疣或圆疣。雄蛙腹部布满刺疣，故名棘胸蛙。常栖息于水流较缓的山溪瀑布下或山溪岸边石上或石下。主要分布在南方，是我国较大型的野生食用蛙，目前主要食用人工养殖品种。

图 17-3　棘胸蛙

二、形态特征

蛙的幼体与成体具有完全不同的外形特征。蛙的幼体（蝌蚪）生活在水中，离水就会死亡，身体分为头、躯干和尾三部分。而成体（幼蛙、成蛙）无尾，可以明显地分为头、躯干和四肢三部分，外形和幼体完全不同，营水陆两栖生活，喜欢近水潮湿的环境。

（一）幼体的外形特征

蝌蚪是蛙类个体发育中的一个发育阶段，具有适应水中生活的一系列特征。由于发育时期的不同，形态特征也因之变化。刚孵出的小蝌蚪，口部尚未形成，不能摄取食物，靠胚胎的卵黄囊维持生命活动；眼与鼻孔依次出现，头的下面有一吸盘，靠吸盘吸附在水草等物体上；头的两侧有 3 对羽状外鳃执行呼吸功能，孵化后几天内，出现口部，随即吸盘消失，外鳃萎缩，呼吸功能由内鳃执行。同时，长出一条扁而长的尾，用来游泳。蝌蚪发育到后期，随着肺的发育，可以浮到水面上直接呼吸空气，身体两侧的皮肤上有感觉器，能感受水温、水压；有肛门，位于躯干部与尾部交界处。

（二）成体的外形特征

成蛙身体略呈扁纺锤形，粗短，可分为头、躯干和四肢三部分。头部略呈三角形，前上方有一对小鼻孔，头上方两侧有一对突出的眼，两眼后方各有一个圆形或椭圆形的薄膜，称鼓膜，是蛙的耳。躯干部的末端有肛门（称泄殖孔）。前肢短小，有四指，指间无蹼；后肢粗壮发达，有五趾，趾间有蹼，适于游泳。

蛙的体色是一种保护色，通常表现出与环境相近的颜色，不易被敌害发现，从而保护自己。在植

物丛中生长的蛙以绿色为主，并有斑纹。如林蛙多为绿色，棘胸蛙多为棕黄色，牛蛙在明亮的环境中体色会变浅。

三、蛙类的生活习性

（一）栖息环境及其适应性

蛙是一种两栖类动物，生活中需要有水域（淡水）和陆地，蛙的幼体（蝌蚪）必须生活在水中，而成体需要生活在近水的潮湿环境中。这种生活方式是蛙在生物进化过程中形成的，蛙类是由水中生活向陆地生活的进化中形成的过渡型类群。蛙的幼体生活在水中，发展到成体生活在近水的潮湿环境中，由鳃呼吸发展到由肺和皮肤呼吸，外形上失去尾，形成了四肢。因此，干燥、无水、阳光直射的环境是不可能有蛙类生存的。大部分蛙的活动时间在晚上，白天则隐藏在隐蔽处，以防烈日和敌害。

（二）冷血变温

蛙是一种冷血变温动物，由于身体的构造与功能尚不健全，没有能力通过体内新陈代谢产生足够的热量并通过循环系统分配热量、调节体温。因此，蛙类没有恒定的体温，蛙类对环境温度有各自的要求，各种蛙对极限温度的耐受力也存在差异。蛙类都有避开不良环境的行为，如自由游泳的蝌蚪常有密集的趋温反应。大多数蛙类，当高温来临时，便寻找水域或钻到物体下面甚至土中，以躲避高温。蛙类对季节性不良环境的反应是休眠，寒冷天气袭来时便进入冬眠，我国大多数蛙类有冬眠的习性。蛙类的休眠是对环境的一种适应性反应。

（三）呼吸

蛙类幼体（蝌蚪）生活于水中，用鳃呼吸。初期蝌蚪用外鳃呼吸，外鳃在头的两侧，各有 3 个分支。后期蝌蚪外鳃消失，变成 4 对内鳃。蝌蚪变态成为幼蛙后，内鳃消失，生出 1 对囊状的肺，可以从空气中获得氧气。然而肺的构造简单，由肺所吸取的氧气不能满足蛙的需要，因此要借助皮肤呼吸，由皮肤所吸取的氧气占总呼吸量的 40%左右，而二氧化碳主要靠皮肤排出。尤其在冬眠期，几乎全部靠皮肤进行呼吸。皮肤呼吸的必备条件是皮肤湿润，干燥的皮肤不能进行气体交换。这就是蛙类喜欢栖息在近水、潮湿、阴凉环境中的原因。

（四）摄食

蛙类是两栖类动物，蝌蚪在水中生活，成体以陆栖为主，也可以入水。因此蛙类既能在陆地上也能在水域中摄食。

1. 蝌蚪的食性 蝌蚪是杂食性的，蝌蚪的食物种类有藻类、原生动物、昆虫、有机碎屑等。如牛蛙幼体的食物有藻类植物、单子叶植物、浮游动物、有机颗粒及腐败有机物等。人工饲养表明，蛙类幼体还可取食豆饼、麦麸、蚯蚓粉、鱼肉、动物内脏等。

2. 成蛙的食性 成蛙为捕食性动物，通常只捕活的动物，主动地寻找猎物或被动地等待猎物靠近到一定距离时突然捕捉它们。捕食主要依赖视觉，由于蛙不能形成双眼视觉，视野重叠范围小，所以近距离的食饵显得模糊不清。尽管蛙的视力不佳，但嗅觉灵敏，能帮助捕食。牛蛙、美国青蛙、棘胸蛙都在晚上捕食，经驯化白天也会摄食。但是，也有许多蛙类摄食是无规律的。

蛙类的食谱非常广泛，以昆虫为主，约占总食物的 75%。所食昆虫中占比最多的是鞘翅目昆虫，其次是双翅目和膜翅目昆虫。

任务训练

一、选择题

1. 我国常见的食用蛙有__________。

A. 青蛙　　B. 美国青蛙　　C. 牛蛙　　D. 棘胸蛙

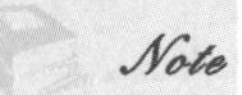

2. 牛蛙的体重最大可以达__________。

A. 500 g　　B. 1.5 kg　　C. 2 kg　　D. 2.5 kg

3. 蝌蚪的身体由哪些部位组成？________

A. 头部　　B. 躯干　　C. 尾　　D. 四肢

4. 蝌蚪用________呼吸。

A. 外鳃　　B. 肺　　C. 鳃　　D. 书肺

5. 蛙主要以________为食。

A. 植物　　B. 蚊子　　C. 蝴蝶　　D. 蜻蜓

二、判断题

1. 成蛙主要通过鳃呼吸。(　　)

2. 牛蛙可以长期离开陆地。(　　)

3. 蛙是两栖动物，属于恒温动物。(　　)

4. 蛙具有五趾型附肢，是水生动物到陆生动物的过渡类型。(　　)

任务二　蛙池建造

扫码学
课件 17-2

任务描述

常见食用蛙池的场址选择、蛙场布局、蛙场建设等。

任务目标

▲知识目标

能描述出蛙池的场址选择、布局要点，蛙场建设的注意要点。

▲能力目标

能选择合适的场址规划建设蛙场。

▲课程思政目标

具备科学严谨的职业素养；具备立足专业，服务乡村振兴的思想意识。

▲岗位对接

特种水产经济动物饲养。

任务学习

一、场址选择

养殖场宜选在低山丘陵地带，同时还要远离喧闹的人群区和交通要道，以避开人为的干扰和污染。选址时，还应考虑场址周围山体的走向，尽量选择近东西向或南北有高山阻挡的低地。养殖场附近要有水源，灌水便利及水源安全，即水源无农药、生活污水等有毒有害物质污染。另外，要建在交通便利、冬暖夏凉，昆虫等小动物多的地方。

二、蛙场布局

牛蛙养殖池根据用途可分为种蛙(产卵)池、孵化池、蝌蚪池、幼蛙池、成蛙池。对于自繁自养的

商品蛙养殖场，这五种养殖池的面积比例大致为5∶0.05∶1∶10∶20。对于种苗场来说，可适当缩小幼蛙池和成蛙池的比例，相应增加其他养殖池所占的面积比例。各类蛙池面积不宜过大或过小。过大则操作困难，管理及投喂饵料不便，一旦发生病虫害，难以隔离防治，往往造成不必要的损失；过小则不但浪费土地、建筑材料，还增加操作次数，同时，过小的水体，其理化、生物学性能不稳定。饲养池一般为长方形，长与宽的比例为(2～3)∶1。

蛙善跳跃、游泳、钻洞、爬行，所以必须设置防逃墙，同时可起到防止外界敌害侵入的作用。根据不同条件可建竹墙、砖墙等。围墙一般高1.5 m，地下埋入30 cm。

三、蛙场建设

(一)亲蛙池(种蛙池)的建设

亲蛙池宜选择在排灌方便、环境安静的场地，并要具有蛙在不同生活时期所需要的各种环境条件。在池上方应设遮阴棚，池堤应栽上阔叶树，池中种植莲藕及其他挺水植物。在池边应建造人工蛙穴。蛙池以东西走向为长，南北走向为宽，以50 m长，20 m宽为宜。池堤坡度为1∶2.5，池深1.2～1.5 m，池堤面宽1 m以上，每667 m^2(1亩)池可放亲蛙50只。亲蛙池四周建1.5 m高的围墙，墙顶加盖檐边。

(二)蝌蚪池的建造

土池培育蝌蚪，面积宜大些，若面积小，水质不易稳定。一般每个土池面积为40～200 m^2，池深1～1.2 m，保持水深0.8～1 m。池埂的坡度为1∶1.5。若要建几个蝌蚪池，池宽要保持一致，以便于拉网分池。蝌蚪池也要留陆地，陆地面积占水面的1/3。蝌蚪临近变态时，就在池周陆地上搭遮阴棚，棚顶距地面60～80 cm，棚顶使用树枝和青草即可。建多个蝌蚪池的目的是将不同大小的蝌蚪合理分池饲养，使蝌蚪在变态时比较整齐，避免小蛙吃蝌蚪的现象发生。蝌蚪池周围也必须设防逃墙或防逃网，墙高可比成蛙池、亲蛙池低些。

(三)幼蛙池的建造

水泥池可建数个，每个面积为30～50 m^2，四周池壁与池底垂直，池壁高约1 m。池内要留1/4的陆地，并铺设坡，用水泥抹面。池中陆地高度为40 cm。池水深度可随幼蛙的逐渐长大而从15 cm加至40 cm。池内一边设进水管，相对一边底部铺设排水管。为了方便幼蛙登陆，水面应与陆地面接近，或在水面和陆地交界处设置木板。夏季在水泥池上方也应搭遮阴棚，以免幼蛙被暴晒。随着幼蛙的长大，幼蛙可能从池内陆地上跳出池外，所以水池上方要用网片盖好。

(四)成蛙池的建造

成蛙池结构与幼蛙池类似，也是池中建陆地，池边砌筑洞穴和搭遮阴棚，外围用砖石或塑料网布构筑防逃墙，陆地种常绿林木和草本植物，形成阴凉的生态环境。成蛙池面积80～120 m^2，水深稳定在25～30 cm。池内设2个进水口和1个排水口，要求常年保持清新的长流水，尤其是在炎热的夏季，更要加大入池水量，以降低水温。成蛙池数量视养殖量决定，一般为3～5个。

任务训练

一、选择题

1. 在蛙的养殖中，蛙场选址对养殖有着关键作用，需要考虑__________。

A. 地理位置　B. 地形走向　C. 水源状况　D. 植被　E. 环保状况

2. 建造蝌蚪池时，土池面积一般为__________。

A. 40～200 m^2　B. 20～100 m^2　C. 10～40 m^2　D. 40～100 m^2

3. 成蛙池结构与幼蛙池类似，需要__________。

A. 池中建陆地　B. 池边砌筑洞穴　C. 池边搭遮阴棚　D. 遮阴

Note

4. 自繁自养的养蛙场孵化池、蝌蚪池比例一般为__________。

A. 5∶0.05　　B. 0.05∶1　　C. 1∶10　　D. 10∶20

5. 成蛙池建设时，面积一般为__________，水深一般为__________。

A. 80～120 m^2，25～30 cm　　B. 70～120 m^2，25～30 cm

C. 90～120 m^2，25～30 cm　　D. 80～120 m^2，20～30 cm

二、判断题

1. 在有村庄、有水源，灌水便利的地方非常适合建设蛙场。（　　）
2. 蛙善跳跃、游泳、钻洞、爬行，所以必须设置防逃墙。（　　）
3. 为幼蛙登陆，水面应与陆地面接近，或在水面和陆地的交界处设置木板。（　　）
4. 在炎热的夏季，更要加大入池水量，以降低水温。（　　）
5. 蝌蚪临近变态时，需要在池周陆地上搭遮阴棚。（　　）

任务三　繁殖技术

扫码学
课件 17-3

任务描述

主要描述常见食用蛙的生殖生理、选种、引种、雌雄鉴别、配种等内容。

任务目标

▲**知识目标**

能准确描述蛙的生殖生理、选种、引种的要求，雌雄蛙各自的生理特征，清晰地描述出配种的注意事项。

▲**能力目标**

能进行食用蛙的配种繁殖工作。

▲**课程思政目标**

具备科学严谨的职业素养；具备立足专业，服务乡村振兴的思想意识。

▲**岗位对接**

特种水产经济动物饲养。

任务学习

一、蛙的生殖生理

（一）受精方式

蛙类大多数是体外受精，受精后卵细胞很快分裂，进行胚胎发育，几天内就变成蝌蚪。蝌蚪逐渐长出四肢，尾部慢慢萎缩，其营养被重新分配利用。尾部全部消失后，蝌蚪完成变态，成为幼蛙，由水生生活转变为陆生生活。

（二）繁殖季节

蛙类的繁殖有一定的季节性，一年中以4—7月为主，最多为5月，10月至翌年1月最少。各种

蛙类繁殖季节有一定差异。蛙类的繁殖季节主要受温度的制约，个别种类可能受降水的影响。

（三）雌雄差异

蛙类两性存在较显著的差异，包括体型大小、体棘、婚刺、婚垫、体色、声囊、指的长度、趾的发育程度、雄性线等。有些蛙类的性征只在繁殖期出现，之后会消失，有的终身保持。不同蛙类的性征不完全一样。一般来说，雌蛙的体型要比雄蛙大，体色有显著差异。雄蛙婚垫明显，雌蛙婚垫不明显，雄蛙第二指的婚垫起加固拥抱雌蛙的作用。婚垫种间有变异，有的表面光滑、有的有角质刺并能分泌黏液。雄蛙腹面的皮肤具有衍生物，如雄棘胸蛙在胸部有肉质疣，雌蛙没有。大多数蛙类的雄蛙有声囊，并能发出鸣声，起到吸引雌蛙的作用。不同蛙的声囊的显现、位置及数目有所不同，如黑斑蛙咽侧有成对的外声囊。不同蛙发出的鸣声也有差异，如雄牛蛙发出似牛叫的"啊嗡"声，雄棘胸蛙发出"咕咕"声。雄性线是指在雄蛙腹面有白色或粉红色的结缔组织宽带状雄性线。此外，性征还表现为有的雄蛙的鼓膜比雌性大，如牛蛙、美国青蛙。

（四）雌雄蛙比例

大部分蛙类种群雌雄比为 1∶1，如牛蛙，但也有的蛙类雌多于雄或雄多于雌，如中国林蛙的雌雄比为 1∶(1.3～2.3)，棘胸蛙为 1∶1.19。

（五）性成熟年龄

不同蛙类的性成熟年龄有很大差异，长的有 4～5 年，短的只有几个月。如牛蛙、美国青蛙、棘胸蛙为 1～2 年。同一种蛙在不同的温度等条件下的性成熟年龄也有变化。

（六）求偶和配对

蛙类的求偶行为主要表现为雄性的鸣叫，这种叫声能被同种的蛙识别，一般雄蛙先进入产卵区。雌蛙循声进入产卵区，雄蛙除了叫声，还有追逐、拥抱等行为。大多数蛙类有集中起来产卵的行为，并且有雄争雌和雌争雄的现象。雌蛙也有一定的发情行为。当雌雄蛙都进入产卵区后，选择好配偶，雄蛙会爬上雌蛙背部，紧抱交配，叫声一般逐渐停止。雌雄蛙抱对以后，能否产卵，取决于卵的成熟程度，有的要抱对几天才产卵。实际上抱对可加速卵细胞成熟。大多数蛙类卵精几乎同时排出，雌蛙的排卵活动对雄蛙的排精有刺激作用，使排卵排精的时间非常接近。

（七）产卵受精

产卵时间因各蛙种类不同而有所差异，一般清晨产卵较多，其产卵行为是其生物学特性之一。牛蛙产在水面上，棘胸蛙产在山溪回水处或缓流处。产卵的类型有一次产卵型和多次产卵型，一次产卵型即卵巢中的卵子同时成熟，一次产完，如中国林蛙、牛蛙。多次产卵型是卵巢内有几种大小不同的卵子分批成熟，多次产卵，如棘胸蛙。蛙的产卵数量种间差异很大，多的有成千上万，如牛蛙每次可产 2 万粒以上。

蛙排出卵子和精子随即受精，受精率与温度、湿度、溶氧量、酸碱度、雌雄比例以及介质种类及其条件有关。雌雄蛙的比例也会影响受精率，如牛蛙的雄蛙数量少，受精率就会下降。

（八）蛙的发育和变态

蛙类的发育和变态（指受精卵发育变态成幼蛙）的历程因种而异，大致可分为四个时期：受精卵—蝌蚪—幼蛙—成蛙，主要是蛙类对长期生活环境适应的结果。

不同蛙类的胚胎发育（受精卵变成蝌蚪）所需要的时间差异很大，如牛蛙只需 5 天左右，棘胸蛙却要 10 天左右。胚胎发育又受外界环境的影响，主要是温度、溶氧量、酸碱度、机械振荡和盐度，其中温度的影响最大。

蛙类的变态是为了适应成蛙的陆栖生活，改变幼体水中生活的外形特征和内部结构，是指蛙的幼体（蝌蚪）变成成体的过程。

二、种蛙的选择和培育

不同种类蛙有一定的繁殖差异，本书主要以牛蛙为例。

（一）雌雄蛙的鉴别

达到性成熟的雌蛙和雄蛙，在外形上有明显的不同。详见表 17-1。

表 17-1　雌雄牛蛙外部形态鉴别

部位	雌蛙	雄蛙
鼓膜	和眼睛等大或是眼睛的 3/4	直径比眼睛大一倍
婚垫	无	有
咽喉颜色	白色或灰色，具浅黄色斑纹	金黄色
背部颜色	褐色，多瘤突	暗绿色，较光滑
体型	同龄个体较大	同龄个体较小
声囊	无	有
叫声	叫声小	叫声大，如母牛叫

（二）亲蛙的选择

亲蛙质量的优劣直接关系到繁殖的效果和子代的经济性状。所以必须进行严格挑选。要求无病、无伤、体格健壮、形态端正，雄蛙应选择 2 龄以上，声囊处的皮肤呈金黄色，婚垫明显，体重 300～400 g；雌蛙应选择 3 龄，腹部膨大、柔软、富有弹性，体重 400～500 g。

年龄上挑选 2～3 年生的青壮年蛙，其活力强，产卵量、排精量都高。雌雄配比原则上以 1∶1 为宜。亲蛙一般按每平方米水面 1 对的标准放养。

选择亲蛙的时间最好在蛙越冬以前的 11 月，最迟要在翌年 3 月完成。越冬前挑选好的亲蛙，最好雌雄分开饲养，待到翌年 4 月初再将雌雄亲蛙合池饲养。

（三）种蛙培育

要加强越冬期间的饲养管理，以保证亲蛙得以安全越冬以及越冬后体质良好。3 月中旬开始，还应对亲蛙采取强化培育，以促进其性腺的发育。选择好的亲蛙每平方米放养 1 对，4～5 天后开始摄食。已驯食的亲蛙，投喂配合饲料，日投饲率为体重的 3%～6%，临产前投喂一些蚯蚓、蝇蛆、小鱼虾等动物性饲料。未经驯食的亲蛙投喂动物性饵料，日投饲率为体重的 5%～6%，最高可达 10%以上。一般于早晨和下午各投喂 1 次。同时用黑光灯引诱昆虫，增加补充饵料。培育期间，应根据天气的变化，不定期换水，保持水质清新，同时要有适当的阳光照射，尤其是产卵季节。

（四）产卵

牛蛙产卵期在 5—9 月，雌蛙到 5—7 月开始产卵，当水温升到 18 ℃以上时，雄蛙即开始发情，主要表现为频繁鸣叫并追逐雌蛙，一般雌蛙要比雄蛙晚 15 天左右发情，雌蛙发情表现出急躁不安，徘徊依恋于雄蛙周围并顺从雄蛙抱对。蛙抱对时，雄蛙伏在雌蛙背上并用前肢紧抱雌蛙腋部，抱对时间 1～2 天。牛蛙产卵时要求环境安静，产卵季节应禁止闲人进出，以免干扰产卵造成停产。

（五）蛙卵的孵化

1. 采卵　牛蛙产卵以后，受精卵不能久留在产卵池中，一般应在产卵后 20～30 min 采卵。为了保证适时采卵，在产卵季节，要加强产卵池的巡视，以便及时发现卵块，在雄蛙鸣叫频繁的傍晚，特别要观察亲蛙抱对的地点，一般在前一晚亲蛙抱对的地方，就是次日雌蛙产卵的场所，据此可及时发现卵块，避免遗漏。

采卵时要用剪刀剪断与卵块粘连的水草，采下的卵块要迅速移入孵化池，最好 1 个卵块放 1 个孵化池；如果孵化池面积较大，必须放多个卵块时，应放同一天产的卵，以保证同步孵化，避免因孵化有先后而造成池中蝌蚪大小不一，影响蝌蚪的出池放养。

2. 孵化密度　孵化密度与孵化率直接相关。用孵化池进行静水孵化时，孵化密度为每平方米 6000 粒卵；如果采用微流水或网箱孵化，孵化密度可增大至每平方米 8000～10000 粒卵。

3. 孵化的环境条件　牛蛙卵的孵化和水温密切相关。孵化要求的水温为20～31 ℃，最适水温为25～28 ℃。孵化用水的适宜pH值为6.8～8.5，要有充足的氧气，溶解氧不能低于3 mg/L，否则会造成卵的死亡。孵化池要求水深50～60 cm，面积1.2～2 m^2，以每平方米6000粒卵为宜。

4. 孵化期间的管理　孵化池在中午因受阳光直射，池水温度较高，晚上或雨天温度低，导致昼夜温差较大，影响孵化率。应在孵化池上面搭遮阴棚，晚上还应在孵化池上面加盖，以保持温度的稳定。

孵化期间要经常观察胚胎的发育状况，发现死卵要及时摘除，以免蔓延影响水质。

刚孵化的蝌蚪，游泳能力差，常吸在孵化容器的壁上或水草上，要少搅动池水，以免影响蝌蚪成活率。

任务训练

一、选择题

1. 亲蛙的雌雄配比，原则上为__________。

A. 1∶1　　B. 1∶2　　C. 1∶3　　D. 1∶4

2. 亲蛙在选择时，要注意选择__________的蛙。

A. 无病　　B. 无伤　　C. 体格健壮　　D. 形态端正

3. 牛蛙产卵以后，受精卵不能久留在产卵池中，一般应在产卵后__________采卵。

A. 20～30 min　　B. 10～20 min　　C. 30～40 min　　D. 40～50 min

二、判断题

1. 刚孵化的蝌蚪，游泳能力差，常吸在孵化容器的壁上或水草上，要少搅动池水，以免影响蝌蚪成活率。（　　）

2. 采卵时要用剪刀剪断与卵块粘连的水草，采下的卵块要迅速移入孵化池。（　　）

3. 在蛙的孵化中，要求的水温为25 ℃。（　　）

任务四　饲养管理

扫码学
课件17-4

任务描述

主要描述常见食用蛙的营养需要、饲养标准、饲料、饲养管理等内容。

任务目标

▲知识目标

能描述出蛙的营养需要、饲养标准；蛙的饲料、饲养管理要求。

▲能力目标

能在食用蛙养殖过程中选择优质合适的饵料饲喂并进行科学的饲养管理。

▲课程思政目标

具备科学严谨的职业素养；具备立足专业，服务乡村振兴的思想意识。

▲岗位对接

特种水产经济动物饲养。

任务学习

一、蛙的营养需要

蝌蚪的食物以浮游植物为主，也能摄食人工饲料，若蝌蚪的饲料以植物性原料为主时，蝌蚪个体大而变态慢；相反，如以动物性原料为主时，则个体小而变态快。在人工饲养情况下，蝌蚪摄食优质的全价配合饲料，生长速度更快。用含粗蛋白质30%、粗脂肪2.5%、水分9%、灰分12%的全价蝌蚪料饲喂，其对蛋白质的转化效率极高，蝌蚪肥壮。但应注意牛蛙属变温动物，对能量需求不是很高，过多的能量易导致脂肪肝发生。

二、蛙的食性与饵料种类

蝌蚪主要以浮游植物和有机碎屑为食。蝌蚪属静水水域类型，游泳能力不强，所以只能吞噬随波逐流的浮游藻类，也喜欢聚集在烂草堆里，用角质唇齿刮取腐败的有机物质及底栖硅藻。

蝌蚪变态为幼蛙后，食性发生根本转变，以活的动物性饲料为食。幼蛙和成蛙靠摄食小鱼、小虾、螺、蚯蚓、蚱蜢、蝼蛄、蝇蛆等生活。捕食时，大多选择在安全、僻静和饵料丰富的浅水处，或离水不远的陆地，蹲伏不动，耐心等待。如无外来干扰，不常变换位置；发现活动物时则以猛扑的方式跳跃捕捉。

为提高牛蛙单位时间的生长速度，在投喂全价膨化颗粒饲料的同时，可补充蚕蛹、肺叶、鸡肠、小鱼虾、蚯蚓等动物性饲料，以提高全价饲料中动物性蛋白的比例。需要说明的是，全价饲料经过高温膨化，维生素含量不足，在投喂时应加以补充。

三、牛蛙的饲养管理

（一）放养蝌蚪前的准备工作

1. 蝌蚪池的清整 目前饲养蝌蚪一般都采用土池。如果是新池，因新土有过多的重金属盐，影响蝌蚪的生长和成活，应在蝌蚪放养前半个月左右，灌满池水浸泡7天，再放干池水并换入新水，才可放养。如果是老池，则应在冬季排干池水，让土壤冰冻以杀死细菌及其他有害生物；还要挖掉池塘中过多的淤泥并修补好堤埂，用10～15天再次排干池水，并进行药物清塘后才能放水并放养。

2. 培育蝌蚪饵料 一般在蝌蚪放养前7天左右先注水30～40 cm。然后在池塘滩脚处施放有机肥料，用量为0.5 kg/m^2。施肥后池中一般先出现浮游植物的高峰，之后小型枝角类、大型枝角类和桡足类等浮游动物大量先后繁生。这样可以使浮游生物的繁生规律和蝌蚪的食性及蝌蚪早期食性的转换规律基本一致。

（二）蝌蚪的放养

刚孵化的蝌蚪不要马上放养到蝌蚪池中，因为这时主要靠卵黄囊供给营养，且此时蝌蚪抵御外界环境的能力也较差，过早放养会影响成活率，一般根据水温状况来决定放养时间，水温20～25 ℃时孵化后6～7天放养；水温26～30 ℃时孵化后3～4天放养。放养量应根据饲养方式（粗养还是精养）、饵料种类、蝌蚪规格以及饲养管理水平等多种因素来决定。一般孵化后7～10日龄的蝌蚪，每平方米800～1000尾；30日龄后每平方米300～400尾；50日龄后每平方米150～200尾，一直到变态。

（三）蝌蚪的饲养管理

1. 控制水温 蝌蚪生长的最适温度为23～25 ℃，当水温超过32 ℃时蝌蚪活动能力下降，摄食减少；当水温升高到35 ℃时，蝌蚪出现极度衰弱状态，严重影响生长，甚至导致死亡；38 ℃时造成大批死亡。当水温降低到8 ℃时，蝌蚪极少摄食，停止生长。因此，早春应该灌浅水，以利升温；高温季节应该加深池水或搭遮阴棚，或放少量水葫芦，避免水温过高影响生长。降温措施是在蝌蚪池上面搭遮阴棚，种植一些葡萄或其他爬藤的植物，面积较大的池子只要遮搭半个池子即可。

2. 调节水质 调节水质的主要措施是加水或调换新水，一般每7天加新水15 cm。注水换水时千万要注意，切勿把有农药、化肥或其他有毒有害污染的水、温度很低的泉水放入池内。对于高密度饲养的牛蛙蝌蚪池，要经常换进新水或采用活水饲养。用土池饲养的蝌蚪，应根据溶解氧和水质情况进行追肥，透明度应控制在25～30 cm，小于25 cm时要加水，大于30 cm时应追肥。一般在蝌蚪生长期的施肥量为3～7天每立方米水体用有机肥料250 g。

3. 合理投饵 土池饲养蝌蚪放养密度大，特别是后期，蝌蚪个体大，摄食量多，应适当追投人工饵料。常用的人工饵料有黄豆粉、豆饼粉、米糠、玉米粉、小麦麸、鱼粉等。人工投饵量一般按蝌蚪体重的百分比来计算，水泥池每天投饵量，全长2 cm以下的蝌蚪为其重量的9%～10%；2～4 cm为6%～8%；5～7 cm为3%～5%；7 cm以上为1%～2%；土池每天投饵量，4 cm以下为3%～5%；4 cm以上为1%～2%。依此算出每天的投饵量后，把饵料分上下午2次或上中下午3次投喂，以提高饵料利用率。投喂2 h后要检查摄食情况，以确定投喂量的增减。饵料应投放在专门设置的饵料台上。蝌蚪池内的残渣余饵每天应及时捞出。

4. 变态期的管理 蝌蚪在前肢长出后、尾部收缩时，呼吸作用也因鳃的退化而靠肺来进行，所以不能长期潜入水中。因此，除了要保持安静的环境外，还要在池中搭放一些木板等物供变态幼蛙休息。蝌蚪进入变态期后，由原来的完全水生生活过渡到水陆两栖生活。这时要将变态的幼蛙及时捕捉到水较浅、堤埂坡度较大的幼蛙池中饲养。

蝌蚪伸出前肢的时候，变态即将完成，这时还有1个很长的尾部，可利用这个有利时机，将之捕捉到幼蛙池中。此阶段的蝌蚪已不再摄食，仅依靠吸收尾部作为营养来源，所以无须再投喂饵料。

幼蛙是指脱离蝌蚪期后1～2月内饲养的小蛙，其体重一般在50 g以下，生长迅速，但体质娇嫩，适应环境能力弱，尤其对寒冷和病害的抵抗能力更弱。因此，应加强管理。

（四）幼蛙饲养管理

喂食必须投喂在食台上，便于清除残食，防止水质恶化，减少幼蛙病害的发生。食台可用泡沫板制作，也可用木框聚乙烯网布制作。以每250～300只幼蛙搭设一个食台为宜。

活饲料投喂可直接放在食台上，而死饲料投喂则需先对幼蛙进行驯食。驯食是指人为地驯养幼蛙由专吃昆虫等活饲料改为部分或全部吃人工配合饲料或蚕蛹等死饲料。蛙的驯食时间越早，驯化时间就越短，驯食效果就越好，饲料损失越少。一般要求在牛蛙幼蛙变态后的5～7天即应驯食。驯食的方法是使饲料在水中移动，让幼蛙误认为是活体饲料，从而完成摄食。

（五）幼蛙的管理

1. 遮阴 幼蛙体质比较脆弱，惧怕日晒和高温干燥。将幼蛙放在高温干燥的空气中暴晒0.5 h即会致死。致死的原因一是高热，二是严重脱水。遮阴棚一般用芦苇席、竹帘搭制，面积宜比食台大1倍左右，高度高出食台平面0.5～1 m即可。也可采用黑色稀编的塑料网片架设在幼蛙池上方1～1.5 m处遮阴，既降温，又通气，效果较为理想。此外，还可以在牛蛙幼蛙池边种植葡萄、丝瓜、扁豆等长藤植物，再在离幼蛙池水面1.5～2 m高度处搭建竹架、木架，既可为幼蛙遮阴，又能收获作物。

2. 控温 牛蛙幼蛙较适宜的生长温度为25～30 ℃。温度高于30 ℃或低于12 ℃，牛蛙即会感到不适，食欲减退，生长停止，严重的甚至死亡。盛夏降温措施通常是使幼蛙池水保持缓慢流动或更换部分池水。一般每次更换半池水，新水与原池水的温差不超过2 ℃。还可以搭设遮阴棚或向幼蛙池四周空旷的陆地上每天喷洒1～2次水。越冬保温措施包括建塑料大棚、建蛙巢、引用地热水等。

3. 防污 要经常清扫食台上的剩余饵料，洗刷食台。晴天，可将洗刷干净的食台拿到岸边让阳光暴晒1～2 h；若遇阴雨天，可将洗刷干净的食台放在石灰水中浸泡0.5 h，彻底杀灭黏附在食台上的病原体。及时捞出池内的病蛙、死蛙以及其他腐烂物质，保持池水清洁，经常消毒幼蛙池，每隔10～5天，每立方米水体用漂白粉1 g，加水溶解后对幼蛙池进行泼洒消毒1次，杀灭池水中的各种病原体，防止幼蛙发病。一旦发现幼蛙池水开始发黄变黑，则应立即灌注新水，换掉黑水臭水，使幼蛙池池水保持清新清洁。

Note

4. 除害 老鼠、蛇是牛蛙的天敌，对幼蛙的危害极为严重，用鼠药灭鼠和人工捕捉、驱赶蛇是常用的有效方法。

5. 分养 在人工高密度饲养下，牛蛙幼蛙的生长速度往往不一，在牛蛙幼蛙饲养期内要注意观察，及时分池、分规格饲养，保证同池饲养的牛蛙幼蛙生长同步，大小匀称，避免大吃小的现象发生。

（六）成蛙的饲养管理

幼蛙经 2 个月左右的饲养，体重长至 50 g 左右即转入成蛙池养殖，饲养成蛙的目的是提供可食用的商品蛙和选留种蛙。成蛙饲养管理的好坏，直接影响到商品蛙价格的高低和种蛙质量的优劣。

成蛙的管理与幼蛙基本相同，但成蛙的活动能力强，善跳跃，故应注意防逃墙的维修，防止外逃。成蛙摄食多，排泄的废物也多，要经常保持水质清洁。夏天最好每天换水，换水量为 1/2，新水与原池水温差不得超过 2 ℃。成蛙饲养密度因饲养方式不同而不同。

任务训练

一、选择题

1. 人工养殖牛蛙，其饲料粗蛋白质标准大致是蝌蚪、幼蛙__________，中蛙__________，大蛙 39%。

A. 43%　　B. 41%　　C. 45%　　D. 39%

2. 水温 20～25 ℃时，刚孵化的蝌蚪在孵化后__________移入蝌蚪池。

A. 6～7 天　　B. 3～5 天　　C. 7～10 天　　D. 3～10 天

3. 蝌蚪对水温有一定的要求，最适温度为__________，当水温降低到 8 ℃时，蝌蚪极少摄食，停止生长。

A. 23～25 ℃　　B. 8～15 ℃　　C. 15～23 ℃　　D. 25～30 ℃

4. 蝌蚪在前肢长出后、尾部收缩时，呼吸作用主要靠__________来进行，所以不能长期潜入水中。

A. 鳃　　B. 肺　　C. 肠道　　D. 皮肤

5. 幼蛙体质比较脆弱，惧怕日晒和高温干燥，幼蛙在高温干燥的空气中暴晒 0.5 h 即会致死，致死的原因主要是__________。

A. 高热　　B. 严重脱水　　C. 脱皮　　D. 蜕皮

二、判断题

1. 蛙的养殖过程中，在炎热的夏天遮阴非常重要。（　　）

2. 蛙的食台要经常清扫，但偶尔一次不清扫不影响。（　　）

3. 在人工高密度饲养下，要及时分池，力求同池饲养的牛蛙幼蛙生长同步，大小匀称，避免大吃小的现象发生。（　　）

4. 成蛙活动能力强、善跳跃，应注意防逃墙的维修，防止外逃，造成经济损失。（　　）

5. 新池在放养蛙前，应在蝌蚪放养前半个月左右，灌满池水浸泡 7 天，再放干池水并换入新水，才可放养。（　　）

技能训练

技能七　水生动物池塘消毒技术

技能目标

掌握水生动物池塘清淤、消毒技术，能杀灭池塘中野杂鱼及病原微生物等对养殖有害的生物。

Note

材料用具

水产动物养殖池塘、锄头、清淤机、桶、水、生石灰等。

技能步骤

一、干法清塘

(1)根据池塘面积计算生石灰用量，每平方米用 80～115 g 生石灰。

(2)池塘清淤修整后，池内留水 5～10 cm 深。

(3)在池底挖几个小坑，引入适量水，放入生石灰。

(4)待生石灰融化后全池泼洒 1～2 次。

二、湿法清塘

(1)根据池塘面积计算生石灰用量，每平方米用 100～400 g 生石灰。

(2)在桶中配置生石灰溶液。

(3)全池均匀泼洒。

技能考核

评价内容		配分	考核内容及要求	评分细则
职业素养与操作规范(40 分)		10 分	穿戴实训服；遵守课堂纪律	每项酌情扣 1～10 分
		10 分	实训小组内部团结协作，吃苦耐劳	
		10 分	实训操作过程规范	
		10 分	对现场进行清扫；用具及时整理归位	
操作过程与结果(60 分)	清淤修整	15 分	能够将多余淤泥清除，按要求留适量池水	每项酌情扣 1～15 分
	计算生石灰用量	15 分	能够正确计算出池塘生石灰用量	
	池底挖坑	15 分	能够快速按要求在池底挖出小坑	
	全池泼洒消毒	15 分	能够待生石灰融化后进行全池泼洒，在规定的时间内完成干法清塘	

技能报告

在规定的时间内撰写好技能报告，要求实训结果真实可靠。

中国林蛙

蛙的病害及防治

蛙的病害及防治
(配套 PPT)

模块四
其他特种经济动物养殖技术

项目十八 蜈蚣养殖

任务一 生物学特性

扫码学
课件 18

任务描述

主要介绍蜈蚣的生物学特性，以及如何根据蜈蚣的生物学特性进行养殖生产。

任务目标

▲知识目标

能说出 7 种常见药用蜈蚣的形态特征与分布，掌握蜈蚣的生活习性。

▲能力目标

能进行常见蜈蚣品种的识别，能够根据本地气候选择合适的蜈蚣养殖品种。

▲课程思政目标

具备科学严谨的职业素养；具备立足专业，服务乡村振兴的思想意识，能更好地为农业增产、农民增收及畜牧业生产发展服务。

▲岗位对接

特种昆虫经济动物饲养。

任务学习

蜈蚣又名天龙、百足虫，是一种有毒腺的、掠食性的陆生节肢动物。蜈蚣属于节肢动物门、唇足纲、蜈蚣目、蜈蚣科。蜈蚣有毒腺分泌毒液，本身可供药用。蜈蚣味辛，性温，有毒。能祛风镇痉，杀虫解毒，消肿散结，具有抗菌、抗厥、止痉、抗肿瘤作用。李时珍云："蜈蚣，西南处处有之，春出冬蛰，节节有足，双须岐尾。"通常身体很长，并且有许多对步足。《本草衍义》称："蜈蚣，背光，黑绿色，足赤，腹下黄。"

一、蜈蚣种类与分布

目前中国境内所分布的蜈蚣属动物种类为 14 种，但仅部分种类可供药用或有药用记载。少棘蜈蚣为中国药典收载的蜈蚣药材唯一来源，多棘蜈蚣等多个种类在不同地区或民间存在药用习惯。

（一）少棘蜈蚣

该品种为我国蜈蚣属动物主流品种，主要分布于湖北、湖南、安徽、江苏、浙江等多个省市。分布区域主要位于长江中下游的沿长江水系，该地区江河、湖泊众多，气候温润潮湿，属亚热带气候。生活区域海拔高度多位于 600 m 以下，湖北为少棘蜈蚣的主要产区。

Note

(二)多棘蜈蚣

多棘蜈蚣主要分布于广西、广东、云南、海南等沿珠江、云南三江水系区域,该区域位于我国南部热带地区。生活海拔高度多位于1000 m左右,产量较少,在少数地区有使用,在商品药材中偶有发现。在广西商品名为"广西蜈蚣"。

(三)墨江蜈蚣

墨江蜈蚣主要见于云南墨江及临近的元江、镇源、红河、绿春、江城、普洱等县,呈小范围分布,分布于海拔高度800～1800 m,年产量约40万条,野生,仅在产区有使用。

(四)黑头蜈蚣

黑头蜈蚣主要见于湖北京山、钟祥、随州,安徽巢湖等少数地区,该区域总体上属长江水系,具有温润潮湿的气候特征。数量较少,有时混于少棘蜈蚣药材商品中,仅在产区有使用。

(五)哈氏蜈蚣

哈氏蜈蚣主要分布于海南、广西、广东、云南等南部热带地区,分布区域位于海南地区及珠江水系,该种体型较大,数量较少,在产区民间有泡药酒治疗风湿、湿疹等应用。

(六)模棘蜈蚣

模棘蜈蚣主要分布于广西、广东、云南漾濞等地,重庆有产。主要分布区域为珠江水系及近似气候区,在热带地区分布居多。数量较少,在产区有使用。

(七)马氏蜈蚣

马氏蜈蚣主要分布于西藏察隅地区。平均海拔2300 m,属于喜马拉雅山南翼亚热带湿润气候区。数量较少,在产区有使用。

不同种类蜈蚣在地理气候特征、主要分布种类及体型等方面具有明显的规律性(表18-1)。

表18-1 蜈蚣种类、体型与地区、气候关系

分布区位	地理气候特征	分布主要种类	主要体型
长江水系分布带	西东走向偏北水系,亚热带气候,气温较低	少棘蜈蚣、黑头蜈蚣	较小体型种
珠江水系分布带	西东走向南方水系,热带气候,气温偏低	多棘蜈蚣、哈氏蜈蚣、模棘蜈蚣	较大体型种
三江水系分布带	北南走向偏南水系,地理环境复杂,气候变化大	多棘蜈蚣、哈氏蜈蚣、模棘蜈蚣、墨江蜈蚣	较大体型种和较小体型种
海南分布区	我国南部热带气候	多棘蜈蚣、哈氏蜈蚣、模棘蜈蚣	较大体型种
台湾分布区	相对中部,南北走向走势,亚热带海洋气候	少棘蜈蚣、多棘蜈蚣、模棘蜈蚣	大型种及小型种交叉分布
西藏察隅分布区	偏北区,亚热带湿润气候,气温较低	马氏蜈蚣	较小体型种

二、蜈蚣的形态特征

蜈蚣呈扁平长条形(图18-1),少棘巨蜈蚣体长12 cm左右,宽0.5～1 cm。全体由22个体节组成,最后一节略细小。头部两节呈暗红色,有触角及毒钩各1对;背部呈棕绿色或墨绿色,有光泽,并有纵棱2条;腹部淡黄色或棕黄色,皱缩;自第二节起每体节有脚1对,生于两侧,黄色或红褐色,弯钩形,锐利,钩端有毒腺口,一般称为腭牙、牙爪或毒肢等,能排出毒汁。气微腥,并有特殊刺鼻的臭气，味辛而微咸。最后1对步足最长，伸向后方。蜈蚣雌、雄在外形上不易区分，轻压后体节，雄性生殖孔会突出两个泡形结构，其内侧各有两枚细小的棘刺，而雌性没有。

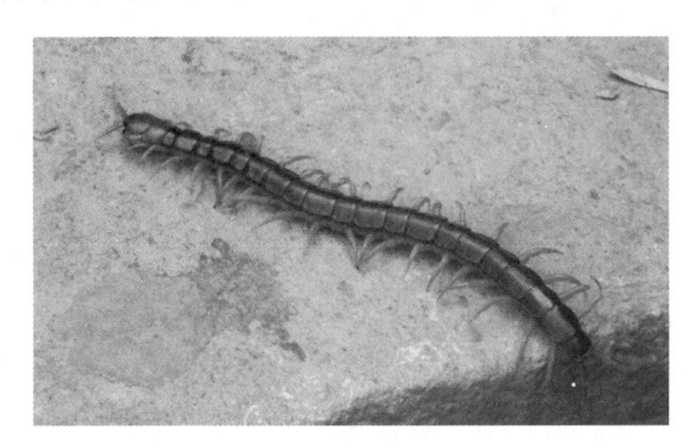

图 18-1　蜈蚣

常见的蜈蚣有红头、青头、黑头3种。红头蜈蚣的背部呈红黑色，腹部呈淡红色，足为淡橘红色或黄色。青头蜈蚣的背部和足部呈蓝色，腹部呈淡蓝色，体型小，长度约为红头蜈蚣的一半。黑头蜈蚣背部和足部呈黑色，腹部呈淡黄色，体型更小。人工养殖以红头蜈蚣最佳，体型大，产量高，性情温顺，适应性强，生长快。

三、生活习性

（一）蜈蚣为肉食性动物

蜈蚣食物范围广，主要捕食各种昆虫，有时也吃蚯蚓、蜗牛等小动物。在早春食物缺乏时，也可吃少量青草及苔藓的嫩芽。蜈蚣食量大，每次进食可达体重的2/5左右，也能耐饥（可达1个月），蜈蚣有饮水的习性。

（二）蜈蚣多生活在丘陵地带和多沙土地区

蜈蚣常活动于阴暗、温暖、避雨、空气流通的地方。蜈蚣不喜阳，昼伏夜出，白天多潜伏在砖石缝隙、墙脚边和成堆的树叶、杂草、腐木中或阴暗角落里，夜间出来活动觅食。

（三）蜈蚣有群居性

蜈蚣同群之间很少争斗，胆小怕惊，稍微惊动即逃避或卷曲不动，密度过大或惊扰过多时，可引起互相厮杀而死亡。但在人工养殖条件下，饵料及饮水充足时也可以几十条在一起群居。

（四）蜈蚣钻缝能力极强

蜈蚣往往以灵敏的触角和扁平的头板对缝穴进行试探，岩石和土地的缝隙大多能通过或栖息。并有舔舐特性，将触角和窝穴舔舐得干干净净。

（五）温度变化对蜈蚣的活动影响大

蜈蚣生长发育的温度为25～32℃。温度在11～15℃时觅食减少，并停止交配和产卵。温度在10℃以下时开始冬眠，当温度降至−5℃时会被冻死。在炎热的天气（33～35℃）时，由于体内水分的散失，蜈蚣也会暂停活动，当温度升到36℃以上时，蜈蚣会因体内水分散失太多而引起身体干枯死亡。

一般在10月天气转冷时，蜈蚣钻入背风向阳山坡的泥土中，潜伏于离地面约12 cm深的土中避风处冬眠至翌年惊蛰后（三月上旬），随着天气转暖又开始活动觅食。人工恒温养殖可显著缩短甚至取消蜈蚣的冬眠期，延长蜈蚣的生长时间，提高养殖效益。

（六）蜈蚣对环境土壤湿度要求

春季、秋季土壤含水量20%左右，夏季土壤含水量为22%～25%，一般大蜈蚣比小蜈蚣要求土壤湿度更大。

任务训练

选择题

1. 在国内的蜈蚣品种中，__________为中国药典收载的蜈蚣药材唯一来源。

A. 少棘蜈蚣　　B. 多棘蜈蚣　　C. 墨江蜈蚣　　D. 马氏蜈蚣

2. 温度在__________以下时，蜈蚣开始冬眠。

A. 0 ℃　　B. 10 ℃　　C. 20 ℃　　D. 30 ℃

3. 常见的蜈蚣有红头、青头、黑头 3 种，其中个头最大的是__________。

A. 黑头　　B. 青头　　C. 红头　　D. 以上都不对

4. 蜈蚣养殖过程中，春季、秋季土壤含水量为__________左右，夏季湿度比春秋季略高。

A. 10%　　B. 20%　　C. 30%　　D. 40%

任务二　场地建造

任务描述

主要介绍在蜈蚣养殖场建造中，如何完成不同类型蜈蚣养殖场地的设计和建造。

任务目标

▲知识目标

能说出蜈蚣室外养殖、庭院养殖、室内养殖的特点。

▲能力目标

能够根据饲养规模和实际条件，选择合适的养殖方式，并修建对应的圈舍。

▲课程思政目标

具备科学严谨的职业素养；具备立足专业，服务乡村振兴的思想意识，能更好地为农业增产、农民增收及畜牧业生产发展服务。

▲岗位对接

特种昆虫经济动物饲养。

任务学习

人工饲养蜈蚣根据养殖规模不同，可采用盆养、箱养、缸养、池养、房养等方法。

一、室外池养场建设

（一）养殖池修建

大量养殖蜈蚣可在室外建池饲养，应选择向阳通风、排水条件好而且阴湿、僻静的地方，养殖池用砖或石块等材料砌成，水泥抹面，池高为 80～100 cm，面积一般为 10 m^2 左右，池的面积大小可按养殖数量多少及场地条件而定。池的内壁用光滑材料围住或食品用塑料薄膜粘贴，池口四周用玻璃镶一圈（15 cm 宽）与池壁成直角的内檐。此外，在池内靠墙壁的四周建 1 条宽 30 cm、深 4 cm 的水

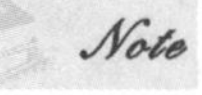

沟，并在沟的一角留 1 个排水口，沟内保持积水，可保持湿度、防止蜈蚣外逃及防止蚂蚁等有害动物侵入。池的上方搭盖遮阴棚或搭建塑料大棚，可增加池周围的湿度，还可以避免池内受到雨淋和阳光暴晒。

（二）栖息床建造

池内常用的蜈蚣栖息床有堆土式栖息床、砖码型栖息床和水泥预制栖息床等。

1. 堆土式栖息床　堆土式栖息床即在养殖池底 2/3 的地面上铺一层厚 10～15 cm 的饲养土，上面再放上瓦片，另 1/3 的地面则是蜈蚣的活动场所。瓦片为弧形瓦，采取拱面朝上，层层叠加，层与层之间的两边垫以厚约 2 cm 的海绵条。瓦片之间也可采用肩搭肩的方式排列，在搭接处垫以海绵条，使互相叠加的地方保持约 2 cm 的距离，以利蜈蚣栖息。瓦片的总高度应比池壁口缘低 15 cm 以上，不得超过内壁玻璃的下边缘，以免蜈蚣以此为梯逃逸。

2. 砖码型栖息床　将砖按一定的方式堆码构成蜈蚣栖息床，砖与砖之间保留一定的缝隙作为蜈蚣的居所与通道。砖码型栖息床有三种形式：全卧式栖息床、卧-立式栖息床、屋顶形栖息床。

(1)全卧式栖息床：将砖全部平放堆积，同层的砖与砖之间保持 0.5～1.0 cm 缝隙，层与层之间的砖缝呈交错状态码放，一般可码放 6～7 层，最上一层缝隙口放上多片海绵，以调节湿度与供蜈蚣饮水。

(2)卧-立式栖息床：一层平铺砖、一层直立砖相间排列，砖缝 1 cm 左右。

(3)屋顶形栖息床：外围用砖码成“人”字形阶梯，中间用饲养土填充，或用与砖的规格一致的土坯填码而成。砖与砖之间、砖与土坯之间及土坯与土坯之间应保持 1 cm 左右的缝隙，以供蜈蚣栖息与活动。

3. 水泥预制栖息床　水泥预制栖息床为长、宽、高约为 32 cm、26 cm、6 cm 的水泥预制件，其上预制 2 排 10 个凹槽，每个凹槽长约 10 cm、宽约 4 cm，外侧留出入孔，槽底按里少外多铺适当厚度的饲养土，蜈蚣栖息时一槽一只，互不干扰。将该床码成上下 10 层，最上层加盖瓦片，单列排在池内，外周留空间，方便蜈蚣活动和饲养员管理。

（三）饲养土制备

选择无农药、化肥残留的新鲜黄土，粉碎，挑出石块、植物残渣，暴晒 3 天，用 1%高锰酸钾溶液喷洒、消毒、增湿，饲养土湿度以手攥成团、一碰即散为宜。

二、庭院饲养场建设

在庭院内用砖砌一圈院墙，高约 50 cm，面积视引种多少确定。院围墙内壁用水泥或其他黏合剂贴上约 30 cm 高的玻璃，以防蜈蚣顺墙爬逃。围墙内地面预制 5 cm 厚的混凝土地面。围墙内周留有水沟排水，出水口用细铁纱网拦住，防止蜈蚣爬出或遭受天敌侵害。围墙内中间可堆一些土块、瓦砾等并留一些缝隙，也可种一些花草灌木等，可供蜈蚣栖息。

三、室内饲养场建设

饲养少量蜈蚣可采取室内建造养殖池、箱养或架养等饲养方式。

（一）室内建池

室内蜈蚣养殖池的面积一般为 1～2 m^2，其面积大小视室内面积大小和饲养量多少而定。池呈长方形，池用砖和水泥砌成，池高约 50 cm，内壁粘贴塑料布或池口粘贴玻璃条，以防蜈蚣爬出或遭受天敌侵害。池底垫上一层约 10 cm 厚的饲养土(菜园沙壤土)。在饲养土的上面堆放 5 层瓦片，或在池四周的饲养土上面用 2 片小瓦片合起来平放，瓦的两端垫上海绵条，起平稳和吸水保湿作用。其余均放单瓦片，1 片叠 1 片做成蜈蚣窝。池口加细铁纱网或细塑料纱网盖，防止蜈蚣爬出和有害动物入池侵害蜈蚣。

（二）箱养法

饲养少量蜈蚣也可利用废旧的干净木箱饲养，最好选用箱长 100 cm、宽 50 cm、高 40 cm 的木箱。每平方米可养小蜈蚣 200～300 条，大蜈蚣 100～150 条。如果木箱太小饲养量不多，木箱太大

则不易搬动。箱内粘贴1层食品用的塑料薄膜,以增加箱壁光滑度。箱底垫上10 cm左右厚的饲养土,箱的四周土面上堆放洗净吸水的20片瓦片,每5片1叠,每叠瓦片中间保持2 cm左右的空隙,供蜈蚣栖息。箱的中间饲养土上面不放瓦片,供蜈蚣活动和觅食。

(三)架养法

多层架可用任何木材或角铁做框架,每层高50 cm。饲养盒长宽不限,面积以1 m^2 为宜,高25 cm,盒底及四周用塑料膜围住,盒底覆潮土捣实,摞上瓦片。架养法能充分利用有限的空间,饲养管理比较方便,经济实惠。

任务训练

判断题

1. 常用的蜈蚣栖息床有堆土式栖息床、砖码型栖息床和水泥预制栖息床等。( )
2. 饲养土选择无农药、化肥残留的新鲜黄土,暴晒3天,用1%氢氧化钠溶液喷洒。( )
3. 堆土式栖息床即在养殖池底1/3的地面上铺一层厚10~15 cm饲养土,上面再放上瓦片,另2/3的地面则是蜈蚣的活动场所。( )

任务三 繁殖技术

任务描述

主要介绍蜈蚣的繁殖生理以及蜈蚣的雌雄鉴别、引种等繁殖技术。

任务目标

▲知识目标

能说出蜈蚣的生殖生理和繁殖技术。

▲能力目标

能够进行蜈蚣的引种和雌雄鉴别,能科学地开展蜈蚣的交配和孵化。

▲课程思政目标

具备科学严谨的职业素养;具备立足专业,服务乡村振兴的思想意识,能更好地为农业增产、农民增收及畜牧业生产发展服务。

▲岗位对接

特种昆虫经济动物饲养。

任务学习

一、蜈蚣的生殖生理

蜈蚣雄雌异体,卵生。一般品种的蜈蚣寿命为5~6年,少部分品种的寿命可达10年。蜈蚣生长发育至性成熟的时间一般需要3~4年。性成熟以后,一般在3月下旬至8月上旬进行“交配”。严格来说,蜈蚣的繁殖并不涉及交配。部分品种的雄蜈蚣会把精子包囊产在雌虫身上,雌蜈蚣吞噬

精子。一些品种的雄蜈蚣将精子包囊产在某个洞穴中，然后进行求爱舞蹈以鼓励雌性吞噬其精子。还有些品种的雄蜈蚣，会把精子包囊产在某处，让雌蜈蚣去寻找。受精卵在雌蜈蚣体内发育40天左右趋于成熟，即行产卵，雌蜈蚣一年产1次卵，个别会产2次卵，雌蜈蚣把受精卵产生在自己的背上，以便及时孵化。每只雌蜈蚣一次产卵需2～3 h，每次产卵30～60粒。

二、蜈蚣的引种与雌雄鉴别

（一）蜈蚣的引种

繁殖引种宜在3月下旬气温转暖时进行，成活率高。种蜈蚣也可在野外捕捉，在蜈蚣经常活动的阴暗潮湿地方挖一条小沟，沟内放些鸡骨头、鸡毛、鸡血或鱼肠、猪骨、猪皮等动物残渣，上面覆以少量的湿润松土和碎石，蜈蚣受动物残渣腥味的引诱，爬进沟内，半月到1个月翻捕1次。捕到的蜈蚣选用个体大、身长、体表有光泽、性温和、无伤残、行动快捷的作种用。在饲养场选种时还应挑选生长快、繁殖率高的蜈蚣作种用。种蜈蚣不宜过多装入同一个容器内，以防发生互相残杀。

以每平方米引种蜈蚣1000～1500条为宜，种蜈蚣雌、雄比例为3∶1。蜈蚣饲料可参考下列配方：动物性饲料70%，熟马铃薯碎粒20%，碎粒米、青菜或面包碎片10%；也可用各种禽畜类或其他动物的肉泥70%、血粉或蚕蛹粉20%，青菜碎片10%；或取昆虫类动物性饲料70%、熟马铃薯碎粒20%、青菜或面包碎片10%混合。

（二）蜈蚣的雌雄鉴别

雌雄鉴别对雌雄合理搭配饲养、减少饲养雄蜈蚣的支出、提高繁殖率有重要意义。未达到性成熟的蜈蚣在外形上难以区分雄、雌；性成熟后，蜈蚣的雌雄鉴别也比较复杂，需从头部、体型、体质等方面综合分析才能确定，一般头部呈扁平状而较大，第21节背板后缘较平圆，体型较大、较宽，腹部肥厚，体质较软，用手挤尾部生殖区无生殖肢外露的为雌性；头部隆起呈椭圆形，第21节背板后缘稍隆起呈尖形，体型较小、较窄，腹部较瘦，体质较硬，用手指轻挤生殖器，可见1对退化的生殖肢和阴茎的为雄性。

三、蜈蚣的繁殖技术

（一）交配

交配多在繁殖季节的雨后初晴的清晨进行，历时2～5 min。雌、雄蜈蚣交配后可连续几年产出受精卵。

（二）产卵与孵化

产卵前母体的卵巢内充满几十粒1.5～4.0 mm直径的成熟卵粒而使腹部膨大粗壮，显得体态臃肿，腹部几乎贴近地面，行动迟缓。并且伴有体色鲜艳、食量大增、喜欢钻洞等现象。在产卵前1周左右，蜈蚣会在瓦片或石块下面的泥土中挖掘一个直径约6 cm，深约1.5 cm的小土坑，临产蜈蚣呈现“S”形盘曲于小土坑内，头部触角斜向前上方，呈倒“八”字形。第一对步足至第十八对步足平伏在土层表面，同时由于后体弯曲，尾节的尾足高高翘起，使尾节后端的肛生殖区悬在第八背板或第九背板上。

排卵时，生殖孔要经过4～5次的收缩，随即向外推移卵粒，生殖孔的软皮向外翻，使卵粒落在背板上。一个卵粒从生殖孔内开始显露到脱落下来，尾足也跟着活动，排出一粒约需半分钟的时间。一个卵粒被排出后，有2～3 min的间歇期，而后再排出另一个卵粒，进入排卵后期，其间歇时间还要更长些。

蜈蚣排出的卵呈淡黄色，半透明，表面有黏性。略呈椭圆形，直径3 mm左右，卵表面覆有一层黏液，使刚排出的卵粒与已经脱落的卵粒一相触即黏在一起，并将卵粒黏成一个团。由于母体排出的卵粒不断增多，卵团相继增大。这时母体翘起的尾节相应地举得更高。举得最高时，离背板表面1.0～1.5 cm。母体在排卵间歇时间，高翘的尾节有时下沉而压迫卵团，使卵团不至于积累过高，并使整个卵团前移。雌蜈蚣一次产卵30～60粒，多数为50粒左右。

产卵结束后，蜈蚣再翻转身体把卵团环抱起来进行孵化，蜈蚣孵化时间长达43～50天。蜈蚣卵子经过20天左右蜕去卵膜和胎皮，孵出的蜈蚣幼体呈乳白色，雌蜈蚣仍紧紧地把幼体团抱在足间，幼体很少活动，经过25～30天，幼体进行第一次蜕皮，其体形与成体相似，体色仍为乳白色，身体中

段稍为肥胖；经过 35～42 天进行第二次蜕皮，体色为灰黄色，活动力增强，不再紧密抱成团，而是松散地集中在母体腹面，这时幼体与母体可以分离。

蜈蚣抱卵育幼期间对惊扰、强光等均有一定的反应。所以在孵化期观察时应小心轻动，不要随便移动或强光照射，孵化期间不需要喂食喂水，孵化器内随时给予一定的水分，周围略有潮湿即可。

任务训练

选择题

1. 受精卵在雌性蜈蚣体内发育__________天左右趋于成熟，即行产卵。

A. 20　　B. 30　　C. 40　　D. 50

2. 蜈蚣的繁殖引种宜在__________月下旬气温转暖之时进行，成活率高。

A. 1　　B. 3　　C. 5　　D. 7

3. 蜈蚣排出的卵呈__________色，半透明，表面有黏性。

A. 乳白　　B. 淡黄　　C. 粉红　　D. 天蓝

任务四　饲 养 管 理

任务描述

主要介绍蜈蚣日常饲养管理要点及不同阶段蜈蚣的饲养管理技术。

任务目标

▲知识目标

能说出蜈蚣的日常管理要点以及不同阶段蜈蚣的饲养管理注意事项。

▲能力目标

能够根据不同饲养阶段特点，科学地选择和投喂饵料，规范地开展日常管理。

▲课程思政目标

具备科学严谨的职业素养；具备立足专业，服务乡村振兴的思想意识，能更好地为农业增产、农民增收及畜牧业生产发展服务。

▲岗位对接

特种昆虫经济动物饲养。

任务学习

一、常用饲料

蜈蚣是典型的肉食动物，食性广杂，特别喜食各种昆虫，如黄粉虫、蟋蟀、金龟子、白蚁、蝉、蜻蜓、蜘蛛、蝇、蜂以及它们的卵、蛹、幼体等；同时还吃蚯蚓、蜗牛及各种畜禽和水产动物的肉、内脏、血、软骨等；也吃植物类食物，如水果皮、土豆、胡萝卜、嫩菜等。

在人工饲养条件下，除人工繁殖黄粉虫外，主要饲料是蝇蛆、蚯蚓、蚕蛹、小鱼虾、泥鳅、黄鳝、蛙类及各种蛇、鼠、血液、内脏和杂骨、其他动物下脚料等，也要喂一些熟马铃薯、胡萝卜、水果皮、嫩菜

等。此外，牛奶、面包等也可作为蜈蚣的食物。

二、饲养技术

视频：蜈蚣人工养殖技术

幼小蜈蚣以黄粉虫为主食，以全脂奶粉加动物性饲料添加剂为辅助饵料，每隔3～4天投食1次。饲养蜈蚣成虫在活动盛期每天投喂1次，一般可每隔2～3天喂1次。雌蜈蚣产卵前有大量进食积蓄营养的习性，此时应增加喂食量，并要注意调节食物种类，以促使雌蜈蚣多进食，使雌蜈蚣增加孵化前的营养。

在天黑之前将饲料投放于料槽内，投料量一般使蜈蚣食后有少许剩余为宜，但次日早晨要将残余的食物清扫干净。蜈蚣在饥饿时会自相残杀。每天在投喂后的料槽内应放置盛有水的水盘，供蜈蚣饮用。投食盘与饮水盘须保持清洁，以防蜈蚣生病。另外需要注意的是孵化期间不需喂食喂水。

三、日常管理

饲养池内蜈蚣密度不宜过大，以免拥挤。蜈蚣进入生殖期要保持环境安静和温度适宜。如受到外界惊扰就会停止产卵或将孵化的卵粒全部吃光。饲养蜈蚣在其生殖期内温度不宜低于20 ℃，蜈蚣在天气炎热气温高时活动量大，气温低时活动量小，人工养殖蜈蚣适宜的生长温度为25～32 ℃。在20 ℃以下时，雌蜈蚣迟迟不产卵，幼蜈蚣很难蜕皮，容易死亡。当气温在10 ℃以下，蜈蚣进入休眠状态，不再摄食，并钻入土层越冬。因此人工养殖蜈蚣在气温升至25 ℃以上时，进入配种繁殖期。雄、雌蜈蚣自由交配后，须将雄、雌蜈蚣分开喂养。

饲养蜈蚣应注意调节温湿度。当气温降低时，加温养殖可延长蜈蚣的生长期，缩短生殖循环周期。在加温养殖时须注意空气要清新，保持与温度相适应。入冬后，要采取各种防寒措施，一般使养殖池内的温度保持在25 ℃左右。方法是在室内生火升温，或将养殖池内土层加厚，并在上面覆盖稻草、杂草，池顶用塑料薄膜罩盖。使蜈蚣越冬不休眠，可以提高蜈蚣的繁殖力。夏天天气炎热时，要采取降温措施，如将室内门窗打开散热；温度高时，池内土过于干燥，会影响蜈蚣的生长发育，且会诱发蜈蚣相互残杀。可在早晚向池内喷洒适量的水，既能保持室内的湿度，又有利于热量散失。洒水不能过多，池内的湿度过大会给蜈蚣的蜕皮造成困难，容易诱发病变。池内的湿度一般应控制在饲养土含水量15%～20%，超过50%时应更换饲养土。对饲养土的要求是夏季偏湿，梅雨季节和冬季偏干，一般小蜈蚣偏干，大蜈蚣偏湿。饲养池周围环境的湿度应该保持在50%～70%。

任务训练

选择题

1. 幼小的蜈蚣一般以________为主食。

A. 牛奶　　B. 玉米　　C. 黄粉虫　　D. 青草

2. 人工养殖蜈蚣在气温升至________以上时，进入配种繁殖期。

A. 10 ℃　　B. 15 ℃　　C. 20 ℃　　D. 25 ℃

3. 当气温在________以下，蜈蚣进入休眠状态，不再摄食，并钻入土层越冬。

A. 10 ℃　　B. 15 ℃　　C. 20 ℃　　D. 25 ℃

任务五　产品的采收与初加工

任务描述

主要介绍蜈蚣的采收技术、蜈蚣产品的初加工方法。

Note

任务目标

▲知识目标

能说出蜈蚣采收的标准与时间，能说出蜈蚣初加工的方法。

▲能力目标

能够科学地采收和加工蜈蚣，面对蜈蚣蜇伤可以及时处理。

▲课程思政目标

具备科学严谨的职业素养；培养学生立足专业，服务乡村振兴的思想意识，能更好地为农业增产、农民增收及畜牧业生产发展服务。

▲岗位对接

特种昆虫经济动物饲养。

任务学习

一、蜈蚣采收

随着年龄的增加，蜈蚣体长逐渐伸长，幼蜈蚣出生生长到第四年或第五年，即4龄、5龄前后时，已生长至15 cm以上，此时蜈蚣生长缓慢或停止生长。《中国药典》(2020年版)要求蜈蚣药材体长在9 cm以上。一般3龄蜈蚣和部分2龄蜈蚣已生长至9 cm以上，大部分可长至12 cm以上，符合药典要求，可在谷雨前后蜈蚣活动旺盛季节对蜈蚣进行采收。

人工饲养的蜈蚣，一般在7—8月采收，主要捕捉雄体和老龄雌体。根据蜈蚣夜间活动的习性，可在夜间进行捕捉；或在天气闷热、暴雨前后捕捉蜈蚣。

野生蜈蚣在清明到立夏时期捕获，根据栖息环境翻土扒石寻捕，用镊子等夹住，放入布袋中。

捕捉蜈蚣容易被蜇，如果不慎被蜇，在一时无药治疗的情况下，立即用肥皂水清洗伤口，同时在蜇伤处用手挤压，使毒液不致大量扩散到皮下组织，局部用5%～10%的苏打水，或用新鲜桑叶、鱼腥草、蒲公英叶捣烂外敷，剧烈疼痛时应用止疼药物。有全身症状者应迅速到医院诊治。

二、蜈蚣产品的初加工

捕捉到的活蜈蚣，先用棍子或者篾制的长夹子按住后，用大拇指与食指捏住，让其尾部绕在四指上除去毒刺。取长宽与蜈蚣相当的薄竹片，削尖两头，一端插入蜈蚣腭下，另一端插入蜈蚣尾部，借竹片的弹力将蜈蚣拉直，置阳光下晒干(图18-2)。若遇阴雨天，可用炭火烘。干燥后取出竹片(切忌折断头尾，影响品质)，将体长相近的蜈蚣头朝同一方向，在背腹用宽1 cm左右的细竹片横向夹住，结扎成排，每排50条，置木箱内密封储存。

图18-2　蜈蚣的晾晒

也可将已采收的蜈蚣放入盆内，用热开水快速烫死，但不能把蜈蚣烫烂。晒干后，按大小分级储存。成品蜈蚣应足干、呈扁长状，头部呈红褐色，背部呈黑绿色，有光泽，并有 2 条突起棱线，腹部呈棕黄色，瘪缩，足呈黄色或红褐色，向后弯曲，最后一节如刺状，断面有裂隙或中空，气微腥，味辛而微咸，头尾部齐全，无破碎，无虫蛀，无霉变。

任务训练

选择题

1.《中国药典》(2020 版)要求蜈蚣药材体长在__________ cm 以上。

A. 6　　B. 9　　C. 12　　D. 15

2. 人工饲养的蜈蚣，一般在__________季采收。

A. 春　　B. 夏　　C. 秋　　D. 冬

3. 捕捉蜈蚣容易被蜇，如果不慎被蜇，在一时无药治疗的情况下，立即用__________清洗伤口。

A. 清水　　B. 肥皂水　　C. 白醋　　D. 白酒

任务拓展

蜈蚣疾病防治

项目十九　蝎　养　殖

扫码学
课件 19

任务一　生物学特性

任务描述

主要介绍蝎子的生物学特性以及其生物学特性与养殖生产的密切联系。

任务目标

▲知识目标

能说出蝎子的生物学地位、形态特征和生活习性。

▲能力目标

能根据蝎子的生物学地位、形态特征和生活习性，选择合适的养殖品种，并开展科学饲养管理。

▲课程思政目标

具备科学严谨的职业素养；具备立足专业，服务乡村振兴的思想意识。能更好地为农业增产、农民增收及畜牧业生产发展服务。

▲岗位对接

特种昆虫经济动物饲养。

任务学习

蝎子全身都可以入药、泡酒，中药称“全蝎”或“全虫”，其药性平，味甘，有毒，是传统名贵的中药材，能镇痛、息风止痉、通经活络、消肿止痛、攻毒散结，可广泛应用于中风、半身不遂、口眼歪斜、癫痫；抽搐、风湿痹痛、偏头痛、肺结核、破伤风、顽固性湿疹、皮炎、淋巴结核等病症的治疗，效果非常显著。目前用全蝎配成的中成药有 150 余种，如大活络丹、再造丸、牵正散等均以全蝎为主要成分。另外，现在人们在饮食上不断追求营养保健，蝎子成为美味佳肴，深受食客的青睐。此外，还有蝎酒、蝎罐头、蝎精口服液、蝎粉、蝎精胶囊、中华蝎补膏等保健品被开发出来，颇受人们的喜爱，蝎毒提取物具有较好的抗癌作用。

一、生物学地位

蝎子属于节肢动物门、蛛形纲、蝎目。蝎子的典型特征为瘦长的身体、螯，弯曲分段且带有毒刺的尾巴(后腹部)。世界上的蝎子有 1700 余种，在我国有记载的有 10 余种，其中东亚钳蝎数量最多，也是目前人工养殖的主要品种，分布最广，遍布我国 10 余省。主要分布在温暖地区，热带最多，亚热

带次之，温带较少，在北纬45°以北地区很少有蝎。

二、形态特征

成年蝎外形似琵琶，全身覆盖了高度几丁质的硬皮。东亚钳蝎雌蝎全长约5.2 cm，雄蝎全长约4.8 cm，蝎子身体可分为头胸部、前腹部和后腹部三部分(图19-1)。头胸部背甲坚硬，前窄后宽，呈三角形。头部的中央有1对中眼，两个前侧角各有3个侧眼。有胸脚4对，头前长有1对钳肢。前腹部背板分7节，在腹面胸板后有生殖厣，由两片半圆形甲片组成，打开后，可见1个多褶的生殖孔。后腹部分5节和1个尾刺，尾刺内有1对白色毒腺，外面包一层肌肉。毒刺末端的上部两侧，各有1针眼状开口，与毒腺通出的细管相连。肛门开口于第5节腹面后缘的节间膜。头胸部和前腹部合称躯干部，呈扁平长圆形。后腹部分节，尾状，又称尾部。躯干背面紫褐色，腹面、附肢及尾部淡黄色。身体分节明显，由头胸部及腹部组成，体黄褐色，腹面及附肢颜色较淡，后腹部第五节的颜色较深。大部分蝎子雌雄异体，外形略有差异。

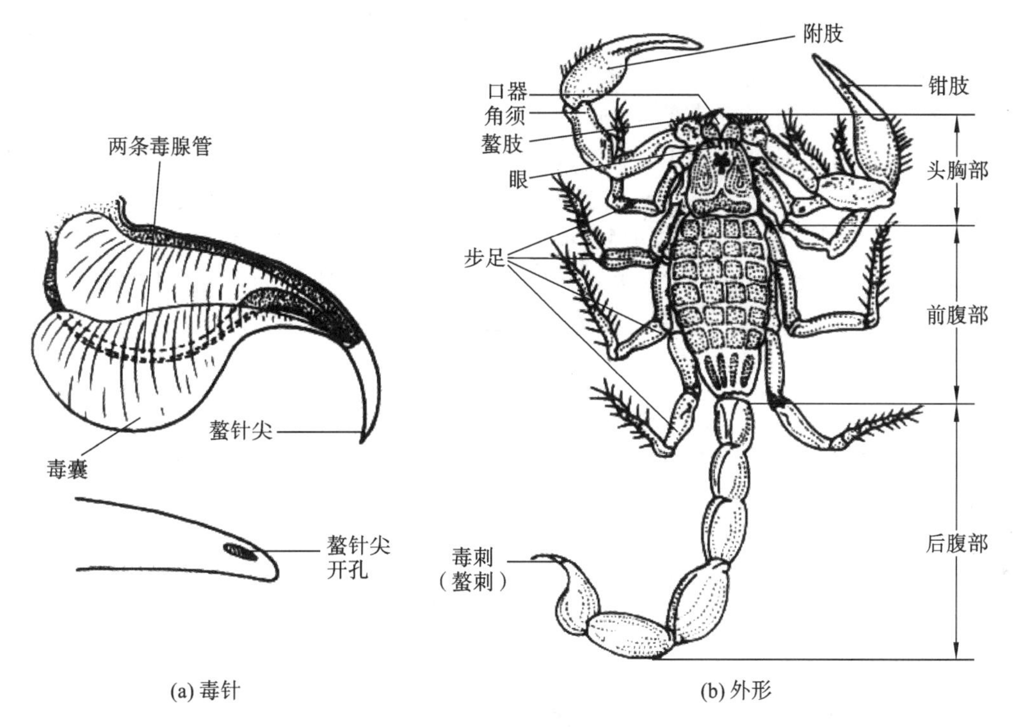

图19-1　东亚钳蝎的外形及毒针

成蝎雄、雌的区别：雄蝎身体细长而窄，呈条形，腹部较小，钳肢较短粗，背部隆起，尾部较粗，发黄发亮；雌蝎相反。头胸部和前腹部合在一起，称为躯干部，由6节组成，呈梯形。后腹部为易弯曲的狭长部分，由5个体节及1个尾刺组成。第一节有一生殖厣，生殖厣覆盖着生殖孔。背部有坚硬的背甲，其上密布颗粒状突起。头胸部中央有一对中眼，前端两侧各有3个侧眼；有附肢6对。第一对附肢为有助食作用的整肢，第二对为长而粗的形似蟹螯的角须，起捕食、触觉及防御作用，其余4对为步足。口器位于腹面前腔的底部。前腹部较宽，由7节组成。蝎子的寿命5～8年，蝎子为卵胎生，受精卵在母体内完成胚胎发育。气温在30～38 ℃时产仔。蝎子没有耳朵，几乎所有的行动都是依靠身体表面的感觉器。蝎子的感觉器十分灵敏，能察觉到极其微弱的震动，能感觉到1 m范围内蟑螂的活动，甚至气流的微弱流动都能察觉到。

三、蝎子的生活习性

(一)栖息环境

蝎子多栖息于山坡石砾近地面的洞穴和墙隙等处，尤其是片状岩石杂以泥土、周围环境干湿适度(空气相对湿度60%左右)、有杂草和灌木、植被稀疏的地方。蝎窝最好有孔道可通往地下20～50 cm深处，以便于冬眠。如果长时间处于潮湿的环境中，蝎子的身体会发生肿胀，甚至导致死亡。

（二）食性

蝎子完全为肉食性（极个别种类会少量摄取植物性饲料，如会全蝎），喜欢吃软体多汁昆虫，捕食无脊椎动物，如蜘蛛、蟋蟀、小蜈蚣、多种昆虫的幼虫和若虫甚至小型壁虎。蝎靠触肢上的听毛或跗节毛和缝感觉器发现猎物的位置。蝎取食时，用触肢将捕获物夹住，后腹部（蝎尾）举起，弯向身体前方，用毒针螫刺。毒液无色透明，内含蝎毒素，对大多数昆虫来说是致命的，大多数蝎的毒素足以杀死昆虫，但对人无致命的危险，只引起灼烧样的剧烈疼痛。蝎用螯肢把食物慢慢撕开，先吸食捕获物的体液，再吐出消化液，将其组织于体外消化后再吸入，所以进食的速度很慢。

（三）活动

蝎子昼伏夜出，喜潮怕干，喜暗，惧强光刺激，最喜欢在较弱的绿色弱光下活动。喜群居，好静不好动，并且有识窝和认群的习性，蝎子大多数在固定的窝穴内结伴定居。一般在大群蝎窝内大都有雌有雄，有大有小，和睦相处，很少发生相互残杀的现象。但若不是同窝蝎子，相遇后往往会相互残杀。因此在人工饲养时，尽量做到大、小蝎分开饲养，且养殖密度合理，食物充足。

（四）冬眠性

蝎子有冬眠习性，当地表温度降至 10 ℃以下时，便沿着石缝钻至地下 20～50 cm 深处进行冬眠，冬眠历时 5 个多月。一般在 4 月中下旬，即惊蛰以后出蛰，11 月上旬便开始慢慢入蛰冬眠，全年活动时间有 6 个多月。在一天当中，蝎子多在日落后晚 8 时至 11 时出来活动，到次日凌晨 2—3 时回窝。这种规律性活动一般是在温暖无风、地面干燥的夜晚，而在有风天气则很少出来活动。蝎子冬眠的适宜条件为虫体健壮无损伤，土壤湿度在 15%以上，温度为 2～5 ℃，人工饲养的蝎子冬眠洞穴不宜过深。恒温养殖的蝎厂控制温度在 35 ℃左右时，蝎子就无冬眠。

（五）变温性

蝎子虽是变温动物，但比较耐寒、耐热。外界环境的温度在 40 ℃至零下 5 ℃，蝎子均能够生存。蝎子的生长发育和繁殖与温度有密切的关系。温度下降至 10 ℃以下，蝎子就不太活动了；温度低于 20 ℃，蝎子的活动也较少。它们生长发育最适宜的温度为 25～39 ℃；温度在 35～39 ℃，蝎子最为活跃，生长发育加快，产仔、交配也大都在此温度范围内进行。温度超过 41 ℃，蝎体内的水分蒸发，若此时既不及时降温，又不及时补充水分，蝎子极易因脱水而死亡。温度超过 43 ℃时，蝎子很快死亡。

（六）嗅觉灵敏

蝎子对各种强烈的气味，如油漆、汽油、煤油、沥青以及各种化学品、农药、化肥、生石灰等有强烈的回避性，可见它们的嗅觉十分灵敏，这些物质的刺激对蝎子是十分不利的，甚至会致死。蝎子对各种强烈的震动和声音也十分敏感，有时甚至会把它们吓跑并终止摄食、交尾繁殖、产仔等活动。

（七）蜕皮

蝎子一生需蜕皮 6 次。刚产下的蝎子为 1 龄蝎，蜕第 1 次皮后为 2 龄蝎，蜕第 2 次皮为 3 龄蝎，以此类推，7 龄蝎即为成年蝎。蜕皮间隔时间，除 2、3 龄为一个月左右，其余为两个月左右。蜕皮与环境温湿度关系密切，在 35～38 ℃只需 2 h，30～35 ℃需要 3 h，25 ℃以下时蜕皮困难，甚至死亡。

任务训练

一、填空题

1. 蝎子的身体分为__________、__________、__________三个部分。

2. __________数量最多，也是目前人工养殖蝎子的主要品种。

3. 蝎子一生需蜕皮__________次。

二、选择题

1. 蝎子有冬眠习性，当地表温度降至__________以下就开始冬眠。

A. 10 ℃　　B. 20 ℃　　C. 25 ℃　　D. 30 ℃

Note

2. 蝎子的繁殖方式为__________。

A. 卵生　　B. 胎生　　C. 卵胎生　　D. 以上都不对

任务二　场地与设备

任务描述

主要介绍不同类型蝎子养殖场的规划设计和建造及养蝎设备。

任务目标

▲知识目标

能说出蝎场场址选择的基本要求和饲养设备常见参数。

▲能力目标

为不同规模的养蝎人员提供技术指导，帮助选择合适的养殖场地和养殖设备。

▲课程思政目标

具备科学严谨的职业素养；具备立足专业，服务乡村振兴的思想意识，能更好地为农业增产、农民增收及畜牧业生产发展服务。

▲岗位对接

特种昆虫经济动物饲养。

任务学习

一、场址选择

新建养蝎场首先必须选择一个适宜的场址。在平原地区，应选择地势高燥、沙质地、排水良好、地势稍向南的地方。山区丘陵地区应选择背风向阳、面积较为宽敞、地下水位低、地面稍有斜坡的地方。选用坐北向南、北高南低，通风、日照、排水都良好的地方，一方面为蝎房（棚）的保温创造条件，另一方面，下暴雨时不易被水淹。场地要求未受到农药、化肥等有害物质污染，附近最好没有养鸡场、养猪场、屠宰场、石灰厂等。水源要清洁，一般自来水或深井水均可。另外，为便于管理，应有可靠的电源供应，同时周围无噪声干扰。由于养蝎事业具有长效性的特点，因而选择的场地条件应具有稳定性。

二、养殖设备

蝎子养殖方式很多，小规模的有盆养、缸养、箱养，大规模的有房养、池养、蜂巢式养殖等。不论哪种养殖方式，基本原则是模拟蝎子的自然生活环境，为蝎子创造舒适的生活条件。同时要经济实用、通风性能好、建筑结构合理，便于观察、投喂和捕捉。

（一）养殖盆

选内壁光滑的瓷盆或塑料盆，在盆底垫 3～6 cm 厚的土，拌水压平、压实，然后在土上面用砖块、瓦片或土坯垒成留有许多缝隙的假山供蝎子栖息。这种饲养方式占地较少。

（二）养殖缸

用废旧瓦缸或陶瓷缸，缸的大小不限，直径最好在 50 cm 以上，打掉底部，视缸的深浅可埋入地

下 20～30 cm，将外边的土拍实，缸内底部铺上 3 cm 的沙土、中性土壤或海绵等，缸的中间用碎砖瓦或用特制的有槽土坯垒起，高度不超过缸面；四周和缸面留有一定空隙，便于蝎子栖息和活动。缸口上要有一个铁纱网盖或尼龙网罩，以防蝎子逃逸。用此法养蝎操作、管理简便，适用于初学者少量养蝎。

（三）养殖箱

没有放过化学药品、农药的废旧包装箱均可使用，大小不限。在箱底垫 3～6 cm 厚的土，拌水压平、压实，然后在土上面用砖块、瓦片或土坯垒成留有许多缝隙的假山供蝎子栖息。箱内壁四周钉有 6 cm 宽的塑料布，以防蝎子逃逸。

（四）养殖房

房式养蝎有很多建筑式样，一般是建土砖坯的泥房，房高 2～2.5 m，长 4 m，宽 2.5 m，墙厚 23～28 cm，墙外壁用石灰等三合土密闭加固后粉刷。最好用陈旧的土砖坯，砖坯之间留出宽 0.5～2 cm 大小不等的缝隙，不抹泥，墙内壁不粉刷，以便蝎子藏身。或用一特制的模具，自制一侧有孔隙的土砖坯，墙的南侧可开 2～3 个窗口及 1 个门。房顶可用细铁丝网覆盖，然后再盖塑料薄膜，薄膜上还须盖竹垫或草垫；或在铁丝网上盖油毛毡，以防敌害侵入及铁丝网生锈。近墙角基部可留一些通向屋外的小孔隙，能让蝎子自由出入。在距房约 1 m 处的四周修一道环形的防护沟，用沙子、黄土、水泥、石灰混匀后砌成。沟宽、深各 60 cm，进水口和出水口分别距沟底 60 cm 和 40 cm。沟内保持常年有水，这样既可防止蝎子逃跑，又能防止蚂蚁入侵。屋内还需用土砖坯摆几道条形或环形的砖垛，形成更多的缝隙供蝎子栖息，但要注意留出人行过道。场内的设备除了排水沟、活动场地以外，有的还需安置驱鼠、驱鸟设备，如在饲养区安装诱虫灯。在活动场地还可造一些碎石堆，形成适宜蝎子活动的小环境。活动场地中与围墙外堆放一些麦秸、稻草、豆藤，并拌以适量麸皮、米糠及猪、牛粪尿，使其滋生一些虫类供蝎捕食。

（五）养殖池

在室内或室外（室外要搭棚盖，以防雨水）用砖砌池，规格视引种蝎苗的数量多少而定，一般每 560 条成蝎需建 1 m^3 的空间。普遍的建池尺寸为：高 0.5～1 m，宽 1～1.5 m，长度可视具体情况而定。

砌好池后，池内壁不必用灰浆抹，以保持池面粗糙，利于蝎子在内攀附、爬动、栖息。池外壁可用少量灰浆堵塞砖缝，防止蝎子从缝隙外逃。池面内侧近顶口处，在涂抹的灰浆干结之前，可镶嵌光滑材料，防蝎从顶口处外逃。光滑材料可用玻璃、塑料膜等。蝎池可建成数层的立体结构，一般用近地面的 1～2 层饲养蝎的饵料（土鳖虫或黄粉虫等）。蝎池每层间应有 20～30 cm 间距，供操作管理用。池内中央用砖、石片或瓦片垒成供蝎栖息的假山，并留出足够的缝隙供蝎栖息。假山周围离池壁应有大约 15 cm 的间距，以防止蝎借助假山逃逸。

（六）蜂巢式蝎窝

蜂巢式蝎窝由内外 2 层板组成，内板的规格为 60 cm×21 cm×4 cm，其上均匀分布着 4 列 15 行（60 个）4 cm×3 cm×3 cm 的槽，外板规格为 60 cm×21 cm×2.5 cm，其上均匀分布着 4 列 15 行（60 个）1 cm×1 cm 的穴孔，内外板合起来正好一个穴孔对准一个槽（即单房小蝎室）。用 8 套内外板围起来（先用水泥把内板固定围起来，再用铁卡将外板和内板卡在一起，使整个蝎窝保持内板是固定的，外板是可活动的，以便捕捉、管理），就组成了一个蜂巢式蝎窝。从外观看，一个蝎窝就像一个蜂巢，周围都是孔洞。饲养时，把板围起的空心填上土，栽上花草，然后浇水，既美化了环境，又使土壤保持湿润。这种方式使孕蝎自然分窝产仔，防止出现母食仔现象，又能保持蝎蜕皮所需要的湿度（55%～75%），使蝎生长发育的环境更加接近于自然环境，大大提高了仔蝎成活率。

任务训练

选择题

Note

1. 蝎子养殖方式很多，下列方式不属于小规模的是__________。

A. 缸养　　B. 箱养　　C. 房养　　D. 盆养

2. 蜂巢式蝎窝由__________层板组成。

A. 5　　B. 4　　C. 3　　D. 2

任务三　繁殖技术

任务描述

主要介绍蝎子的繁育特点及蝎子繁殖技术要求。

任务目标

▲知识目标

能说出蝎子的繁殖特点和蝎子的繁殖过程。

▲能力目标

能够科学地进行选种和引种，做好蝎子繁殖的准备工作。

▲课程思政目标

具备科学严谨的职业素养；具备立足专业，服务乡村振兴的思想意识，能更好地为农业增产、农民增收及畜牧业生产发展服务。

▲岗位对接

特种昆虫经济动物饲养。

任务学习

一、繁殖特点

东亚钳蝎为卵胎生，在自然界，雌蝎、雄蝎的数量比大约为 3∶1。多在 6—7 月进行交配，在自然温度条件下一般一年繁殖 1 次，但在人工加温条件下一年可繁殖 2 次。雌蝎交配 1 次，可连续 3～5 年产仔。

二、繁殖技术

蝎子的繁殖过程可分为交配排卵、孵化产仔、初生仔蝎的吸收蜕变三个阶段。

（一）交配排卵

蝎子的雌雄交配，大多在光线较暗的地方或在夜间进行。雌蝎发情时由体内排出一种特殊的气味，诱激雄蝎前来交配，故每当雌蝎发情时周围必有数只雄蝎前来交配。雄蝎有争夺配偶的习性，它们互相咬斗，获胜者前去交配。蝎子交配时，雄蝎用触肢的大钳钳住雌蝎触肢的钳，并将雌蝎不断地拖来拖去，急切寻找交配的场所，有时转圈爬行，雌雄蝎的后腹部高高竖起，并不停摆动，表现十分兴奋，雄蝎腹下的 2 片栉板不断地摆动，探索地面的情况，当寻找到平坦的石块、瓦片或坚硬的地面时（或用第一、二对步足将身下土刨细、铺平、踏实时），便停下来。雄蝎用自己的 2 只脚须，头对头地钳住雌蝎的 2 只脚须，将雌蝎拉到自己身体处。雄蝎全身抖动，并翘起第一对步足，两足有节奏地交替抚摸雌蝎的生殖厣和前区，这样经过反复多次，随后雄蝎尾部上下摆动。不久，雌蝎顺从地被拉近雄

Note

蝎。雄蝎打开生殖厣，腹部抖动着贴近地面，从生殖孔排出的精夹牢牢地黏附在石块或瓦片上，在雌蝎的生殖厣内外来回不停地扫动，并排出蓝色黏性精液，即为交配。从雌、雄蝎周旋，到交配结束需5～10 min。完成交配，雌、雄蝎分开，分开时雄蝎的交配轴便从叉枝颈部断裂，遗落于地上，雄蝎迅速躲开，否则就有被雌蝎咬伤或吃掉的危险；雌蝎在交配结束后数分钟内，似有被激怒的表现，性情十分狂躁，生殖厣甲片与栉状器不停地一张一合地扇动，使精液顺生殖孔进入输卵管和卵泡结合，形成受精卵。受精卵下移到卵巢网格外壁上，转入体内孵化阶段。

（二）孵化产仔

雌蝎怀孕后，雌、雄蝎需分开饲养，尤其临产前。孕期在自然条件下需 200 天，但在加温条件下只需 120～150 天。产仔期在每年的 7—8 月。临产前 3～5 天雌蝎不进食，也不爱活动，待在石块或瓦片等背光安静的场所。孕蝎产仔时收缩有力，此时带有黏液的仔蝎便从生殖孔中陆续产出，每胎产仔 20～40 只(少则几只，多的达 60 只)。

（三）仔蝎蜕变

刚产下的仔蝎会顺着母蝎的附肢爬到母蝎的背上，密集地拥挤成一团。母蝎在负仔期间不吃不动，以便保护仔蝎(避敌害及不利天气)。

初生仔蝎在出生后第 5～7 天在母蝎背上蜕第一次皮，此时蝎呈乳白色，体长 1 cm。仔蝎出生后 10 天左右逐渐离开母蝎背部并独立生活。仔蝎生长发育到成蝎需要蜕皮 6 次，到第 3 年才变为成蝎，到第 4 年秋天才能繁殖。成蝎可以连续繁殖 5 年，其寿命达 8 年。

蜕皮与环境温度关系密切，在 38 ℃只需 2 h；30～35 ℃需要 3 h；25 ℃以下时蜕皮困难，甚至会引起蝎死亡。

三、蝎子的引种与选种

（一）引种

常温养蝎的引种时间应安排在春末、夏初或秋季。其中以春末、夏初引种为最佳，因为此时冬眠的蝎子已出蛰，度过了“春亡关”，并且成年难蝎已进入孕期，能够当年产仔，引种可当年受益。

种蝎的来源有 2 个途径：一是捕捉野生蝎或购回野生蝎作种蝎，二是到人工养蝎单位或个人处购买。由于野生蝎性情凶悍，人工高密度混养会激化其种内竞争，造成大吃小、强吃弱的相互残杀现象，再加上野生蝎由野外自然环境进入人工创造的小生态环境难以适应，其正常的生理活动必然会受到影响，导致仔蝎在母体内不能很好地发育，所产出的仔蝎也多数体质较弱，成活率极低。所以，对于养蝎户尤其是初养者来说，尽量不要直接把野生蝎作种蝎进行繁殖。

一般引种工具为纸箱和无毒的编织袋，装运的适宜密度为每袋 500 只。运输时先将蝎装入洁净、无破损的编织袋后扎口，再放进底部有海绵或纸板、纸团的纸箱内。然后在纸箱内放入几块湿海绵块，以调节箱内湿度。另外，纸箱上部四周要打几个通气孔，以便通风透气。运输过程中要避免剧烈震动。夏季运输要注意防高温，冬季要注意防寒。

投放种蝎时，每个池子最好一次投足，否则，由于蝎子的认群性，先放与后放的种蝎之间会发生争斗，造成伤亡。刚投入池子的蝎子在 2～3 天内会有一部分不进食，这是蝎子适应新环境的正常过程，但仍然要注意观察并及时采取相应措施。

（二）选种

引进种蝎时，要根据需要择优选购青年蝎、成蝎或孕蝎。雄蝎应挑选体格强健、体色光亮、活泼有力、性欲旺盛的个体。雌蝎应挑选个大、体长在 4.8 cm 以上，肢体无残缺，健壮，行动敏捷，静止时后腹部蜷曲，前腹部肥大，皮肤有光泽的个体。尾部伸直者多为老弱病态。一般春天的雌蝎，只要前腹部肥大饱满，呈浅灰色，体长在 5 cm 左右，产仔率都比较高，而且产期早。身体太短的雌蝎，即使腹大、色正，也不要轻易挑选作种蝎，因为其繁殖期往往较晚，不能满足种蝎要求。从年龄上讲，选成蝎或孕蝎更好；中龄蝎虽成本低，但当年不能产仔。种蝎雄、雌比例为 1∶(3～5)为宜。

任务训练

一、填空题

1. 初生仔蝎在出生后__________天在母蝎背上蜕第一次皮。

2. 在自然繁殖条件下，雌、雄蝎的数量比大约为__________。

二、判断题

1. 雌蝎交配1次，可连续3～5年产仔。（　　）

2. 常温养蝎的引种时间一般在冬季。（　　）

3. 雄蝎在交配后如果不及时躲避，容易被雌蝎吃掉。（　　）

4. 在适宜温度内，温度越高蜕皮时间就越短。（　　）

任务四　饲养管理

任务描述

主要介绍蝎子的科学饲养管理技术，包括蝎子的日常管理要点及不同阶段蝎子的饲养管理。

任务目标

▲知识目标

能说出蝎子的日常管理要点以及不同阶段蝎子的饲养管理注意事项。

▲能力目标

能够根据不同饲养阶段特点，科学地投喂饵料，规范地开展管理。

▲课程思政目标

具备科学严谨的职业素养；具备立足专业，服务乡村振兴的思想意识，能更好地为农业增产、农民增收及畜牧业生产发展服务。

▲岗位对接

特种昆虫经济动物饲养。

任务学习

一、饲养管理一般原则

（一）掌握蝎子的生活习性

蝎子是一种喜阴怕光、喜潮怕湿的特种经济动物，同时还有钻缝的习性。因此，在建蝎场时应尽可能地模拟蝎子的野外生活环境。目前建蝎场从单位面积和投蝎数量来规划，一般有两种饲养方法，即合群饲养法和隔离饲养法。实践证明，合群饲养法存在蝎的成活率较低这一严重缺陷，因此尽量采用隔离饲养法。

Note

(二)育好种蝎,放养密度适宜

育好种蝎,是发展人工养蝎的基础。在饲养过程中,放养蝎子密度的大小,直接关系到养蝎的成败。为了避开蝎子互相残杀的本性,要限制蝎子的活动区域,采用密封、固定、限量的大棚式养殖方法。或是采用盆养、瓶繁、池育的"三分"模式,集盆、瓶和池于一体,便于管理,易于观察且清理方便,成功率较高,是一种较为理想的饲养模式。

(三)饲料多样化

蝎子为肉食性动物,喜吃质软多汁的昆虫。投喂时应以动物性饲料为主,如黄粉虫、地鳖虫、蝇蛆等。饲喂的昆虫种类尽量多样化,不同种类的昆虫体内含有不同的氨基酸,对蝎子的生长、发育、产仔及蜕皮等均能起到很好的促进作用。

(四)投喂方法和时间要适当

投食时间一般在天黑前 1 h 进行。每次投喂量应根据蝎群及蝎龄的大小适量供应。在供料时要把握好以下 2 个原则:昆虫类饲料要以"满足供应、宁余勿欠"为原则;组合饲料要以"限量搭配、宁欠不余"为原则。喂蝎时间以傍晚为好。软体昆虫喂量为:成蝎 30 mg、中龄蝎 30 mg、幼龄蝎 10 mg,一周投喂 1 次。根据剩食情况,再做下一次喂量调整。供水时间应在投食前 2 h 进行,一般将海绵,布条、玉米芯等用水浸透,置于塑料薄膜上,供蝎吸吮。也可以用浅盘注入清水,放在蝎垛上供蝎子饮用。春季、秋季每 10～15 天供水一次,炎夏每 2～3 天供水一次。每天对蝎垛和蝎窝喷洒清水,供蝎子腹部气孔吸收。

(五)各龄分养

蝎子在饲养过程中,即使是同时繁殖出的蝎子,在生长中差异也是很大的,若不及时分养,个体大的就会残杀个体小的,未蜕皮的就会残杀正在蜕皮的。因此,在建蝎场时应多准备一些蝎池,将同龄蝎放在一起,而且要经常观察它们的生长情况,做到及时分养,规格一致,以利于同步生长。

(六)恒温饲养

为了提高人工养蝎的成活率,使蝎子快速生长,就必须解除蝎子的冬眠期,进行恒温饲养。蝎子的冬眠期是因为气温所致。当气温达到 10 ℃以上时,蝎子便开始苏醒,出外活动寻食;当气温低于 10 ℃时便先后开始寻窝冬眠。据试验证明,蝎子在 28～38 ℃时,活动时间最长,采食量最多,生长繁殖最快,因此,冬季应在蝎场内装上加温设备,使蝎场内温度保持在 28～38 ℃,空气的相对湿度保持在 60%～80%,投食、供水等方面与夏季一样。

二、种蝎的饲养管理

(一)抓好配种

蝎子多在 6—7 月交配。繁殖期间,蝎窝要压平、压实,保持干燥,饲养密度不宜过大,以免漏配。一般雄蝎会将雌蝎拉到僻静的地方进行交配。有时雄、雌蝎相遇后立即用角钳夹着逗玩,属正常现象,达到高潮即行交配。如双方靠近,有一方用毒刺示威而不刺杀,1～2 min 后勉强接纳也属正常。如发现有一方摆开阵势对抗,拒绝接纳,说明未达性成熟,要更换种蝎。如双方互不理睬,也不必担心,到黄昏后会互相接近交配。

(二)养好孕蝎

雌蝎交配后,再遇到雄蝎会迅速逃避,拒绝交配,这说明雌蝎已经受孕。要单独分开饲养,可用罐头瓶作"产房",内装 1 cm 厚含水量为 20%的带沙黄泥,用圆木柄夯实泥土,然后把孕蝎捉到瓶内,投放 1 只地鳖虫,如被吃掉,应再放食料,让孕蝎吃饱喝足,控制温度在 38 ℃。孕蝎怀孕后期在腹下部可见白色小点,临产时,前腹上翘,须肢合抱弯曲于地面,仔蝎从生殖孔内依次产出。如遇到干扰与惊吓,母蝎会甩掉或吃掉部分仔蝎。产仔后要给母蝎及时供水、供食。

三、仔蝎的饲养管理

仔蝎的饲料应以其喜食的肉类为主,植物性饲料占饲料总量的 15%,其中青菜约占 5%。在肉

类饲料中加入少量的复合维生素。喂食时间为每天下午5点。

仔蝎出生后5～7天在雌蝎背上蜕第一次皮，此时仔蝎呈乳白色，体长1 cm，出生后12天左右，第2次爬下母蝎背，此时仔蝎已能独立生活，可以实行母仔分养。其方法是先用夹子夹出母蝎，然后用鸡毛或鹅毛将仔蝎扫入汤匙内，再移入仔蝎盆中饲养。

仔蝎满月龄时，应进行第一次分群，到4月龄，体格增大，可转入池养。采用冬季在蝎房内接上暖气，夏季在蝎房周围洒水等办法控温调湿，可以加快蝎子生长。如果蝎房过于干燥，蝎子易患枯尾病，要及时在室内洒水，并供给充足饮水；蝎房过于潮湿，易患斑霉病，要设法使蝎窝干燥一些。给蝎子喂腐败变质饲料或不清洁的饮水，极易患黑腹病，要注意预防。2日龄仔蝎受到空气污染，则易患萎缩病，仔蝎不生长，自动脱离母背而死亡，要注意环境空气新鲜。

四、商品蝎的饲养管理

不留种的仔蝎，长到6月龄以上的成蝎，即可作商品蝎。由于商品蝎已长大，食量增加，活动范围大，因此投食量也要加大，单位面积上饲养密度要减小，每1 m^2不超过500只。一般产仔3年以上的雌蝎、交配过的雄蝎及有残肢、瘦弱的雄蝎，都可作商品蝎。

任务训练

选择题

1. 蝎子的食性是__________动物，喜吃质软多汁的昆虫。

A. 素食性　　B. 肉食性　　C. 杂食性　　D. 以上都不对

2. 蝎子在__________时，活动时间最长，采食量最多，生长繁殖最快。

A. 8～18 ℃　　B. 18～28 ℃　　C. 28～38 ℃　　D. 以上都对

3. 蝎子多在每年的__________月交配。

A. 2—3　　B. 3—4　　C. 4—5　　D. 6—7

4. 不留种的仔蝎，长到__________月龄以上的成蝎，即可作商品蝎。

A. 3　　B. 4　　C. 5　　D. 6

任务五　采收加工

任务描述

主要介绍商品蝎的捕收，蝎产品的种类与加工方法。

任务目标

▲知识目标

能说出商品蝎的捕收、加工、储存以及蝎毒提取的常用方法。

▲能力目标

能够正确地捕捉商品蝎，根据市场需要和养殖场实际情况，选择正确的蝎子加工和蝎毒提取方法。

Note

▲课程思政目标

具备科学严谨的职业素养；具备立足专业，服务乡村振兴的思想意识，能更好地为农业增产、农民增收及畜牧业生产发展服务。

▲岗位对接

特种昆虫经济动物饲养。

任务学习

一、商品蝎的捕收

在深秋时节捕捉蝎子易于晾干。收捕者要做好防护工作，穿好鞋袜，戴好手套，扎紧袖口和裤管，谨防被蝎子刺伤。准备好盛蝎子的盆、桶及扫帚、刷子、夹子等工具。根据不同饲养方式，采用不同的收捕方法，刷扫或夹捕。

在养房蝎收捕时，可用喷雾器将白酒或酒精喷于蝎房部内，关好窝门，仅留脚基两个出气孔，约 30 min 后，酒气味可使蝎难以忍受，蝎子便从出气孔逃窜出来，这时在出口处放一个大型塑料盆，蝎子出逃时便掉入盆内。如遭蝎蛰出血，应立即在所蛰部位挤出血液及毒汁，然后用肥皂水或氨水擦洗即可。

二、商品蝎加工

（一）咸蝎加工法

先配好盐水，1 kg 活蝎，用 2.5～3 kg 水溶解 100～200 g 食盐，再把活蝎放到盐水中洗去体表泥土脏物，并让蝎子喝进盐水，促使腹中泥土吐出；然后再将蝎子放到盐水里浸泡 12 h 左右。捞出放入浓盐水（每 1 kg 蝎子加食盐 300 g）的锅中用文火煮沸，边煮边翻，煮至蝎背显出凹沟，全身僵硬挺直即可捞出摊在筛或席上阴干，出售供药用。

（二）淡蝎加工法

先把蝎子放入冷水中洗泡，去掉泥土和体内粪便，然后捞出来，放到淡盐水（每 1 kg 蝎子加食盐 30～100 g）锅里煮，煮至全身挺直，捞出阴干。蝎体不含盐粒和泥沙杂质，体内杂质少，虫体完整，大小均匀。

三、商品蝎储存

经过加工的咸蝎或淡蝎，把缺肢断尾的和体小的拣出来，然后分级包装储存。包装用防潮纸，每 500 g 全蝎包一个包。储存在干燥的缸内，加盖。储存过程要防止受潮、虫蛀及老鼠等危害。运输时要放在箱内，以防压碎。

优质药用全蝎应为：虫体干燥，颜色黄白色且有光泽，虫体完整，大小均匀，不返卤，不含盐粒和泥沙等杂物，体内杂质少。

四、蝎毒的提取

视频：蝎毒的采集技术

（一）杀蝎取毒

杀死蝎，切下并破碎尾节，用蒸馏水或生理盐水浸取有毒组织成分。取出的毒液应尽快真空干燥或冷冻制成灰白色粉末状的干毒。

（二）电刺激取毒

将 YSD-4 药理实验多用仪定位到连续感应电刺激档，设置频率 128 Hz，电压为 6～10 V，用一电极夹夹住蝎一前肢，用一金属镊夹住蝎尾第 2 节处，用另一电极不断接触金属夹（若有不反应者，可用生理盐水将电极与蝎体接触处润湿），然后用 50 mL 小烧杯收集尾刺所排出的毒液。

（三）人工机械刺激取毒

用一金属夹紧紧夹住蝎的2个前螯肢中的任意1个（切勿夹得过紧，防止夹破螯肢），此时蝎的尾刺会有毒液排出。

刚取出的蝎毒为无色透明的液体，略带黏性，在常温下2～3 h即干，在日光照射和高温影响下容易变质，甚至会破坏原有毒性，因此取出的蝎毒应尽快分装于深色安瓿瓶内，抽去空气，密封后采取低温真空干燥法处理蝎毒，使其变为白色粉末状，再放入深色玻璃瓶中，放入−10～−5 ℃低温冰箱中保存。

任务训练

选择题

1. 在__________季捕捉蝎子易于晾干。

A. 春　　B. 夏　　C. 秋　　D. 冬

2. 在养房蝎收捕时，可用喷雾器将__________喷于蝎房内部，方便在出口捕捉蝎子。

A. 白醋　　B. 白酒　　C. 水　　D. 酱油

3. 刚取出的蝎毒为__________色透明的液体，略带黏性。

A. 红　　B. 绿　　C. 黄　　D. 无

任务拓展

蝎疾病防治

项目二十　蜜蜂养殖

任务一　生物学特性

扫码学
课件 20-1

任务描述

主要介绍蜂群的组成，蜜蜂的形态特征和生物学特征。

任务目标

▲知识目标

能说出蜂群的组成；掌握蜜蜂（三型蜂）的个体发育与生活史。

▲能力目标

能识别三型蜂；能科学合理地根据生产需要饲养蜜蜂。

▲课程思政目标

具备善于观察、细致耐心的职业素养；具备蜜蜂勤劳勇敢、无私奉献的团队精神；培养学生立足专业，服务乡村振兴的思想意识。

▲岗位对接

特种经济昆虫饲养。

任务学习

蜜蜂属节肢动物门、昆虫纲、膜翅目、蜜蜂科、蜜蜂属，是一种群居生活的社会性昆虫。我国是世界第一养蜂大国，蜂群数量和蜂产品均位列世界第一。养蜂业不但能够向社会提供丰富的蜜蜂产品，而且还可以帮助农民脱贫致富，实现乡村振兴。同时，蜜蜂还能够为农作物授粉而产生巨大的经济效益，被称作“农业之翼”。目前我国饲养的蜜蜂品种主要包括意大利蜜蜂（意蜂）和中华蜜蜂（中蜂）。

一、蜂群的组成

蜜蜂是一种社会性昆虫，蜂群是其赖以生存的基本单位，任何个体都不能离开群体而单独生活。蜂群由一只蜂王、少数雄蜂和成千上万只工蜂组成，它们具有不同形态、分工与职能，同时相互依赖。蜂王、雄蜂和工蜂总称三型蜂（图 20-1）。它们共同组成了一个高效有序的整体，类似于一个独立的“王国”。自然状态下，蜂群之间有明显的群界，工蜂具有排斥它群工蜂和蜂王的特性，巢内互不来往，巢外和平共处，但雄蜂可任意出入别的蜂群。

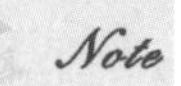

蜂群的大小主要取决于工蜂的数量、蜂种、蜂王的品质以及季节、外界气温和蜜粉源植物等。1

只优良的意蜂蜂王，在强盛阶段可维持蜂群工蜂数量为 6 万只以上。而在恢复繁殖时，较差蜂群的工蜂数量可少至数千只。中蜂的蜂群在强盛阶段、较好的蜂王也只能维持 3 万～4 万只蜂的群势。

(a) 蜂王

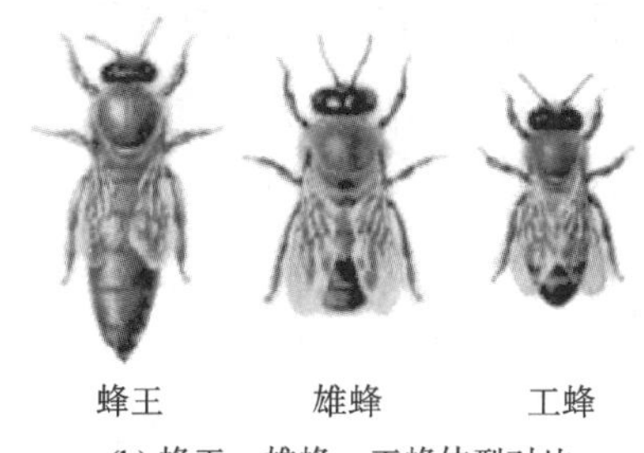

(b) 蜂王、雄蜂、工蜂体型对比

图 20-1　三型蜂

(一)蜂王

蜂王是蜂群中由受精卵发育而成的唯一生殖器官发育完全的雌性蜂，又称母蜂。其职能是产卵和控制蜂群的部分活动和分蜂性。蜂王的卵巢高度发育，其产卵能力对蜂群的强弱及遗传性具有决定作用，1 只优良的蜂王在产卵盛期，每天可产卵 1500～2000 粒。除此之外，蜂王已不再具有抚育后代、建造蜂房等功能，其生存完全依赖于工蜂。蜂王产的卵有两种，受精卵演变为工蜂或蜂王，未受精卵演变为雄蜂。蜂王一生只交配一次，将精子储存在腹腔内，排卵时释放精子并与卵子受精。

(二)雄蜂

雄蜂是未受精卵发育而来的单倍体，其职能是与新蜂王交配。雄蜂品质的优劣，直接影响蜂群的后代遗传性状和品质。

(三)工蜂

工蜂是雌性器官发育不全的个体，一般不能产卵。其职能是采集花蜜和花粉、酿制蜂蜜、哺育幼蜂和雄蜂、饲喂蜂王、修造巢房、守卫蜂巢、调节蜂群内的温度和湿度。由于蜂群的采集力取决于工蜂的品种和数量，因此，只有培育强壮的工蜂方可生产出品质优良的蜂蜜和其他蜂产品。

二、蜜蜂的形态特征

成蜂的躯体分头、胸、腹 3 个体节，除了关节处由柔软的节间膜相连外，其他均由骨化的体壁包裹。头部有 1 对触角，胸部着生 2 对翅膀和 3 对足。成蜂体表有大量长短不一、粗细不同、形态各异的刚毛。幼龄工蜂体表刚毛丰富，肉眼可见较多的绒毛，而老龄工蜂的刚毛因损耗而使头部及腹部背面变得光亮。蜂王、雄蜂和工蜂在各自的形态构造方面，均存在一定差异性。

(一)蜂王

蜂王在蜂群中个体最大，翅短小，腹部特长，口器退化，生殖器发达，足上无储存花粉的构造，腹下无蜡板和蜡腺。意蜂蜂王体长 23 mm 左右，体重 250 mg 左右，是意蜂工蜂的 2 倍多。中蜂蜂王体长 20 mm 左右，体重 200 mg 左右。

(二)工蜂

工蜂是蜂群中个体最多、体型最小的一型蜂。体呈暗褐色，头、胸、背面密生灰黄色刚毛；头略呈三角形，有 1 对复眼，3 个单眼，1 对呈藤状弯曲触角，口器发达，适于咀嚼和吮吸；3 对足的股节、胫节、跗节均有采集花粉的构造；腹部呈圆锥状，1～4 节有呈黑色球带，末端尖锐，有毒腺和螯针；腹下有 4 对蜡板，内有蜡腺。意蜂工蜂成蜂平均体重 100 mg，体长 12～14 mm。中蜂工蜂成蜂体重 80 mg，体长 10～13 mm。

(三)雄蜂

雄蜂较工蜂稍大，头呈球状，口器退化，复眼很大，尾端呈圆形，无毒腺和螯针，足上无采储花粉

Note

的构造，腹下无蜡板和蜡腺。意蜂雄蜂体重 220 mg，体长 15～17 mm。中蜂雄蜂体重 150 mg，体长 12～15 mm。

三、三型蜂的个体发育及生活史

（一）三型蜂的个体发育

蜜蜂属于完全变态昆虫，个体发育需经历卵、幼虫、蛹和成蜂四个时期。每个发育时期皆要求有适合个体发育的巢房，充足的营养，适宜的温度（34～35 ℃）、湿度（75%～90%），充足的空气以及工蜂的哺育等。若温度超过 36 ℃，蜜蜂的发育将会提早，造成发育不良或中途死亡；低于 34 ℃时，则可引起发育迟缓，且幼虫易受冻而死。正常情况下，同型蜜蜂由卵到成蜂的发育时间基本一致（表 20-1）。

表 20-1　中蜂和意蜂的发育阶段

单位：天

三型蜂	蜂种	卵期	未封盖幼虫期	封盖期	整个发育期
蜂王	中蜂	3	5	8	16
	意蜂	3	5	8	16
工蜂	中蜂	3	6	11	20
	意蜂	3	6	12	21
雄蜂	中蜂	3	7	13	23
	意蜂	3	7	14	24

1. 卵　蜂王可产两种卵，一种为受精卵，可发育为蜂王或工蜂，另一种为未受精卵，发育为雄蜂。卵形似香蕉，呈乳白色，略透明，头部稍粗，腹末稍细，表面附有黏液。

2. 幼虫　蜜蜂的幼虫呈白色，体表有横纹的分节，头、胸、腹三者不易区分，缺少行动附肢。孵化后 3 天内的幼虫均由工蜂饲喂蜂王浆，3 天之后工蜂和雄蜂幼虫改食蜂蜜和花粉的混合物，而蜂王幼虫则一直食用蜂王浆。幼虫约在产卵后的第 11 天末，蜕皮 5 次，即化蛹。

3. 蛹　蜜蜂的蛹是裸蛹，属不完全蛹，附肢与蛹体分离。幼虫蛹化后，不食，不动，旧器官解体，新器官形成。蛹初呈白色，渐变成淡黄色至黄褐色，表皮也逐渐变得坚硬，外形上逐渐显现出头、胸和腹三部分，触角、复眼、口器、翅和足等附肢显露出来。后期分泌一种蜕皮液，蜕下蛹壳，羽化为成蜂。

4. 成蜂　幼蜂羽化后，咬破房盖而出。初羽化的蜜蜂外骨骼较软，翅皱曲，躯体绒毛十分柔嫩，体色较淡，以花粉和蜂蜜为食，继续完成内部器官的进一步发育。

（二）三型蜂的生活史

在自然环境下，蜂王的寿命可长达数年，少数蜂王生活 4～6 年仍具有产卵能力，生产实践证明 2～18 月龄的蜂王产卵能力最强。为保证蜂王旺盛的产卵率，人工饲养的蜂群，蜂王一般只使用 1 年。工蜂的寿命很短暂，生产繁殖期的工蜂，羽化出房后只能活 30 天左右，最长不超过 60 天；越冬期的工蜂，活动量小，能活 120～180 天，甚至更长。雄蜂寿命长达 4 个月，但因多数中途夭折，平均寿命仅 20 多天。繁殖期的雄蜂寿命一般在 54 天左右，长的可活 100 多天，个别处女王越冬的蜂群，雄蜂可伴处女王越冬。

蜂群在每年都会发生相似的周期性变化，根据这种变化，可将蜂群在一年中的生活分为 5 个时期。

1. 恢复期　蜂群越冬后，随着气温的上升，蜂巢中心的温度也上升到 32 ℃及以上，此时蜂王开始产卵，工蜂开始哺育幼虫。产卵初期，蜂王每昼夜只产 100～200 粒卵，随着工蜂将蜂巢中心增温面积扩大，产卵量逐渐增加，蜂群稳定增长，在蜂群中新工蜂增加的同时，越冬后的工蜂逐渐死亡，经30～40 天，蜂群的工蜂几乎全部更新，更新后的蜂群质量及哺育幼虫的能力都有大幅度的提高，为蜂群的迅速扩大提供了有利条件。此期要加强蜂箱内、外保温，及时补饲，以提高蜂王的产卵能力和工蜂的哺育能力。

2. 增殖期和分蜂期 蜂群增殖期是指蜂群的增长和繁殖时期，一般从蜂群进入稳定增长开始，到大流蜜期到来之前。随着蜂群的迅速增长和壮大，蜂群内剩余劳动力的增多，蜂群中开始建造雄蜂房，培育雄蜂，建造台基培育蜂王，进入分蜂期，该阶段一般发生于春末、夏初。此时应注意解除包装，加脾扩巢，用人工分蜂代替自然分蜂，实现群体的增加。

3. 生产期 生产期又称为采蜜期，主要包括蜂蜜、花粉和蜂王浆的生产。从早春到晚秋整个生产期，只要外界有蜜粉源植物开花，工蜂就会去采集花蜜和花粉，一般只能满足蜂群自身的消耗。当外界的主要蜜粉源植物大量开花流蜜时，蜂群每天能采到几千克到数十千克花蜜。此时蜂群从哺育幼虫阶段转入采集花蜜和酿蜜、储备饲料阶段，工作量的增长，易致工蜂衰老死亡。采蜜后期，随着蜂群内工蜂死亡率的增长，蜂群规模会迅速缩减。但因蜂群里尚有大量的子脾，主要采蜜期过后，蜂群的群势又能得以恢复。

4. 更新期 当最后一个主要采蜜期结束以后，工蜂逐渐死亡，新出房的秋工蜂，因未参加或很少参加蜂群里的哺育工作，其寿命更长，王浆腺一直保持发育状态，越冬后仍有哺育能力。此时，蜂王停止产卵，蜂群准备进入越冬期，应注意调整群势，合理缩减巢脾数量，增加单位面积工蜂密度，治螨防盗，准备越冬饲料。

5. 越冬期 当气温降到 10 ℃以下时，蜂群进入越冬期。蜜蜂生活在蜂巢里，在储存有蜂蜜的巢脾上逐渐紧缩形成越冬蜂团，蜂王位于越冬蜂团的中央。蜜蜂以蜂蜜为饲料，依靠蜂群产生的热量来维持温度。只要越冬蜂群内具有优质的饲料、适宜的温度和安静的越冬环境，越冬工蜂的寿命就会延长，翌年蜂群的春繁会非常顺利，群势也会非常强壮。此期应适时越冬，分期包装或移入室内。

任务训练

一、选择题

1. 蜂群中的三型蜂不包括__________。

A. 蜂王　B. 工蜂　C. 熊蜂　D. 雄蜂

2. 蜜蜂的发育阶段不包括__________。

A. 卵　B. 幼虫　C. 茧　D. 成蜂

3. 由未受精卵发育而来的蜜蜂是__________。

A. 蜂王　B. 工蜂　C. 雄蜂　D. 雌蜂

二、判断题

1. 蜂群中，蜂王的寿命最长，体型最大。（　）

2. 工蜂在蜂群中几乎承担了除交配和产卵以外的所有工作任务。（　）

3. 雄蜂可以自由出入各个蜂巢，雄蜂的质量与数量影响着蜂群的未来。（　）

任务二　养蜂资源

扫码学
课件 20-2

任务描述

主要介绍蜜蜂资源、蜜粉源植物资源以及胶源植物资源 3 个方面的知识。

Note

任务目标

▲知识目标

能说出蜜蜂的种类、生物学特性，蜜粉源植物的种类和特点，以及胶源植物的概念与种类。

▲能力目标

能识别蜜蜂、蜜粉源植物和胶源植物的品种与特征。

▲课程思政目标

具备热爱自然、关爱动植物的意识，认识人类与自然环境的共生关系。

▲岗位对接

特种经济昆虫饲养。

任务学习

养蜂资源主要包括蜜蜂资源、蜜粉源植物资源以及胶源植物资源3个方面。

一、蜜蜂资源

蜜蜂在分类学上属节肢动物门，昆虫纲，膜翅目，蜜蜂总科，蜜蜂科，蜜蜂属。目前，世界上公认蜜蜂属中有9个种，即东方蜜蜂、西方蜜蜂、大蜜蜂、小蜜蜂、黑大蜜蜂、黑小蜜蜂、沙巴蜜蜂、绿努蜂和苏拉威西蜂。

我国饲养的蜜蜂主要有东方蜜蜂中的中华蜜蜂和西方蜜蜂中的意大利蜜蜂。

（一）东方蜜蜂

东方蜜蜂分布于亚洲各地，由于生态地理环境差异，形成了许多地理亚种，主要有中华蜜蜂、印度蜜蜂、日本蜜蜂、喜马拉雅蜜蜂和菲律宾蜜蜂等。中华蜜蜂是东方蜜蜂的知名亚种，简称中蜂。我国境内绝大部分地区都有中蜂分布，但主要集中在长江流域和华南各省山区。

1. 中蜂的形态特征 由于我国各地的气候和生态条件不同，加上中蜂长期定地饲养，形成了东部中蜂、海南中蜂、阿坝中蜂、西藏中蜂和中部中蜂等多种生态型。每一种生态型的中蜂的形态有所差异。一般来说，中蜂蜂王体色有黑色和棕红色2种，全身覆盖黑色和深黄色混合短绒毛。雄蜂体色为黑色或黑棕色，全身披灰色短绒毛。处于高纬度及高山地区的中蜂腹部的背、腹板偏黑；处于低纬度和低海拔地区的中蜂则偏黄，全身披灰色短绒毛。

2. 中蜂的生物学特性 自然状态下，中蜂常在树洞、阳坡土洞、坟窟、谷仓、墙洞中营造蜂巢，巢脾数量随环境大小而有差异，多的可为10张以上。蜂王与雄蜂交配后2～3天产卵。产卵量受外界气候和蜜源条件的影响，繁殖季节蜂王每天可产卵700～1300粒，夏季蜜粉源缺乏时，产卵量下降至每天100～200粒。1只中蜂蜂王能维持群势2万～4.5万只工蜂正常生活。工蜂出房后3～4天开始认巢飞翔。20日龄内的工蜂一般进行巢内活动，如酿蜜、夯实花粉、饲喂幼虫等。约20日龄后可出巢采蜜。当主要蜜粉源采集结束后，其能利用零星蜜粉源植物维持生活。正常的蜂群中，工蜂的卵巢不发育；在自然分蜂期，青年工蜂卵巢则开始发育，但不产卵。蜂群发生自然分蜂后，得到发育的工蜂卵巢会自行消退。蜂群失王后，若蜂群内又无幼虫脾，3～5天后即有一部分工蜂卵巢发育，并开始产卵，全群工蜂变得很凶暴，攻击性变强，体色黑而亮。已产卵的工蜂不能再恢复为正常个体。

当外界蜜粉源极度缺乏或蜂巢受到病敌害严重侵扰时，蜂群会自动减少外出采集活动，减少或停止哺育活动。此时，蜂群会产生飞逃“情绪”，在受到蜂场上其他蜂群的自然分蜂、试飞和飞逃群的影响时，会倾巢飞出与正飞出的蜂群合在一起，于蜂场周围树枝上结起由几群甚至几十群聚集在一起的大蜂团，蜂团中各群的蜂王受到围攻而死。

春夏间，中蜂群容易感染中蜂囊状幼虫病和欧洲幼虫腐臭病。夏秋间，巢脾易受巢虫侵害而出现大量的“白头蛹”。中蜂不感染美洲幼虫腐臭病，抗蜂螨能力强，能有效地抵抗胡蜂的侵害。在严

寒的冬天，中蜂群能通过结成蜂团维持群内正常生活所需的温度而顺利越冬，但结团后常把巢脾中间咬穿成洞，使完整的巢脾到了翌年春天变为带空洞的旧巢脾。

在西方蜂种引进中国之前，中蜂是我国饲养的当家蜂种。引进西方蜜蜂以后，温带及亚热带的平原区饲养的西方蜜蜂逐渐取代了中蜂，但在我国南方的广大山林地区及北方的部分丘陵山林区，中蜂仍以善于采集零星蜜粉源、耗蜜量低、抵抗胡蜂能力强及有节制的产卵等优点受到广大养蜂者的欢迎。

（二）西方蜜蜂

西方蜜蜂原产于欧洲、非洲和中东等地区。由于大量的引种，世界各地都有饲养西方蜜蜂。西方蜜蜂主要包括意大利蜜蜂、欧洲黑蜂、卡尼鄂拉蜂和高加索蜂。我国以饲养意大利蜜蜂为主。

意大利蜜蜂原产于意大利的亚平宁半岛，是地中海气候的产物，属黄色蜂种，简称意蜂。意蜂产卵力强，育虫力也强，育虫节律平缓。意蜂分蜂性弱，易维持强大的群势。对大宗蜜源的采集力强，对零星蜜源的利用较差，在夏、秋季常采集大量的树胶。意蜂食物消耗量大，分泌蜂王浆和造脾能力均强。意蜂性情温驯，不怕光，开箱检查时很安静。意蜂清巢能力较强，以强群的形式越冬，越冬饲料消耗量大，在纬度较高的地区越冬较困难。

意蜂的产蜜、产浆能力都很强，抗病力较弱，是世界上优势较大的一个蜂种。意蜂于 20 世纪初引入我国。我国大部分地区的蜜源、气候条件适宜饲养意蜂，意蜂以其繁殖力强、产量高等优点深受广大养蜂者的欢迎。

二、蜜粉源植物资源

蜜源植物是指能够分泌花蜜和蜜露供蜜蜂采集的植物；粉源植物是指能产生花粉供蜜蜂采集的植物。大部分蜜源植物既能泌蜜，又能吐粉。蜜粉源是养蜂生产的首要条件，是养蜂生产的物质基础。我国地域辽阔，气候类型多样，因而蜜粉源植物资源极为丰富。据不完全统计，目前我国能被蜜蜂利用的蜜粉源植物种类为 5000 种以上，能生产商品蜜的蜜源植物也有 100 多种。

（一）主要蜜源植物

主要蜜源植物是指数量多、分布广、花期长、泌蜜量大，能为养鲜生产提供商品蜜的蜜源植物。辅助蜜源植物是指分布区域小或零散、泌蜜量少、仅供蜜蜂生存和繁殖的蜜源植物，目前我国可被利用的辅助蜜源植物有上万种。

主要蜜源植物有油菜花（图 20-2）、刺槐（图 20-3）、紫云英、荔枝、龙眼、枣树、山乌桕、荆条、荞麦、棉花、向日葵等。

图 20-2　油菜花

图 20-3　刺槐

（二）主要粉源植物

主要粉源植物是指能为蜜蜂提供大量花粉或兼少量花蜜的植物，包括大量风媒植物和一些虫媒植物。如荷花（图 20-4）、玉米花（图 20-5）、高粱、稻、蒿等。

（三）有毒蜜粉源植物

少数蜜粉源植物分泌的花蜜或吐的花粉中含有毒物质，人食后会发生中毒，这些植物称有毒蜜

图 20-4　荷花

图 20-5　玉米花

粉源植物。中毒症状一般为约在食后 12 h，出现恶心、呕吐、嗜睡、手脚麻木、发热、乏力、头痛、口干等症状。发现中毒者，应及时送医院治疗。

有毒蜂蜜多为琥珀色或黄、绿、蓝及灰等色，以舌尖尝时，有不同程度苦、麻、涩的感觉。有毒蜜粉源植物多分布于深山区，主要有雷公藤、紫金藤、博落回及藜芦等。

三、胶源植物资源

胶源植物是指其树皮或新生幼芽能分泌树脂或树胶，蜜蜂采集后混入蜂蜡等成分后转化为蜂胶的植物。中国的胶源植物有白杨、赤杨、桦树、柳树、橡树等。

任务训练

一、选择题

1. 我国本土蜂种归属于__________。

A. 西方蜜蜂　　B. 东方蜜蜂　　C. 大蜜蜂　　D. 小蜜蜂

2. __________适合采集大宗蜜源植物。

A. 意大利蜜蜂　　B. 中华蜜蜂　　C. 大蜜蜂　　D. 小蜜蜂

3. __________仅属于粉源植物。

A. 荷花　　B. 油菜花　　C. 刺槐　　D. 棉花

二、判断题

1. 中华蜜蜂比意大利蜜蜂更适合采集零星蜜源植物。（　　）

2. 棉花既不是蜜源植物，也不是粉源植物。（　　）

3. 一般来说，北方的杨树和柳树是胶源植物。（　　）

三、分析题

我国饲养较多的蜜蜂种类有哪些？它们各自在地域、生产性能、饲养管理以及蜂产品等方面，有哪些异同点？

任务三　养 蜂 器 具

扫码学
课件 20-3

任务描述

主要介绍了蜜蜂饲养的基本工具、蜂产品生产的相关工具以及辅助工具的知识。

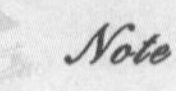

任务目标

▲知识目标

能说出各种养蜂器具的种类和特点，以及使用条件。

▲能力目标

能识别各类养蜂器具的名称与作用。

▲课程思政目标

具备热爱探索，善于发明创造的良好习惯。

▲岗位对接

特种经济昆虫饲养。

任务学习

一、基本工具

（一）蜂箱

蜂箱是供蜜蜂繁衍生息和生产蜂产品的基本用具。目前，使用最为广泛的是通过向上叠加继箱扩大蜂巢的叠加式蜂箱，主要有郎氏十框标准蜂箱和中华蜜蜂蜂箱等。

蜂产品的制造和蜜蜂的生长都是在蜂箱中完成的，蜂箱的成品必须符合蜜蜂的生活和人们生产的需要。在我国，制造蜂箱的木材以杉木和红松为主，制造时要充分干燥。

1. 蜂箱的基本构造 蜂箱的形式繁多，但基本结构大致相同。以朗氏活底蜂箱为例，一套蜂箱由箱盖、副盖、巢框、箱体（包括继箱和底箱）、活动底板、隔板和巢门档等部件，以及闸板、箱架和隔王板等附件构成（图 20-6）。

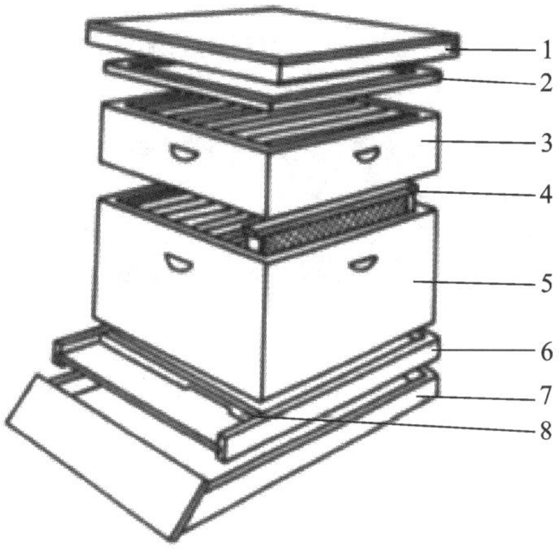

图 20-6 朗氏活底蜂箱的结构

1. 箱盖；2. 副盖；3. 继箱；4. 巢框；5. 底箱；6. 活动底板；7. 箱架；8. 巢门档

2. 常见蜂箱的类型 目前国内使用的主要有郎氏十框标准蜂箱，国外使用的主要有郎氏十框标准蜂箱、中华蜜蜂蜂箱、授粉专用蜂箱等。

（二）巢础

巢础是采用蜂蜡或无毒塑料制造的蜜蜂巢房房基，使用时镶嵌在巢框中，工蜂以其为基础分泌蜡液将房壁加高而形成完整的巢脾。巢础可分为意蜂巢础和中蜂巢础、工蜂巢础和雄蜂巢础、巢蜜巢础等。

现代养蜂生产中，有些用塑料代替蜡质巢础，或直接制成塑料巢脾代替蜜蜂建造的蜡质巢脾。

二、生产工具

（一）取蜜机械

取蜜机械包括分离蜂蜜工具和巢蜜生产工具，分离蜂蜜工具主要有分蜜机、脱蜂器械、割蜜刀和过滤器具等，巢蜜生产工具主要有巢蜜格（盒）等。

（二）脱粉工具

我国生产上使用巢门式蜂花粉截留器，与承接蜂花粉的集粉盒组成脱粉装置。蜜蜂通过花粉截留器的孔进巢时，后足两侧携带的花粉团被截留（刮）下来，落入集粉盒中。

(三)蜂王浆生产工具

蜂王浆生产工具主要用于蜂王浆的生产,包括台基、移虫笔、王浆框、刮浆板以及镊子与王台清蜡器等。

(四)其他器械

除以上工具外,还有用于收集蜂胶的采胶器械、用于采集蜂毒的取毒工具、用于榨取蜂蜡的榨蜡工具等。

三、辅助工具

辅助工具主要是指在养蜂过程中起辅导作用的工具,目的是使操作更加简单高效。如管理工具:起刮刀,巢脾抓。防护工具:蜂帽,喷烟器,防护手套。限王工具:隔王板,王笼,蜂王产卵控制器。饲喂工具:塑料喂蜂盒子与巢门喂蜂器。巢础埋线器:埋线板与埋线器。运蜂与治螨工具等。

任务训练

一、选择题

1. 制作蜜蜂蜂箱的材质主要是__________。

A. 塑料　　B. 水泥　　C. 木材　　D. 金属

2. __________可用于限制蜂王产卵。

A. 隔王板　　B. 王笼　　C. 花粉截留器　　D. 喷烟器

3. 下列仅属于驱赶蜜蜂的养蜂器具是__________。

A. 隔王板　　B. 王笼　　C. 花粉截留器　　D. 喷烟器

二、判断题

1. 中华蜜蜂比意大利蜜蜂更适合使用带继箱的蜂箱。(　　)
2. 产浆器具通常用于意大利蜜蜂的蜂王浆生产。(　　)
3. 一般来说,意大利蜜蜂与中华蜜蜂的巢础规格不同,不能混用。(　　)

三、分析题

对于意大利蜜蜂和中华蜜蜂而言,养蜂器具的规格和使用条件有哪些不同点?

任务四　蜂群饲养管理

扫码学
课件 20-4

任务描述

主要介绍蜜蜂资源的获取手段,养蜂场地选择与蜂群排列,蜂群检查,蜂群阶段管理的相关知识。

任务目标

▲知识目标

能说出获取蜂群的手段,养蜂场地选择与蜂群排列的方法,蜂群检查的要点,蜂群阶段管理的核心思想。

▲**能力目标**

能够独立构建蜂群饲养管理的技术模块，并阐明其理论与思想。

▲**课程思政目标**

具备独立思考的学习能力，养成多方位、全过程的学习态度和洞察力。

▲**岗位对接**

特种经济昆虫饲养。

任务学习

蜂群的饲养管理技术是养蜂生产中实用技术，是每个养蜂员必须掌握的基本功，主要包括养蜂场地选择与蜂群排列、蜂群检查、蜂群阶段管理等内容。只有熟练掌握蜂群饲养管理各方面的知识和技术，才能养好蜜蜂。

一、蜂群的来源

蜂群的主要来源途径有 3 条：一是购买饲养在蜂箱中的蜂群；二是诱捕野生的蜂群；三是购买笼蜂。对于一个从未养过蜜蜂的人来说，最好第一年先饲养 5～10 群蜜蜂，积累一定的饲养经验后，再扩大饲养规模。

二、养蜂场地选择与蜂群排列

（一）养蜂场地选择

养蜂场地的环境条件与养蜂的成败和蜂产品的产量密切相关，选择养蜂场地是养蜂生产中的一个主要环节。一个良好的养蜂场地必须具备以下几方面的条件。

1. 蜜粉源丰富 蜜粉源是蜂群生存和发展的物质基础。在距蜂场 5 km 范围内，全年至少要有 1 种大面积的主要蜜粉源植物，同时还要有多种花期交错的辅助蜜粉源植物，以保证蜂群的生存和繁殖需要，并取得蜂蜜、蜂王浆等蜂产品的高产。

2. 小气候适宜 养蜂场地要求背风向阳，地势高燥，不积水，小气候适宜。北有挡风屏障，前面地势开阔，阳光充足，场地中间有稀疏的小树。这样的场所，冬春可防寒风吹袭，夏季有小树遮阴，免遭烈日暴晒，是理想的建场地方。高寒山顶、经常出现强大气流的峡谷以及容易积水的沼泽、荒滩等地，均不宜设立蜂场。

3. 水源充足 蜂场周围要有洁净的水源，作为蜜蜂采水和养蜂员的生活用水。但蜂场不可紧靠水库、湖泊、大河，以免蜜蜂或蜂王交尾时被大风吹入水中溺死。有些工厂排出的污水有毒，在污水源附近不可设立蜂场。

4. 交通方便 通往养蜂场地的交通必须方便，既有利于蜂群和蜂产品的转运，又有利于养蜂员的生活。

5. 敌害少 蜜蜂的敌害如老鼠、胡蜂等严重威胁蜂群的安全，因此养蜂场地周围蜜蜂的敌害要少。

6. 比较安静 蜂场必须远离铁路、矿厂、学校、畜棚等喧闹的环境。同时尽量远离夜晚光线充足的场所及高压线，以保持蜂群的安静。

7. 蜂场间距适当 与其他蜂场间隔至少 2 km，以保证蜂群有足够可供利用的蜜粉源，同时减少蜂病的相互传播。

（二）蜂群排列

依据蜂群的数量和场地的大小进行蜂群排列。蜂群排列的原则：便于对蜂群的管理操作，蜜蜂

容易识别蜂巢，流蜜期能够形成强群，断蜜期不易引起盗蜂。

蜂群排列有多种方式，有单群分散排列，有两群或两群以上组合排列，有前后交错排列，也有相对应整齐排列。各组合的搭配需仔细掌握，如强强组合或强弱组合，必须有利于生产和管理。夏季要特别注意蜂群的遮阴和饲水，充分利用自然树阴；冬季要考虑蜂群的保温取暖，优先选择背风向阳的地方。如果转地放蜂途中，需在车站、码头临时放置蜂群，可以一箱挨一箱地排成圆形或方形。家庭蜂场为了便于蜂群管理，尤其是能够遮阴和防雨，可将蜂箱摆放在遮阴棚内。

新开辟的养蜂场地，首先要清除杂草，平整土地，打扫干净，然后陈列蜂群。

蜂群排列必须注意以下问题。

(1)中蜂应尽量分散错开排列，中蜂的嗅觉灵敏，易发生迷巢而引起盗蜂，因此排列中蜂时应力求散开，巢门角度也应有差别。

(2)交尾群应放在目标显著的位置，处女王认巢能力差，为了防止处女王错投他群而引起围王或蜂王之间相互刺杀，必须把交尾群放在蜂场外围的目标清晰处。

(3)中蜂和意蜂不能同时摆放在同一场地饲养，否则易引起盗蜂。

(4)巢门方向最好朝南、东南或东，这样可以延长蜂群的工作时间。

(5)应将蜂箱垫高 20～30 cm，以免地面湿气侵入蜂箱，并可防止敌害潜入箱内危害蜂群。蜂箱应左右放平，后面较前面垫高 2～3 cm，防止雨水流入蜂箱，也便于蜜蜂清扫箱底。

三、蜂群检查

检查蜂群是养蜂员了解蜂群内部情况的重要措施。检查蜂群的方法可分为箱外观察、局部抽查和全面检查 3 种，在管理上可根据具体情况，任选其中一种。

(一)箱外观察

箱外观察是指在不开箱的情况下，从蜂箱外观察蜜蜂的活动和各种迹象，推断蜂群的大致情况。箱外观察是检查蜂群最快捷的方法，具有节省时间和不干扰蜂群等优点。一般说来，有下面几种情况。

(1)若巢门口采集工蜂积极，并且采粉蜂也很多，说明蜂王产卵旺盛，蜂群内卵和幼虫必然很多。

(2)若蜂场大部分蜂群采集很积极，而个别蜂群采集蜂出巢飞翔很少，并且在巢门口成串搭挂，说明此蜂群准备进行自然分蜂。

(3)若在外界有蜜粉源时，个别蜂群工蜂飞翔甚少，特别是采集蜂不带花粉，一部分工蜂在巢门前惊慌乱爬，说明此蜂群已经失王。

(4)若在外界蜜粉源缺乏时，发现某一蜂群的巢门口工蜂秩序混乱，有三三两两厮杀成团，地上有较多死蜂，表明发生了盗蜂。

(5)若发现蜂场内有大量死蜂，死蜂的吻伸出，在蜂场的地面上有较多的工蜂翻滚、跳跃，表明蜂群发生了农药中毒。

(6)若外界蜜粉源缺乏，发生工蜂驱赶雄蜂和拖子现象，蜂箱重量很轻，可推断巢内缺乏饲料。

(7)在夏、秋季，若场地上有缺头、断足的死蜂，表明蜂群受到胡蜂袭击。

(8)若不断发现一些体格弱小、翅残缺的蜜蜂爬出箱外，表明该群蜂可能遭受了螨害。

(二)局部抽查

局部抽查是指有目的地抽查部分巢脾，从而了解蜂群某一方面的情况。检查时，要站在蜂箱侧面，打开箱盖，取下纱盖，平放在巢门板上，让纱盖上的蜜蜂爬进蜂巢。提脾过程中必须“轻”“快”“稳”“直”，提脾时双手拿住巢脾先检查一面，然后一手朝上，并以上框梁为轴，向外旋转 180°，两手放平检查另一面，看完后，仍以上框梁为轴，将巢脾翻转，放回蜂箱内。

(1)若抽取最外侧边脾时发现巢脾的巢房内无储蜜，可以继续抽紧邻的巢脾进行检查，若也发现无储蜜或储蜜很少，说明巢内缺少饲料，应及时进行饲喂。

(2)若在抽取最外侧的第二张巢脾时发现上面蜜蜂数量稀少，应抽去边脾；相反，若该巢脾脾面

上蜜蜂特别拥挤，充塞整个巢脾，应向巢内加 1～2 张空脾，供蜂王产卵。

(3)若在中央巢脾上有刚产下的卵，说明蜂王存在；如果发现巢脾上只有大幼虫和封盖子脾，而没有小幼虫和卵，又看到工蜂慌乱不安，说明群内失王。

(4)若发现在巢脾下缘有较多的自然王台，说明蜂王老化或蜂群面临分蜂热。

(三)全面检查

全面检查是对巢内所有巢脾进行检查的过程，可全面详尽地了解蜂群内的情况，包括蜂王是否健在、产卵如何、饲料是否充足、蜂脾是否相称以及是否有病虫害等。由于全面检查的时间较长，为了避免幼虫受寒，要求外界气温在 14 ℃以上时方可进行。

检查蜂群也是调整巢脾和对蜂群进行管理的过程，可根据检查中发现的情况，及时进行恰当处置。对蜂群进行全面检查时要做好检查记录，建立管理档案，以便为蜂群管理提供必要的资料。

四、蜂群阶段管理

按照蜂群周年的繁殖和消长规律，蜂群周年的管理过程可分为几个阶段，称为蜂群的阶段管理。蜂群的阶段管理把蜂群周年生活划分为复壮阶段、强盛阶段、渐减阶段、度夏阶段和越冬阶段，前 3 个阶段蜂群处于繁殖期，后 2 个阶段蜂群处于非繁殖期(断子期)。每个阶段的时间不一定是每个季度，比如在浙江、江西、四川、湖北等地复壮阶段为 1～2 个月；强盛阶段却长达 8 个月，跨越了春、夏、秋、冬四季；渐减阶段不到 1 个月；度夏阶段约为 1 个月；越冬阶段为 1～2 个月。由于每个阶段的蜂群状况、外界蜜粉源条件、气候条件不一样，在管理上要对蜂群采取不同的措施。

(一)复壮阶段蜂群管理

复壮阶段蜂群管理就是创造条件加速蜂群繁殖，尽快让越冬后削弱的蜂群恢复强大，提前进入强盛阶段，让蜂群尽早投入蜂产品生产和授粉工作。

1. 确定蜂群开始繁殖的时间　在自然状况下，蜂群开始繁殖的时间，因地方不同而有差异，比如在福建、广东、云南等地蜂群开始繁殖的时间为元旦前后；湖南、贵州、四川等地蜂群开始繁殖的时间为 1 月中旬；江西、浙江南部、安徽南部等地蜂群开始繁殖的时间为 1 月下旬；东北蜂群开始繁殖的时间为 3 月下旬前后。确定蜂群开始繁殖时间总的原则是在当地最早蜜粉源植物开花前 30～40 天，这样由蜂王产的第一批卵培育出的工蜂，可在最早蜜粉源植物开花前参加哺育和采集工作。

2. 确定蜂群繁殖方案　目前多采用单脾繁殖、双脾繁殖和多脾繁殖 3 种方案。养蜂生产实践表明，单脾繁殖比双脾繁殖和多脾繁殖的效果更好。

3. 对蜂群进行治螨　蜂王产卵 9 天后，群内就会出现封盖子脾。治螨工作必须在子脾封盖前完成，为了提高治螨效果，减轻治螨药液对工蜂的影响，治螨工作要在饲喂糖浆后、缩脾紧框前进行。复壮阶段治螨要预防盗蜂的发生。

4. 对蜂群加强保温　在复壮阶段，由于外界气温比较低，加上越冬后的蜂群群势不强，调节温度的能力差，因此对蜂群要加强保温，如在巢箱内的空隙处装满保温物，缩小巢门，巢箱四周缝隙用报纸糊好，开箱检查必须选择晴暖无风的时间，迟撤箱外包装，蜂群应放在向阳背风的位置等。

5. 对蜂群进行饲喂　发现蜂群缺蜜时，应及时进行补助饲喂。不缺蜜的蜂群，当天气转暖时，也应加强奖励饲喂，以刺激蜂王多产卵和提高工蜂哺育幼虫的积极性。缺少花粉的蜂群，应及时补喂天然花粉或花粉代用品。

6. 扩大产卵圈　在复壮阶段，蜂王产卵往往是从巢脾中间开始，并且呈圆形向外扩展。如果在产卵圈周围有封盖蜜，必然影响产卵圈的扩大，从而减缓蜂群的繁殖速度，这时可用割蜜刀割去封盖蜜，使蜜蜂把蜜搬走或食尽，这样既起到了奖励饲喂的作用，又有利于蜂王的产卵；当箱内有 3 张子脾，其中两大一小时，可以将小的那张子脾调入中央，以扩大子脾面积；当某一框子脾的面积达 60% 时，可以在子脾的对面放入蜜脾，并让产卵房正对储蜜房，产卵圈很快扩大到脾面的 80%～90%。

7. 扩大蜂巢　当外界温度逐渐升高、蜜源植物相继开花时，幼蜂陆续出房，蜂群的群势就逐渐增强。对于这时的蜂群，应着手扩大蜂巢，增强群势，准备投入生产。扩大蜂巢时，先撤去箱内保温物，并视情况酌加空脾。

（二）强盛阶段蜂群管理

强盛阶段蜂群管理的主要任务是创造条件维持强群，取得蜂产品的高产稳产，以提高经济效益和社会效益。

为了维持强盛阶段的蜂群强壮，可采取主副群或双王群等饲养技术，同时及时更换老、劣蜂王并消除蜂群的分蜂热。

（三）度夏阶段蜂群管理

在南方的夏季，由于气温高，加上外界蜜粉源缺乏，蜂王就会自动停止产卵或产卵量急剧减少。为了保证蜂群顺利度夏，在管理上可以采取以下有针对性的措施。

1. 调整群势　抽出空脾，撤掉继箱，并以强补弱，使蜂场内蜂群的子脾大体相当。

2. 遮阴和饲水　因为外界天气炎热，遮阴可以避免分蜂热；蜂群夏季需水量大，要及时饲水。

3. 保持安静　尽量减少开箱检查的次数，确保蜂群安静，并防止盗蜂发生。

4. 调节巢门　可以适当放宽巢门，以加强蜂群内的通风。

5. 防治病虫害　应抓住越夏期的自然断子时机进行治螨。

6. 及时转地　若条件许可，可以把蜂群搬至有蜜粉源且气温适宜的地区进行饲养。

（四）渐减阶段蜂群管理

渐减阶段蜂群管理的主要任务是培育越冬适龄蜂和备足越冬饲料，为蜂群安全越冬做好准备。

1. 培养大量的越冬适龄蜂　越冬适龄蜂是指晚秋羽化出房，经过排泄飞行，尚未参与巢外采集及巢内哺育幼虫工作的工蜂。只有这样的蜜蜂才能安全地越过漫长的冬季。在秋季最后一个流蜜期，抽出部分巢脾，留下1～3张空脾供蜂王产卵，应尽力扩大蜂王产卵圈，以繁殖大量的越冬适龄蜂。

2. 备足越冬饲料　在最后一个流蜜期，每群蜂必须留足4～5框蜜脾作为越冬饲料。对那些缺乏饲料的蜂群，应抓紧时间进行补助饲喂。

3. 彻底防治蜂螨　在蜂群渐减阶段，气温逐渐下降，子脾迅速减少，因此晚秋是防治蜂螨的最佳时期。当最后一批幼蜂全部羽化出房时，可选择晴天傍晚蜜蜂全部归巢后，用杀螨剂防治。如果尚有少量封盖子脾，可采用分组治疗法，把封盖子脾集中成一组，进行治疗；无子脾的为一组，分开治疗。每隔3天一次，连治3次即可。

在渐减阶段，还应及时淘汰老、劣蜂王并更换新王。

（五）越冬阶段蜂群管理

越冬阶段的持续时间南短北长。广东、广西的蜂群越冬期约1个月，也有个别地区几乎没有越冬期；江西、湖北、浙江等长江以南省份的蜂群越冬期为2～3个月；长江以北至黄河流域的蜂群越冬期为3～4个月；华北北部、新疆、辽宁及内蒙古大部地区的蜂群越冬期在4个月左右；吉林、黑龙江的蜂群越冬期约5个月；哈尔滨以北地区的蜂群越冬期更是长达半年之久。越冬阶段的主要任务是保证蜂群安全越冬，加强保温，降低蜜蜂死亡率，减少饲料消耗。

1. 选好越冬场　场地要选择背风向阳、地势高燥、环境安静、远离粮仓和草垛的地方。

2. 幽王断子　初冬，蜂王一般不再产卵；但有些蜂王因产卵力强或因饲喂越冬饲料的刺激，冬天还在产卵，导致蜂群不结团。此时可采取幽王措施，强行断子。

3. 布置好越冬蜂巢　在布置越冬蜂巢时，要做到蜂多于脾，平均每个脾有2500只（约0.25 kg）以上的蜜蜂。留在蜂巢内的巢脾，要选用一年以上的脾，这种脾的保温能力较强。

双王同箱越冬时，把比较轻的蜜脾放在闸板的两侧，较重的蜜脾放在外侧，使两个蜂群结成一个蜂团，以利于冬季保温和春季繁殖。

在越冬蜂巢调整好以后，要尽量保持蜂群安静。

4. 管理好越冬蜂群　华北地区室外越冬的蜂群，群势不要少于5框蜂。相对来说强群消耗饲料少。5框蜂越冬后，至翌年春天一般还剩3～4框蜂。只要加强早春管理，到刺槐流蜜时，即可形成强群加继箱采蜜和产浆。

Note

5. 注意越冬护理　根据蜜蜂的生物学特性，在越冬期蜜蜂忌光、怕热、怕冷、怕振动、怕异味刺激。前期易伤热，后期易挨饿。因此，要注意遮阴，根据天气变化调节巢门的大小，使巢温不致过高或过低。

此外，还要防止鼠害。老鼠一般是咬坏箱壁后钻入或从巢门钻入。为防鼠害，可在巢门处安装一个钉有钉子的巢门挡，钉距只允许1～2只蜜蜂出入。这样可防止老鼠钻入。

蜂群进入越冬期后要定期检查，可用听诊法和蜂尸诊断法进行蜂群检查。

听诊法：采用医用听诊器来检查蜂群的方法。检查时，将听诊器的圆头拧下来，把胶管伸入巢门内，根据听到的声音来判断蜂群越冬是否正常。若仅听到微弱的"嗡嗡"声，说明蜂巢内温度正常；若听到很强的"嗡嗡"声，说明蜂巢内温度偏高；若听不到"嗡嗡"声，则说明蜂巢内温度偏低，蜜蜂受冻饿死。

蜂尸诊断法：通过蜂尸来检查蜂群的方法。检查时，将用铁丝做好的钩子，轻轻地伸入巢内，从箱底钩出来蜂尸以判断蜂群的越冬情况。若见有断裂破碎的蜂尸，说明已遭鼠害；若蜂尸腹部干瘪，则是缺蜜饥饿所致。

任务训练

一、选择题

1. 蜜蜂资源的获取手段一般不包括__________。

A. 购买蜂箱中的蜂群　　B. 诱捕野生蜂群

C. 私自收取附近蜂场的外逃蜂群　　D. 购买笼蜂

2. 以下哪一类场地可用于蜂场的选址？__________

A. 河流湖泊附近　　B. 变电站附近

C. 化工处附近　　D. 即将开花的原始森林附近

3. 蜜蜂越冬阶段，任务描述不正确的是__________。

A. 保证蜂群安全越冬　B. 加强保温　C. 降低蜜蜂死亡率　D. 肆意对待饲料消耗

二、判断题

1. 养蜂场地的选择，是蜜蜂饲养管理良好开端的第一步。(　　)

2. 蜂群的排列与周边自然环境等因素息息相关，要灵活运用与布置。(　　)

3. 一般来说，越冬阶段的饲养管理直接关系到翌年的蜂群发展形势。(　　)

三、分析题

对于意大利蜜蜂和中华蜜蜂而言，蜂群的饲养管理模式有哪些不同？

任务五　蜂产品生产

扫码学
课件20-5

任务描述

主要介绍蜂蜜、蜂花粉、蜂王浆等蜂产品的生产、加工、储存以及辅助器材等的相关知识。

任务目标

▲知识目标

能说出各种蜂产品原料的生产、加工和储存的方法。

Note

▲能力目标

能够设计蜂产品的生产、加工与储存的全过程并独立完成。

▲课程思政目标

具备热爱自然、珍惜食物、关爱生命的思想意识。

▲岗位对接

特种经济昆虫养殖。

任务学习

蜂产品是蜜蜂通过采集、酿造、分泌或抚育等行为形成的一系列可被人类利用的产品，按来源的不同可分为三类：第一类是蜜蜂外出采集植物的花蜜、花粉和树脂，经蜜蜂自身的一系列生理、生化及物理加工后形成的产品，包括蜂蜜、蜂花粉、蜂胶和蜂粮；第二类是由蜜蜂的外分泌腺生产的产品，包括蜂王浆、蜂蜡和蜂毒；第三类是蜜蜂不同发育时期的机体，包括蜜蜂的幼虫、蛹和成虫。

一、蜂蜜原料生产

蜂蜜是蜜蜂采集植物蜜腺分泌的花蜜，在蜂巢内酿造成熟后，用蜂蜡密封后储藏在蜜蜂巢脾内的甜物质。在养蜂生产上，按生产方式可分为压榨蜜、分离蜜和巢蜜。

（一）压榨蜜的生产

压榨蜜是传统中蜂养殖中的一种蜂蜜生产方式，割下饲养在木桶或墙洞内蜂群的巢脾，去掉子脾部分，将储蜜脾收集起来并放在纱布内挤压，将储藏在蜂蜡巢脾内的蜂蜜滤出。收捕的野生蜜蜂蜜脾也常采用这种方式获取蜂蜜。

这种原始的毁巢取蜜方式获得的蜂蜜虽然浓度高，但产量低、杂质含量高且卫生情况不达标，现逐步被现代蜂蜜生产技术所取代。

（二）分离蜜的生产

分离蜜是在活框蜂箱饲养技术基础上进行的蜂蜜生产活动，是现代养蜂实践所采用的蜂蜜生产方式。表现为专业化、规模化和追花夺蜜三个生产特点。

为了保证主要蜜源流蜜期夺取蜂蜜高产，应该尽量维持强群势生产蜂群。按强群高产的生产规律组织生产。

（三）巢蜜的生产

巢蜜是经蜜蜂酿制成熟并封上蜡盖的脾蜜，是利用蜜蜂的生物学特性，在规格化的蜂巢中酿造出来的含巢脾的蜂蜜块，所以常称为“格子巢蜜”。巢蜜既具有分离蜂蜜花源的芳香和营养成分，又具有蜂巢的特性，最大限度地减少人工处理，完整保持蜂蜜的自然特性。

（四）单一特种蜂蜜的生产

蜜蜂采集不同的蜜源植物的花蜜，酿造出的蜂蜜的色泽、成分、味道和营养价值也有所不同。如果选择有特种药效的单一花种，酿制出的蜂蜜就具有一定的特殊保健作用。如纯枇杷蜂蜜具有止咳润肺作用，党参蜂蜜具有滋补作用，益母草蜂蜜对妇科疾病具有一定疗效，苦刺花蜜具有清热作用等。生产时注意强群取蜜，同时还可对蜜蜂进行专一采集训练，方法是每天用该种植物的新鲜花朵浸泡于清水之中，然后加入蜂蜜或白糖配制成糖水来饲喂蜂群，蜜蜂外出采集，就会专门采集该种花蜜。生产时还应注意，第一次取出的蜂蜜，因存留有上一个花期的蜂蜜，成分比较杂，应分开存放，第二次所取的蜂蜜，才是纯的单一特种蜂蜜。

二、蜂花粉原料生产

花粉是被子植物雄蕊花药或裸子植物小孢子叶上的小孢子囊内的生殖细胞。蜂花粉是蜜蜂采

集种子植物花粉后携带回巢的花粉团。

（一）生产条件

选择开花面积大，粉源质量好的粉源植物。蜂群健康无病，群势在 8 框蜂以上，并有大量适龄采集蜂的蜂群。在生产花粉 15 天前进入蜜粉源场地前后。

（二）生产工具

根据工蜂的多少及不同季节的温度和湿度、蜜粉源以及蜂种间个体大小的差异选用不同孔径的脱粉器。10 框以下的蜂群选用 2 排的脱粉器，10 框以上的蜂群选用 3 排的脱粉器。意蜂一般选用孔径 4.8 mm 的脱粉器，干旱年景使用孔径 4.6 mm 或 4.7 mm 的脱粉器，早春与晚秋温度低、湿度大时用孔径 4.8 mm 或 4.9 mm 的脱粉器。

（三）花粉生产与处理

蜂箱垫成前低后高，取下巢门挡，清理、冲洗巢门及其周围的箱壁（板），然后把钢木脱粉器紧靠蜂箱前壁巢门放置，堵住除脱粉孔以外的所有空隙，并与箱底垂直；在脱粉器下安置簸箕形的塑料集粉盒，脱下的花粉团自动滚落盒内，积累到一定量时，及时倒出。

蜜蜂刚采集回来的蜂花粉经过脱粉器脱离后，含水量一般在 20%～40%，在常温下特别适合微生物的繁殖生长，易霉变，营养成分易损失。因此蜜蜂采集的新鲜花粉，必须经过充分的干燥处理。处理的方法一般有日晒干燥法、常压热风干燥法、真空干燥法、远红外干燥法、自然通风干燥法等。

（四）花粉的净化、包装与储存

蜂花粉的净化：花粉中常混有蜜蜂的头、翅、腿等。要除去这些轻质杂质，数量少时可用手工方法处理，可用簸箕扇，明显的用手拣出。数量多时，可采用筛选法、风选法、旋风分离器等处理。

蜂花粉的储存：大批量储存要单设库房，库房要先进行清扫、消毒，并且保持干燥，不能与有污染的物品放在一起，少量的可放进冰箱或冰柜中保存。蜂花粉储存应以保证蜂花粉的质量为主，能防止花粉的变质、发霉，能减少花粉有效成分的损失，除了灭菌消毒及干燥处理外，灭害虫及储存条件也是很重要的一环。目前普遍采用的储存花粉方法有鲜花粉冷藏法、加糖保藏法、充气储存法。

三、蜂王浆原料生产

蜂王浆是 5～15 日龄青年工蜂头部咽下腺和上颚腺分泌的乳白色或淡黄色，具有特殊香味，味酸、涩、辛、微甜的浆状物。在蜂群中，工蜂分泌的蜂王浆主要用于饲喂蜂王、蜂王幼虫、1～3 日龄工蜂幼虫和雄蜂幼虫。蜂王浆又称为蜂皇浆或蜂乳。

蜂王浆生产就是利用蜜蜂哺育蜂王幼虫时，在王台中分泌大量蜂王浆，供蜂王幼虫采食这一特性，人为地促使工蜂分泌蜂王浆饲喂蜂王幼虫，当王台中蜂王浆堆积最多时，去除幼虫而获得蜂王浆。

（一）生产条件

蜂群应健康无病，各龄子脾齐全，蜂群群势在 7 框以上；温度在 15 ℃以上，无连续寒潮；蜜粉源丰富且有连续性，花粉充足；处于辅助蜜源时期或主要蜜粉源时期，15 天内不会出现蜜粉源短缺现象。生产期间禁用一切蜂药。

（二）生产工具

采浆框、台基条、移虫针、刮取蜂王浆的器械、利刀、镊子和储浆瓶等。

（三）蜂王浆生产

用隔王板将蜂隔成繁殖区和生产区，生产区内放 1～2 张蜜粉脾，1～2 张幼虫脾，其余为新封盖子脾。将采浆框插在幼虫脾与蜜粉脾或大幼虫脾之间，繁殖区放卵虫脾、空脾，以及即将或开始出房的蛹脾、蜜粉脾，使生产群蜂脾相称或蜂略多于脾。将无污染全塑台基条装入采浆框，然后在每个台基内点少许蜂蜜，置于蜂群内让工蜂清扫 24 h 以上，当台基上出现白色或黄色新蜡时，即可移虫。移虫时用承托盘承托幼虫脾，用移虫针把 12～24 h 的幼虫从巢房中移出，放在台基底的中央，每个台基放 1 只幼虫。移虫要快速、准确，虫龄均衡，无针伤，同时注意虫脾的保温和使用时间，每张虫脾在群外的时间不超过 1 h，用完的虫脾及时送回原群。在移虫后 3～4 h 可将采浆框提出，给未接受

Note

台基重新补移和其他台基内日龄一致的幼虫。

取浆在移虫后68～72 h进行，盛期可提前几小时。将采浆框从蜂群中提出时，先把浆框两侧的巢脾稍加活动，向外推移，保证提框时不挤蜜蜂，不碰王台。将附在浆框上的工蜂用蜂刷轻轻扫去，不可用力抖动，防止抖掉蜂王浆或使虫体陷入浆内，减少蜂王浆产量。取出浆框后，用利刀割去台基口加高部分的蜂蜡，要割得平、齐，露出原台基的形状，然后用镊子夹出台基内的幼虫。最后用取浆笔或刮浆铲沿着台基内壁轻轻刷刮，将蜂王浆取出，刮入浆瓶内。1次刮不净的可重复刮取，接着再刮下一个。整框蜂王浆取完后，用刀割去未接受台基内及周围的蜂蜡，用取浆笔从接受台基里蘸少许残浆抹入未接受台基内，然后移虫，重新放入生产群内。蜂王浆采收后，应及时冷冻储存。产品应按生产日期、花种、产地分别存放。产品不得与有异味、有毒、有腐蚀性和可能产生污染的物品同库存放。

四、蜂胶原料生产

蜂胶又名蜂巢腊胶，蜂胶是蜜蜂从植物的腋芽、树皮或茎干伤口上采集来的黏性分泌物树脂与部分蜂蜡、花粉等的混合物。蜜蜂用它来填补蜂箱裂缝，加固巢脾，缩小巢门，磨光巢房，杀菌消毒，以及包埋较大入侵物的尸体等。蜂胶呈褐色或灰褐色，有的带青绿色，其颜色、品质与蜜蜂所采集的植物种类有关。

蜂胶采集的方法有直接收刮、盖布取胶、网栅取胶、巢框集胶器取胶等。生产中多采用在覆布下加一片与覆布几乎相同的无色尼龙纱，使覆布离开框梁，形成空间。尼龙纱细而密布方孔，是蜂胶较为理想的附着物。蜜蜂本能地加固巢脾，填充空隙，大量采集蜂胶。待尼龙纱两面都黏满蜂胶后，便可采收。采收时，从箱前或箱后用左手提尼龙纱，右手拿起刮刀，刀与框梁成锐角，边刮边揭，要使框梁上的蜂胶尽量带到尼龙纱上，直到揭掉。然后把覆布翻铺到箱盖上，用起刮刀轻轻刮取。尼龙纱要两角对叠，平平压一遍，让其相互黏结，再一面一面将尼龙纱揭开，蜂胶便可取下。尼龙纱上剩余蜂胶，可用胶团在上面来回滚几遍，胶屑便全都黏在团上。最后将尼龙纱和覆布按原样放回箱中，继续采胶。

五、蜂毒原料生产

蜂毒是工蜂毒腺和碱腺分泌出的具有芳香气味的透明的分泌物，防卫蜂蜇刺敌体时从螯针排出。

蜂毒生产应选择春末、夏季外界气温在20 ℃以上，有较丰富蜜粉源时，自卫性能强的强壮蜂群。18日龄后的工蜂毒囊里的存毒量较多，每只工蜂存毒约0.3 mg。

直接刺激取毒法是将工蜂激怒，让其蜇刺滤纸或纱布，使毒液留在滤纸或纱布上，然后用少许蒸馏水洗涤留有毒液的滤纸或纱布，文火蒸发掉毒液中的水分，得到的粉状物即为粗蜂毒。

电取蜂毒法是在低压电流刺激下，壮年工蜂将毒囊中的毒液排在玻璃板承接物上，毒液迅速干燥，用不锈钢刀等工具把凝结的晶体刮下集中，获得蜂毒粗品。电取蜂毒是目前最理想的取毒方法，所取蜂毒纯净、质量好，且对蜜蜂伤害轻。电取蜂毒所用的电取毒器种类较多，但都是由电源、产生脉冲间歇电流的电路、电网、取毒托盘、平板玻璃等几部分构成。电取蜂毒每群排毒蜜蜂为1500～2000只，每次7～10 min，每群每次可收干蜂毒约0.1 g，定地饲养的蜂群隔1周可再次取毒；转地饲养的蜂群，在取毒后休息3～4天转地才安全。注意不要在大流蜜期取毒，此时电击蜜蜂会引起吐蜜，使蜂毒污染，降低蜂毒质量。

取毒时，禁止吸烟以防污染蜂毒；取毒人员要穿洁净的工作服、戴面网，同时避免其他人员及家畜进入蜂场以防蜂蜇。

任务训练

一、选择题

1. 由蜜蜂的外分泌腺生产的产品，一般不包括__________。

A. 蜂王浆　　B. 蜂蜡　　C. 蜂毒　　D. 蜂蜜

2. 以下蜂产品主要用于给蜜蜂和人类提供能量的是__________。

A. 蜂蜜　　B. 蜂花粉　　C. 蜂王浆　　D. 蜂胶

Note

3. 以下蜂产品被称作“紫色黄金”的是__________。

A. 蜂蜜　　　　B. 蜂花粉　　　　C. 蜂王浆　　　　D. 蜂胶

二、判断题

1. 蜂花粉富含蛋白质、脂类、维生素等营养物质。(　　)
2. 蜂蜜属于混合物,主要包含葡萄糖和果糖。(　　)
3. 蜂王浆属于天然的动物激素产品,可以补充脑力。(　　)

三、分析题

对于意大利蜜蜂和中华蜜蜂而言,它们生产的蜂产品有哪些不同?各自有哪些作用?

技能八　参观养蜂场

技能目标

了解蜂场建设中场地选择与蜂场建设的原则;掌握蜂群排列的相关知识;掌握全面检查、局部检查、箱外检查三种蜂群检查方法。

材料用具

蜂帽、蜂衣、防护手套、起刮刀、巢脾抓、喷烟器等。

技能步骤

1. 学生分组　教师根据学生人数、蜂场蜂箱数及养蜂器具等对学生进行分组,每组学生再根据实训内容,由组长分配任务,各组学生团结协作完成实训任务。

2. 教师示范　在学生操作之前,教师要将本次实训内容完整操作演示一遍,对操作中容易出现的问题,如蜂衣、蜂帽的穿戴,安全防护、蜂器具使用要点等进行详细讲解,以免学生实际操作时出现意外。

示范操作内容:①蜂群全面检查的操作;②蜂群局部检查的操作;③蜂群箱外检查的操作。

3. 学生操作　在教师的指导下,学生动手操作,完成实训任务。

技能考核

评价内容		配分	考核内容及要求	评分细则
职业素养与操作规范(40分)		10分	穿戴实训服;遵守课堂纪律	每项酌情扣1～10分
		10分	实训小组内部团结协作	
		10分	实训操作过程规范	
		10分	对现场进行清扫;用具及时整理归位	
操作过程与结果(60分)	蜂场场址的选择原则	20分	能够在规定的时间内说出蜂场场址的选择原则	每项酌情扣1～20分
	蜂场建设的基本要求	20分	能够在规定的时间内准确说出蜂场建设的基本要求	
	蜂群检查的三种方法	20分	能够在规定的时间内采用三种方法进行蜂群检查	

技能报告

(1)总结参观蜂场过程中,蜂场选址与建设的特点。

(2)分别描述三种蜂群检查的方法以及操作的注意事项。

任务拓展

蜜蜂病害防治

Note

项目二十一　黄粉虫养殖

任务一　生物学特性

扫码学
课件 21

任务描述

主要介绍黄粉虫分类，形态特征、机体结构和生活习性等。

任务目标

▲知识目标

能够说出黄粉虫的分类和形态特征；能结合黄粉虫的机体结构说出黄粉虫的生活史和生活习性。

▲能力目标

能区分黄粉虫生活史不同阶段的特点；能根据黄粉虫的生活习性指导生产。

▲课程思政目标

具备科学严谨的职业素养；具备创新创业、服务乡村振兴的思想意识。

▲岗位对接

特种饲料经济动物饲养、特种昆虫经济动物饲养。

任务学习

一、黄粉虫的分类和分布

黄粉虫也叫面包虫、面条虫、黄金虫，为多汁软体动物，属昆虫纲、鞘翅目、拟步甲科、粉甲属（图 21-1），是一种完全变态的仓库害虫，也是一种粮食害虫，原产于北美洲，分布于全球。因其蛋白质含量高，也被称为高蛋白虫，黄粉虫各阶段蛋白质含量如表 21-1 所示。

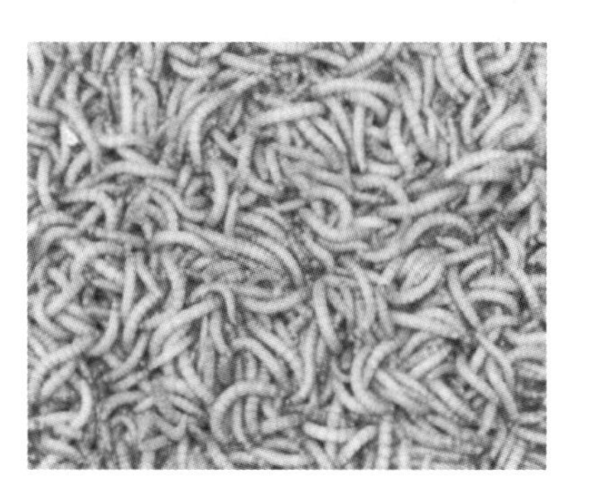

图 21-1　黄粉虫

表 21-1　黄粉虫不同阶段蛋白质含量表

阶段	鲜虫	干燥幼虫	蛹	成虫
蛋白质含量	25%～47%	79%以上	55%～47%	60%～64%

Note

黄粉虫成虫除蛋白质含量高之外，脂肪含量为28%～30%，碳水化合物占3%，还含有磷、钾、铁、钠、镁、钙、铝等多种常量和微量元素、维生素、酶类物质及动物生长必需的16种氨基酸，如每100 g干样品中含氨基酸847.91 mg，其中赖氨酸占5.72%，蛋氨酸占0.53%。黄粉虫的营养价值极高，生产中常用来作为一些珍稀禽类和水产类动物的饲料原料，如观赏鸟、观赏鱼和观赏龟等，也可替代鱼粉添加到家畜饲料中提高蛋白质含量。

黄粉虫主要有两种近缘种，分别是黑粉虫和大麦虫。黑粉虫俗称大黑粉虫，也叫拟步甲、伪步行虫，与黄粉虫同属异种，两者体型大小十分相似，也都属仓库害虫一类，主要居住在仓库角落、柜子底部和一些阴暗潮湿的地方，侵蚀粮食、油料作物、肉类制品和其他农副产品。大麦虫也被称为超级面包虫或超级麸皮虫，外形也与黄粉虫相似，但成虫体长是黄粉虫的2～3倍，营养价值也高于黄粉虫，主要以麦麸皮为饲料，也采食各种水果、残菜和动物尸体等。目前在我国主要用于饲喂一些高档宠物，如名贵金龙鱼、银龙鱼、壁虎、蜥蜴和龟等。

二、黄粉虫的形态特征和机体结构

黄粉虫是一种完全变态动物，生长过程包括卵、幼虫、成虫和蛹四个时期，不同时期、不同生长阶段的外部形态不同，通常所说的黄粉虫单指其幼虫阶段，这一阶段形态与家蚕类似，身体分节约30 mm，外观呈黄褐色，有光泽，体壁坚韧厚实(图21-2)。

黄粉虫与大多数节肢动物一样，属于体腔血液循环，骨骼属于外骨骼，机体包括消化、生殖、呼吸、循环、神经和内分泌等系统。

(一)消化系统

黄粉虫幼虫的消化道平直，呈长筒形，可贯穿整个躯体，主要靠发达的前肠和中肠来完成对食物的消化和吸收。成虫的体型较短，相应的消化段也在发育过程中缩短，但成虫有更为发达的中肠，其肠壁质地也更硬，主要依靠中肠对摄取的食物进行消化吸收。故在饲养过程中应该根据消化道差异给黄粉虫幼虫和成虫提供不同的饲料，生产提供给幼虫的饲料可以颗粒大一些，可以多一些含水量高的叶菜类饲料，但幼虫对饲料要求不高，种类可以多样化；成虫因主要依靠中肠，故需要提供粒度更小、更精的消化率高的饲料，可有效提高成虫的产卵数量和质量。

(二)生殖系统

黄粉虫生殖系统包括雄性和雌性生殖系统，是精子和卵子产生、结合的器官，又可分为内生殖系统和外生殖系统。内生殖系统位于腹腔内，包括生殖腺和附属腺，主要功能是产生生殖细胞，合成、分泌、释放生殖激素。外生殖系统位于腹部，主要由腹部末端体节和附肢组成，结构相对简单。雄虫一生可交尾多次，每次产生10～40个精珠。

黄粉虫雌性生殖系统主要由卵巢、输卵管、侧输卵管、排卵管、受精囊和附腺组成，随羽化的进行，不断发育成熟。羽化第15天，是产卵高峰期，每天可产卵数十枚。该时期需要加强黄粉虫的营养，可促进其端部端丝的出现，即有可能排出更多卵子，提高黄粉虫的繁殖性能。

三、黄粉虫的生活习性

(一)变态习性

黄粉虫和所有昆虫一样，1个世代要经过卵→幼虫→蛹→成虫(蛾)四种形态的变化，时间需要4～5个月(图21-3)。

1.卵　黄粉虫的卵呈乳白色，椭圆形，米粒大小。卵的外面是卵壳，起保护作用，里面是卵黄。刚产出的卵有黏性，常黏有饲料的碎屑。卵孵化的适宜条件为温度19～26 ℃，相对湿度78%～85%。卵的孵化时间随温度高低有差异，10～20 ℃时需要20～25天，25～30 ℃时只需4～7天。

2.幼虫　刚孵出的幼虫很小，长约3 mm，呈乳白色。1天后才开始进食，并进行第一次蜕皮。温度25～30 ℃，饲料含水量13%～18 %时，约8天蜕去第一次皮，为2龄幼虫，体长增加至5 mm。之后会在35天内经过6次蜕皮，最后成为老熟幼虫，这时幼虫呈黄色，体长增至20～25 mm。幼虫

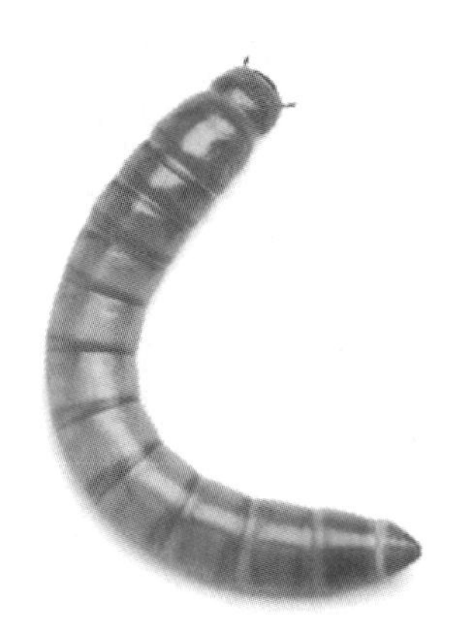

图 21-2 黄粉虫幼虫

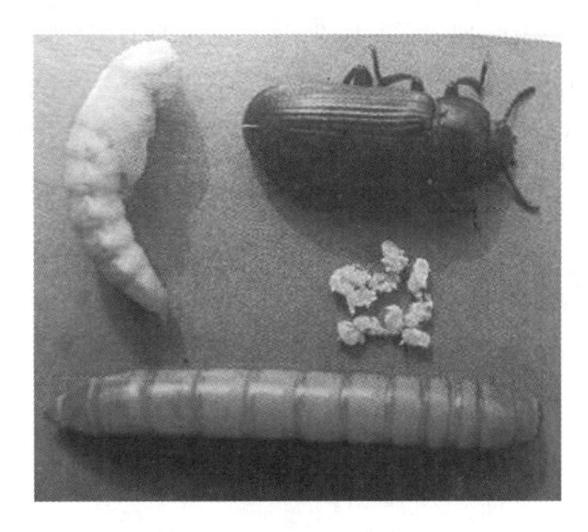

图 21-3 黄粉虫的四种形态

在蜕皮过程中，每蜕皮 1 次，体长均会明显增加。幼虫有 13 个体节，其中头节 1 节、腹节 8 节、胸节 3 节、尾节 1 节；头部口器呈黑色，有 1 对颚和 1 对触角；眼小，仅有感光作用。幼虫生长的适宜温度为 25～29 ℃，相对湿度 50%～85%，气温低于 10 ℃时极少活动，幼虫很耐旱，但在十分干燥时会互相残食。

3. 蛹 末龄幼虫化为蛹，蛹身睡在饲料堆里，并无丝茧包被，有时还能自行活动。刚形成的蛹为乳白色，以后逐渐变黄、变硬，体长约 16 mm，头大尾小，两边有棱角，3 天后颜色加深变成黑褐色。雄蛹乳状突起较小，不显著，基部愈合，端部伸向后方；雌蛹乳状突起大而显著，端部扁平稍骨化，显著向外弯。蛹常浮在饲料的表面，即使把它放在饲料底下，不久也会爬上来。黄粉虫的蛹期较短，温度在 10～20 ℃时，15～20 天即可羽化成蛾；25～30 ℃时，6～8 天就能羽化成蛾。蛹期的适宜温度为 26～30 ℃，适宜的相对湿度是 78%～85%。

4. 成虫(蛾) 初羽化出的成虫为白色，逐渐转变为黄棕色、深棕色，2 天后转变为黑色，有光泽。此时开始觅食。成虫体长 14～19 mm。成虫尾节只有 1 节，雄性有交接器隐于其中，交配时伸出；成虫一生中多次交配，多次产卵。每次产卵 6～15 粒，每只雌成虫一生可产卵 30～350 粒。适宜成虫生活的温度为 26～28 ℃，相对湿度为 78%～85%，成虫昼夜都能活动、摄食。

（二）食性

黄粉虫是杂食性昆虫，只要含有营养、形状大小合适的就可以作为它们的饲料。目前大多数养殖户们以麦麸、米糠、玉米、大豆皮和高粱等作为主要饲料，添加果品、油料副产物等作为辅料，此外黄粉虫也喜食绿叶蔬菜、胡萝卜和土豆等叶菜瓜果类的饲料作物。

（三）负趋光性

黄粉虫喜暗不喜光，是一种负趋光性昆虫，在黑暗的地方比强光下生长迅速，故在饲养时应保持养殖场的黑暗环境，避免长时间强光照射，尤其是蛹期黄粉虫，强光下照射 2 h 将使其失去生命。

（四）群居性

黄粉虫的幼虫和成虫均喜欢群居在一起生活，是一种群居性昆虫，适合较高密度的饲养，一般每平方米饲养 2000～3000 只成虫比较合适。但若饲养密度过大，活动空间减少，不仅容易造成食物不足，散热不良，内部温度升高，从而影响蜕皮阶段的幼虫，也会使成虫和幼虫吞食幼龄的卵和蛹，带来养殖损失。

（五）自相残杀性

饲养中发现，群居的黄粉虫不同虫态之间存在相互蚕食的现象，如黄粉虫的成虫会蚕食蛹、幼虫和卵，高龄幼虫蚕食低龄幼虫，或者是相同虫态之间相互殴打咬伤而后蚕食，主要表现为以强食弱，以大食小，可活动的咬食不能活动的，尤其是卵，是其他三种虫态共同捕获的对象。

（六）生殖习性

黄粉虫只有成虫才有生殖能力，通过两性交配完成生殖过程，一般雌雄比为 1∶1，但在较好的饲

养环境下，雌雄比可达(3～4)∶1，当环境恶化后，雄性个体会急剧增多，雌雄比为1∶(3～4)，而且成活率都很低。黄粉虫的雌雄交配一般在夜间或在黑暗的环境中进行，当遇到强光或是嘈杂的声音受到惊吓时便会终止，因此在饲养过程中，应尽量保证环境的安静和避免强光直射。

此外，黄粉虫还有运动习性、蜕皮习性和变态习性。

任务训练

一、填空题

1. 黄粉虫的近缘种有__________和__________。
2. 黄粉虫的虫期有__________、__________、__________、__________。
3. 影响黄粉虫羽化时间长度最主要的因素是__________。
4. 蛋白质含量最高的时期是黄粉虫的__________。
5. 列举5种黄粉虫的生活习性__________、__________、__________、__________、__________。

二、论述题

1. 请简要阐述黄粉虫的饲养价值。
2. 什么时期的黄粉虫对营养要求最高？说明原因。

任务二　养殖设备

任务描述

主要介绍黄粉虫的饲养模式和对环境的要求。

任务目标

▲知识目标

能说出黄粉虫不同养殖方式的优势，能说出其对温度和湿度的要求。

▲能力目标

能在生产中根据黄粉虫的表现判断温湿度是否合适，并做出调整。

▲课程思政目标

具备认真的学习态度和较为全面的职业素养。

▲岗位对接

特种饲料经济动物饲养、特种昆虫经济动物饲养。

任务学习

一、黄粉虫的养殖方式

黄粉虫的利用模式较多，可制成特种经济动物的饲料(图21-4)，用作诱饵等。以养鸡为例，主要的综合利用模式如下(图21-5)。人工饲养黄粉虫主要有饲料来源广、饲养成本低投入少、生长繁殖快、易养殖、疾病少、养殖形式多样等优点。主要饲养方式有混合饲养、分离饲养和工厂规模化饲养。

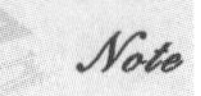

（一）混合饲养

混合饲养是一种比较传统的养殖方式，即是将所有的黄粉虫混合在一起饲养，投入资金和人工都较少，对养殖场的要求也低，但抵御风险的能力也较弱，是一种初级养殖方式，适合初次饲养和小型的家庭户养殖。

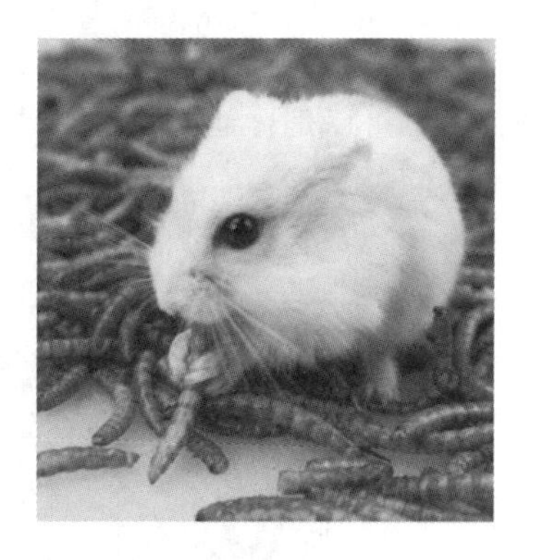

图 21-4 黄粉虫饲喂仓鼠

（二）分离饲养

根据黄粉虫不同的虫态和习性，将其放入不同的容器内分开饲养，提供不同的饲养条件，可最大限度地发挥黄粉虫的生长特征和优势，也可避免不同虫态间互相残杀。

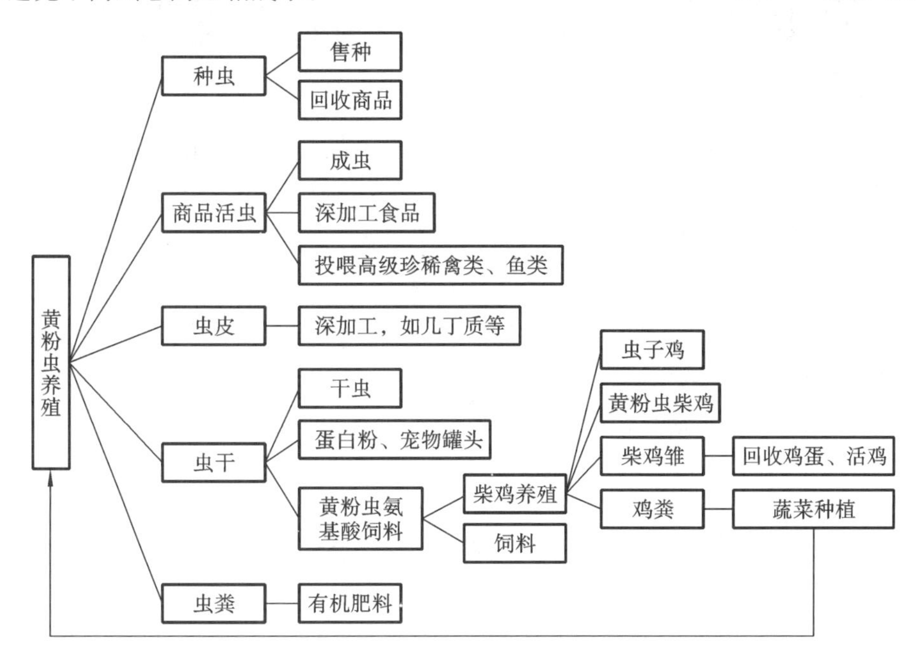

图 21-5 黄粉虫养鸡利用模式

分离饲养按照使用的设施设备不同可分为立体和平面两种方式。平面养殖有池养、室养和棚养三种方式；立体养殖有箱养、塑料桶养、盆养、盒养四种方式，下面介绍 4 种常用的养殖方式。

1. 箱养 箱养是一种常见的养殖方式，大、中、小型的饲养规模都可采用，箱养黄粉虫的繁殖率和产量都较高，根据选用箱体的材质不同，有木制虫箱（图 21-6）和塑料虫箱（图 21-7）两种。木制虫箱较为理想，透气性好，适合黄粉虫的习性，但箱体较重，周转时费力，使用年限较短；塑料虫箱轻，但箱体易反潮积水。

图 21-6 木制虫箱

图 21-7 塑料虫箱

2. 塑料桶养 塑料桶养殖黄粉虫，转运简单轻便，桶的大小可以自行选择，内壁光滑即可，在桶的 1/3 处放置一个网栏，网上饲养黄粉虫，网下接收虫卵，盖上纱网桶盖即可（图 21-8）。

3. 盆养　盆养黄粉虫简单易行，经济简单，适合小规模养殖户，使用的养殖盆可以是塑料盆或陶瓷盆，也可以是普通家用的盆(图 21-9)。

图 21-8　塑料桶养黄粉虫

图 21-9　盆养黄粉虫

4. 盒养　这是一种新的养殖方式，相比其他几种，较为明显的优势是防逃逸，可避免黄粉虫爬出，同时自带盖子，有一定的保暖和防水性。

二、黄粉虫饲养对环境的要求

黄粉虫养殖对室外环境的要求不高，只要周围安静，无长时间、经常性的噪音，干净卫生，无较多天敌即可。对室内环境的要求主要体现在温度和湿度上。

(一)对温度的要求

黄粉虫对温度的适应范围很宽。在北方，自然条件下黄粉虫多以幼虫和成虫状态越冬，在仓库中可抵御－10 ℃以下的温度，但成活率很低。在仓库 35 ℃以上的环境中开始死亡。秋季温度在 15 ℃以下开始冬眠，此时也有取食现象，但基本不生长、不变态。冬季黄粉虫进入越冬虫态后，如人为升高温度，黄粉虫可恢复取食活动并继续生长变态。如在冬季将饲养室温度提高到 22 ℃以上，幼虫可恢复正常取食，且能化蛹、羽化，但若使其交尾产卵，则需将温度提高到 25 ℃以上。黄粉虫的适宜生长温度为 22～32 ℃，25～30 ℃为最佳生长发育和繁殖温度，致死高温为 35 ℃。但在养殖环境下有时室温仅 33 ℃，黄粉虫便开始成批死亡。

(二)对湿度的要求

黄粉虫对湿度的适应范围较宽，最适空气相对湿度：成虫、卵为 55%～75%，幼虫、蛹为 65%～75%。若环境干燥，湿度过低，则影响生长和蜕皮。黄粉虫蜕皮时从背部裂开一条线，这条线为蜕裂线。干燥会导致许多幼虫或蛹因蜕裂线打不开无法蜕皮而最终死亡，或者因不能完全从老皮中蜕出而成残疾。但湿度过高时，饲料与虫粪混在一起易发生霉变，使黄粉虫染病。所以，保持一定的湿度，适时适量补充含水饲料(如菜叶、瓜果皮等)是十分重要的。在一定湿度环境下保持温度的稳定，对黄粉虫成长、交尾、产卵及其寿命长短都是十分重要的。

在高温期，如果湿度过高，可以通过加强空气流通等措施来降低温度，同时也可降低养殖场内的湿度。降低湿度的方法除了加强通风(如果遇到低温高湿，最好用暖风机)外，还可以在室内放置活性炭等吸湿剂，忌用刺激性气味太重的吸湿剂，石灰要谨慎使用。需要强调的是，以上讲的主要是养虫室内空气湿度。而实际上养虫箱内的湿度更为重要，箱内湿度过大是造成黄粉虫患病死亡的主要因素，大多由饲喂饲料和蔬菜等含水饲料不合理造成。

任务训练

一、填空题

1. 黄粉虫的立体饲养模式有__________、__________、__________、__________。
2. 黄粉虫生长的最适温度是__________。

3. 成虫和卵的最适湿度是__________，幼虫、蛹的最适湿度是__________。

二、分析题

1. 请分析黄粉虫四种饲养设备的优缺点。
2. 生产中如何控制好黄粉虫养殖的温度和湿度？

任务三 繁殖技术

任务描述

主要介绍黄粉虫的引种和选种措施，繁殖技术和管理。

任务目标

▲知识目标

能说出黄粉虫引种注意事项；能说出黄粉虫的繁殖管理技术。

▲能力目标

能区分黄粉虫的种虫和商品虫；能选育黄粉虫种虫；能做好种用黄粉虫的繁殖管理。

▲课程思政目标

具备岗位职业道德及较强的专业服务意识。

▲岗位对接

特种饲料经济动物饲养、特种昆虫经济动物饲养。

任务学习

黄粉虫饲养过程中一代一代往下繁殖，几乎都是来自同一种源，甚至经常有近亲交配的情况，长期的单一种源、单一饲喂方式会导致品种逐渐退化。退化的黄粉虫表现为抗病力下降，生长缓慢，总体个体偏小。因此，饲养黄粉虫的过程中不仅需要引入新的品种，也要对品种进行选育。

生产上改善黄粉虫饲养过程中退化现象的办法有两种：一种是捕捉自然界的野生黄粉虫与人工饲养的种群混合繁殖，自然环境和仓库中的黄粉虫生活力强，抗病力也强，引入野生黄粉虫可改善由于长期的人工饲养造成的种虫生活力和抗病力下降的现象。另一种是从不同地区收集种虫混养，饲养过程中注意筛选，选优去劣，一旦发现有生活力和体质差的个体，应立即淘汰。

一、黄粉虫的引种

黄粉虫品种的形成是进化和长期自然选择的结果，每个虫期都有各自的生长发育规律，引种前需要对黄粉虫进行一定时期的驯化，以便其适应当地的气候和生态环境。引种的最佳时期是蛹期，3个月以上的老熟幼虫食欲差，即将化蛹时活跃的幼虫均匀分布在四周，而蛹期幼虫在饲养箱的中央不动，对温湿度的要求不高，此时引种合适。

1. 引种前的准备 黄粉虫需要在室内进行繁殖，在引种之前需要准备好通风、安静的饲养房，并对室内外做好严格的消毒，同时要预防老鼠、蚂蚁和蛇等敌害。

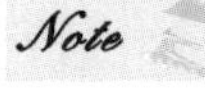

2. 引种注意事项

(1)确定引种目标:明确生产中存在的问题后,有目的地进行引种。

(2)区分种虫和商品虫:种虫个体健壮,体态丰满,生活力强,全身色泽光亮,引回来后的成活率也高;商品虫经过了很多代的繁殖,个体参差不齐,色泽相对较暗,个体相对瘦小,引回来后的成活率较低,产量也达不到要求,容易造成损失。

二、黄粉虫的选种原则

选种是黄粉虫育种工作之一,可有效地控制变异的发展方向,促进变异的积累加强,创造出黄粉虫新的品质,使得黄粉虫达到目标特征,好中选优,最后育成新种。选种的原则如下。

(1)虫种及其上一代没有疾病史,尤其是没有传染类的疾病。

(2)老熟成虫的个体要大,每克虫数量不超过7只。

(3)群体大小要均匀,羽化和化蛹整齐,便于批量管理。

(4)活动性好,杂食性,不挑剔饲料,无其他害虫掺杂。

三、黄粉虫的繁殖技术

1. 雌雄鉴别技术 黄粉虫的雌雄鉴别主要看个体大小和产卵器。雄虫个体小,身体细长,无产卵器;雌虫个体肥大,尾部尖,有向下垂的产卵器,并且可伸出壳外。

2. 亲本的交配管理 为保证高效的繁殖效果,黄粉虫在繁殖期的雌雄比例应在1∶1左右,一般于羽化后的4~5天交配,有多次交配和产卵行为,交配后的1~2个月是产卵的高峰。黄粉虫喜暗,交配多发生在晚上8点之后,凌晨天亮之前,生产中应该尽量给繁殖亲本提供适合交配的黑暗安静环境,黄粉虫在交配过程中如果受到惊吓,会立即终止交配行为。

3. 亲本的产卵管理 生产上黄粉虫的优良亲本与商品虫常分开饲养,商品虫是为盈利,饲养亲本的目的是需要成虫产出大量优质的虫卵,继续扩大繁殖,因此需要给亲本提供营养均衡的优质饲料,提供黑暗宽松的生活环境。将同日羽化的成虫单独养在同一个产卵箱内,箱体内壁贴一层塑料薄膜,避免成虫爬出或产卵分散,箱体底部要垫上一层筛网,以便产下的卵及时漏下,而不被成虫吃掉,筛网下要垫上收集虫卵的纸或者布料,以便集中收卵。

4. 产后成虫商品化和卵的孵化管理 产卵后的雌性成虫部分因衰老逐渐死亡,未死亡的产卵量也急剧下降,为提高生产效率,降低饲养成本,常在成虫产卵后2个月内将其人工处死,然后烘干制成虫粉,可作为一种高蛋白质饲料添加到饲料中。

将收集到的卵放入标准盘中,做成孵化盘。标准饲养盘底部铺设一层报纸、纸巾、包装纸等废旧纸张,在纸上面覆盖0.5~1 cm厚的麦麸作为基质,然后在基质上放置第一张集卵纸;在第一张集卵纸上,再覆盖0.5~1 cm厚基质,中间加置3~4根短支撑棍,上面放置第二张集卵纸;如此重复。每个盘放4~5张集卵纸,不可叠放过重,以防压坏集卵纸上的卵粒。然后将孵化盘置于孵化箱中或置于温湿度条件适宜卵孵化的环境中,将要孵化的卵逐渐变为黄白色,长1~1.5 mm、宽0.3~0.5 mm,肉眼一般难以观察,需用放大镜才能清楚地看到。1周后将孵化的幼虫取出,进入幼虫培养阶段。研究表明,卵的孵化与温度和湿度有极大的关系。因此繁殖期是管理的重要时期,卵的孵化时间与温度有着密切的关系,一般随温度的升高,卵期缩短,温度降低则孵化延迟,温度如果在15 ℃,虫卵基本不会孵化;在15~18 ℃时,20~25天便可孵出;当温度为19~22 ℃时,卵期为12~20天;温度为25~30 ℃,卵期为5~8天;温度为25~30 ℃、湿度为65%~75%、麦麸湿度15%时,只需3~5天即可孵出,刚孵化的乳白色幼虫十分细软,尽量不要用手触动,以免其受到伤害。卵期将室温控制在23~28 ℃,相对湿度65%~75%,虫卵的孵化率可达99%。

任务训练

分析题

1. 请阐述黄粉虫的引种原则,并举例说明。

2. 请从饲养管理的角度谈谈如何提高黄粉虫的繁殖力。

任务四 饲养管理

任务描述

主要介绍黄粉虫的饲料种类和常用配合饲料配方。

任务目标

▲知识目标

能说出黄粉虫常用饲料类别；能说出幼虫、成虫和产卵虫的饲料配方的差异。

▲能力目标

能根据黄粉虫生活阶段提供相应的饲料原料；能配制简单的黄粉虫配合饲料。

▲课程思政目标

具备立足专业的岗位适应能力和履职能力。

▲岗位对接

特种饲料经济动物饲养、特种昆虫经济动物饲养。

任务学习

一、黄粉虫的营养需要及饲料种类

黄粉虫对饲料中营养的需求与其他高等动物一样，也需要提供蛋白质、脂肪和维生素等营养物质，由于它是杂食性昆虫，饲料的来源十分广泛，也不需要深加工，常喂的有麦麸、玉米面、豆饼粉、花生饼粉、芝麻粉、豌豆粉、面包、馒头和米糠等各种粮食，树叶、苏丹草、黑麦草、野草及果渣，以及白菜、青菜、萝卜、南瓜等根茎瓜果类。

（一）麦麸

用麦麸为原料配制的饲料配方，主要是用来饲喂幼虫和供繁殖育种的成虫，确保繁殖所需要的营养效果。以麦麸、玉米面、豆饼粉、花生饼粉等多种混合糠粉为原料发酵而成的生物饲料已经被广泛运用于工厂化规模养殖中，可以有效地降低饲料成本，提高经济效益。

（二）米糠

米糠也是饲养黄粉虫的原料之一，鲜米糠的适口性好。

（三）果渣

果品在罐头厂、果酒厂、饲料厂加工时，被废弃的下脚料称为果渣，这种果渣包含果核、果皮、果浆等，经过适当加工就可以成为黄粉虫的优质饲料。

（四）蔬菜

蔬菜作为青绿饲料添加给黄粉虫在目前最常见，利用范围也很广，不仅可以给黄粉虫提供水分，还可以补充维生素，同时调节生活环境的湿度，常用的有白菜、青菜、波菜等叶子较多的蔬菜。

（五）苏丹草

黄粉虫对苏丹草的利用可以分为两部分，一部分可以利用的是它的茎、叶，鲜嫩的苏丹草是黄粉

虫幼虫所喜欢的好饲料；另一部分可以利用的就是苏丹草衰老后的秸秆，其与玉米秸秆一同处理后，可用来饲喂黄粉虫。

二、适合黄粉虫的饲料配方

在大型规模化黄粉虫饲养场内，常采用配合饲料饲喂黄粉虫，以确保营养的供给，以下介绍几种适合幼虫、成虫和产卵虫的常用饲料配方。

1. 幼虫配合饲料参考配方

(1)麦麸70%，玉米粉24%，大豆粉5%，食盐0.5%，维生素0.5%。

(2)麦麸45%，米糠45%，鱼粉10%，维生素少许。

(3)鱼粉20%，豆粕56%，酵母3%，麦麸17%，矿物质1%，其他3%。

2. 成虫配合饲料参考配方

(1)麦麸45%，玉米粉35%，大豆粉18%，食盐1.5%，维生素0.5%。

(2)麦麸60%，碎米糠20%，玉米粉10%，豆饼9%，其他1%。

(3)麦麸10%，花生粉43%，蚕豆粉45%，维生素1.2%，混合盐0.8%。

3. 产卵虫的饲料参考配方

(1)麦麸75%，鱼粉5%，玉米粉15%，食糖3%，食盐1.2%，维生素0.8%。

(2)花生麸70%，玉米粉13%，麦麸12%，食糖3%，食盐1.2%，维生素0.8%。

(3)麸皮70%，玉米粉20%，芝麻饼9%，鱼骨粉1%。

三、黄粉虫的管理

1. 各虫期的管理

(1)幼虫期的管理。

幼虫在孵化后约20天内都十分软弱幼嫩，仅在其孵化区的很小范围内活动，此时不能触碰和移动，否则容易受伤，温湿度的控制也十分重要。初龄幼虫虽抗病力较强，但对饲料的湿度非常敏感，有时一滴水就可以淹死数只幼虫。注意随时观察幼虫卵箱中的湿度，发现湿度稍有增大和霉变迹象就要及时通风降温。20天后活动范围逐渐扩大，卵期的饲料也快食尽，箱内可见十分均匀细小的虫粪。可取箱内少量虫用60目筛过筛，如果虫不会被筛除，说明虫体已经够大，此时则可以用60目筛筛除虫粪，然后投喂新饲料。

幼虫长到1 cm时，要适当调整饲养密度。通常在黄粉虫生长旺季，幼虫取食量大，排粪也多，应及时筛除虫粪。尤其在高温的夏季，虫粪容易霉变，污染环境，易使虫患病。生产中常根据室温条件来确定筛粪周期，温度25～33 ℃时，每天筛除1次虫粪；温度20～25 ℃时，可每4～5天筛除1次。

根据幼虫不同生长期及其对饲料的要求，幼虫期可分为四个生长阶段：初孵化幼虫、小幼虫期、幼虫中期、幼虫后期。各阶段使用的选筛不同，投入的饲料也不同。

①初孵化幼虫与小幼虫期：从幼虫孵化到第一次筛除虫粪期间，初龄幼虫食用的饲料主要是从繁殖区随卵块一同带来的集卵饲料。第一次筛除虫粪(60目筛)后，需第一次投入幼虫饲料。由于虫体幼嫩，饲料也需与之适应，饲料粒度需控制在1 mm以下，含水量不超过30%，可以用20目筛过筛饲料。

②幼虫中期：即孵化后30～65天。此期幼虫进入青年生长旺期，行动活跃，须及时清除虫粪，防止污染。青年幼虫取食量大，此时饲料颗粒不必过细，要注意营养，饲料配方中应增加玉米和鱼粉。

③幼虫后期：幼虫开始进入化蛹的前期，也是老熟幼虫期。此期幼虫取食少，活动量小，应减少或停喂饲料，特别是不喂含水饲料。

生产中即使是同一虫箱的黄粉虫个体化蛹时间也常不整齐，有时从第一只开始到最后一只化蛹结束，可能会超过30天。若蛹和幼虫长时间在同一个箱内，生长期活跃幼虫将取食已化蛹虫体，造成经济损失。故在养殖过程中幼虫生长期的整齐化是养殖技术的关键。工厂化养殖中须尽量做到化蛹期相对整齐，之后的羽化期和产卵高峰期也才能相对整齐，以减少挑蛹的工作量，从而达到降低

生产成本的目的。

(2)蛹期管理。

幼虫于后期化蛹,最好当天化的蛹在分离后集中放置,待其羽化,蛹的存放一般是在养虫箱内用报纸下铺上盖。上面的报纸可以裁成约 1 cm 宽、10～15 cm 长的条状,羽化的成虫伏在纸条上,方便收取。此时保持温度在 20～23 ℃,湿度在 75%～90%。随时观察,及时挑拣出生病和残疾的蛹。

(3)成虫期与繁殖管理。

成虫进入繁殖期后,交配时十分敏感,怕光、怕震动、怕触碰、怕干燥,因此应将繁殖期的成虫放在相对黑暗潮湿的房间内,摆放产卵箱时,轻拿轻放,不能随意开灯及门窗,受到强光和震动刺激的雌虫长时间不能恢复活性,影响成虫的交尾及产卵质量。

成虫的饲养密度一般在 1000～1600 只/m^2,为便于管理,应尽量让黄粉虫统一产卵,隔卵网下的集卵饲料厚度在 5 mm 左右,网体应与集卵饲料紧贴。雌虫的产卵器伸至网下饲料中 2～5 mm,正好产在集卵饲料底部,可以有效地保证卵期的安全。

因成虫需要产卵,对饲料要求较高,直接影响产卵的数量和质量。由于成虫的口器不如幼虫的口器坚硬有力,最好选用膨化饲料或较为疏松的复合饲料。成虫投喂饲料量较少,一般 1000 只成虫每次喂 10 g,在饲料基本取食完后再进行下一次投喂。含水饲料应做到少喂、勤添。室温在 25 ℃以上时每 2 天喂 1 次含水饲料,低于 25 ℃时可 3～5 天饲喂 1 次。投喂含水饲料的时间最好在收卵前 6～10 h。每次投喂含水饲料 6 h 后需要将没有吃完的饲料拣出,防止污染卵块。

2. 卵的采收与护理　当养殖规模较小时,虫卵的收集可根据成虫的密度和产卵量确定,一般 3～5 天收集一次;养殖规模较大时可在产卵的高峰期每天收集一次。取卵时须轻拿轻放,不可直接触碰卵块饲料。当天收取的卵可以集中存放。在卵箱上面覆盖一张报纸,温度低时可在卵箱上加盖一个箱,可起保温作用,也可防止水分蒸发过快。

放置卵箱的房间温度保持在 25～30 ℃,以保证卵的孵化率。初孵化的幼虫用放大镜可以清楚地观察到,成堆的幼虫比较活跃,生长较快。所以同一批虫尽量放在一个箱子内,可促进其生长。约 20 天后,可以用 60 目网筛除虫粪时,则将进入幼虫养殖程序。

3. 蛹与幼虫的分离　幼虫与蛹的分离是生产中较难处理的问题。若幼虫化蛹时间不整齐,先化的蛹往往会被幼虫吃掉或者咬伤,造成大量的蛹残疾和死亡,为了减少蛹的残疾和死亡,需尽快人工挑蛹。为了减少挑蛹的工作量,解决整齐化蛹的问题,根据实践,可采用以下几种办法:

第一,选择优良虫种,好的虫种产卵量大,产卵高峰集中,子代生长速度也均匀一致。

第二,及时取卵,尽量每天取卵 1 次,同一批成虫当天产的卵,集中存放孵化。

第三,使用膨化饲料,可使虫摄入营养均匀,同步生长。

第四,饲喂含水饲料要均匀,饲喂含水饲料不均匀容易造成幼虫生长不整齐。饲喂菜叶时尽可能将菜叶切细,在养虫箱内均匀撒放,让每只虫吃到等量的菜叶。

第五,分离饲养箱角落集中的黄粉虫,黄粉虫有在箱角集中的习性。这部分虫体个体大、生长均匀,将箱角集中群及时分离,将相同大小的幼虫集中喂养,有利于集中化蛹。

采用以上方法,可以提高化蛹的整体性,但不可避免还是有少数幼虫和蛹混杂的现象,需要个别挑选,个别挑选时,最好采用塑料勺子或其他工具,避免伤到蛹。

4. 成虫与蛹的分离　蛹的羽化也不完全整齐,需要尽快将羽化的成虫转移,否则成虫会蚕食未羽化的蛹,造成损失,且成虫也需要转移到一起进行交配产卵。

5. 冬季加温　冬季加温是黄粉虫养殖的一项重要工作,尤其在寒冷的北方,加温的时间要根据当地的气温而定,一般在入秋后白天室外最高温度在 20 ℃以下、养虫室内温度在 23 ℃以下时考虑加温。加温方法如下:烟筒煤炉子、土暖气和小锅炉暖气等。采用暖气采暖时特别要注意两点:①在开始加温后,黄粉虫进入生长活跃期,这时的温度应该模拟夏秋季节的自然温度。白天升温至 23～25 ℃,夜间可以适当降温至 15～22 ℃。②一旦启动了加温设备,黄粉虫就不会进入越冬虫态,启动后不可以停止加温,温差不能超过 20 ℃,否则会使黄粉虫受到较大伤害,带来经济损失。

任务训练

一、填空题

1.黄粉虫常用的饲喂原料有__________、__________、__________、__________。

2.黄粉虫配合饲料原料中能提供蛋白质的主要有__________、__________、__________、__________。(列举4项即可)

二、分析题

你认为可以提供给黄粉虫的其他饲料原料有哪些?请列举。

任务拓展

黄粉虫疾病防治

Note

项目二十二　蚯蚓养殖

任务一　生物学特性

扫码学

课件 22-1

任务描述

主要介绍蚯蚓的种类和分布、形态特征、生物学特性和生活史等。

任务目标

▲知识目标

能说出常见的蚯蚓种类、相应的生物学特性和生活习性。

▲能力目标

能识别主要的蚯蚓品种;能根据蚯蚓的生活习性提供相应的生长环境。

▲课程思政目标

具备职业素养;具备立足专业、服务乡村振兴的思想意识。

▲岗位对接

特种饲料经济动物饲养、特种药用经济动物饲养。

任务学习

一、蚯蚓的种类及分布

蚯蚓又称为地龙,属无脊椎动物,是常见的一种陆生环节动物,寡毛纲,生活在土壤中,昼伏夜出,可使土壤疏松、改良土壤、提高肥力,促进农业增产,可作为一种饲料原料供动物食用,也可作为药材治疗一些心血管疾病。目前世界上已经发现的蚯蚓有 3000 多种,根据颜色的差异可分为棕色、红色和灰白色蚯蚓等;根据身体的长短分为大、中、小三类;根据生活的环境可分为陆栖蚯蚓(生活在土壤中)、水栖蚯蚓(生活在水中)以及少数的寄生蚯蚓,发现的蚯蚓中约 3/4 是陆栖蚯蚓。适合人工养殖的蚯蚓主要有以下品种。

1. 赤子爱胜蚓　赤子爱胜蚓属于典型的表层种,主要取食有机物且居住在有机物内,体长 60～160 mm,体宽3～5 mm,体节 80～110 个。环带呈橙红色或栗红色。外观有条纹,体背刚毛对生。有雄孔、雌孔各 1 对,受精囊孔 2 对,储精囊 4 对。砂囊大,位于第 17～19 节。它食性广、繁殖率高、适应性强、生活周期短,适宜人工养殖,是目前世界上养殖最普遍的蚯蚓良种(图 22-1),太平二号、北星二号都是赤子爱胜蚓的优化种,在改良土壤、提高土壤肥力和作物产量方面有显著作用,也可用于蚯蚓堆肥。

2. 威廉环毛蚓　威廉环毛蚓是钜蚓科环毛蚓属的一种环节动物。体长 90～250 mm,体宽 5～10 mm,背面呈青黄、灰绿或灰青色,背中线呈青灰色(图 22-2)。在我国江苏、上海一带养殖较多。

Note

图 22-1 赤子爱胜蚓

图 22-2 威廉环毛蚓

3. 白颈环毛蚓 白颈环毛蚓是钜蚓科环毛蚓属的一种环节动物。体长 80～150 mm，体宽2.5～5 mm。背面呈棕灰色或栗色，后部呈淡青色。环带占据三节，腹面无刚毛(图 22-3)。

4. 绿色异唇蚓 绿色异唇蚓是正蚓科异唇蚓属的一种环节动物，体长 30～70 mm，体宽 3～5 mm，体节 80～138 个，身体呈圆柱形，体色多种，常为绿色，或黄色、粉红色(图 22-4)。主要分布于我国江苏、安徽、四川等地。

图 22-3 白颈环毛蚓

图 22-4 绿色异唇蚓

5. 长异唇蚓 身体呈圆柱形，背腹末端扁平，体色为灰色或褐色，背部微红色。体长 90～150 mm，体宽 6～9 mm，有 150～222 个体节(图 22-5)。

6. 太平二号蚯蚓 太平二号蚯蚓是赤子爱胜蚓的优化种。该品种个体较小，一般体长 90～150 mm，体宽 3～5 mm，性成熟时平均每条重 0.52 g，体节 80～110 个。体上刚毛细而密，体足紫红色，体色的深浅常随着饲料和环境条件的变化而有所不同。外观有条纹，体背刚毛对生(图 22-6)。太平二号蚯蚓干体蛋白质含量 57%～64%。它一般喜欢栖息在温暖而潮湿的垃圾堆里、牛棚和猪草堆底下，特别是腐熟的动物粪堆中。这一品种繁殖率高、适应性强，适宜高密度人工养殖。

图 22-5 长异唇蚓

图 22-6 太平二号

7. 川蚓一号蚯蚓　川蚓一号蚯蚓是四川科研人员用台湾环蚓、赤子爱胜蚓、太平一号蚓多元杂交提纯复壮而成的一代良种，属粪蚯蚓。川蚓一号成蚓个体均匀，体色为红褐色，体长 100～200 mm，浑圆形，体宽 6 mm(图 22-7)。体内几乎全是红血，泥质少，繁殖快，产卵多，长年可繁殖，每两天产一卵，每卵有 4～10 条小蚯蚓，无野性，易饲养，是一个生产性能高的优良品种，适合人工饲养。

图 22-7　川蚓一号

二、蚯蚓的形态特征

蚯蚓身体分节但不分区，疣足退化，体表具刚毛。雌雄同体，生殖腺 1～2 对，有体腔管起源的生殖导管，性成熟时体表出现环带，交配时可相互授精，卵产于环带中，脱落后形成卵茧，直接发育。刚毛简单，有 8 个，排成环状，精巢 1～2 对，一般在第 10～11 节，雄性生殖孔一对，位于后精巢之后 2 个或更多的体节上，即在第 14 节之后。卵巢一对，位于第 13 节，环带较厚，卵黄较少(图 22-8)。

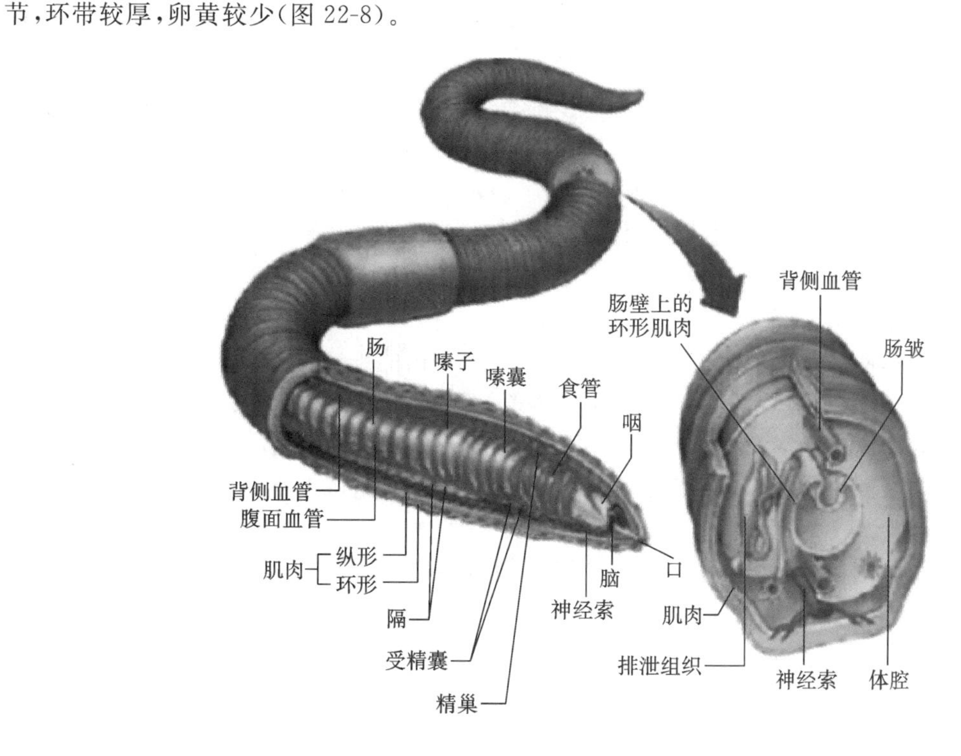

图 22-8　蚯蚓的结构图

蚯蚓体腔发达，同时还被发达的隔膜分割成按节排列的体腔室。隔膜上有小孔及括约肌，以控制体腔液由一个体节流入另一个体节。体壁肌肉收缩时，隔膜肌可以调节体腔内的压力，协助体节的延伸。身体背中线节间沟处有背孔一个，排出的体腔液可使体表湿润。

三、蚯蚓生活习性

蚯蚓以生活在土壤上层 20 mm 深度以内者居多，越到下层越少，这是由蚯蚓的食性所决定的。土壤的上层，常有大量落叶、枯草和植物根茎、碎木屑等，有机质丰富，同时又有多种细菌分解这些植物体，这些植物体是蚯蚓最好的食物。蚯蚓的生活习性有“六喜”和“六怕”。

(一)“六喜”

1. 喜阴暗　蚯蚓属夜行性动物，白天蛰居泥土洞穴中，夜间外出活动，一般夏秋季晚上 8 点到次日凌晨 4 点左右外出活动，蚯蚓的采食和交配都是在暗色情况下进行的。

2. 喜潮湿　自然陆生蚯蚓一般喜居在潮湿、疏松而富有机物的泥土中，特别是肥沃的庭园、菜园、耕地、沟、河、塘、渠道旁以及食堂附近的下水道边、垃圾堆、水缸下等处。

3. 喜安静 蚯蚓喜欢安静的环境。生活在工矿周围的蚯蚓多生长不好或逃逸。

4. 喜温暖 蚯蚓虽然在世界各处都有分布，但它喜欢比较高的温度。外界温度低于 8 ℃即停止生长发育。蚯蚓的繁殖最适温度为 22～26 ℃。

5. 喜带甜、酸味 蚯蚓是杂食性动物，除了玻璃、塑胶、金属和橡胶，其余如腐殖质、动物粪便、土壤细菌等物质及这些物质的分解产物都吃。蚯蚓味觉灵敏，喜甜食和酸味。厌苦味。喜欢热化细软的饲料，对动物性食物尤为贪食，每月吃食量相当于自身重量。食物通过消化道，约有一半作为粪便排出。

6. 喜同代同居 蚯蚓具有母子两代不愿同居的习性。尤其在高密度情况下，小的繁殖多了，老的就要跑离。

（二）"六怕"

1. 怕光 蚯蚓为负趋光性，尤其逃避强烈的阳光、蓝光和紫外线的照射，但不怕红光，趋向弱光。如在阴湿的早晨有蚯蚓出穴活动就是这个道理。阳光对蚯蚓的毒害作用，主要是因为阳光中含有紫外线。阳光照射试验表明，赤子爱胜蚓阳光照射 15 min 即有 66%死亡，20 min 则 100%死亡。

2. 怕震动 蚯蚓喜欢安静的环境，不仅要求噪音低，而且不能震动。靠近桥梁、公路、飞机场附近不宜建蚯蚓养殖场。受震动后，蚯蚓表现不安、逃逸。

3. 怕水浸泡 蚯蚓尽管喜欢潮湿环境，甚至不少陆生蚯蚓能在完全被水浸没的环境中较长久地生存，但它们从不选择和栖息于被水淹没的土壤中。养殖床若被水淹没，多数蚯蚓会马上逃逸，逃不走的蚯蚓表现为身体呈水肿状，生活力下降。

4. 怕闷气 蚯蚓生活时需良好的通气，以便补充氧气，排出二氧化碳。蚯蚓对氨、烟气等特别敏感，当氨超过百万分之十七时，就会引起蚯蚓黏液分泌增多，导致集群死亡。人工养殖蚯蚓时，为了保温，采取舍内生炉等措施时，其管道一定不能漏煤气。

5. 怕农药 据调查，使用农药尤其是剧毒农药的农田或果园内的蚯蚓数量少。一般有机磷农药中的谷硫磷、二嗪农、杀螟松、马拉松、敌百虫等在正常用量条件下，对蚯蚓无明显的毒害作用，但有一些如氯丹、七氯、敌敌畏、甲基溴、氯化苦、西玛津、西维因、呋喃丹等对蚯蚓毒性很大。大田养殖蚯蚓最好不要用这些农药。有些化肥如硫酸铵、碳酸氢铵、硝酸钾、氨水等在一定浓度下，对蚯蚓也有很大的杀伤力。

6. 怕酸碱 蚯蚓对酸性物质很敏感。当然，不同种类对环境酸碱度（pH 值）忍耐限度不同。八毛枝蚓、爱胜双胸蚓为耐酸种，可在 pH 值 3.7～4.7 的环境中生活。背暗异唇蚓、绿色异唇蚓、红色爱胜蚓则不耐酸，适宜 pH 值为 5～7。碱性大也不适宜蚯蚓生活，对环毛蚓在 pH 值 1～12 溶液中忍耐能力的测定表明，在气温 20～24 ℃，水温 18～21 ℃情况下，pH 值 1～3 和 pH 值 12 时蚯蚓几分钟至十几分钟内便死亡。

四、蚯蚓的生活史

蚯蚓的一生需经历卵茧期、幼蚓期、若蚓期、成蚓期、衰老期共五个时期。

（一）卵茧期

蚓茧的孵化时间与环境温度有关。太平二号在不同温度下的孵出时间：0 ℃时，需 85 天；15 ℃时，需 45 天；20 ℃时，需 25 天；25 ℃时，需 19 天；28 ℃时，需 13 天。

（二）幼蚓期

幼蚓体态细小且软弱，长度为 5～15 mm。最初为白色丝绒状，稍后变为与成蚓同样的颜色。此期是饲养中的重要阶段，直接关系到增重效果。幼蚓期长短与环境温度有关。在 20 ℃条件下，太平二号蚯蚓的幼蚓期为 30～50 天。

（三）若蚓期

若蚓期即青年蚓期。其个体已接近成蚓，但性器官尚未成熟（未出现环带）。太平二号蚯蚓的若蚓期为 20～30 天。

（四）成蚓期

成蚓的明显标志为出现环带，生殖器官成熟，进入繁殖阶段。成蚓期是整个养殖过程中最重要的经济收获时期。在此期间应创造适宜的温度、湿度等条件，以促进高产、稳产，并延长种群寿命。此期历时占蚯蚓寿命的一半。

（五）衰老期

衰老的主要标志为环带消失，体重呈永久性减轻。此时，蚯蚓已失去经济价值，应及时分离、淘汰。养殖状态下，蚯蚓个体的寿命要远远长于野生蚯蚓。蚯蚓各个种类的寿命长短有所差异。环毛蚓属寿命大多为1年，如普通环毛蚓、希珍环毛蚓，受精卵在土中的蚓茧内越冬，于第二年3—4月孵化，6—7月长为成蚓，9—10月交配，11月间死亡。异毛环毛蚓、湖北环毛蚓、巨环毛蚓，则系多年生种类，寿命超过1年，以成体状态越冬，第二年春季产卵，属于越年生蚯蚓。异唇属、正蚓属蚯蚓寿命较长，赤子爱胜蚓可存活4年多，陆正蚓长达6年，长异唇蚓在实验室良好的饲育条件下，可存活5～10年。

任务训练

一、填空题

1. ________和________是赤子爱胜蚓的优化种。

2. 蚯蚓的“六喜”指________、________、________、________、________和________。

3. 蚯蚓的“六怕”指________、________、________、________、________和________。

4. 蚯蚓的生活史有________、________、________、________和________5个时期。

5. 蚯蚓生活的最适温度是________。

二、分析题

如何利用蚯蚓“六喜”和“六怕”的生活习性提升养殖效益？

任务二 养殖设备

任务描述

主要介绍蚯蚓养殖基地的选择和蚯蚓的养殖方式和设备。

扫码学
课件22-2

任务目标

▲知识目标

能说出蚯蚓养殖基地选择的要求，能说出常见的蚯蚓养殖方式。

▲能力目标

能根据养殖规模和用途选择蚯蚓的养殖基地和饲养方式。

▲课程思政目标

具备岗位职业道德，具备吃苦耐劳精神。

▲岗位对接

特种饲料经济动物饲养、特种药用经济动物饲养。

Note

任务学习

一、蚯蚓养殖基地的选择

蚯蚓养殖基地应根据蚯蚓的生活习性特点、生产实际需要及地形、水质、交通运输等进行选择。根据蚯蚓“六喜”和“六怕”的习性特点，蚯蚓养殖基地应选址在僻静、冬暖夏凉、背阳、通风、排水良好的地域。在空旷的地方建养殖场，尽可能地多种树木、瓜果等植物，有利于改善蚯蚓的生活环境。

（一）场地要求

(1)背向太阳、通风、排水良好，以适应蚯蚓喜阴暗、昼伏夜出的习性。

(2)场地应能防水浸、雨淋。

(3)无烟气、煤气、烟尘，空气新鲜，避开嘈杂、噪声、震动严重的地方。

(4)无农药和其他毒物污染，并能防止鼠、蛇、蚂蚁等的危害。

（二）水质要求

用水干净、卫生、无污染，最好使用地下水。

（三）土质要求

最好使用腐殖土，严禁使用黏土，且要求土质酸碱度呈中性。

（四）其他方面

养殖棚舍四季温度应保持在5～35 ℃。要保持适当的湿度，可用喷水法调整温湿度。要能防止蚯蚓逃跑，防御蛆、蚂蚁、老鼠、蛤蟆等天敌侵袭，及时收取成蚓、扩充殖床，避免死亡。

二、蚯蚓的养殖方式

人工养殖蚯蚓的方法和方式应根据不同的目的和规模大小而定，主要分为室内养殖和室外养殖两种。室内养殖按照养殖容器的不同，有盆养法、箱筐饲养法；室外养殖常见的有池养法、土沟养殖法、地槽养殖法、肥堆养殖法、沼泽养殖法、垃圾消纳场养殖法、园林和农田养殖法、地面温室循环养殖法、半地下室养殖法、大棚养殖法、通气加温加湿养殖法等。

（一）盆养法

饲养容器可以选用花盆、塑料盆及其他废旧陶瓷器。盆养时，饲料高度要求为盆高的3/4，饲养量以100～200条/盆为宜(图22-9)。由于盆体较小，盆内的温湿度易受环境影响。因此，为了保持盆内湿度适宜，防止盆内饲料干燥以及温度变化较大，可在保证通气的前提下用塑料薄膜覆盖盆口，并经常喷水，盆的摆放位置可以随着外界气温变化经常移动以调节盆内的温度。此外，盆养的饲养时间不宜太长，以30～60天为宜。盆养法饲养简便，容易管理，操作方便，饲养条件易于控制。

（二）箱筐饲养法

用箱子一类的容器来养殖蚯蚓，比如可以用大木箱子、泡沫箱子、各种盆子、大桶、大罐子等(图22-10)。建议选择的品种为赤子爱蚯蚓、北星2号、红蚯蚓等，这类蚯蚓喜欢生活在腐烂的草堆、堆肥、各类粪便、枯枝烂叶堆、腐烂的菜叶、烂水果以及一些废弃物和生活垃圾里。特别需要注意的是，这些有机物、垃圾、动物粪便不能直接用来养殖蚯蚓。必须先堆积发酵，温度下降后才能成为养蚯蚓的基材。这种饲养方法占地面积少，使用人力少，管理方便，生产效率较高。

（三）大棚养殖法

大棚养殖也称日光温室养殖，可以使自然采光和人工加温相结合，创造一个恒温条件。养殖棚，其结构与冬季栽种蔬菜、花卉的塑料大棚相似，棚内设置立体式养殖箱或养育床，地面还可种植蔬菜。可采用长30 m、宽7.6 m、高2.3 m的塑料大棚。棚中间留出1.45 m宽的作业通道，通道两侧为养殖床。养殖床宽2.1 m，床面为5 cm高的拱形，养殖床四周用单砖砌成围墙，高为40 cm，床面

Note

图 22-9　盆养法

图 22-10　箱筐饲养法

两侧设有排水沟，每 2 m 设有金属网沥水孔。棚架用 4 cm 钢管焊接而成(图 22-11)。塑料棚养殖受自然界气候变化影响较大，盛夏高温时，可喷洒冷水降温，使棚内空气湿润，也可以采取遮光降温法，将透明白色塑料薄膜换成蓝色塑料薄膜，在棚外加盖苇席、草帘等，还可在棚顶内加一隔热层，或采用通风降温等方法。其他设备：温度计和湿度计、塑料盆(不同规格，放置饲料用)。喷雾器或洒水壶(用于调节饲养房内湿度)等。

(四)土沟养殖法

土沟养殖法必须选择背光、潮湿、排水良好的地方，如养鱼、养鳖、养青蛙等饲养场内或周围，或者种植甘薯、白菜、玉米等作物的农田中。沟的规格(长×宽×高)为 100 cm×60 cm×40 cm。为了防止地面水流入，土沟周围必须修筑土埂，土埂高度以高出地面 20 cm 为宜。打实沟底和四壁后，放入高 30 cm 的饲料，再放入 3000～5000 条蚯蚓。为了防止日晒雨淋，应在饲料上铺一层杂草，然后用塑料薄膜覆盖，并定期喷水保湿(图 22-12)。这种方法投资少，收效大，适于供给家禽、鱼、鳖、青蛙的动物性饲料。

图 22-11　大棚养殖法

图 22-12　土沟养殖法

(五)农田养殖法

将室内养殖和室外养殖结合起来，效果更佳。在春夏秋季可把蚯蚓养殖移至室外，到秋末初冬再移至室内。幼蚓的养殖放在室内，成蚓养殖放在室外。这样可以利用农田、园林、牧场等辽阔的土地来养殖蚯蚓，不仅大大降低养殖成本，取得较高的经济效益，还可以利用蚯蚓来改良土壤，促进农林牧各方面综合增产(图22-13)。一般可在园林或农田内开挖宽 35～40 cm、深15～20 cm 的行间沟，然后填入畜禽粪、生活垃圾等，上面再覆盖土壤。在沟内应经常保持潮湿，但不能积水。这种养殖蚯蚓的方式，种植各种农作物的农田、园林、桑林等均可采用，但不适合种植柑橘、松、橡、杉、桉等树种的园林。一则这些树种的落叶含有许多芳

图 22-13　农田养殖法

香油脂、鞣酸、树脂或树脂液等物质，对蚯蚓有害，会引起蚯蚓逃逸，二则这些树种的叶子不易腐烂。农田养殖法养殖蚯蚓能改良土壤，促进农林业增产，成本较为低廉。不过这种养殖方法受自然条件影响较大，单位面积产量较低。

（六）垃圾饲养法

这种方法在日本、美国和我国台湾地区已被广泛应用，收效很大。利用垃圾饲养蚯蚓，既可以处理生活垃圾，又可以收获蚯蚓和得到蚓粪。先筛选垃圾，去除对蚯蚓生长繁殖有害的金属、塑料、玻璃、石头杂物等，将堆积发酵分离出来的有机物作为饲料放入沟内、池内用来饲养蚯蚓。

（七）地槽养殖法

在房前屋后选择地势稍高、不积水的地方，挖长 3～4 m、宽 1 m、深 0.3～0.4 m 的槽，底层放腐熟的混合饲料，浇水后放入蚯蚓 1000～2000 条，表层用麦秸或稻草覆盖，经常浇水，保持适宜湿度。

 **任务训练**

分析题

1. 简述蚯蚓养殖基地选择的要求。
2. 分析农田饲养蚯蚓的优势。

任务三　繁殖技术

扫码学
课件 22-3

任务描述

主要介绍蚯蚓选种和引种、繁殖生理、繁殖技术和管理。

任务目标

▲知识目标

能说出如何选择种蚯蚓；能说出引种的方法，清楚蚯蚓的繁殖生理，说出蚯蚓的繁殖技术。

▲能力目标

能选择符合要求的种蚯蚓；能引进符合生产目的种蚯蚓；能做好繁殖群、扩繁群的繁殖和管理技术。

▲课程思政目标

具备三农情怀，加深对农业的认识。

▲岗位对接

特种饲料经济动物饲养、特种药用经济动物饲养。

任务学习

一、蚯蚓的繁殖生理

蚯蚓的繁殖过程实际上就是蚯蚓的生殖器官形成卵细胞，并排出含有一个或多个卵细胞蚓茧的过程。蚯蚓的胚胎发育过程(即蚓茧的孵化),包括卵裂、胚层发育、器官发生三个阶段。

(一)卵细胞的形成

蚯蚓在生长过程中也有两种生长,一是营养生长,即蚯蚓个体的增大,环节的增多;二是生殖生长,即蚯蚓生殖系统的发育成熟。在蚯蚓生殖系统发育到一定时期,生殖腺中激发出生殖细胞并排出,然后储存在贮精囊或卵囊内,再逐渐发育成精子或卵子。

(二)蚯蚓的交配

交配是指异体受精的蚯蚓,达到性成熟以后双方相互交换精液的过程。根据种类的不同,有些蚯蚓交配时在地面上进行,有些蚯蚓交配时在地下进行。但交配的姿势一般大同小异,两个发情的蚯蚓前后落入倒置,相互倒绕,腹面相贴,一条蚯蚓的环带区紧贴在另一条蚯蚓的受精囊区,环带区副性腺分泌黏液紧紧黏附着对方,并且在环带之间有两条细长的黏液管将两者相对应的体节缠绕在一起。排精时,明显的两纵行精液沟的拱状蚓茧肌肉有节奏地收缩,从雄孔排出的精液向后输送到自身的环带区而进入另一个个体的受精囊内。这样双方把对方的精液暂时储存在受精囊中,即受精结束。受精结束后,两条蚯蚓向相反的方向各自后退,先退出缠绕的黏液管,慢慢地两个个体完全分离。整个交配过程持续 2～3 h。蚯蚓的交配一般为全年周期性交配,在自然界中蚯蚓一般在初夏和秋季交配;人工养殖的蚯蚓,由于人为创造了适宜蚯蚓生长、繁殖的环境,一年四季均可交配繁殖。

(三)排卵

在交配过程中或交配后,成熟的卵子开始从雌孔中排出体外,卵储存于卵囊或体腔液中,依靠卵漏斗和输卵管上纤毛的摆动使卵从雌孔排出,落入环带所形成的蚓茧内。

(四)蚓茧的形成

蚓茧的初期是卵包,卵包是由环带长黏液管形成的,即为雏形卵包。卵子从雌孔排出后,落入雏形卵包内,即为实质性卵包。卵包(图 22-14)从蚯蚓体内产出即为蚓茧。产生蚓茧的过程实际上是卵包从蚯蚓体最前端脱落的过程,并将前后口封住为止。

茧的孵化过程实际上就是胚胎的发育过程,从受精卵开始第一次分裂起,到发育为形态结构特征与成年蚯蚓相类似的幼蚓,并破茧而出的整个发育过程称为蚓茧的孵化。

图 22-14　蚯蚓的卵包

二、蚓种的选择

适合养殖的蚯蚓,应当具备以下基本条件:能提供经济价值高、富含蛋白质或特殊药用成分、生物化学物质的蚓体、蚓粪;生长快,具有较高的繁殖力,年增殖率达 300～500 倍;易于驯化,具有定居性,不逃逸,适合高密度养殖;抗逆性好,耐热、抗寒,抗病力强。

用于充当经济动物性蛋白质饲料的,应选择富含蛋白质,且生长快、繁殖力强的蚓种,如赤子爱胜蚓、参环毛蚓、亚洲环毛蚓、背暗异唇蚓,太平二号是其中的良种。用于改良土壤,疏松下层泥土的,宜选择善于钻土挖洞、抗逆性强、栖居深层土壤的环毛属蚯蚓;用于疏松表层土壤的,宜饲养体型较小的异唇蚓属和爱胜属蚯蚓;用于处理垃圾、污泥、废物的,可选择食量大、繁殖快的种类,如爱胜属蚯蚓;若用于入药,则可选择参环毛蚓、威廉环毛蚓和背暗异唇蚓等。

从环境条件来看,应根据当地的土壤土质和酸碱度(pH 值)、温度、湿度等条件,选择适宜的养殖品种。例如,地下水位高的地方,或江河湖泊、沼泽的潮湿土壤,土壤呈酸性(pH 值为 3.7～4.7)的地区,宜养殖微小双胞蚓和枝蚓属蚯蚓。地下水位低的干旱地方,可选择耐旱的杜拉蚓、直隶环毛蚓。在沙质土地区,可间养喜沙栖的湖北环毛蚓。气候较寒冷的北方地区,耐寒的北星 2 号蚯蚓是值得选用的养殖对象。

三、引种

（一）引种方法

1. 从蚯蚓养殖基地采购 目前比较适合各地养殖的品种比较多，如引进的太平二号蚯蚓、北星2号蚯蚓，以其体型小、色泽红润、生长快、繁殖力强而著称；其次还有各地选育的优良品种，选种时最好到有实力、信誉好、技术和管理比较完善的单位选购。

2. 从本地野生蚯蚓中选育

（1）野生蚯蚓选育要注意的问题：首先，品种的选择，应根据养殖蚯蚓的不同用途，选择不同的种蚯蚓，防止大量养殖后无用途（或无销路），造成不必要的损失。其次，注意繁殖率，有些品种的蚯蚓虽适应能力比较强，但繁殖率低，而人工养殖蚯蚓需要高产，若繁殖较低，产量就难满足，导致经济效益低下。最后，注意疾病，首先应选择健康的蚯蚓作为种蚯蚓，而身体无光泽，爬行不活跃，不爱觅食的蚯蚓，则不适合作为种蚯蚓。

（2）野外选育种蚯蚓方法：种蚯蚓的采集需在保证成活率的基础上，最大限度地减少种蚯蚓的体外损伤。野外采种时间，北方地区为6—9月，南方地区为4—5月和9—10月。选择阴雨天采集，蚯蚓喜欢生活在阴暗、潮湿、腐殖质较丰富的疏松土质中。具体方法如下。

①扒蚯蚓洞：直接扒蚯蚓洞采集。

②水驱法：田间植物收获后，即可灌水驱出蚯蚓；或在雨天早晨，大量蚯蚓爬出地面时，组织力量，突击采收。

③甜食诱捕法：利用蚯蚓爱吃甜料的特性，在采收前，在蚯蚓经常出没的地方放置蚯蚓喜爱的食物，如腐烂的水果等，待蚯蚓聚集在烂水果里，即可取出蚯蚓。

④红光夜捕法：利用蚯蚓在夜间爬到地表采食和活动的习性，在凌晨3—4点，携带红灯或弱光的电筒，在田间进行采集。

⑤粪料引诱法：主要用来收集喜欢动物粪便的野生蚯蚓，选择好场地后，调制引诱的粪尿，再挖坑、填料，最后采收。

（二）引种注意事项

不论是采购引种还是引种驯化，都需要注意以下问题。

（1）选择能够全面适应本地环境条件的优良品种。

（2）事先对外来品种做检疫、查验工作，以确保蚓种质量，防止病虫害传入本地。

（3）大批量引种时，最好向国家科研单位或信誉度高的大型蚯蚓繁殖场洽购，以免受骗。

四、繁殖管理

对有一定规模的蚯蚓养殖基地来说，要保证蚯蚓的年总产量，首先要保证不同繁殖期蚯蚓的数量。主要分为繁殖群、扩繁种群、商品群几个阶段进行管理（商品蚓群管理措施见本项目任务四）。

（一）繁殖群的管理

1. 适当的投放密度 投放密度和温度有着直接的关系，不同的温度种蚯蚓投放密度应区别对待。高温条件（指基料内温度在30 ℃以上）下，种蚯蚓的养殖密度要低，配以适当的降温措施，每平方米可养殖种蚯蚓1万～1.5万条。常温条件（指基料内温度在20～30 ℃）下，种蚯蚓的养殖密度可比高温条件下要大一些，每平方米可养殖种蚯蚓2万条。低温条件（指基料内的温度在20 ℃以下）下，种蚯蚓的投放密度可再加大，以每平方米3万条为宜。

2. 加强营养 种蚯蚓在产茧期间需要充足的营养，如果营养跟不上产茧的需要，就会出现产茧的数量减少和蚓茧质量的下降。实践证明，在每次收取蚓茧的前5天投喂高蛋白质精饲料较为适宜，同时为了增加产茧量还需喷施一些激素（即促茧添加剂）。

3. 淘汰和更新种蚯蚓 种蚯蚓一般使用2年左右，2年后种蚯蚓的产卵数和质量都会下降，常用的方法如下。

(1)人工剔除法:剔除身体光泽度低、不太强壮、环带松小和反应迟钝的个体入商品群。

(2)化学剔除法:利用种蚯蚓对化学药物的刺激反应,将身体强壮的种蚯蚓驱出基料的表面,然后收取继续留作种用;将用药后反应迟缓、驱而不动的种蚯蚓转入商品群中剔除。一般用500~800倍的"蚯蚓灵"溶液、300~500倍的生石灰水溶液或3000~5000倍的高锰酸钾溶液,均匀喷洒在基料表面,将很快爬出基料表面的种蚯蚓集中起来,并及时用清水冲洗干净后继续作种用。

(3)生理剔除法:根据蚯蚓的畏光性进行剔除的方法。具体操作方法:首先设置灯箱。日光灯管设置在灯箱内,要求光线均匀,光线的强度一般可控制在50~80 lx。操作时在黑暗环境中进行,可在灯箱下方设置红色电灯,便于观察。

4. 蚓茧的孵化管理

(1)温度:温度是影响蚓茧孵化效果的决定性因素,直接与孵化时间、孵化率和出壳率相关。温度越高,孵化所需的时间越短,但孵化率、出壳率相应下降。蚓茧孵化的最佳温度为20 ℃,幼蚓出壳后应立即转入25~32 ℃幼蚓环境中饲养。当温度降至8 ℃时,蚓茧便停止孵化,故8 ℃为基础温度,8 ℃以上为有效温度(表22-1)。

表 22-1 温度与孵出时间关系表

孵化温度	8 ℃	10 ℃	15 ℃	20 ℃	25 ℃	32 ℃
所需时间	停止孵化	65天	31天	19天	17天	11天

(2)湿度:孵化床的含水率为33%~37%,床面覆盖稻草。夏季每隔3~4天浇水1次,冬季每7天浇水1次。水滴宜细小而均匀,随浇随干,不可有积水。

(3)通气:孵化前期,蚓茧需氧量不多;孵化中后期,必须通过茧壳的气孔进行气体交换,故供氧十分重要。为此,前期采用原料埋茧,中后期改为薄料,以增加空气通透性,有利于提高孵化效果。

(4)光照:每天需要给予2次阳光照射,每次5~8 min,可以激化胚胎,使幼蚓出壳早,整齐一致。

5. 蚓茧的收集 每年3—7月和9—11月是繁殖旺季,每隔5~7天,从种蚓饲养床刮取蚓粪和其中的蚓茧。为了将蚓茧与蚓粪壳后进行分离,可采用下列操作方法。

(1)网筛法:将从饲养床表面逐层刮取的蚓粪与蚓茧混合物,一并倒入底部网眼规格为1.2 cm×1.2 cm的大木框中,在阳光或灯光照射下,驱使成蚓钻入下层,通过网眼跌入底部收集容器中;将上部的蚓粪、蚓茧混合物用刮板刮入运料斗车中,移送至孵化设施。

(2)料诱法:当种蚓饲养床的基料基本粪化后,停止在表面投料,改在饲养床两侧加料。于是床内蚯蚓被诱至水肥两侧新料中采食。待旧料中的蚯蚓尚存很少时,将旧料连同大量蚓粪、蚓茧全部铲走、清除,移送至孵化床。

(3)刮粪法:这是最简便的方法,即采用阳光或灯光照射,驱使畏光的蚯蚓潜入饲养床深处。然后用刮板将上部蚓粪连同蚓茧一并刮取,转入孵化床孵育幼蚓。

6. 幼蚓孵化 按以上方法收集蚓茧后,采用以下措施进行孵化培育。

(1)床式孵化法:将收集的蚓茧连同少许蚓粪移至孵化床,铺开、摊平,每平方米蚓茧密度宜为4万~5万枚。孵化床长度不限,宽度30~40 cm,两床之间设条状沟,沟宽8~10 cm,沟中铺放蚯蚓嗜食的细碎饲料作为幼蚓的基料和诱集物。孵化床表面覆盖草帘或塑料薄膜,以利于床面保温、保湿。孵化过程中,用小铲轻轻翻动蚓茧、蚓粪1~2次,条状沟内的基料则不必翻动,浇淋适量水,使之与较平的床面形成一定的湿度差,利用蚯蚓喜湿怕干的习性,诱集刚孵出的幼蚓尽快进入基料沟内而与床面蚓粪分离。

(2)堆式孵化法:如果场地有限或缺乏摊晾分离条件,可采用此法。选择阴凉、潮湿、无光照的场地,开好排水沟,地面铺放塑料薄膜。将蚓茧连同蚓粪堆积于薄膜上呈馒头状,每堆高30 cm,埋设1个由竹篾或铁丝网编成的幼蚓诱集笼,其中放置蚯蚓嗜食的烂水果、烂香蕉之类的香甜诱料。如果堆得较高,为了通风透气,可在堆中插入若干个竹筒(打通竹节,筒身钻有多个孔眼)。

(3)盆、钵孵化法:经过人工拾拣或网筛处理所得的蚓茧含蚓粪等杂质较少,可采用此法。先在

小型盆、钵中放入已发酵腐熟、含水率为60%的基料，厚度10 cm。然后将日龄相近的蚓茧均匀地摊铺于基料上面，蚓茧上覆盖5 mm厚的细土，表面覆盖一层卫生纸，喷水淋湿纸面。将盆、钵移置于阴暗的室内，保持室温20～30 ℃，每天洒水保湿。15天后即可孵出成批幼蚓，转入饲养床培育。据试验，采用此法可使蚓茧孵化率提高20%～30%，平均每枚蚓茧可孵出幼蚓3.8条，比常规的自然孵化法（平均2.5条）提高52%。

7. 幼蚓培育　刚孵出的幼蚓体小，放养密度为每平方米4万～5万条。基料厚度为8～10 cm，力求基料营养丰富、品质细软、疏松透气。当基料表层大部分粪化时，及时清除蚓粪，将饲养床成倍扩大，以降低饲养密度，同时补充添加料，其湿度通过洒水保持在60%左右。每隔7天松一次基料，隔10～15天清粪、补料1次，补料宜采用下投饲喂法。

1月龄幼蚓生长迅速，活力增强，需要供给大量养分和空气。为此，应增加清粪、补料、翻床次数。基料厚度增为15 cm，每隔7～10天清粪、补料、翻床1次，方法同上。20日龄时，酌情降低养殖密度，每平方米有幼蚓2.5万～3万条即可。

（二）扩繁群的管理

扩繁群是大规模生产商品蚯蚓的基础，是种群繁殖和商品繁殖的中间环节，做好扩繁群的管理具有十分重要的意义。不同季节应采取不同的管理措施，以保证扩群繁殖的正常进行。

1. 春季　当地温高于14 ℃时，蚯蚓开始醒眠活动。由于春季昼夜温差较大，倒春寒时有发生，尤其是野外养殖蚯蚓，在寒流到来之前或温度较低的晚上要注意采取保温措施，如覆盖塑料薄膜、农作物秸秆等。

2. 夏季　夏季气温比较高，日照光线比较强，因此应注意降温，如增加喷水次数、覆盖植物或增设遮阴网等措施。同时还应更换基料，在基料中增加枝叶类植物，以提高基料的通气性，增加溶氧性。还应在基料中喷施“益生素”，以增加基料中有益菌的种类和数量，抑制有害菌的发展。

3. 秋季　秋季雨水比较多，要注意防水排涝，防止蚯蚓长期浸泡在水中。秋末气温下降，要做好保温，尤其是夜晚一定要有保温措施。

4. 冬季　当气温低于10 ℃时，蚯蚓逐渐进入冬眠，可将基料集中起来，堆集厚度可达到50 cm，使蚯蚓集中冬眠。如果气温低于10 ℃，应在堆集的基料上加盖塑料薄膜。要随时观察基料10 cm深度的温度，以1～3 ℃为宜，不能低于0 ℃，否则蚯蚓就有可能冻死。

任务训练

填空题

1. 蚯蚓的引种方式有__________、__________。
2. 野外选育种蚯蚓的方法有__________、__________、__________、__________和__________。
3. 蚓茧的孵化包括__________、__________和__________三个过程。
4. 蚓茧的孵化的最适合温度是__________。
5. 蚓茧的收集方法有__________、__________和__________。
6. 幼蚓孵化方法有__________、__________和__________三种。

任务四　饲 养 管 理

扫码学
课件22-4

任务描述

主要介绍蚯蚓的食性和食物种类；介绍蚯蚓基料的制作和发酵。

Note

任务目标

▲知识目标

能说出蚯蚓常见的食物种类，能说出蚯蚓饲料基的制作方法。

▲能力目标

能提供给蚯蚓需要的饲料，会制作蚯蚓的饲料基。

▲课程思政目标

具备农业类专业学生不怕苦、不怕累、不怕脏的岗位精神。

▲岗位对接

特种饲料经济动物饲养、特种药用经济动物饲养。

任务学习

一、蚯蚓的营养需要

和其他动物一样，蚯蚓生命的全过程，需要蛋白质、脂肪、碳水化合物、矿物质和维生素 5 大类营养物质。这些营养物质为蚯蚓提供热能，维持其生命活动，或转化为体组织，或参与各种生理代谢活动。任何一类营养物质的缺乏，都会造成蚯蚓生命活动的紊乱，甚至引起蚯蚓死亡。蚯蚓对各类营养物质的需求量是不同的，在不同的生长发育阶段和不同的环境条件下对营养物质的需求也是不一样的。

二、蚯蚓的食性与食物种类

（一）蚯蚓的食性

蚯蚓为腐食性动物，在自然界，蚯蚓能利用各种有机物作为食物，即使在不利条件下，也可以从土壤中获取足够的营养。蚯蚓的食物主要是无毒、酸碱度适宜、盐度不高并且经微生物分解发酵后的有机物，如禽、畜粪便等，食品酿造、木材加工、造纸等轻工业的有机废弃物，各种枯枝落叶，厨房的废弃物以及活性泥土也可作为蚯蚓的食物。但蚯蚓对苦味、生物碱和含芳香族化合物成分的食物，则很少或者根本不取食。不同种类的蚯蚓对各种食物的选食性有所差异。在自然条件下，蚯蚓喜食富含钙质的枯枝落叶等有机物。蚯蚓对甜、腥味的食物特别敏感，所以养殖时可适当加入烂水果或鱼内脏等，增进蚯蚓的食欲和食量。如赤子爱胜蚓喜食经发酵后的畜粪、堆肥，含蛋白质、糖原丰富的饲料，尤喜食腐烂的瓜果、香蕉皮等酸甜食料。

（二）食物种类

养殖蚯蚓的原料种类很多，一般需要经过堆肥处理，制作成饲养基，主要有以下几类。

(1)畜禽粪便：如马粪、牛粪、猪粪、鸡粪等。

(2)植物：如稻草、玉米秸、麦秸、树叶、木屑等。

(3)家庭垃圾：如烂瓜果、烂蔬菜、剩余饭菜、各种畜禽鱼内脏等。

(4)农副产品废弃物：如酒糟、果渣、糖渣等。

三、饲养基堆制

（一）饲养基要求

蚯蚓养殖有“基料”和“饲料”之分。饲养基是蚯蚓养殖的物质基础和技术关键，蚯蚓繁殖的快慢，很大程度上取决于饲养基的质量。

蚯蚓饲料即制作基料所用的各种动物粪便和各种植物茎叶、秸秆，以及能直接饲喂蚯蚓的、为蚓

床直接添加的能源和营养饲料。基料具有食宿双重功能，不同于投喂一般畜禽的投养料，要经过合理配制才能形成氮碳比合理、营养丰富全面，有利于蚯蚓生长、繁殖的高效饲料或饲养基。

以北星2号、太平二号蚯蚓为例，其饲料、饲养基的氮碳比在20～30，饲料中蛋白质不可过高，因蛋白质分解时会产生恶臭气味，口感不好，影响蚯蚓采食，给蚯蚓的生长和繁殖造成不良影响。配制饲养基时，鸡、鸭、羊、兔粪便等氮素饲料不宜单独使用，不能超过畜禽类粪便的1/4，否则氮素饲料成分超标，会产生大量臭味和氨气，不利于蚯蚓采食，影响蚯蚓的生长和繁殖。必须搭配碳素饲料，如木屑、杂草、树叶等。饲料搭配的原则：氮碳比合理，一般为20～30。一般配制原则如下：粪料占比60%，草料占比40%，鸡、鸭、羊、兔粪便等氮素饲料少于其他粪料，以不超过1/4为准，饲料品种尽量多样化。蚯蚓是杂食性动物，要求有营养丰富而全面的有机物质，蚯蚓的生长繁殖需要大量的氮素营养，但蛋白质又不能过高，超标反而有害。合格的饲养基应松散不板结，干湿度适中，无白蘑菌丝等。

（二）饲养基堆制方法

蚯蚓基料的堆制方法如下：各种畜禽粪便（粪便料）占比60%，各种植物秸秆杂草、树叶（草料）占比40%，鸡、鸭、羊、兔等粪便（氮素饲料）不宜单独使用，且不宜超过其他畜禽粪料的1/4。草料须切成10～14 cm长短，干粪及工业废渣等块状物应大致拍散（有毒物质不能使用）。然后堆制，先铺草料后铺粪料，草料每层厚20 cm，粪料每层厚10 cm，堆制6～8层约1 m高，长度、宽度不限，料堆松散，不要压得太实。做成圆形或方形的料堆后，用洒水桶在料堆上慢慢喷水，直到四周有水流出停止，用稀泥封好或用塑料布覆盖。料堆一般在第2天开始升温，4天后温度可升到60 ℃以上，冬季早晚可见"冒白烟"。10天后进行翻堆，第二次重新堆制。即将上层翻到下层，将四周的翻到中间。把料抖散，把粪料和草料拌匀。发现白蘑菇菌丝说明堆料过干，需加水调制。10天后再翻堆，进行第三次堆制，基料经过一个月的堆制发酵即可腐熟。

三次堆制共一个月的堆腐过程是利用微生物分解有机质的生物、化学过程，大致经过三个阶段。

1. 前熟期（糖料分解期） 基料堆制好喷水，3天后基料中的碳水化合物、糖类、氨基酸被高温微生物利用，温度上升到60 ℃以上，大约10天温度下降。前熟期（糖类分解期）即可完成。此时可翻堆进行第二次堆制。

2. 纤维素分解期 第二次堆制后添加水分，使水分保持在60%～70%，纤维细菌开始分解纤维素，10天后即可完成。此时可再次翻堆，进行第三次堆制。

3. 后熟期（木质素分解期） 第三次堆制后，加水封堆开始进行木质素分解，主要是蘑菇菌参与分解。发酵物质为黑褐色细片，木质素被分解。在发酵的过程中，各种微生物交互出现、死亡，这时微生物逐渐减少，微生物尸体也是蚯蚓的好饲料，这时基料的全部发酵过程已经完成。这时就可以进行饲养基的鉴定和试投。饲养基腐熟标准：黑褐色、无臭味、质地松软、不黏滞，pH值为5.5～7.5。饲养基投放时，为了稳妥起见，可用20～30条蚯蚓做小区试验。投放一天后蚯蚓无异常反应，说明基料已经堆制成功，如发现蚯蚓有死亡、逃逸、身体萎缩或肿胀等现象就不能使用，应查明原因或重新发酵。如来不及发酵，也可以在蚓床的基料上再加一层腐殖质丰富的菜园土或山林土等肥沃的土壤为缓冲带，将蚯蚓放入缓冲带中，等到蚯蚓能适应时，并已有绝大多数进入下层的基料时，再将缓冲带撤去。

四、商品蚓群的生产管理

商品繁殖实际上是扩群繁殖的再扩群，其繁殖生产的小蚯蚓直接用于商品投放市场销售，在生产管理上相对于扩群繁殖和原种繁殖要粗放简单一些。

（一）养殖密度

养殖密度根据气温的不同有所区别：气温在10 ℃左右时，应采取增温保暖措施，使温度不低于13 ℃，每立方米基料可养殖蚯蚓10万条左右；气温在15～25 ℃时，每立方米基料可养殖蚯蚓8万条左右；气温在25 ℃以上时，应采取防暑降温措施，每立方米基料可养殖蚯蚓6万条左右。

（二）生产管理

商品蚯蚓繁殖虽然管理比较粗放，但由于养殖的密度较大，因此要注意及时收取蚓茧，增强基料的透气性和伴随着喷水增施“益生素”等措施。

五、做好饲养管理记录

在整个养殖过程中，要定时观察蚯蚓的生长发育、交配繁殖情况，并认真做好饲养管理记录。记录本采用表格形式逐日记载，妥善保存，以便日后总结经验教训，检查存在的问题，改进饲养管理。表格中应当按饲养床（箱、槽、池）编号，列出饲料种类、投喂方法、日采食量、蚯蚓体重、交配日期、产茧日期、蚓茧产量、孵化日期、孵化率、室内温湿度等数据。

任务训练

填空题

1. 蚯蚓需要的营养物质有__________、__________、__________、__________、__________。
2. 制作蚯蚓的基料时，碳氮比在__________合适，粪便占比__________合适。
3. 基料发酵的三个过程是__________、__________、__________。

任务五　采收加工

扫码学
课件 22-5

任务描述

主要介绍蚯蚓的采收方式和加工方法。

任务目标

▲**知识目标**

能说出蚯蚓和蚓粪的采收方式和蚯蚓的加工方法。

▲**能力目标**

能收集蚯蚓，能加工地龙干和蚯蚓粉等。

▲**课程思政目标**

具备严谨的职业素养；具备创新创业、服务乡村振兴的思想意识。

▲**岗位对接**

特种饲料经济动物饲养、特种药用经济动物饲养。

任务学习

一、蚯蚓和蚓粪的采收

（一）蚯蚓的采收

1. 翻箱采收法　采收时，将木箱放在阳光下晒，不久蚯蚓会因逃避强光、高温而钻入木箱底层，然后将木箱翻转扣下，蚯蚓即暴露在外面，此时采收很方便（图 22-15）。

Note

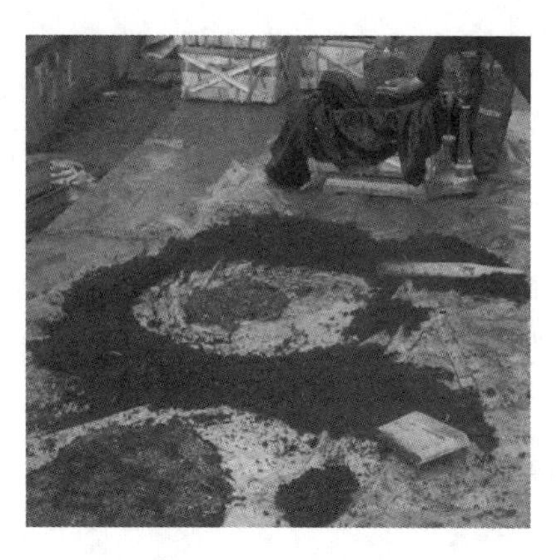
图 22-15　蚯蚓的采收

2. 光照驱捕采收法　利用蚯蚓怕光的特性，在阳光或强灯光直照下，驱使蚯蚓钻到养殖床下部，用刮板自上而下将蚓粪、饲料逐层刮出，最后蚯蚓聚集成团即可收取。

3. 诱捕采收法　利用蚯蚓爱吃甜料的特性，在采收前，可在旧饲料表面放置一层蚯蚓喜爱的食物，如腐烂的水果等，经2～3 天，蚯蚓大量聚集在烂水果里，这时即可将成群的蚯蚓取出，经筛网清理杂质即可。或者把蚯蚓爱吃的饲料放入孔径为1～4 mm 的笼具中，将笼具埋入养殖床内，蚯蚓很快就钻入笼中采食，待蚯蚓集中到一定数量后，再把笼具取出来即可。

4. 筛选采收法　在养殖床上方固定两层孔径大小不同的筛子，上层筛孔大，下层筛孔较小，孔眼大小根据所养殖蚯蚓的大小而定。将饲料连同蚯蚓一起放在筛上，利用强光灯照射，使蚯蚓避光钻过上层大筛孔落入下层细筛上，上层大孔筛只留下蚓粪和饲料。小蚯蚓再钻过下层筛孔落入养殖床上，小孔筛只留下大蚯蚓。这样就可将大小不同的蚯蚓及蚓粪、饲料大致分离开，即可按需要采收大蚯蚓。

5. 挖掘采收法　用竹或木制的耙具翻料堆捕捉。此法的优点是能够捕大留小；缺点是效率低，还会使部分蚯蚓受伤。

（二）蚓粪的采收

适时采收蚓粪，一是为了获得产品，二是为了清除饲育床上的堆积物，以利于投料和操作，三是为了消除环境污染，有利于蚯蚓的生长发育与繁殖。蚓粪的采收，多与蚓体采收和投料同时进行，除上述 5 种采收蚯蚓的方法外，还有以下 2 种办法。

1. 刮皮除芯法　多与上投饲喂法并用，上投饲喂一段时间之后，表层饲料基本粪化，这时可采收蚓粪。采收前，先用上投饲喂法补一次饲料，然后用草帘覆盖，隔 2 天后，趁大部分蚯蚓钻到表层新饲料中栖息取食时，迅速揭开草帘，将表层 15～20 cm 厚的一层新饲料快速刮至两侧，再将中心的粪料除去，然后把有蚯蚓栖息的新饲料铺放原处。除去的粪料中常混有少量蚯蚓，可以采用其他方法分离。风干的蚓粪可直接利用或用塑料袋包装储存。

2. 上刮下驱法　当用下投饲喂法后，蚯蚓多聚集到下部新饲料中，可用手慢慢逐层由上而下刮除蚓粪，蚯蚓则随着刮粪被光照驱向下部，直到刮至新饲料层为止。刮下的蚓粪，其处理法与刮皮除芯法相同。

二、加工方法

（一）鲜蚯蚓加工

收获的蚯蚓不仅可直接喂养猪、鸡、鸭、兔、虾、鳖、牛蛙等，还可作为人类的食品。近几年来，在一些经济发达的国家和地区，出现了蚯蚓食品和蚯蚓菜肴等。蚯蚓的烹调以蒸、炒、炸、煎为主，红烧蚯蚓味道鲜美，胜过海鲜。鲜蚯蚓还可加工成蚯蚓蛋糕、蚯蚓面包、蚯蚓干酪等。

（二）地龙干

将蚯蚓用温水浸泡，洗去其体表黏液，再拌入草木灰中将其呛死。去灰后，用剪刀剖开蚯蚓身体，洗去内脏与泥土，贴在竹片或木板上晒干或烘干（图 22-16）。为了提高蚯蚓的临床疗效，可改变作用的部位和趋向，使患者乐于服用，常做炒制、酒制、滑石粉制等处理，方法如下。

1. 炒地龙　取干净蚯蚓段，放置锅内，用文火加热，翻炒，炒至表面色泽变深时，取出放凉，备用。

2. 酒地龙　取干净蚯蚓段，加入黄酒拌匀，放置锅内，用文火加热炒至表面呈棕色时，取出，放凉，备用。

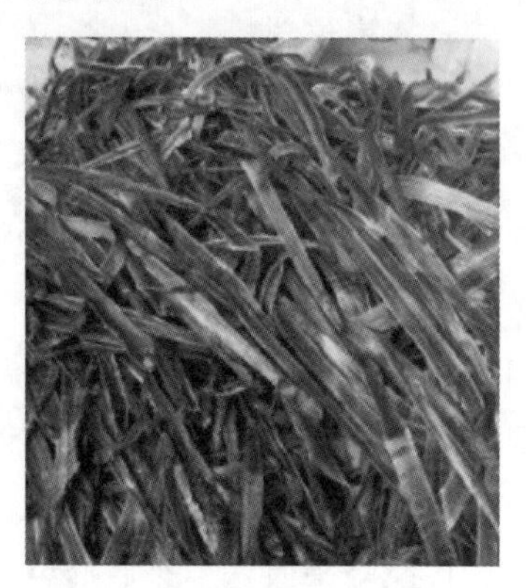
图 22-16　地龙干

3. 滑石粉制地龙 取滑石粉，置锅内中火加热，投入干净蚯蚓段，拌炒至鼓起，取出，筛去滑石粉，放凉，备用。

4. 甘草水制地龙 取甘草置于锅中，加水煎成浓汤，后放入净蚯蚓段，浸泡 2 h 捞出，晒干，备用。

加工好的地龙干应储存在干燥容器内，置通风干燥处，防霉，防蛀。

（三）蚯蚓粉

收获大量蚯蚓后，除可直接使用鲜活的蚯蚓喂养鱼、虾、鸡、鸭、鳖、牛蛙外，还可将收获的蚯蚓产品烘干或冷冻干燥，但不能直接放在太阳下暴晒，因为太阳的紫外线会破坏蚯蚓的营养成分。烘干后的蚯蚓可放入粉碎机或研磨机中粉碎、研磨，加工成粉状。也可以用冷冻干燥机在低温真空下把蚯蚓体内水分蒸发掉而获得蚯蚓的干体，这种冷冻干燥的加工方法可使蚯蚓的营养成分保持不变。这种蚯蚓粉也可直接喂养禽畜和鱼、虾、鳖、水貂、牛蛙等，也可以与其他饲料混合，加工成复合颗粒饲料，也可以较长时间地保存和运输。

（四）蚯蚓浸出液体

取鲜蚯蚓 1 kg 放入清水中，排净蚯蚓消化道中的粪土，并洗去蚯蚓体表的污物，放入干净的容器中，再加入 250 g 白糖，搅拌均匀，经 1～2 h 后，即可得到 700 mL 蚯蚓体腔的渗出液，然后用纱布过滤。所得滤液呈深咖啡色，再经高压高温消毒，可置于冰箱内长期储存备用。中医认为蚯蚓浸出液体具有散热止痛、消肿解毒的作用。

（五）蚯蚓提取物

取人工养殖的太平二号蚯蚓放入清水浸泡 1 h，使其内脏中的污物尽量排出，然后经过生化方法提取纤溶酶，用于生产新型溶栓药物。

（六）蚓粪的加工

刚采收的蚓粪大多含有水分和其他杂质，必须经过干燥、过筛、包装以及储存等工序。蚓粪的干燥有自然风干和人工干燥两种方法。自然风干即把收集来的蚓粪放在通风较好的地方进行晾晒，通风干燥。人工干燥，大多采用红外线烘烤的方法除去蚓粪中的水分，速度较快，并能杀死细菌。将干燥的蚓粪过筛，清除其他杂物，封入塑料袋中包装即可。

蚯蚓粪的用途很广，一方面蚯蚓粪是优质高效的有机肥，是一种土壤改良剂；另一方面它也是一种能促进畜禽生长的饲料。

一、填空题

蚯蚓的采收的方法有__________、__________、__________、__________和__________。

二、问答题

1. 如何加工地龙干，地龙干的作用是什么？
2. 简述蚯蚓粉的作用。

任务拓展

蚯蚓病害防治

Note

[1] 高文玉.经济动物养殖[M].2版.北京:中国农业出版社,2016.
[2] 张恒业.特种经济动物饲养[M].北京:中国农业大学出版社,2012.
[3] 熊家军.特种经济动物生产学[M].2版.北京:科学出版社,2018.
[4] 刘小明,张大军,姜文联.特种经济动物养殖[M].武汉:华中科技大学出版社,2018.
[5] 李顺才,熊家军.高效养兔[M].北京:机械工业出版社,2014.
[6] 刘军.特种经济动物养殖技术[M].南京:江苏教育出版社,2012.
[7] 邢秀梅,孙红梅,荣敏.兔高效养殖技术一本通[M].北京:化学工业出版社,2008.
[8] 任国栋,郑翠芝.特种经济动物养殖技术[M].2版.北京:化学工业出版社,2016.
[9] 任文社,董仲生.家兔生产与疾病防治[M].北京:中国农业出版社,2010.
[10] 任克良.兔病诊治原色图谱[M].北京:机械工业出版社,2017.
[11] 陈溥言.兽医传染病学[M].6版.北京:中国农业出版社,2015.
[12] 北京市科学技术协会组.特禽饲养管理与疾病防治技术[M].北京:中国农业出版社,2007.
[13] 陈梦林,韦永梅,杨秋莲.特种经济动物常见病防治[M].上海:上海科学普及出版社,2006.
[14] 张振兴.特禽饲养与疾病防治[M].北京:中国农业出版社,2001.
[15] 佟煜人,钱国成.中国毛皮兽饲养技术大全[M].北京:中国农业科技出版社,1990.
[16] 马丽娟.特种动物生产[M].北京:中国农业出版社,2010.
[17] 佟煜仁.毛皮动物饲养员培训教材[M].北京:金盾出版社,2008.
[18] 吴树清,殷翠琴,严化冰.宠物犬与肉用犬饲养与疾病防治[M].呼和浩特:内蒙古教育出版社,2000.
[19] 王凯英,杨学宏.高效养鹿[M].北京:机械工业出版社,2019.
[20] 赵全民,赵海平.茸鹿提质增效养殖技术[M].北京:中国科学技术出版社,2019.
[21] 刘建柱,马泽芳.常见鹿病的鉴别诊断及防控[J].兽医导刊,2015(17):49-50.
[22] 杨万郊,张似青.宠物繁殖与育种[M].北京:中国农业出版社,2010.
[23] 韩博,高得仪,王福军.养狗与狗病防治[M].北京:中国农业大学出版社,2002.
[24] 赵洪明,强慧勤.猫咪的饲养[M].石家庄:河北科学技术出版社,2017.
[25] 吴树清,李培锋.犬猫疾病诊疗学[M].呼和浩特:内蒙古人民出版社,1996.
[26] 唐晓惠,李龙.鹌鹑养殖新技术[M].武汉:湖北科学技术出版社,2011.
[27] 上海绿洲经济动物科技公司.绿头野鸭·番鸭[M].上海:上海科学技术文献出版社,2001.
[28] 王琦.野鸭养殖与加工[M].北京:机械工业出版社,2002.
[29] 潘建林.黄鳝泥鳅无公害养殖综合技术[M].北京:中国农业出版社,2003.
[30] 顾博贤.甲鱼乌龟的人工饲养技术及食疗[M].北京:中国农业科学技术出版社,1955.
[31] 袁善卿,薛镇宇.泥鳅养殖技术[M].3版.北京:金盾出版社,2019.
[32] 周文宗,覃凤飞.特种水产养殖[M].北京:化学工业出版社,2011.
[33] 马广栓,王先科.特种水产养殖新技术[M].郑州:中原农民出版社,2009.

[34] 王卫民,樊启学,黎洁.养鳖技术[M].2版.北京:金盾出版社,2010.
[35] 刘兴斌,熊家军,杨菲菲.黄鳝健康养殖新技术[M].北京:化学工业出版社,2020.
[36] 曾志将.养蜂学[M].3版.北京:中国农业出版社,2017.
[37] 张淑娟,高文玉.经济动物生产[M].北京:中国农业出版社,2011.
[38] 陈志国,陈重光,陈彤.黄粉虫养殖实用技术[M].北京:中国科学技术出版社,2018.
[39] 占家智,羊茜.高效养黄粉虫[M].北京:机械工业出版社,2017.
[40] 李泽林.黄粉虫优质高效饲养管理技术概述[J].河北农业,2021(11):68-69.
[41] 黄权,王艳国.经济蛙类养殖技术[M].北京:中国农业出版社,2005.
[42] 王凤,白秀娟.食用蛙类的人工养殖和繁育技术[M].北京:科学技术文献出版社,2011.
[43] 王春清,吕树臣.蛙类养殖新技术[M].北京:金盾出版社,2013.
[44] 江苏省淡水水产研究所.池塘养鱼一月通[M].北京:中国农业大学出版社,2010.
[45] 孙振钧.蚯蚓养殖实用技术[M].北京:中国科学技术出版社,2018.
[46] 郎跃深,郑方强.蚯蚓养殖关键技术与应用[M].北京:科学技术文献出版社,2015.
[47] 潘红平.蚯蚓高效养殖技术一本通[M].北京:化学工业出版社,2010.
[48] 孙玉涛.蚯蚓规模化高效养殖技术要点[J].广东蚕业,2020,54(7):83-84.
[49] 孟现成.蚯蚓规模化高效养殖技术[J].中国畜牧兽医文摘,2018,34(6):152.
[50] 廖威,唐思,钟梅清,等.蚯蚓规模化高效养殖关键技术[J].南方农业,2017,11(12):88-89.
[51] 刘红军,尹文生.蚯蚓养殖技术与加工利用[J].现代农业科技,2016(1):296-297.
[52] 李贺,高强,于修坤.蚯蚓生态高效养殖技术要点[J].中国畜禽种业,2020,16(1):55-56.
[53] 徐汉涛.种草养兔技术[M].北京:中国农业出版社,2003.
[54] 徐立德,蔡流灵.养兔法[M].3版.北京:中国农业出版社,2002.